工业和信息化部"十四五"规划教材
北京理工大学"十四五"规划教材

数 学 分 析

上 册

闫志忠　李保奎　沈　良　编

机械工业出版社

本书是"数学分析"课程教材,是为数学类和对数学有较高要求的理工科专业编写的.全书分上、下两册.本书是上册,内容包括集合、映射与函数,数列极限与数项级数,函数极限与连续函数,导数与微分,微分中值定理及其应用,一元函数的积分.

编者根据北京理工大学大类培养多年的教学实践经验,对数学分析的内容体系做了新颖的构架,突出了分析学的严谨性、统一性,强化了数学基础,同时重视数学分析与不同数学分支和其他学科领域间的交叉融合.

本书适合作为各类高等院校数学类和对数学有较高要求的理工科专业的教材,也可作为高等数学课程的参考教材和自学用书.

图书在版编目(CIP)数据

数学分析. 上册/闫志忠,李保奎,沈良编. —北京:机械工业出版社,2022.5(2025.2重印)

工业和信息化部"十四五"规划教材

ISBN 978-7-111-70539-0

Ⅰ.①数… Ⅱ.①闫…②李…③沈… Ⅲ.①数学分析-高等学校-教材 Ⅳ.①O17

中国版本图书馆 CIP 数据核字(2022)第 059304 号

机械工业出版社(北京市百万庄大街22号 邮政编码100037)
策划编辑:韩效杰 责任编辑:韩效杰 李 乐
责任校对:樊钟英 刘雅娜 封面设计:王 旭
责任印制:常天培
北京机工印刷厂有限公司印刷
2025 年 2 月第 1 版第 3 次印刷
184mm×260mm · 18 印张 · 434 千字
标准书号:ISBN 978-7-111-70539-0
定价:56.00 元

电话服务 网络服务
客服电话:010-88361066 机 工 官 网:www.cmpbook.com
　　　　010-88379833 机 工 官 博:weibo.com/cmp1952
　　　　010-68326294 金 书 网:www.golden-book.com
封底无防伪标均为盗版 机工教育服务网:www.cmpedu.com

前　言

党的二十大报告指出:"育人的根本在于立德. 全面贯彻党的教育方针,落实立德树人根本任务,培养德智体美劳全面发展的社会主义建设者和接班人."本书在每章设置了视频观看学习任务,帮助学生形成辩证唯物主义世界观和方法论;培养学生对中国文化的自信心,激发学生对国家的认同感和自豪感,强化学生的责任意识、大局意识;激发学生爱国热情和民族自信心;培养学生坚持不懈,不怕困难的品质;培养学生严谨的思维和实事求是的科学态度.

促进数学发展的力量一方面是自身矛盾运动产生的内部力量,另一方面是由人类社会实践所产生的外部力量,在内外两股力量的驱动下,数学正以前所未有的发展速度影响着各行各业. 数学分析是以极限为工具来研究实值函数的一门课程,又称为高级微积分. 微积分从萌芽到发展经历了一个漫长的时期,被称为人类思维的最伟大的成果之一,是一颗光辉灿烂的明珠. 数学分析是现代数学以及其他专业最重要的基础,如果把数学比喻成一个王国的话,那么数学分析就是这个王国的基础语言. 随着人工智能、信息科技、科学计算以及金融数学的飞速发展,数学分析的思想和方法几乎渗入现代科技的所有领域,越来越多的行业迫切需要高深的现代数学知识,而要运用数学来创造高技术,就必须掌握好数学分析这一重要的数学王国语言. 现代科学技术正在由工程层面的创新转化为基础理论层面的研究,而基础理论层面的研究需要抽象思维、逻辑推理、科学计算和空间想象等能力. 与其他学科相比,数学分析集中体现了这些能力的培养. 当今谁能占领数学最高地,谁就能占领技术的最高地. 数学在现代技术进步中扮演着越来越重要的角色.

数学分析的创立始于 17 世纪以牛顿和莱布尼茨为代表的开创性工作,而完成于 19 世纪以柯西和魏尔斯特拉斯为代表的奠基性工作. 经过两三百年的努力,数学分析的理论框架已经相当完美. 尽管国内外已经出版的数学分析、高等数学、微积分教材为数颇多,但针对各类院校的教学实际和要求,对于教材的编排和内容设置,也仁者见仁,智者见智.

从 2018 年实施大类培养以来,北京理工大学徐特立书院、精工书院、求是书院以及对数学有较高要求的理工科学生都选修数学分析课程,人数成倍增加. 因此,编写一套适合当前大类培养需求,符合教师和学生使用要求的教材有着重要的意义. 本书是北京理工大学数学与统计学院的几位教师根据大类培养教学内容和课程体系改革的要求,结合自身的教学实践,在近年来编写出来的数学分析教材. 我们编写此书的想法如下:

第一,注重教材体系完整和严谨,保证整体内容和思想上的紧凑、统一,强化数学基础. 作者以简单平实自然的语言来介绍数学分析的基本知识, 而不是以近代数学 (集合论、拓扑、测度论、微分流形) 的语言来表述, 力求让读者容易理解数学分析的基本完整理论体系.

(1) 首先对数学分析的内容脉络做了梳理, 把集合→自然数→实数→极限→连续→微分→积分的联系讲清楚, 让初学者体会数学的严谨性, 知道先讲集合这样安排的目的. 此外, 采用戴德金分割来定义实数, 而不是将实数表示为一个无限小数, 虽然用无限小数定义比较直观, 但缺乏数学的严格性.

(2) 同一个研究对象的内容放在一起, 例如: 对于数列, 我们把描述实数集完备性的各种命题, 包括单调有界数列必收敛、闭区间套定理、波尔查诺-魏尔斯特拉斯定理、数列柯西收敛原理放在数列极限一节中, 数项级数与数列极限放在一起; 对于函数, 把上下极限、海涅定理、函数柯西收敛原理、一致连续这些内容放在函数极限与连续函数一章, 使这些命题与其直接对象和概念衔接在一起. 这样处理的好处是内容紧凑, 不会让读者感到分散凌乱.

(3) 由于一些数学概念, 例如方向导数, 不同的教材和参考书中有不同的定义形式和描述形式, 学生很容易在学习过程中产生困惑, 因此对于概念的引入和定义, 本书采用多种定义方式, 教学实践表明, 这样做直观易懂, 使得学生对概念的理解更透彻, 且在看其他参考书时易于融会贯通.

(4) 对形异实同的教学内容进行统一化处理. 例如, 24 种函数极限的统一表述. 对形同实异的内容进行比较处理. 例如, 一致连续和柯西收敛原理的区别和联系.

第二, 重视培养学生在抽象思维、逻辑推理、空间想象、科学计算等诸方面的数学能力. 加强书中内容与其他学科领域的交叉融合. 在篇幅允许的范围内, 书中通过与其他学科密切相关的典型例题的引入, 介绍了数学分析与其他学科专业 (物理、力学、化学、材料、生物、航空航天、计算机、经济、机电、机械) 的联系, 为其他工科专业提供现代数学的接口. 开拓学生的视野, 加强数学模型的思想和训练, 增强应用实践能力, 并且使得读者理解自然现象一直是数学发展的重要源泉.

第三, 插入有关的数学史和辩证的数学思想, 以 "人物注记" 和 "历史注记" 的栏目形式, 把数学内容和历史事实以及科学家的一些评述附在栏目当中, 这样做的好处是多方面的: ①学生能够从历史和数学家的思想和精神中得到激励与启发, 调动学生学习数学的兴趣, 同时也将思政元素自然地融入教材和课堂教学中; ②从数学史的角度来学习数学分析, 能够让学生了解数学发展的概貌, 提升综合科学素养, 感悟数学的魅力, 从而能够俯视数学王国; ③抽象的数学内容体现了辩证的人生哲理, 将数学分析与人生哲理有机地结合在一起.

第四, 本书与线上乐学、慕课 (MOOC) 资源相结合, 配套有可供手机或者计算机观看的乐学平台课程和数学分析慕课, 综合运用这些线上资源实现读者和作者的全方位交流. 借助于这种线上资源, 可以学会在乐学平台提问题并得以及时解决.

第五, 与国内一般高等数学、微积分教材相比, 本书对随着计算机的发展而日益淡化的内容（如函数作图、复杂的积分技巧）进行了适度淡化，而对日益重要的数值微分、数值积分、傅里叶变换和微分方程（包括偏微分方程）进行了适当加强. 与传统的数学分析教材相比，本节增加了与其他学科密切相关的解析几何、线性代数和微分方程（包括偏微分方程）章节.

第六，权衡内容取舍以及斟酌讲述重点，凡属于分析学中的基本概念、基本理论，书中不惜篇幅和笔墨，讲深，讲通俗.

全书分上下两册. 本书为上册，由闫志忠、李保奎、沈良编写. 其中，闫志忠编写第 1~3 章，李保奎编写第 4 章，沈良、李保奎共同编写第 5 章，沈良编写第 6 章.

本书的完成得到了众多支持和无私帮助，在此，我们对大家的帮助表示衷心的感谢！鉴于我们的水平有限，书中难免有错误或不妥之处，恳请广大读者批评指正.

闫志忠　李保奎　沈良

目 录

前言

绪论 ·· 1

第1章 集合、映射与函数 ············ 3

1.1 集合 ······························· 3
1.1.1 集合的概念 ················ 4
1.1.2 集合的运算法则 ········· 6
1.1.3 有限集和无限集 ········· 8
1.1.4 笛卡儿乘积集合 ········ 10
习题1.1 ······························· 12

1.2 实数集的连续性（完备性）··· 12
1.2.1 有理数集 ··················· 13
1.2.2 无理数集 ··················· 14
1.2.3 实数集 ······················ 15
1.2.4 最大数与最小数 ········· 17
1.2.5 上下确界及存在定理 ··· 19
习题1.2 ······························· 22

1.3 映射与函数 ··················· 22
1.3.1 映射的概念 ··············· 22
1.3.2 一元实函数 ··············· 25
1.3.3 函数的表示 ··············· 26
1.3.4 函数的基本特性 ········· 31
1.3.5 常用恒等式和不等式 ··· 34
1.3.6 初等函数 ··················· 37
习题1.3 ······························· 45

第2章 数列极限与数项级数 ········ 47

2.1 数列极限 ······················ 47
2.1.1 数列和数列极限的概念 · 47
2.1.2 数列极限的基本性质 ··· 51
习题2.1 ······························· 58

2.2 数列的无穷大量和无穷小量 · 59
2.2.1 数列的无穷小量 ········· 59
2.2.2 数列的无穷大量 ········· 61

2.2.3 待定型数列极限 ········· 62
习题2.2 ······························· 66

2.3 数列收敛（极限存在）的判定准则 ··· 67
2.3.1 数列收敛判定准则 ····· 67
2.3.2 实数集连续性的等价定理 · 75
习题2.3 ······························· 76

2.4 数列的上极限和下极限 ····· 76
2.4.1 数列上下极限的概念 ··· 76
2.4.2 上下极限的基本性质 ··· 78
习题2.4 ······························· 80

2.5 数项级数的收敛性及性质 ··· 81
2.5.1 数项级数的收敛和发散 · 81
2.5.2 级数的柯西收敛原理 ··· 84
2.5.3 收敛级数的性质 ········· 85
习题2.5 ······························· 88

2.6 正项级数的收敛判别法 ····· 89
2.6.1 正项级数收敛的充要条件 · 89
2.6.2 比较判别法 ··············· 89
2.6.3 柯西判别法 ··············· 92
2.6.4 达朗贝尔判别法 ········· 94
2.6.5 拉贝判别法 ··············· 97
习题2.6 ······························· 99

2.7 任意项级数的收敛判别法 ··· 100
2.7.1 交错级数 ··················· 100
2.7.2 任意项级数 ··············· 101
2.7.3 绝对收敛与条件收敛 ··· 104
2.7.4 绝对收敛级数的性质 ··· 107
习题2.7 ······························ 109

第3章 函数极限与连续函数 ······· 110

3.1 函数极限 ···················· 110
3.1.1 函数极限的定义 ········ 110

3.1.2　函数极限的性质 ·············· 115
3.1.3　函数极限存在的条件 ········ 118
3.1.4　两个重要极限 ·············· 120
习题 3.1 ······························· 123
3.2　函数的无穷小量与无穷大量的阶 124
3.2.1　函数的无穷小量及其性质 ········ 124
3.2.2　无穷小量的比较 ·············· 126
3.2.3　无穷大量的比较 ·············· 127
3.2.4　极限中的等价量替换 ········ 127
习题 3.2 ······························· 129
3.3　连续函数 ························· 129
3.3.1　函数在一点的连续性 ········ 130
3.3.2　开区间和闭区间的连续 ········ 131
3.3.3　连续函数的四则运算 ········ 132
3.3.4　间断点及其分类 ·············· 133
3.3.5　反函数连续性定理 ·········· 134
3.3.6　复合函数的连续性 ·········· 134
3.3.7　初等函数的连续性 ·········· 134
习题 3.3 ······························· 135
3.4　闭区间上连续函数的性质 ········ 136
3.4.1　有界性定理 ··················· 136
3.4.2　最值定理 ····················· 136
3.4.3　零点存在定理（根的存在定理）···· 137
3.4.4　一致连续性 ··················· 138
习题 3.4 ······························· 141

第4章　导数与微分 ·············· 143
4.1　导数的概念 ····················· 143
4.1.1　导数的定义 ··················· 143
4.1.2　导函数与基本初等函数的导函数 ··· 144
4.1.3　可导函数的性质 ·············· 146
4.1.4　导数的几何意义 ·············· 150
4.1.5　导数与数列极限的关系 ········ 150
习题 4.1 ······························· 151
4.2　导数的运算法则 ················· 152
4.2.1　导数的四则运算法则 ········ 152
4.2.2　复合函数的链式求导法则 ···· 154
4.2.3　隐函数的导数 ················· 156
4.2.4　反函数的导数 ················· 157
4.2.5　参数方程确定的函数的导数 ·· 159

习题 4.2 ······························· 160
4.3　函数的微分 ····················· 161
4.3.1　微分的定义和性质 ·········· 161
4.3.2　微分的几何意义 ·············· 162
4.3.3　微分的运算法则 ·············· 163
4.3.4　一阶微分形式不变性 ········ 164
习题 4.3 ······························· 165
4.4　高阶导数 ························· 165
4.4.1　高阶导数的定义 ·············· 165
4.4.2　高阶导数的运算法则 ········ 168
4.4.3　高阶微分的定义 ·············· 168
习题 4.4 ······························· 169

第5章　微分中值定理及其应用 ···· 171
5.1　微分中值定理 ··················· 171
5.1.1　费马引理 ····················· 171
5.1.2　罗尔定理 ····················· 173
5.1.3　拉格朗日中值定理 ·········· 174
5.1.4　柯西中值定理 ················· 177
习题 5.1 ······························· 178
5.2　洛必达法则 ····················· 179
5.2.1　$\dfrac{0}{0}$ 型待定型 ················· 179
5.2.2　$\dfrac{\infty}{\infty}$ 型待定型 ················· 181
5.2.3　可转化为 $\dfrac{0}{0}$ 型和 $\dfrac{\infty}{\infty}$ 型的待定型 ··· 183
习题 5.2 ······························· 184
5.3　泰勒公式 ························· 185
5.3.1　泰勒公式的概念 ·············· 185
5.3.2　带皮亚诺余项的泰勒公式 ···· 186
5.3.3　带拉格朗日余项的泰勒公式 ·· 189
习题 5.3 ······························· 193
5.4　函数的单调性和极值问题 ········ 194
5.4.1　函数的单调性 ················· 194
5.4.2　极值问题 ····················· 195
习题 5.4 ······························· 196
5.5　函数的凹凸性及函数作图 ········ 197
5.5.1　函数的凹凸性 ················· 197
5.5.2　渐近线与函数作图 ·········· 201
习题 5.5 ······························· 202

第6章 一元函数的积分 ……………… 204

6.1 黎曼积分与牛顿-莱布尼茨公式 ……… 204

6.1.1 积分概念的引出 …………… 204

6.1.2 黎曼积分的定义 …………… 205

6.1.3 可积的必要条件 …………… 207

6.1.4 牛顿-莱布尼茨公式 …………… 208

习题6.1 ………………………… 211

6.2 可积性问题 ……………………… 211

6.2.1 可积性的判定 …………… 211

6.2.2 可积函数类 ……………… 216

习题6.2 ………………………… 220

6.3 黎曼积分的性质 ………………… 220

习题6.3 ………………………… 225

6.4 变上限积分与积分中值定理 ……… 225

6.4.1 变上限积分 ……………… 226

6.4.2 积分第一中值定理 ………… 227

6.4.3 积分第二中值定理 ………… 229

习题6.4 ………………………… 231

6.5 原函数的计算 …………………… 232

6.5.1 不定积分的概念 …………… 232

6.5.2 第一换元法 ……………… 233

6.5.3 第二换元法 ……………… 235

6.5.4 分部积分法 ……………… 237

6.5.5 其他类型的积分 …………… 238

习题6.5 ………………………… 242

6.6 黎曼积分的计算 ………………… 243

6.6.1 换元法和分部积分法 ……… 243

6.6.2 奇偶函数和周期函数的积分 … 248

习题6.6 ………………………… 249

6.7 几何问题及实际问题中的应用 ……… 250

6.7.1 曲线的弧长 ……………… 250

6.7.2 曲率 …………………… 252

6.7.3 极坐标系下平面曲线所围图形的
面积 ……………………… 253

6.7.4 旋转体的体积和侧面积 …… 254

习题6.7 ………………………… 257

6.8 广义积分 ………………………… 258

6.8.1 无穷积分 ………………… 258

6.8.2 瑕积分 …………………… 264

习题6.8 ………………………… 269

6.9 微积分的数值计算 ……………… 270

6.9.1 数值微分 ………………… 270

6.9.2 数值积分 ………………… 274

习题6.9 ………………………… 278

参考文献 …………………………… 280

在课程开始之前，先来讲讲数学分析是什么样的一门课程. 它的重要性在哪里. 数学分析是对数学类以及对数学有较高要求的理工科专业学生讲授微积分的一门课程. 在各类高等院校里，有些学生学习数学分析，有些学生学习高等数学或者微积分，那么数学分析和高等数学的区别是什么？编者认为主要有如下区别：①高等数学注重运用微积分应用于实际；数学分析注重核心原理分析，提高逻辑思维和论证推理能力. ②内容难度上来讲，数学分析更难，比高等数学更深更细. ③数学分析比高等数学要求高. 数学分析是许多后继数学课程的必备基础，众所周知，数学课程具有连贯性，若数学分析学不好，则很难学习诸如微分几何、实变函数、复变函数、概率统计、偏微分方程等后续课程.

微积分成为一门学科是在 17 世纪，由牛顿和莱布尼茨彼此独立创立. 在数学史上，莱布尼茨和牛顿之间爆发了著名的"微积分创立之战"，使得英国的数学脱离了数学发展整整一个世纪. 牛顿虽然发现微积分早几年，但在 1693 年之前几乎没有发表过任何微积分内容，并直到 1704 年才给出了微积分完整的叙述. 而德国数学家莱布尼茨在 1675 年就完成了一套完整的微分学，并于 1686 年发表了积分论文. 实际上牛顿和莱布尼茨对于微积分有不同的阐述：①牛顿是从物理学的角度出发，运用集合方法研究微积分，并结合了运动学的知识. ②莱布尼茨则从几何问题的角度出发，运用分析学方法引进微积分概念，从而得出运算法则，其采用的微分积分数学符号一直沿用至今. 下面简述一下微积分的发展历史.

第一阶段，微积分的创立.

微积分中的极限、穷竭思想可以追溯到 2500 多年前的古希腊文明，著名的毕达哥拉斯学派. 大约在欧洲的文艺复兴时期，工业、农业等就面临着一些数学核心困难问题，如物理运动中速度、加速度与距离之间的虎丘问题以及曲线求切线的问题，此外还有计算任意图形的面积问题等，这些问题刺激着数学的发展. 1669

年牛顿的老师巴罗(Barrow)发表了《几何讲义》，接着牛顿在研究了伽利略、开普勒、瓦里斯，笛卡儿的著作之后，发明了"正反流数术"，但没有发表. 1675 年莱布尼茨从几何的角度建立了微积分.

第二阶段，微积分的严格化.

自从牛顿和莱布尼茨创立微积分之后，微积分得到了突飞猛进的发展，但是其基础并不牢固，尤其是在使用无穷小概念上的随意和混乱，一会儿说是 0，一会儿说不是 0，这引起了人们对理论的怀疑和批评. 最有名的批评来自英国主教贝克莱(Berkeley)，1734 年他在《分析学家》中写道：这些小的增量究竟是什么呢？它们既不是有限量，又不是无穷小，又不是零，难道我们不能称它们为消失量的鬼魂吗？经过达朗贝尔、欧拉、拉格朗日等人先后延续百年努力，微积分的严格化到 19 世纪终于见到效果. 捷克数学家波尔查诺在 1817 年给出了包括函数连续性和导数概念的合理定义，法国数学家柯西赋予微积分现在的教材模型. 微积分是在实数集上讨论的，但是在柯西时代，对于什么是实数，依然没有精确深入的讨论. 1861 年魏尔斯特拉斯给出了极限的"ε-δ"语言.

经过以上两个阶段的发展，微积分最终建立起来并在 20 世纪之后得到了广泛的发展. 现在，微积分的作用已经无处不在地体现在各个领域.

在中学里，我们学习过集合、实数和简单的极限以及微积分知识，这为进一步学习数学分析奠定了一定的基础. 然而，学习数学分析为什么要学习集合、实数和极限，它们之间有什么关系，这涉及所谓的数学基础问题，即数学的可靠性问题. 微积分在长达两个世纪的自身理论完善过程中，法国数学家柯西（Cauchy）和德国数学家魏尔斯特拉斯（Weierstrass）先后建立了极限理论，从而摈弃牛顿（Newton）和莱布尼茨（Leibniz）的含混不清的"无穷小"概念，而代之以"以零为极限的变量为无穷小量"的明确定义，从而解决了微积分的逻辑基础问题，消除了第二次数学危机，可见极限是微积分的理论基础，然而极限作为运算不总是通行无阻的，例如在有理数范围内就可能行不通，譬如，由 $\sqrt{2}$ 的不足近似值构成的有理数序列 1，1.4，1.41，1.414，…，若在有理数范围来考察，就不存在极限，但是在实数范围内考察，它的极限就是 $\sqrt{2}$，可见实数是极限的理论基础，进而实数是微积分的基础，在 19 世纪，数学家们认识到实数的可靠性来源于自然数，于是，自然数成了微积分的基础，数学家们对数学基础的研究并未到自然数为止，19 世纪末又认识到自然数可由德国数学家康托尔（Cantor）提出的集合来定义，于是微积分的可靠性就取决于集合论的可靠性，因此集合又成了微积分的基础，而微积分又是现代数学的基础，于是几乎全部数学都可以建立在集合的基础之上，可见集合是整个数学大厦的基石.

本章主要研究集合、实数、映射与函数，集合和实数是微积分学的理论基础，映射与函数是微积分学的主要研究对象，因此，本章的内容将为整个数学分析教材奠定重要的基础.

1.1　集合

集合论是由德国数学家康托尔在 19 世纪七八十年代创立的，它是研究集合的结构、运算及性质的一个数学分支. 可以说，当今数学各个分支都构筑在严格的集合理论上，它是现代数学最重要的基础，因为它，数学这个庞大的家族就有了一个共同的语言，集合论在几何、代数、分析、概率论、数理逻辑及程序语言等各个数学分支中，都有广泛的应用. 所以，学习现代数学，应该由集合入手，但集合论是一门深奥的理论，需要有专门的课程来讲述，我们这里只谈集合的初步，主要涉及与数学分析课程有关的一些基本概念和问题. 大家在高中对集合有了一定的认知，本节给出的集合初步主要目的是要引出建立在集合上的实数、极限等的各种概念.

1.1.1　集合的概念

1. 集合和元素

集合，简称集，是指具有某种性质的事物的全体，属于集合的每个个体叫作该集合的**元素**. 集合通常用大写拉丁字母如 S，T，A，B，X，Y，…表示，而元素用小写字母如 s，t，a，b，x，y，…表示.

设 A 是一个集合，a 是 A 中的元素，则称 a 属于 A，记作 $a \in A$. 符号"$\in$"表示属于. 若 a 不是集合 A 中的元素，则称 a 不属于 A，记为 $a \notin A$ 或者 $a \overline{\in} A$. 符号"$\notin$"或者"$\overline{\in}$"表示不属于.

常见的集合有：全体正整数的集合 $\mathbf{Z}_+$、全体整数的集合 $\mathbf{Z}$、全体有理数的集合 $\mathbf{Q}$、全体实数的集合 $\mathbf{R}$.

2. 集合的表示

集合的表示方式通常有两种：列举法和描述法.

列举法：在花括号内将集合的元素一一列举出来，例如，由 a，b，c，d，e 五个字母组成的集合 A 可用 $A = \{a, b, c, d, e\}$ 表示. 尽管有些集合的元素无法一一列举，但可以将它们的变化规律用其中几个元素表示出来，其余的用省略号代替. 例如，正整数集 $\mathbf{Z}_+$ 可表示为 $\mathbf{Z}_+ = \{1, 2, 3, \cdots, n, \cdots\}$.

描述法：设集合 A 是由满足某种性质 P 的元素的全体所构成的，则可以采用描述集合中元素公共属性的方法来表示集合：$A = \{x \mid x$ 具有性质 $P\}$. 例如，由 5 的立方根组成的集合 A 可表示为 $A = \{x \mid x^3 = 5\}$.

注意　①集合中的元素之间没有次序关系，同一元素的重复出现或者在不同位置上出现不具有任何特殊意义. 例如，$\{a, b, c\}$，$\{c, a, b\}$，$\{a, b, c, b, a\}$ 表示的是同一个集合. ②$\{1\}$ 与 1 不同，前者是集合，含有一个元素 1，后者是数 1. ③集合中的元素或者属于或者不属于该集合，具有确定性. 例如"很小的数"不是一个集合，因为"很小"的含义是模糊的.

这里有一类特殊的集合，它不包含任何元素，叫作**空集**，记为 $\varnothing$. 例如，$\{x\mid x\in\mathbf{R},x^2+1=0\}$. 需要指出的是，空集虽然不含有元素，但仍然有讨论的价值和意义. 例如，在色彩的三原色集合{红，黄，蓝}和光的三原色集合{红，绿，蓝}中我们选取某些基色进行色彩或者光的配色，三种基色都不选显然也是一种重要的配色方案，因此，空集具有实际的讨论意义.

3. 集合之间的关系

设 A，B 是两个集合，如果集合 A 的任意一个元素都是集合 B 的元素，那么集合 A 称为集合 B 的**子集**. 记为 $A\subseteq B$ 或 $B\supseteq A$，读作"集合 A 包含于集合 B"或者"集合 B 包含集合 A". 符号语言：对 $\forall a\in A\Rightarrow a\in B$，其中符号"$\forall$"表示"任意给定"，"$\Rightarrow$"称为"蕴含"，表示由左边的命题可以推出右边的命题. 子集具有下列性质：①空集 $\varnothing$ 是任何集合的子集，例如 $\varnothing\subseteq A$；②任何一个集合是它自身的子集，即 $A\subseteq A$；③传递性：若 $A\subseteq B$ 且 $B\subseteq C$，则 $A\subseteq C$. 将集合 A 的全体子集构成的集合称为 A 的**幂集**，记作 2^A.

> **例 1.1.1**　设 $A=\{a,b,c\}$，则集合 A 有 $\sum_{k=0}^{3}\mathrm{C}_3^k=(1+1)^3=2^3$ 个子集：$\varnothing,\{a\},\{b\},\{c\},\{a,b\},\{a,c\},\{b,c\},\{a,b,c\}$.

A 的幂集 $2^A=\{\varnothing,\{a\},\{b\},\{c\},\{a,b\},\{a,c\},\{b,c\},\{a,b,c\}\}$.

如果集合 A 中至少存在一个元素 x 不属于集合 B，即存在 $x\in A$ 但 $x\notin B$，则集合 A 不是集合 B 的子集，记为 $A\nsubseteq B$. 例如 $\{x\mid x^2-1=0\}\nsubseteq\mathbf{Z}_+$.

如果集合 $A\subseteq B$，且存在元素 $x\in B$，但 $x\notin A$，则称集合 A 是集合 B 的一个**真子集**. 记作 $A\subset^{\ominus}B$（或者 $B\supset A$），读作"A 真包含于 B"（或者 B 真包含 A）. 空集 $\varnothing$ 是任何非空集合的真子集. 例如，对于我们常见的集合：正整数集合 $\mathbf{Z}_+$、整数集合 $\mathbf{Z}$、有理数集合 $\mathbf{Q}$ 与实数集合 $\mathbf{R}$，成立真子集关系 $\mathbf{Z}_+\subset\mathbf{Z}\subset\mathbf{Q}\subset\mathbf{R}$.

真子集与子集的区别：子集就是一个集合中的全部元素是另一个集合中的元素，有可能与另一个集合相等；真子集就是一个集合中的元素全部是另一个集合中的元素，但不存在相等. 如果两个集合 A 与 B 的元素完全相同，则称 A 与 B 两**集合相等**，记为 $A=B$. 符号语言表述为 $A=B\Leftrightarrow A\subseteq B$ 并且 $B\subseteq A$，其中符号"$\Leftrightarrow$"称为"当且仅当"，表示左边的命题与右边的命题相互蕴含，即两个命题等价. 概率中的定义是：在一个随机现象中有两个事件 A

$\ominus$　$\subset$ 为真包含，也可用 $\subsetneqq$ 表示. ——编辑注

与 B，若事件 A 与 B 含有相同的样本点，则称事件 A 与 B 相等.

在数学分析课程中，最常遇到的实数集 **R** 的子集是**区间**. 对 $\forall a, b \in \mathbf{R}(a<b)$，则满足不等式 $a<x<b$ 的所有实数 x 的集合称为以 a，b 为端点的**开区间**，记为 $(a,b)=\{x \mid a<x<b\}$；满足不等式 $a \leqslant x \leqslant b$ 的所有实数 x 的集合称为以 a，b 为端点的**闭区间**，记为 $[a,b]=\{x \mid a \leqslant x \leqslant b\}$；满足不等式 $a<x \leqslant b$ 或者 $a \leqslant x<b$ 的所有实数 x 的集合称为以 a，b 为端点的半开半闭区间，分别记为 $(a,b]=\{a<x \leqslant b\}$；$[a,b)=\{x \mid a \leqslant x<b\}$. 上述几类区间的长度都是有限的，因此也称为**有限区间**. 除此之外，还有下述几类**无限区间**：$(a,+\infty)=\{x \mid x>a\}$，$[a,+\infty)=\{x \mid x \geqslant a\}$，$(-\infty,b)=\{x \mid x<b\}$，$(-\infty,b]=\{x \mid x \leqslant b\}$，$(-\infty,+\infty)=\{x \mid \forall x \in \mathbf{R}\}=\mathbf{R}$. 有限区间和无限区间统称为**区间**.

接下来，在极限章节我们还会遇到一个很重要的集合类型——**邻域**，设 $a \in \mathbf{R}$，$\delta>0$，满足绝对值不等式 $|x-a|<\delta$ 的全体实数 x 的集合称为点 a 的 δ 邻域，记作 $U_\delta(a)$ 或者 $U(a,\delta)$，即 $U_\delta(a)=\{x \mid |x-a|<\delta\}=(a-\delta, a+\delta)$；点 a 的去心 δ 邻域定义为 $\mathring{U}_\delta(a)=\{x \mid 0<|x-a|<\delta\}$. 注意两者的区别在于：去心邻域 $\mathring{U}_\delta(a)$ 不包含点 a.

1.1.2 集合的运算法则

集合的基本运算法则有并集、交集、差集、补(余)集四种.

并集：给定两个集合 A 和 B，并集是指把这些集合的所有元素合在一起构成的集合，记作 $A \cup B$ (或 $B \cup A$)，读作"A 并 B"(或"B 并 A")，即 $A \cup B=\{x \mid x \in A$ 或 $x \in B\}$. 韦恩图如图 1-1 所示.

交集：集合 A 和 B 的交集是指由属于 A 且属于 B 的公共元素组成的集合，记为 $A \cap B$ (或 $B \cap A$)，读作"A 交 B"(或"B 交 A")，即 $A \cap B=\{x \mid x \in A$ 且 $x \in B\}$. 韦恩图如图 1-2 所示.

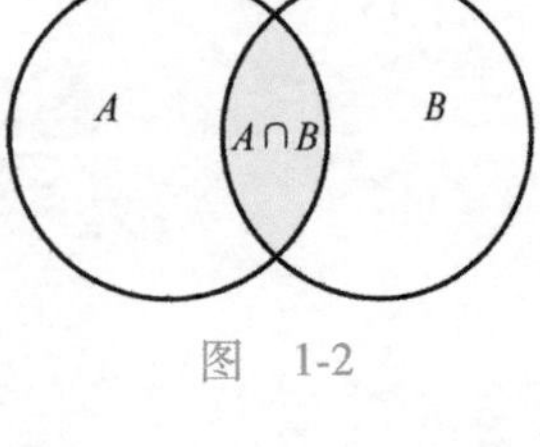

例如，设 $A=\{a,b,c\}$，$B=\{a,d,e\}$，则 $A \cup B=\{a,b,c,d,e\}$，$A \cap B=\{a\}$. 并集与交集运算具有下列一些性质：①交换律：$A \cup B=B \cup A$，$A \cap B=B \cap A$；②结合律：$A \cup (B \cup C)=(A \cup B) \cup C$，$A \cap (B \cap C)=(A \cap B) \cap C$；③分配律：$A \cap (B \cup C)=(A \cap B) \cup (A \cap C)$，$A \cup (B \cap C)=(A \cup B) \cap (A \cup C)$.

数学分析课程中，证明是极其重要的，而证明的话，往往要用到概念，因此，在本门课程中，对于概念的掌握和理解是非常重要的. 为了说明这一点，我们以性质的证明为例. 在证明性质的过程中，需要用到重要的概念：集合相等、子集、并集、交集的

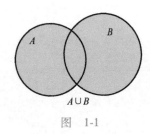

图 1-1

图 1-2

概念. 证明思路为: 根据集合相等的概念, 也就是证明左边集合是右边集合的子集, 右边集合是左边集合的子集, 再根据子集、并集和交集的定义, 最后得证.

具体以分配律为例, 证明 $A \cup (B \cap C) = (A \cup B) \cap (A \cup C)$.

第一步, 证明左边集合是右边集合的子集, 即 $A \cup (B \cap C) \subseteq (A \cup B) \cap (A \cup C)$, 根据子集的定义, 即 $\forall x \in A \cup (B \cap C) \Rightarrow x \in (A \cup B) \cap (A \cup C)$. 因为 $x \in A \cup (B \cap C)$, 按照集合并的定义, 则或者 $x \in A$, 或者 $x \in B \cap C$; 再根据交集的定义, 即为: 或者 $x \in A$, 或者 $x \in B$ 并且 $x \in C$, 因此, 我们有 $x \in A \cup B$ 并且 $x \in A \cup C$, 即 $x \in (A \cup B) \cap (A \cup C)$. 则 $x \in A \cup (B \cap C) \Rightarrow x \in (A \cup B) \cap (A \cup C)$. 即 $A \cup (B \cap C) \subseteq (A \cup B) \cap (A \cup C)$.

第二步, 证明 $(A \cup B) \cap (A \cup C) \subseteq A \cup (B \cap C)$. 设 $x \in (A \cup B) \cap (A \cup C)$, 按照集合交的定义, $x \in (A \cup B)$ 并且 $x \in (A \cup C)$; 再按照集合并的定义, 则或者 $x \in A$, 或者 $x \in B$ 并且 $x \in C$, 即 $x \in A \cup (B \cap C)$. 于是 $x \in (A \cup B) \cap (A \cup C) \Rightarrow x \in A \cup (B \cap C)$. 即 $(A \cup B) \cap (A \cup C) \subseteq A \cup (B \cap C)$.

将上述两步结合起来, 就证明了 $A \cup (B \cap C) = (A \cup B) \cap (A \cup C)$.

差集: 设两个集合 A 和 B, 则所有属于 A 但不属于 B 的元素构成的集合, 叫作集合 A 与集合 B 的差集. 记作 $A \backslash B$, 即 $A \backslash B = \{x \mid x \in A$ 并且 $x \notin B\}$. 韦恩图如图 1-3 所示. 注意这里并不要求 $B \subseteq A$, 例如 $\{a, b, c\} \backslash \{c, d, e\} = \{a, b\}$.

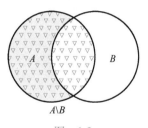

图 1-3

补集: 假设我们在集合 X 中讨论某一问题 (X 称为基本集或全集), A 是 X 的一个子集, $X \backslash A$ 称为集合 A 关于 X 的补集, 记作 A_X^c (有时也记作 A^c), 即 $A_X^c = X \backslash A$. 韦恩图如图 1-4 所示.

例如: 偶数集关于整数集 $\mathbf{Z}$ 的补集为奇数集; 有理数集 $\mathbf{Q}$ 关于实数集 $\mathbf{R}$ 的补集是无理数集. 补集的运算性质为: ①设 A 是 X 的子集, 则 $A \cup A^c = X$, $A \cap A^c = \varnothing$; ②对偶律 [德摩根 (De Morgan) 律] $(A \cup B)^c = A^c \cap B^c$, $(A \cap B)^c = A^c \cup B^c$. 此外, 补集和差集满足关系式 $A \backslash B = A \cap B^c$. 关于上述集合运算性质的证明, 这里以其中一个为例来证明, 其余留给读者自己完成. 现在证明 $(A \cap B)^c = A^c \cup B^c$. 思路如下: 要证明两个集合相等, 根据定义, 即要证明左边集合是右边集合的子集, 并且右边集合是左边集合的子集. 先设 $x \in (A \cap B)^c$, 按照补集的定义, 有 $x \notin A \cap B$. 此式等价于或者 $x \notin A$, 或者 $x \notin B$, 于是得到 $x \in A^c \cup B^c$, 所以 $x \in (A \cap B)^c \Rightarrow x \in A^c \cup B^c$, 即 $(A \cap B)^c \subseteq A^c \cup B^c$. 反过来, 设 $x \in A^c \cup B^c$, 按照并集的定义, 则或者 $x \in A^c$, 或者 $x \in B^c$. 此式等价于, 或者 $x \notin A$, 或者 $x \notin B$, 于是得到 $x \notin A \cap B$, 即 $x \in (A \cap B)^c$, 所以得到 $x \in A^c \cup$

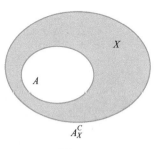

图 1-4

$B^c \Rightarrow x \in (A \cap B)^c$，换句话说 $A^c \cup B^c \subseteq (A \cap B)^c$．将上述两方面结合起来，就得到结论 $(A \cap B)^c = A^c \cup B^c$．

除了证明之外，读者也可以从韦恩图中很好地理解这些性质．

1.1.3 有限集和无限集

根据集合中元素的个数可以将集合分为**有限集**和**无限集**．若集合 S 由有限个元素组成，则称 S 是**有限集**．例如 $\{a, b, c, d, e\}$ 和 $\{x \mid x \in \mathbf{R}, x^2 - 1 = 0\}$，其中元素的个数都是有限个，故为有限集．

注意 有限区间并不是有限集．

不是有限集的集合，即含有无限个元素的集合称为无限集，例如不等式 $x - 1 < 0$ 的解组成的集合；常见的集合 $\mathbf{N}$，$\mathbf{Z}$，$\mathbf{Q}$，$\mathbf{R}$；实数集的任意区间和邻域，其中元素的个数均为无限个，故为无限集．

在无限集中有一类很常见的集合——可列集．如果一个无限集中的元素可以按某种规律排成一个序列，或者说，可以对这个集合的元素标号表示为 $\{a_1, a_2, \cdots, a_n, \cdots\}$，则称其为可列集（或可数集）．例如，自然数集 $\mathbf{N}$、有理数集 $\mathbf{Q}$ 都是可列集．实数集、直线点集和平面点集都是不可列集（或不可数集）．

需要注意的是，可列集是最小的无限集，每个无限集必包含可列子集．但是，无限集不一定是可列集（后面在讲完闭区间套定理之后，我们将证明实数集不是可列集）．

显然，要证明一个无限集是可列集，关键在于设计出一种排列的规则（当然这样的规则不是唯一的），集合中所有的元素可以按此规则，既无重复也无遗漏地排成一列．

例 1.1.2 整数集 $\mathbf{Z}$ 是可列集．

证明：因为整数全体可以按规则 0，1，-1，2，-2，$\cdots$，n，$-n$，$\cdots$ 排成一列，由可列集的定义，则可以知道整数集 $\mathbf{Z}$ 是可列集．将整数集合全体排成一列的方法是多种多样的，这只是其中的一种．给定无限个可列集合 A_1，A_2，$\cdots$，A_n，$\cdots$，其中每个集合 A_n 都是可列集，定义它们的并为 $\bigcup\limits_{n=1}^{\infty} A_n = A_1 \cup A_2 \cup \cdots \cup A_n \cup \cdots = \{x \mid$ 存在 $n \in \mathbf{Z}_+$，使得 $x \in A_n\}$，那么可以证明 $\bigcup\limits_{n=1}^{\infty} A_n$ 也是可列集．

定理 1.1.1 可列个可列集之并也是可列集．

证明：对任意 $n \in \mathbf{Z}_+$，设 A_1，A_2，$\cdots$，A_n，$\cdots$ 都是无限个可列集，记 $A_n = \{a_{n1}, a_{n2}, \cdots, a_{nk}, \cdots\}$，则 $\bigcup\limits_{n=1}^{\infty} A_n$ 的全体元素可排列成

如下的无穷方块阵：

$$
\begin{array}{cccccc}
a_{11} & a_{12} & a_{13} & a_{14} & \cdots \\
a_{21} & a_{22} & a_{23} & a_{24} & \cdots \\
a_{31} & a_{32} & a_{33} & a_{34} & \cdots \\
a_{41} & a_{42} & a_{43} & a_{44} & \cdots \\
\vdots & \vdots & \vdots & \vdots &
\end{array}
$$

把所有这些元素排成一列的规则可以有许多，做到元素无重复无遗漏，常用的一种称为对角线法则：从最左面开始，顺着逐条"对角线"（图中箭头所示）将元素按照从右上至左下的次序排列，也就是把所有的元素排列成 a_{11}，a_{12}，a_{21}，a_{13}，a_{22}，a_{31}，$\cdots$，这样的规则保证了不会遗漏一个元素. 由于不同集合 A_i 与 $A_j(i \neq j)$ 的交集可能不是空集，因此有些元素可能会在排列中多次出现，我们对此只保留一个而去掉多余的即可，这样得到的排列仍然表示集合 $\bigcup\limits_{n=1}^{\infty} A_n$，从而得到 $\bigcup\limits_{n=1}^{\infty} A_n = \{a_{11}, a_{12}, a_{21}, a_{13}, a_{22}, a_{31}, \cdots\}$，于是定理得到证明.

定理 1.1.2 有理数集 **Q** 是可列集.

证明：记 $A_n = (n, n+1]$，$n \in \mathbf{Z}$，则 **Q** 可以表示为可列个区间 $(n, n+1]$ $(n \in \mathbf{Z})$ 的并，即 $\bigcup\limits_{n \in \mathbf{Z}} A_n = \mathbf{Q}$，利用定理 1.1.1，我们只需要证明区间 $A_0 = (0, 1]$ 中的有理数是可列集即可. 事实上，由于区间 $(0, 1]$ 中的有理数可唯一地表示为既约分数 $\dfrac{q}{p}$，其中 $p \in \mathbf{Z}_+$，$q \in \mathbf{Z}$，$q \leqslant p$，并且 p，q 互质. 我们按照下列方式排列这些有理数：

分母 $p=1$ 的既约分数只有一个：$a_{11} = \dfrac{1}{1}$；分母 $p=2$ 的既约分数也只有一个：$a_{21} = \dfrac{1}{2}$；分母 $p=3$ 的既约分数有两个：$a_{31} = \dfrac{1}{3}$，$a_{32} = \dfrac{2}{3}$；分母 $p=4$ 的既约分数也只有两个：$a_{41} = \dfrac{1}{4}$，$a_{42} = \dfrac{3}{4}$；一般地，分母 $p=n$ 的既约分数至多不超过 $n-1$ 个，可将它们记为 a_{n1}，a_{n2}，$\cdots$，a_{nk_n}，其中 $k_n \leqslant n-1$. 于是区间 $(0, 1]$ 中的有理数全体可以排成 a_{11}，a_{21}，a_{31}，a_{32}，a_{41}，a_{42}，$\cdots$，a_{n1}，a_{n2}，$\cdots$，a_{nk_n}，$\cdots$. 再根据可列个可列集的并仍然是可列集，则证明了有理数集是可列集.

1.1.4 笛卡儿乘积集合

设 A 与 B 是两个集合. 在集合 A 中任意取一个元素 x, 在集合 B 中任意取一个元素 y, 组成一个有序对 (x,y). 把这样的有序对作为新的元素, 它们全体组成的集合称为集合 A 与集合 B 的**笛卡儿乘积集合**, 记为 $A{\times}B$, 即 $A{\times}B=\{(x,y)\mid x\in A,y\in B\}$. 注意: 集合 A 与集合 B 可以相同也可以不相同, 甚至其元素可以是完全不同类型的. 笛卡儿乘积集合有实际意义, 例如, 有一家窗帘厂, 所用的面料颜色有红、绿、蓝三种, 所用的工艺有抽纱、提花、印染、刺绣等四种. 若用 $A=\{$红,绿,蓝$\}$ 表示面料颜色的集合, $B=\{$抽纱,提花,印染,刺绣$\}$ 表示加工工艺的集合, 那么它们的笛卡儿乘积集合 $A{\times}B=\{(x,y)\mid x\in A,y\in B\}$ 表示该厂生产的所有的窗帘品种. 集合 $A{\times}B$ 中共有 12 个元素, 如(红, 提花)、(蓝, 印染)、(绿, 抽纱)等, 每个元素均表示该厂所生产的窗帘品种之一. 特别地, 当集合 A 与集合 B 都是实数集时, $\mathbf{R}{\times}\mathbf{R}$(记作 $\mathbf{R}^2$)表示的是平面笛卡儿直角坐标系下用坐标表示的点的集合.(这也是"笛卡儿乘积集合"一词的来历)平面上任意一点 P 的坐标可以用有序实数对 (x,y) 表示, 其中 x 和 y 分别为点 P 在横轴和纵轴上的投影坐标. 反过来, 任意一个实数对 (x,y) 也都能通过坐标的方式找到平面上唯一的对应点, 这正是我们熟知的平面解析几何的理论基础. 读者不难举一反三地推出由更多个集合构成笛卡儿乘积集合的情况. 作为一个特例, 容易知道 $\mathbf{R}{\times}\mathbf{R}{\times}\mathbf{R}$(记作 $\mathbf{R}^3$)表示的是空间笛卡儿直角坐标系下用坐标表示的点的集合.

例 1.1.3   设 $A=\{x\mid x\in \mathbf{R},a\leqslant x\leqslant b\}$, $B=\{y\mid y\in \mathbf{R},c\leqslant y\leqslant d\}$, $C=\{z\mid z\in \mathbf{R},e\leqslant z\leqslant f\}$, 则 $A{\times}B$ 就表示 xOy 平面上一个封闭矩形, 而 $A{\times}B{\times}C$ 表示 $Oxyz$ 空间中一个封闭长方体.

人物注记

1. 康托尔

1845 年 3 月 3 日, 康托尔出生于俄国的一个丹麦犹太血统的家庭. 他创立了现代集合论, 成为实数理论以及整个微积分理论体系的基础. 此外, 他还提出了集合的势和序的概念.

1856 年康托尔和他的父母迁到德国法兰克福. 1863 年他进入柏林大学, 当时这里正形成一个数学教学与研究中心. 他受到了影响而转向纯粹的数学. 1869 年他取得在哈勒大学任教的资格, 随后升为副教授, 在 1879 年被升为正教授. 1874 年康托尔发表了关于无穷集合理论的一篇开创性文章. 数学历史上一般认为这篇文章的发表标志着集合论的诞生. 在此以后康托尔研究的主流就放在集合论上. 1897 年, 过度的思维劳累以及强烈的外界刺激使康托尔患上了精神分裂症, 这一难以消除的病根在他后来几十年间一直影响着他的生活. 1918 年 1 月 6 日, 康托尔在哈勒大学的精神病院中去世.

2. 笛卡儿

笛卡儿为法国哲学家、数学家、物理学家, 1596 年出生在法国. 在数学上, 他于 1637 年发明了坐标系, 将几何和代数相结合, 创立了解析几何学. 同时, 他也推导出了笛卡儿定理等几何学公式. 传说著名的笛卡儿心形线 $r=a(1-\cos\theta)$ 就是他提出的. 在哲学上, 笛卡儿是一个二元论者以及理性主义者, 关于笛卡儿的哲学思想, 最著名的就是他的那句"我思故我在". 在物理学方面, 笛卡儿将坐标几何学应用到光学研究上, 在《屈光学》中第一次对折射定律做出了理论上的推证, 并提出了动量守恒定律, 这些都为后来牛顿等人的研究奠定了一定的基础.

关于笛卡儿心形线, 演绎了一段凄美的爱情故事, 传说 1650 年欧洲爆发黑死病, 笛卡儿流浪到瑞典, 邂逅了 18 岁的瑞典公主克里斯汀, 后来成为她的数学老师, 日日相处使他们彼此产生爱慕之心, 公主的父亲国王知道了后勃然大怒, 下令将笛卡儿处死, 后因女儿求情将其流放回法国, 克里斯汀公主也被父亲软禁起来. 笛卡儿回法国后不久便染上重病, 他日日给公主写信, 因被国王拦截, 克里斯汀一直没收到笛卡儿的信. 笛卡儿在给克里斯汀寄出第 13 封信后就气绝身亡了, 这第 13 封信内容只有短短的一个公式: $r=a(1-\cos\theta)$. 国王看不懂, 觉得他们俩之间并不总是说情话的, 大发慈悲就把这封信交给一直闷闷不乐的克里斯汀, 公主看到后, 立即明白了恋人的意图, 她马上着手把方程的图形画出来, 看到图形, 她开心极了, 她知道恋人仍然爱着她, 原来方程的图形是一颗心的形状. 这也就是著名的"心形线". 国王死后, 克里斯汀登基, 立即派人在欧洲四处寻找心上人, 无奈斯人已故, 徒留她孤零零在人间. 据说这封享誉世界的另类情书还保存在欧洲笛卡儿的纪念馆里.

历史注记

集合论诞生原因来自现今数学分析这门课程. 在 18 世纪, 由于无穷概念没有精确的定义, 使得微积分理论不仅遇到严重的逻辑困难, 还使无穷概念在数学中信誉扫地. 19 世纪上半叶, 柯西给出了极限概念的精确描述. 在这基础上建立起连续、导数、微分、积分以及无穷级数的理论. 19 世纪发展起来的极限理论解决了微积分理论所遇到的逻辑困难, 但并没有彻底完成微积分的严密化. 19 世纪后期的数学家们发现产生逻辑矛盾的原因在于奠定微积分基础的极限概念上. 柯西的极限概念并没有真正地摆脱几何直观, 只是建立在纯粹严密的算术的基础上, 之后很多数学家致力于分析的严格化, 这一过程都涉及对微积分的基本研究对象——连续函数的描述, 涉及关于无限的理论, 因此无限集合在数学上的存在问题又被提出来了, 这自然导致寻求无限集合的理论基础工作, 它成了集合论产生的一个重要原因. 康托尔进入柏林大学后, 在研究任意函数的三角级数的表达式是否唯一时, 跨出了集合论的第一步. 他在 1874 年发表文章《关于全体实代数数的特征》, 标志着集合论的诞生.

习题 1.1

1. 指出下列表述中的错误:

(1) $\{1\} = 1$, $\{0\} = \varnothing$;

(2) $\{a, b\} \in \{a, b, e\}$;

(3) $\{b, \{b, c\}, c\} = \{b, c\}$.

2. 用集合符号表示下列数集(集合表示法):

(1) 小于 10 的自然数;

(2) 由方程 $x(x^2 - 2x - 3) = 0$ 的所有实数根组成的集合;

(3) 由直线 $y = -x + 4$ 上的横坐标和纵坐标都是自然数的点组成的集合.

3. 证明若集合 A, B 和 C 都是可列集, 则 $A \cup B \cup C$ 也是可列集.

4. 证明下列集合等式:

(1) $A \cap (B \cup C) = (A \cap B) \cup (A \cap C)$;

(2) $(A \cup B)^c = A^c \cap B^c$.

5. 设 $A = \{a^2 + 2a - 3, 2, 3\}$, $B = \{2, |a + 3|\}$, 已知 $5 \in A$, 且 $5 \notin B$, 求 a 的值.

6. 下列说法是否正确? 不正确的话, 请改正.

(1) 空集没有子集;

(2) 任何集合至少有两个子集;

(3) 空集是任何集合的真子集.

7. 已知集合

$$M = \left\{ x \mid x = m + \frac{1}{6}, m \in \mathbf{Z} \right\}, \quad N = \left\{ x \mid x = \frac{n}{2} - \frac{1}{3}, n \in \mathbf{Z} \right\},$$

$$P = \left\{ x \mid x = \frac{p}{2} + \frac{1}{6}, p \in \mathbf{Z} \right\},$$

请探求集合 M, N, P 之间的关系.

8. 某班有 36 名同学参加数学、物理、化学课外探究小组, 每名同学至少参加两个小组. 已知参加数学、物理、化学小组的人数分别为 26, 15, 13, 同时参加数学和物理小组的有 6 人, 同时参加物理和化学小组的有 4 人, 则同时参加数学和化学小组的有多少人?

9. 请问由 n 个元素组成的集合 $S = \{a_1, a_2, \cdots, a_m\}$ 有多少个子集?

10. 证明: 任意无限集必包含一个可列子集.

1.2　实数集的连续性(完备性)

数学分析研究的主要对象是实变量的函数, 也就是说, 变量的取值范围是实数集合, 为此, 本节从集合到数集, 简要叙述数集的发展历史，讨论实数集的基本性质.

对于实数集的运算与基本性质，读者已从中学数学课程中有所了解. 但是，对于实数集的连续性(也称完备性)，读者是第一次接触，它是极限论的基础.

1.2.1 有理数集

人类对数的认识是从自然数开始的. 通常人们把全体自然数集记作 $\mathbf{N}=\{0,1,2,3,\cdots,n,\cdots\}$. 数集作为一种特殊的集合，可以建立元素(数)之间的"运算""距离""大小次序关系"等代数拓扑结构. 首先介绍一下运算封闭的概念，即若一个集合中的任意两个元素进行了某种运算后，所得的结果仍然属于这个集合，则称该集合对这种运算是封闭的. 显然，自然数集 $\mathbf{N}$ 对于加法和乘法运算是封闭的，即：$\forall m,n\in\mathbf{N}$, $m+n\in\mathbf{N}$, $mn\in\mathbf{N}$. 但是，自然数集 $\mathbf{N}$ 对于加法和乘法的逆运算，即减法和除法并不封闭，意思就是说，任意两个自然数的差和商不一定是自然数，例如自然数的差可能是负数. 为了把负数等不属于自然数的数集包含进来，并且要兼容原先自然数集的加法和乘法运算功能，因此，自然数集 $\mathbf{N}$ 被扩充到整数集，通常记为 $\mathbf{Z}=\{\cdots,-n,\cdots,-3,-2,-1,0,1,2,3,\cdots,n,\cdots\}$，当数集由自然数集 $\mathbf{N}$ 扩充到整数集 $\mathbf{Z}$ 后，关于加法、减法和乘法运算都封闭了. 但是，整数集 $\mathbf{Z}$ 关于除法运算不是封闭的，因为产生了分数. 因此，数集又由整数集 $\mathbf{Z}$ 扩充为有理数集，记为 $\mathbf{Q}=\left\{\dfrac{m}{n}\ \middle|\ m\in\mathbf{Z},n\in\mathbf{Z}_+,(m,n)=1\right\}$，其中 (m,n) 表示 m 与 n 的

最大公因数，这样表明 $\dfrac{m}{n}$ 是既约分数，并且 m,n 互质(互素). 显然，有理数集 $\mathbf{Q}$ 对于加法、减法、乘法和除法(除数不为 0)四则运算都是封闭的.

让我们从几何直观上来分析一下. 取一水平直线，在上面取定一个原点 O，再在 O 的右方取一点 A，以线段 OA 作为单位长度，建立了一个**坐标轴**. 在这个坐标轴上，整数集 $\mathbf{Z}$ 的每一个元素都能找到自己的对应点，这些点称为整数点. 换句话说，整数与直线上的点有一一对应关系，因为整数点之间的最小间隔为 1，我们称整数集 $\mathbf{Z}$ 在坐标轴上具有"离散性". 也就是说，整数点在坐标轴上有一定的"空隙". 众所周知，有理数集 $\mathbf{Q}=\left\{\dfrac{m}{n}\ \middle|\ m\in\mathbf{Z},n\in\mathbf{Z}_+,(m,n)=1\right\}$ 的每一个元素也都能在这坐标轴上找到自己的对应点，这些点称为有理点. 有理点在坐标轴上不存在"真空"地带，即两个有理数之间总有另外一个有

理数, 我们称有理数集 **Q** 具有"稠密性". 反映出人生哲理"人是不孤独的, 正如数轴上有无限多个有理数点, 在你的任意一个小邻域内都可以找到你的伙伴". 数学上确切的刻画是: 对于数轴上的任意一个区间 (a,b), 无论它位于何处, 也无论它有多么小, 集合 S 中都至少有一个数落在 (a,b) 之中, 即 $S \cap (a,b) \neq \varnothing$, 则称数集 S 在数轴上处处稠密. 根据这严格的数学刻画, 显然有理点在数轴上是"处处稠密"的. 几何上进一步说明如下: 考虑 **Q** 的一个子集 $E_k = \left\{ \dfrac{m}{2^k} : m \in \mathbf{Z} \right\}$, 显然, 集合 E_k 中元素在数轴上均匀分布且两个相邻元素间的距离为 $\dfrac{1}{2^k}$, 当 k 无限增大时 E_k 中相邻点之间的距离就无限制地接近. 换一个角度从确切的数学刻画上来讲: 设 (a,b) 是数轴上任意给定且任意小的一个区间, 总存在一个自然数 k, 使得相邻的有理数点之间的距离小于区间长度, 即 $\dfrac{1}{2^k} < b-a$, 由于有理数点均匀地分布在数轴上, 这时 (a,b) 中必然含有 E_k 中的点, 即 $E_k \cap (a,b) \neq \varnothing$, 而 $E_k \subseteq \mathbf{Q}$, 因此, $\mathbf{Q} \cap (a,b) \neq \varnothing$, 有理数集 **Q** 在坐标轴上是稠密的、密密麻麻的分布.

1.2.2 无理数集

有理数集 **Q** 是稠密的, 在人类历史上相当漫长的时期里, 人们一直认为有理数就是一切数, 相当完美, 其实不然. 虽然有理数在数轴上是"密密麻麻"的分布, 但仍然有"空隙". 这要归功于第一次数学危机——古希腊人发现无理数. 这就好比"人和人就像数轴上的有理数点, 彼此可以靠得很近很近, 但他们之间始终存在隔阂".

无理数的发现被称为第一次数学危机. 数学历史上有三次数学危机, 第一次是无理数的发现, 第二次是微积分中无穷小的解释, 第三次是集合论的严格化, 每次危机都会造成一些悖论. 例如, 古希腊著名哲学家芝诺曾提出四条著名的悖论, 也被如今的数学史界认定为引发第一次数学危机的重要诱因之一. 其中芝诺悖论之一就是"阿基里斯永远追不上乌龟". 阿基里斯是希腊跑得最快的英雄, 而乌龟则爬得最慢. 但是芝诺却证明, 若乌龟在前面, 阿基里斯在后面追, 则最快的永远赶不上最慢的, 因为追赶者与被追赶者同时开始运动, 而追赶者必须首先到达被追赶者起步的那一点, 如此类推, 他们之间存在着无限的距离, 所以被追赶者必定永远领先. 这个悖论认为在运动中领先的东西不能被追上，这个想法显然是错误的，因为在它领先的时间内是不能被赶上的，但是，如果芝诺允许它能越过所规定的有限的距离的话，那么它也是可以被赶上的.

大约在公元前 5 世纪，古希腊数学家毕达哥拉斯认为万物皆"数"，即"宇宙间的一切现象都能归结为整数或整数之比"，建立在"任何两个量都是可公度"这一理论基础上的毕达哥拉斯学派在当时拥有至高无上的地位. 这一理论举个例子来说，对于任意给定的长度为 a 和 b 的线段，总存在一条长度为 c 的线段，使得 $a = mc$，$b = nc$，m，n 为正整数. 但是该学派的一个弟子希帕索斯发现了：等腰直角三角形的直角边与其斜边不可公度. 新发现的数由于和之前的所谓"合理存在的数"（即有理数）不相同，这一点在学派内部形成了对立，于是这种数被称作无理数.

例 1.2.1 不存在有理数 x，满足 $x^2 = 2$.

从几何上来讲，若用 x 表示边长为 1 的正方形的对角线的长度，这个 x 就无法用有理数来表示.

证明：反证法（注意：反证法是把结论否定，承认前提条件的情况下，推出矛盾. 反证法不是证明逆否命题）.

假设存在有理数 x，满足 $x^2 = 2$. 由于假设 x 是有理数，则 $\mathbf{Q} = \left\{ \dfrac{n}{m} \mid m \in \mathbf{Z}_+, n \in \mathbf{Z}_+, (m, n) = 1 \right\}$，$m$，$n$ 互质，那么 $n^2 = 2m^2$，这表明 n 一定是偶数（若不然，如果是奇数的话，则奇数的平方必为奇数，不可能与偶数 $2m^2$ 相等）. 设 $n = 2k (k \in \mathbf{Z}_+)$，将 $n = 2k$ 代入 $n^2 = 2m^2$ 后立即得到 $m^2 = 2k^2$，这说明 m 也是偶数. 因此，我们在假设 x 为有理数的前提下，得出了 m 和 n 都是偶数的结论，这就与 m 和 n 互质发生矛盾，所以得出结论：不存在有理数 x，满足 $x^2 = 2$.

这个例子说明有理数集 $\mathbf{Q}$ 对于开方运算是不封闭的. 所以，有理数点虽然在坐标轴上密密麻麻地稠密分布，但并没有布满整条直线，其中留有许多"空隙"，比如此例中，与边长为 1 的单位正方形的对角线长度 x 所对应的点正好位于有理数集的"空隙"中.

1.2.3 实数集

中学数学课程中，我们知道有理数一定能表示成有限小数或无限循环小数，既然有理数集对于开方运算不封闭，那么扩充有理数集 $\mathbf{Q}$ 最直接的方式之一就是把所有的无限不循环小数（称为无理数）包含进来. 这样，全体有理数和全体无理数所构成的集合称为实数集 $\mathbf{R}$.

下面将会知道，全体无理数所对应的点(称为无理点)确实填补了有理点在坐标轴上的所有"空隙"，即实数集布满了整个数轴. 这样，每个实数都可以在坐标轴上找到自己的对应点，而坐标轴上的每个点又可以通过自己的坐标表示唯一一个实数. 因此，实数集合是连续不断的，此性质称为实数集的"连续性"，也称为完备性，它本质上说明了实数集对后面讲的极限运算是封闭的. 其中那条表示实数全体的坐标轴又称为**实数轴**. 实数集的连续性是分析学的基础，对于我们即将学习的极限论、微积分乃至整个现代分析学具有无比的重要性，可以说，实数集的连续性是数学分析课程的"基石". 从几何角度理解实数集的连续性，就是全体实数布满整个数轴而没有"空隙"，也就是没有断开的地方. 但从分析学角度阐述，则有多种相互等价的表述方式：即实数集连续的六大基本定理(确界存在定理、单调有界数列收敛定理、闭区间套定理、波尔查诺-魏尔斯特拉斯定理(也叫紧致性定理)、海涅-博雷尔有限覆盖定理和柯西收敛原理). 在本节中将要介绍的"确界存在定理"就是实数集连续性的表述之一.

在中学里，我们知道实数集具有如下一些主要性质：

(1) 四则运算(代数结构)：实数集对加、减、乘、除(除数不等于0)四则运算是封闭的. 此外，对开方和极限运算也是封闭的.

(2) 序关系：实数集是有序的，即任意两个实数 a，b 必须满足下述三个关系之一：$a<b$，$a=b$，$a>b$.

(3) 实数的大小关系具有传递性，即若 $a>b$，$b>c$，则有 $a>c$.

(4) 实数具有阿基米德(Archimedes)性，即对任何 $a,b\in\mathbf{R}$，若 $b>a>0$，则存在正整数 n，使得 $na>b$.

(5) 实数集具有稠密性，如果 $p,q\in\mathbf{R}$，$p<q$，则存在 $m\in\mathbf{R}$，使得 $p<m<q$，即任何两个不相等的实数之间必有另一个实数，且既有有理数，也有无理数.

(6) 实数集与数轴上的点有着一一对应关系.

在实数集中，我们可以通过"距离"建立拓扑结构，对于集合 X 中的任意两个元素 p，q，我们称绝对值 $|p-q|$ 为 p，q 的距离，如果满足：

(1) 正定性：$|p-q|\geqslant0$，并且 $|p-q|=0\Leftrightarrow p=q$.

(2) 对称性：$|p-q|=|q-p|$；

(3) 三角不等式：对 $\forall r\in X$，$|p-q|\leqslant|p-r|+|r-q|$.

众所周知，实数由有限小数、无限循环小数和无限不循环小数构成. 一般来说，任何一个实数 x 可表示成无限小数的形式：$x=[x]+0.a_1a_2\cdots a_n\cdots$，其中 $[x]$ 表示 x 的整数部分. $a_1a_2\cdots a_n\cdots$ 中

的每一个都是数字 $0,1,2,\cdots,9$ 中的一个. 本节中, 考虑到实数的无限小数表示的严格阐述需要用到尚未学到的级数知识, 若直接采用这一朴素方式定义实数的话, 虽然直观易懂并与中学内容相衔接, 但是难免一开始给读者稍欠严格之嫌. 关于实数的构造有多种方式, 不管采用何种方式, 得到的实数虽然表面形式不同但都是唯一的. 比如柯西列构造出来的是有理数的一个数列, 而戴德金 (Dedekind) 分割构造出来的是有理数的一个子集. 虽然形式不同, 但通过同构的方式发现它们都是一样的. 本节我们采用戴德金分割来严格定义实数.

戴德金分割是以有理数集的切割为基础导出无理数集定义, 进而定义整个实数集的, 为此首先给出最大数和最小数的定义.

1.2.4　最大数与最小数

设 S 是一个数集, 如果 $\exists A \in S$, 使得 $\forall x \in S$, 有 $x \leqslant A$, 则称 A 是数集 S 的最大数, 记为 $A = \max S$, 其中符号 "$\exists$" 表示存在或者可以找到; 如果 $\exists B \in S$, 使得 $\forall x \in S$, 有 $x \geqslant B$, 则称 B 是数集 S 的最小数, 记为 $B = \min S$. 显然, 当数集 S 是非空有限集, 则最大数和最小数必然存在且分别是这个集合中的最大和最小者. 但是当数集 S 是无限集时, 最大最小数就有可能不存在. 例如集合 $A = \{x \mid x \geqslant 0\}$ 没有最大数, 但是有最小数 0.

下面介绍戴德金分割.

定义 1.2.1　设 S 是有大小顺序的集合, A 和 B 是两个子集, 如果:

(1) $A \neq \varnothing$, $B \neq \varnothing$, $A \cap B = \varnothing$ (非空、不交);

(2) $A \cup B = S$ (不漏);

(3) $\forall a \in A$, $\forall b \in B$, 有 $a < b$ (有序);

(4) A 中无最大数,

则称这种分拆叫作 S 的一个分划. 集合 A 叫作分划的下组, 集合 B 叫作分划的上组, 分划记作 $A \mid B$.

注意　第 (4) 条无最大数, 不是没有边界无穷的意思. 例如集合 $(0,1)$ 既没有最小数也没有最大数, 但有界.

考虑有理数集 $\mathbf{Q}$ 的分划 $A \mid B$:

(1) 若 B 中存在最小数, 则称 $A \mid B$ 是有理分划;

(2) 若 B 中不存在最小数, 则称 $A \mid B$ 是无理分划.

意思是: 有理分划和无理分划是通过上组集合 B 中有无最小数来确定.

例 1.2.2　　对于任意的有理数 r，如果 $r<1$，就把这个数放入下组集合 A，如果 $r \geqslant 1$，就把这个数放入上组集合 B. 则上组集合 B 有最小数 1，这 1 位于分割点处，此时为有理分划.

例 1.2.3　　考虑正有理数 r，如果 $r^2<2$，就把这个数、数 0，以及负有理数放入下组集合 A；对于其他的正有理数 r，如果 $r^2>2$，就把这个数放入上组集合 B. 则发现，在下组集合 A 中没有最大数（不是往上没有边界的意思），上组集合 B 里面也没有最小数. 因此这个分划没有确定任何有理数，即集合 A 与 B 之间存在一个"空隙"，其实这个数就是无理数"$\sqrt{2}$". 下面来证明下组集合中没有最大数. 任意取下组集合 A 中的一个数 r，显然有 $r^2<2$. 我们要证明，一定存在一个正自然数 n，使得 $\left(r+\dfrac{1}{n}\right)^2<2$，如果证明了这一点，也就是说 $r+\dfrac{1}{n} \in A$ 且大于 r，因此，随便在 A 中取一个数，总能在 A 中找到一个更大的数，也就是说，下组集合 A 中没有最大的数. 下面说明正自然数 n 的存在，我们有 $r^2+\dfrac{2r}{n}+\dfrac{1}{n^2}<2$，即 $\dfrac{2r}{n}+\dfrac{1}{n^2}<2-r^2$，接着对上式进行放大，得到 $\dfrac{2r}{n}+\dfrac{1}{n^2}<\dfrac{2r+1}{n}<2-r^2$，解出 $n>\dfrac{2r+1}{2-r^2}$.

此例表明，戴德金切割处就等同于无理数，戴德金分割从有理数出发，给出了无理数. 从而给出了实数的严格定义.

理解戴德金分割需要借助一个数轴，分为两个非空集合 A，B. 如图 1-5 所示.

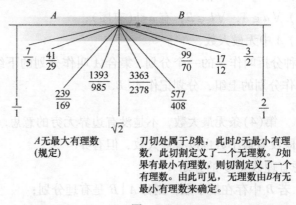

图 1-5

给定有理数 a，考虑 $A=\{x \mid x \in \mathbf{Q}, x<a\}$，$B=\{x \mid x \in \mathbf{Q}, x \geqslant a\}$，这样有理数 a 与有理分划 $A \mid B$ 一一对应.

定义 1.2.2　有理数集的任一无理分划称为无理数.

例如：设 $A=\{x\mid x\in\mathbf{Q},x\leqslant 0$ 或 $x^2<2\}$，$B=\mathbf{Q}\backslash A$，则 $A\mid B$ 是一个无理分划（对应于无理数 $\sqrt 2$）.

有理数和无理数统称为实数. 实数集的分划跟有理数的分划类似，对实数集再进行分划不能产生新的数. 下面介绍分割定理.

定理 1.2.1　戴德金分割定理　对实数集 $\mathbf{R}$ 的任意一个分划 $X\mid Y$，Y 中必有最小数.

证明：令 $A=X\cap\mathbf{Q}$，$B=Y\cap\mathbf{Q}$，则 $A\mid B$ 构成有理数集 $\mathbf{Q}$ 的一个分划，所以表示一个实数，记作 z，下面证明 $z\in Y$，且是 Y 的最小数. 采用反证法，假设 $z\in X$，根据分划定义，由于 X 无最大数，则 $\exists x\in X$，使得 $z<x$，根据稠密性，则存在有理数 c，使得 $z<c<x$. 因为 $c<x$，所以 $c\in A$，又因为 $c>z$，所以 $c\in B$. 于是得到 c 既属于 A 又属于 B，这与分划定义矛盾，因此，$z\in Y$.

假设 z 不是 Y 的最小数，则存在 $y\in Y$，使得 $y<z$，根据稠密性，从而存在有理数 c，使得 $y<c<z$，因为 $c<z$，所以 $c\in A$，又因为 $c>y$，所以 $c\in B$，矛盾. 因此 z 是 Y 中的最小数.

戴德金分割定理说明实数不像有理数那样在数轴上存在"空隙".

1.2.5　上下确界及存在定理

设集合 $E\subseteq\mathbf{R}$，如果 $\exists M\in\mathbf{R}$，使得 $\forall x\in E$，有 $x\leqslant M$，则称 E 是**有上界**的，并且说 M 是 E 的一个上界；如果 $\exists m\in\mathbf{R}$，使得 $\forall x\in E$，有 $x\geqslant m$，则称 E 是**有下界**的，并且说 m 是 E 的一个下界. 当数集 E 既有上界又有下界时，则称 E 为**有界集**. 显然，E 为有界集 $\Leftrightarrow\exists X>0$，使得 $\forall x\in E$，有 $|x|\leqslant X$. 没有上界 M 或没有下界 m 的数集称为**无界集**.

如果集合 E 有上界，它的上界必有无穷多个，在由上界全体所组成的集合中，显然没有最大数，但一定有最小数，这个最小数称为数集 E 的上确界，即最小上界.

定义 1.2.3　设 E 为非空数集，如果有 $M\in\mathbf{R}$ 满足：

（1）M 是数集 E 的一个上界：$\forall x\in E$，有 $x\leqslant M$；

（2）M 是数集 E 的最小上界，即任何小于 M 的数不是数集 E 的上界：$\forall\varepsilon>0$，$\exists x'\in E$，使得 $x'>M-\varepsilon$，

则称 M 为 E 的上确界，记为 $M=\sup E$. sup 是拉丁文 supremum（上确界）一词的简写.

设 E 有下界，在由全体下界所组成的集合中，显然没有最小数，但一定有最大数，则称这个最大数为数集 E 的下确界，即最大下界.

定义 1.2.4 设 E 为非空数集，如果有 $N \in \mathbf{R}$ 满足：

（1）N 是数集 E 的一个下界：$\forall x \in E$，有 $x \geqslant N$；

（2）N 是数集 E 的最大下界，即任何大于 N 的数不是数集 E 的下界：$\forall \varepsilon > 0$，$\exists x' \in E$，使得 $x' < N + \varepsilon$，

则称 N 为 E 的下确界，记为 $N = \inf E$.

例 1.2.4 设 S 是一个数集，如果 $a = \max S$（或 $a = \min S$），$a \in S$，证明 $a = \sup S$（或者 $a = \inf S$）.

证明：设 $a = \max S$，根据最大数的定义，则 $\forall x \in S$ 都有 $x \leqslant a$，因此 a 为集合 S 的一个上界；对 $\forall c < a$，由于 $a \in S$，知 c 不是 S 的上界，即：a 是最小的上界，所以，$a = \sup S$.（最小数为下确界同理可证）.

关于上确界和下确界需要注意：

（1）若数集存在上确界（或下确界），则一定是唯一的；

（2）上、下确界可能属于 E，也可能不属于 E；显然若数集 $E \subseteq E_1$，则 $\sup E \leqslant \sup E_1$，$\inf E \geqslant \inf E_1$；

（3）如果上确界在集合中，那它一定是该集合的最大元素；反过来，若一个集合中有最大元素，则它一定是该集合的上确界；

（4）无上（下）界的数集没有上（下）确界；

（5）为方便起见，若集合 E 没有上界，规定 $\sup E = +\infty$；若 E 没有下界，则规定 $\inf E = -\infty$. 这仅是一个记号而已，一般不能参加运算.

定理 1.2.2 确界存在定理（实数集连续性定理） 非空有上界的数集必有上确界；非空有下界的数集必有下确界.

证明：设实数集 E 非空有上界. 若 E 中有最大数 M，则 $M = \sup E$. 若 E 中没有最大数. 设 B 是 E 的所有上界组成的集合，记 $A = \mathbf{R} \backslash B$，注：$A$ 中没有最大数.（如果 A 中有最大数，由于 $E \subset A$，则 E 中必有最大数，与前提矛盾）

则 $A | B$ 构成 $\mathbf{R}$ 的一个分划. 由戴德金分割定理，B 中存在最小数 M，即 $M = \sup E$.

确界存在定理仅在实数集内成立，在有理数集内不一定成立，例如：$S = \{x \mid x^2 < 2, x \in \mathbf{Q}\}$，$\sup S = \sqrt{2}$，$\inf S = -\sqrt{2}$，则 S 在有理数

集没有确界，确界存在定理在有理数集不成立.

确界存在定理反映了实数集连续性这一基本特性，这可以从几何上来理解：假若全体实数不能填满整条数轴而是留有"空隙"，则"空隙"左边的数集就没有上确界，"空隙"右边的数集就没有下确界. 例如，有理数集合在数轴上有"空隙"，则它不具有"确界存在定理"，即：有理数内有上下界的集合未必有上下确界.

历史注记

毕达哥拉斯（Pythagoras，约公元前 580—前 501）是古希腊著名数学家和哲学家，以他当时的名气组成了一个毕达哥拉斯学派，该学派的理论基础是"一切量都是可公度的"，他们认为世间一切事物都可以是数和数的比例. 其中我们熟知的勾股定理（毕达哥拉斯定理）就是他们证明的.

无理数的发现引发了第一次数学危机，毕达哥拉斯学派的弟子发现正方形边长与其对角线是不可公度的. 建立在"任何两个量都是可公度"这一理论基础上的毕达哥拉斯学派数学大厦迅速崩塌，由于无理数的算术性质非常神秘，希腊人认为，最好完全回避采用数字的表达形式，而全神贯注于通过简明的几何体来表达量. 就这样，导致古希腊由数的研究转为图形几何，出现了欧几里得几何. 欧几里得（Euclid，约公元前 300—前 275）是古希腊著名学者，其最重要的贡献是撰写了《几何原本》. 虽然大家默认了无理数的存在，但是，关于无理数的研究和讨论却一直持续了此后的 2000 多年. 到 19 世纪，德国数学家戴德金给出了无理数较为系统的定义，从而终结了由无理数引起的第一次数学危机.

毕达哥拉斯学派在科学上的影响力，使得希腊成为了人类古文明的中心. 人们都说，数学是所有自然学科的基础，而关于数却一直在发展，从无到零的出现，从整数到负数，从有理数到无理数，从实数到虚数，从复数到哈密顿的四元数. 新事物的诞生都伴随着巨大的阻力，有的可能会付出生命的代价，数的发展也同样如此. 但不可否认的是，每一次对数域的扩充，都让人们更加接近数学的本质，了解数学也就是了解了我们身边的世界.

在函数、极限和收敛性的概念都被定义清楚之后，完整的实数概念才由戴德金和康托尔给出，实数理论的严格化为分析学的发展奠定了重要的理论基础.

习题 1.2

1. 证明 $\sqrt{3}+\sqrt{2}$ 不是有理数.

2. 设集合 A，B 都是有界集，证明：$A \cap B$ 也是有界集.

3. 设集合 A 有上界，证明数集 $B = \{-x \mid x \in A\}$ 有下界，且 $\sup A = -\inf B$.

4. 设 $A = \{x \mid x \in \mathbf{Q}, x^2 < 3\}$，证明：（1）$A$ 中没有最大数和最小数；（2）A 在 $\mathbf{Q}$ 中没有上确界和下确界.

5. 用数学符号语言表述数集 A 无上界、无下界和无界的定义.（提示：将有上界、有下界、有界定义中的 "$\forall$" 改成 "$\exists$"，"$\exists$" 改成 "$\forall$"，"$\leqslant$" 改成 "$>$".）

6. 设 $S = \left\{ \dfrac{1}{2}, \dfrac{2}{3}, \cdots, \dfrac{n}{n+1}, \cdots \right\}$，求 $\sup A$，$\inf A$.

7. 求下列数集的确界，并给出证明：（1）$S = \{x \mid x^2 > 3, x > 0\}$；（2）$S = \left\{ x \mid x = \dfrac{1+(-1)^n}{n}, n \in \mathbf{Z}_+ \right\}$.

8. $\inf f(x) = m$，$\sup f(x) = M$，证明 $\sup \left| f(x_0') - f(x_0'') \right| = M - m$.

9. 设 $a > 1$，x 为有理数，证明：$a^x = \sup \{ a^r \mid r$ 为有理数，$r < x \}$.

在这一节中，我们将详细介绍数学分析的研究对象——函数. 众所周知，映射与函数密切相关，读者在学习本节内容时，要注意两者之间的区别和联系.

1.3.1　映射的概念

1. 映射

映射是指两个非空集合之间元素相互"对应"的一种关系.

> **定义 1.3.1**　两个非空集合 X 与 Y 之间存在着某种对应关系 f，而且对于 X 中的每一个元素 x，Y 中总有唯一的一个元素 y 与它对应，称这种对应为从 X 到 Y 的**映射**，记为 $f: X \to Y$，而集合 X，Y 中元素之间的对应关系表示为 $x \mapsto y = f(x)$. 其中，y 或者 $f(x)$ 称为 x 在映射 f 下的像（值），记作 $y = f(x)$. x 称为 y 在映射 f 下的一个原像（逆像）. 集合 X 叫作映射 f 的定义域，记为 D_f. 而像 y 的全体（即函数值集合）称为映射 f 的值域，记为 V_f，即 $V_f = \{ y \mid y \in Y$ 并且 $y = f(x), x \in X \} \subseteq Y$.

注意　（1）映射中的两个集合 X，Y 可以是数集、点集或者由图形组成的集合以及其他元素的集合.

（2）映射是有方向的，X 到 Y 的映射与 Y 到 X 的映射往往是不同的.

（3）映射要求对集合 X 中的任何一个元素在集合 Y 中都有像，而这个像是唯一确定的. 这种集合 X 中元素的任意性和在集合 Y 中对应的元素唯一性构成了映射的核心.

（4）映射允许集合 Y 中的某些元素在集合 X 中没有原像. 也就是说像集（值域）是 Y 的子集.

（5）映射允许集合 X 中不同的元素在集合 Y 中有相同的像，即映射只能是"多对一"或者"一对一"，不能是"一对多".

例如，设对应法则 $f: y^2 = x$，显然 f 不是映射. 因为对每个 $x>0$，f 不满足像的唯一性要求. 对于不满足像的唯一性要求的对应法则，通常可以稍加限制值域范围，就能使它成为映射. 比如对上述 $y^2 = x$，限制值域为 $y \geqslant 0$，此时 f 就成为映射（满足像的唯一性）.

（6）构成一个映射必须具备三个基本要素：①集合 X，即定义域 $D_f = X$；②集合 Y，即限制值域的范围：$V_f \subseteq Y$；③对应法则 f，使每一个 $x \in X$，有唯一确定的 $y = f(x)$ 与之对应.

例 1.3.1　设 $X = \{x, y, z\}$，$Y = \{g, e, f, h\}$，我们给出对应法则 $f: f(x) = e, f(y) = h, f(z) = g$，根据映射的定义，显然 f 是一个映射. 定义域为 $D_f = X = \{x, y, z\}$，值域为 $V_f = \{e, h, g\} \subseteq Y$.

下面介绍映射的分类.

定义 1.3.2　设 $f: X \to Y$，$g: X \to Y$ 是两个映射，如果 $\forall x \in X$，都有 $f(x) = g(x)$，则称两个**映射相等**，即 $f = g$.

定义 1.3.3　若 $f: X \to Y$，$\forall x_1, x_2 \in X$，如果 $x_1 \neq x_2$，则 $f(x_1) \neq f(x_2)$，则称 f 为**单射**. 单射表示不同点的原像是唯一的.

例如，$x \mapsto y = x^3$ 是单射，而 $x \mapsto y = x^2$ 不是单射.

定义 1.3.4　如果映射 $f: X \to Y$，满足值域 $V_f = f(X) = Y$，则称 f 为**满射**. 满射表示集合 Y 中每一个元素都有原像.

例如，映射 $f: \mathbf{R} \to [-1, 1]$，$x \mapsto y = \cos x$ 是一个满射.

定义 1.3.5　如果映射 $f: X \to Y$ 既是单射，又是满射，则称 f 是**双射**（又称**一一对应**）.

例如：$X = \{\text{甲}, \text{乙}, \text{丙}\}$，$Y = \{x, y, z\}$，若映射 $f: X \to Y$，满足 $f(\text{甲}) = x, f(\text{乙}) = y, f(\text{丙}) = z$，则映射为双射.

2. 逆映射

> **定义 1.3.6**　设 $f: X \to Y$ 是单射，则对 $\forall y \in V_f \subseteq Y$，存在唯一的逆像 $x \in X$. 于是对应关系 $f^{-1}: V_f \to X$ 构成了 V_f 到 X 上的一个映射，称为 f 的**逆映射**，记为 f^{-1}，满足 $f^{-1}(y) = x$. 其定义域为 V_f，值域 $R_{f^{-1}} = X$.

需要注意的是：① 逆映射存在的条件是 $f: X \to Y$ 是单射；② 只要逆映射 f^{-1} 存在，它就一定是值域 V_f 到 X 上的一个双射（一一对应）（因为既是单射又是满射）.

例如，$f: \mathbf{R} \to \mathbf{R}$，$x \mapsto y = \sin x$ 不是单射，因此没有逆映射，但是如果将定义域改为 $\left[-\dfrac{\pi}{2}, \dfrac{\pi}{2} \right]$，也就是考虑映射 $f: \left[-\dfrac{\pi}{2}, \dfrac{\pi}{2} \right] \to [-1, 1]$，$x \mapsto y = \sin x$，则这个映射就是单射且是满射，并有逆映射 $f^{-1}: [-1, 1] \to \left[-\dfrac{\pi}{2}, \dfrac{\pi}{2} \right]$，$y \mapsto x = \arcsin y$.

3. 复合映射

> **定义 1.3.7**　设有映射 $\varphi: X \to Y_1$，$x \mapsto u = \varphi(x)$，$f: Y_2 \to Z$，$u \mapsto f(u)$，其中 φ 称为内映射，f 称为外映射，如果内映射 φ 的值域和外映射 f 的定义域满足 $V_\varphi \subseteq D_f = Y_2$，则得到一个新的对应法则 $f \circ \varphi: X \to Z$，$x \mapsto y = f(\varphi(x))$，称为 f 和 φ 的**复合映射**，记作 $y = (f \circ \varphi)(x) = f(\varphi(x))$.

> **例 1.3.2**　设内映射 φ 与外映射 f 分别为 $\varphi: X \to Y_1$，$x \mapsto u = \mathrm{e}^x$，$f: Y_2 \to Z$，$u \mapsto y = \sqrt{u}$，显然，$R_\varphi = (0, +\infty) \subseteq Y_2 = D_f = [0, +\infty)$，根据定义，两个映射可以复合，构成复合映射. 即 $f \circ \varphi: X \to Z$，$y = f(\varphi(x)) = \sqrt{\mathrm{e}^x}$.

> **例 1.3.3**　设内映射 $\varphi: \mathbf{R} \to \mathbf{R}$，$u = 1 - x^2$ 和外映射 $f: \mathbf{R}_+ \to \mathbf{R}$，$u \mapsto y = \ln u$，由于 $V_\varphi = (-\infty, 1] \nsubseteq D_f = (0, +\infty)$，因此不能构成复合映射 $f \circ \varphi$.

需要注意的是：① 构成复合映射的条件，即内映射 φ 的值域和外映射 f 的定义域满足 $V_\varphi \subseteq D_f = Y_2$；② 两个映射的"内"和"外"是相对的，即两个映射的复合是有顺序的. 特别地，若映射 f 与自身逆映射 f^{-1} 进行复合，则可以得到下面结论：$f \circ f^{-1}(y) = y$，$y \in V_f$，$f^{-1} \circ f(x) = x$，$x \in V_{f^{-1}} = X$.

例 1.3.4　$y=\cos x$：$[0,\pi]\to[-1,1]$ 是双射，其逆映射 $x=\arccos y$：$[-1,1]\to[0,\pi]$，两个映射复合后得到 $\cos(\arccos y)=y$，$y\in[-1,1]$，$\arccos(\cos x)=x$，$x\in[0,\pi]$. 这个例子再次说明映射复合有顺序而且一般不同.

1.3.2　一元实函数

在中学读者已经对函数的概念有所了解，本部分将进一步讨论数学分析的研究对象——函数. 众所周知，映射与函数密切相关.

定义 1.3.8　如果在上述映射的定义 1.3.5 中特殊地选取集合 $X\subseteq\mathbf{R}$，$Y=\mathbf{R}$，即为实数集 $\mathbf{R}$ 到实数集 $\mathbf{R}$ 的一种特殊映射，我们称这样的映射 f：$X\to Y$，$x\mapsto y=f(x)$ 为**一元实函数**，简称函数. 其中，x 为自变量，y 为因变量. 数集 X 称为函数的定义域，记成 D_f，对任意的 $x\in D_f=X$，函数值 $f(x)$ 构成的集合叫作函数的值域，记作 V_f.

在数学分析课程里研究的函数为实函数，即实数 $\mathbf{R}\to\mathbf{R}$ 的映射，因此函数通常记作 $y=f(x)$，$x\in X=D_f$，或者简单地写成 $y=f(x)$. 读作"函数 $y=f(x)$". 函数在某一点 x_0 的函数值记为 $f(x_0)$ 或者 $y\big|_{x=x_0}$. 函数定义域的确定通常分为两种情况，若函数有实际问题背景，则根据实际意义确定函数的定义域. 若函数没有实际背景，则使得函数表达式有意义的一切实数构成的集合就是函数的定义域，也称为自然定义域. 例如，函数 $y=\dfrac{1}{x}$ 的自然定义域为 $(-\infty,0)\cup(0,+\infty)$.

以此类推，前面讲的逆映射和复合映射概念中，特殊地选取集合 $X\subseteq\mathbf{R}$，集合 $Y=\mathbf{R}$，即逆映射和复合映射成为 $\mathbf{R}\to\mathbf{R}$ 的对应，则正是反函数和复合函数的概念. 关于反函数和复合函数做如下说明：

（1）复合映射中的"内映射"和"外映射"在复合函数里分别称为"内函数"和"外函数". 内函数中的因变量 u 称为中间变量.

（2）在满足复合条件的基础上，复合函数可以通过多个函数复合而成.

（3）反函数两种表示：$x=f^{-1}(y)$，$y\in V_f$ 和习惯采用的 $y=f^{-1}(x)$，$x\in V_f$ 本质上是一样的，因为定义域和对应法则完全相同，两者只是采用的变量记号不同而已.

函数是数学分析的研究对象，上册讨论一元实函数，即一个自变量和一个因变量. 下册讨论多元函数，即含有多个自变量、一个因变量的函数，以及多个自变量、多个因变量的向量值函数.

关于映射和函数的定义，需要注意两者的区别和联系.

函数与映射的联系：

（1）函数与映射都是两个非空集合中元素的对应关系，函数与映射的对应都具有方向性，X 中元素具有任意性，Y 中元素具有唯一性.

（2）函数本质上是一种实数集合 $\mathbf{R}\to\mathbf{R}$ 的特殊映射.

函数与映射的区别：

（1）函数是一种特殊的映射，它要求两个集合中的元素必须是数，而映射中两个集合的元素是任意的数学对象.

（2）函数要求每个值域都有相应的定义域与其对应，也就是说，值域这个集合不能有剩余元素，而构成映射的像的集合是可以有剩余.

（3）对于函数来说有先后关系，即定义域根据对应法则产生的值域，而对于映射来说没有先后关系，两个集合同时存在.

1.3.3 函数的表示

函数的表示方法主要有三种，即显式法、隐式法和参数法.

1. 函数显式表示

有些函数可以表示成 $y=f(x)$ 的形式，即自变量 x 的表达式和因变量 y 分别放在等号的两边，这种函数形式称为函数的显式表示. 这里我们介绍几种常见的显式表示的函数，请读者务必熟悉.

例 1.3.5 符号函数也称为克罗内克（Kronecker）函数，它是一种常见的**分段函数**，即在定义域的不同区间上，函数通过分段显式给出. 定义如下：

$$y=\operatorname{sgn}x=\begin{cases}1, & x>0, \\ 0, & x=0, \\ -1, & x<0\end{cases}\text{（注：sgn 源于拉丁文“signum”）}.$$

定义域 $D_f=\mathbf{R}=(-\infty,+\infty)$，值域 $V_f=\{-1,0,1\}$，其函数图形如图 1-6 所示.

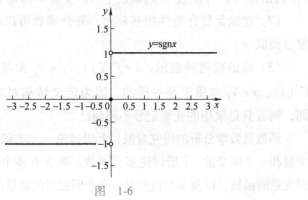

图 1-6

例 1.3.6　绝对值函数，定义为

$$y = |x| = \begin{cases} x, & x \geqslant 0, \\ -x, & x < 0. \end{cases}$$

定义域 $D_f = \mathbf{R} = (-\infty, +\infty)$，值域 $V_f = [0, +\infty)$，其函数图形如图 1-7 所示.

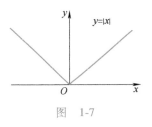

图　1-7

在计算机语言或者计算器中，绝对值函数常常记作 $\mathrm{abs}(x)$. 在数学和计算机运算中，符号函数可以把函数的符号析离出来，取某个数的符号. 例如，符号函数和绝对值函数成立关系式 $x = \mathrm{sgn}x \cdot |x|$，$|x| = x \cdot \mathrm{sgn}x$.

例 1.3.7　取整函数，也称高斯函数，指不超过实数 x 的最大整数，称为 x 的整数部分，记为 $y = [x] = \max\{k \in \mathbf{Z} \mid k \leqslant x\}$. 类似地，可定义 x 的小数部分 $\{x\} = x - [x]$.

例如：$[-3.5] = -4$，$\left[\dfrac{1}{4}\right] = 0$，$\{-3.5\} = -3.5 - (-4) = 0.5$.

定义域 $D_f = \mathbf{R} = (-\infty, +\infty)$，值域 $V_f = \mathbf{Z}$，其函数图形如图 1-8 所示. 让我们联想到"欲穷千里目，更上一层楼". 取整函数被广泛应用于数论、函数绘图和计算机领域.

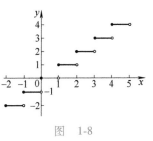

图　1-8

例 1.3.8　狄利克雷（Dirichlet）函数，是德国数学家狄利克雷提出的，定义如下：

$$y = D(x) = \begin{cases} 1, & x \in \mathbf{Q}, \\ 0, & x \in \mathbf{R} \backslash \mathbf{Q}. \end{cases}$$

定义域 $D_f = \mathbf{R} = (-\infty, +\infty)$，值域 $V_f = \{0, 1\}$，其函数图形很难准确描绘出来. 但我们可以想象得出，其图像是跳跃式的，即：有无数个点跳到 1，无数个点在 0. 大体图像如图 1-9 所示. 在后续澄清一些概念时，经常采用狄利克雷函数作为例子.

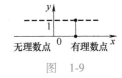

无理数点　　有理数点

图　1-9

例 1.3.9　黎曼（Riemann）函数，是由德国数学家黎曼发现提出的，定义如下：

$$y = R(x) = \begin{cases} \dfrac{1}{q}, & x \in \mathbf{Q}, 0 < x < 1, x = \dfrac{p}{q}\ (p, q \in \mathbf{Z}_+, (p, q) = 1), \\ 0, & x \in \mathbf{R} \backslash \mathbf{Q}, 0 \leqslant x \leqslant 1. \end{cases}$$

定义域 $D_f = [0, 1]$，值域 $V_f = \{0, \dfrac{1}{2}, \dfrac{1}{3}, \dfrac{1}{4}, \cdots, \dfrac{1}{q}, \cdots\}$，其函数图形难以准确画出. 但我们可以想象得出，其图像是跳跃式的，与狄利克雷函数图像不同之处是在有理数点处跳跃的高度是不同的（见图 1-10）. 而且两个函数的性质截然不同. 黎曼函数经常可以作为反例来验证某些函数方面的待证命题.

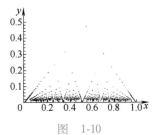

图　1-10

例 1.3.10 最大值函数和最小值函数：对于任意两个函数 $f(x)$，$g(x)$，定义最大值函数

$$\max\{f(x),g(x)\} = \begin{cases} f(x), f(x) \geqslant g(x), \\ g(x), f(x) < g(x); \end{cases}$$

定义最小值函数

$$\min\{f(x),g(x)\} = \begin{cases} g(x), f(x) \geqslant g(x), \\ f(x), f(x) < g(x). \end{cases}$$

如图 1-11 所示.

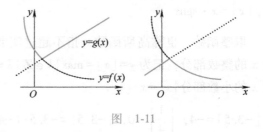

图 1-11

2. 函数隐式表示和参数表示

有些函数无法显式化时，一般采用隐式表示，即指通过一个二元一次方程 $F(x,y)=0$ 来确定变量 y 与 x 之间函数关系的方式. 例如：$5x+2y-3=0$，$x+\cos(xy)=0$，这样的函数称为隐函数.

注意 隐函数确立了一种函数关系，这种函数关系是几元的呢？这里的"元"就是自变量，这里自变量的个数等于所有变量的个数减去方程的个数. 例如：圆的隐式表示方程为 $x^2+y^2=r^2$，这个隐函数确立了变量 x 与 y 之间的特定关系. 那么确定的是几元函数呢？显然是一元函数，因为自变量的个数等于所有变量的个数减去方程的个数等于1，因此是一元函数. 但是，由于当 $x \in (-r,r)$ 时，对应的 y 不是唯一确定的，所以从函数的定义中像的唯一性来讲，变量 y 还不能说是变量 x 的一元函数. 但是，我们可以分别考虑上半圆周($y \geqslant 0$)和下半圆周($y \leqslant 0$)，这样就是一元函数了.

实际上，在表示变量 x 与 y 的函数关系时，有时候很复杂，甚至难以直接得到，这时候我们常常需要引入一个辅助变量(如参数 t)，通过建立参数 t 与变量 x、参数 t 与变量 y 之间的函数关系，间接地确定 x 与 y 之间的函数关系，这种方法称为函数的参数表示. 即 $\begin{cases} x=x(t), \\ y=y(t), \end{cases}$ 其中 t 称为参数，并且对于参数 t 的每一个允许值，由方程组所确定的点都在这条曲线上. 注意：参数方程没有直接体现曲线上的点的横纵坐标之间的关系，而是分别体现了点的横纵坐标与参数的关系.

例 1.3.11　参数方程 $\begin{cases} x=r\cos t, \\ y=r\sin t, \end{cases} t\in[0,\pi]$ 表示的是圆心在 $(0,0)$，

半径为 r 的上半圆.

下半圆的参数方程为 $\begin{cases} x=r\cos t, \\ y=r\sin t, \end{cases} t\in[\pi,2\pi]$.

例 1.3.12　参数方程 $\begin{cases} x=a\cos t, \\ y=b\sin t \end{cases} (a>b>0)\, t\in[0,2\pi]$ 表示中心在

原点，焦点在 x 轴上的椭圆.

例 1.3.13　旋轮线又称摆线，其参数方程为 $\begin{cases} x=a(t-\sin t), \\ y=a(1-\cos t). \end{cases}$ 它

是一个圆在一条定直线上滚动时，圆周上定点的几何轨迹，当 $a=$
1 时的图像如图 1-12 所示.

　　旋轮线源于"最速降线"问题，它是历史上最早出现的变分法
问题之一，通常被认为是变分法的起点. 是意大利物理学家伽利
略 1630 年提出的，即："一个质点在重点作用下，从一个给定的
点到不在它垂直下方的另一点，如果不考虑摩擦力，问沿着什么
曲线下滑所需时间最短?"，当时伽利略自己并没有得出正确答案.
1696 年，瑞士数学家约翰·伯努利在《教师学报》再次提出"最速
降线问题"并向欧洲所有数学家征求解答，牛顿、莱布尼茨、洛必
达、雅各布·伯努利都给出了正确结论：最速降线是下凹的旋轮
线. 在所有解答中，约翰·伯努利用类比光学中的费马原理的方
法给出了最漂亮的结果，但从影响来说，雅各布·伯努利的做法
真正体现了变分思想，直接促进了变分学的萌芽和发展. 大数学家
欧拉（Euler）在 1744 年给出了这类问题的普遍解法，从而产生了
变分法这一新的数学分支.

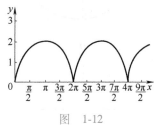

图　1-12

　　上述函数的表示都是在直角坐标系下给出的，此外，在平面
坐标系里，还有极坐标系. 极坐标系是指在平面内由极点、极轴
和极径组成的坐标系. 下面给出极坐标系的建立，在平面上取
定一点 O，称为极点. 从点 O 出发引一条射线 Ox，称为极轴. 再
取定一个单位长度，通常规定角度取逆时针方向为正. 这样，平
面上任何一点 P 的位置就可以用线段 OP 的长度 ρ（也称极径）以及
从 Ox 到 OP 的角度 θ 来确定，有序数对 (ρ,θ) 就称为点 P 的极坐
标，记为 $P(\rho,\theta)$，其中 $\rho\geq 0$ 称为极径，$0\leq\theta\leq 2\pi$ 称为点 P 的极
角. 如图 1-13 所示.

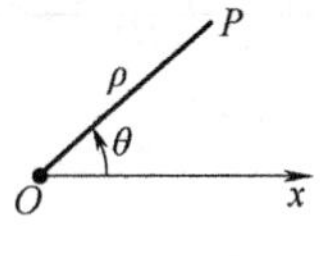

图　1-13

　　于是点 P 的直角坐标 $P(x,y)$ 和极坐标 $P(\rho,\theta)$ 有如下的关系：

$$\begin{cases} x=\rho\cos\theta, \\ y=\rho\sin\theta \end{cases} (\rho\geq 0).$$

同样，可以通过直角坐标得到极坐标. 由于 $x^2+y^2=\rho^2$，得到 $\rho=\sqrt{x^2+y^2}$，$\dfrac{y}{x}=\dfrac{\rho\sin\theta}{\rho\cos\theta}=\tan\theta$，于是有

$$\begin{cases} \rho=\sqrt{x^2+y^2}, \\ \tan\theta=\dfrac{y}{x}. \end{cases}$$

有了直角坐标和极坐标之间的关系，函数的直角坐标方程和极坐标方程可以进行互相转化，给解决问题带来方便.

另外，在极坐标系下，可以用 $\rho=\rho(\theta)$ 表示平面曲线，于是可以化为曲线的参数方程

$$\begin{cases} x=\rho(\theta)\cos\theta, \\ y=\rho(\theta)\sin\theta. \end{cases}$$

下面给出一些常见的极坐标曲线.

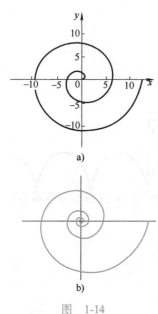

例 1.3.14 圆周的极坐标方程. 中心在坐标原点，半径为 r 的圆周的直角坐标方程为 $x^2+y^2=r^2$，利用直角坐标和极坐标之间的转化关系，则圆周的极坐标方程为 $\rho=r$.

例 1.3.15 螺线，指极径随着极角的增加而成比例变化的曲线，常见的有：①阿基米德螺线（也称等速螺线），$\rho=a\theta$；②对数螺线，也称为等角螺线，其极坐标方程为 $\rho=ae^\theta$，它是 1638 年经笛卡儿引进的. 后来伯努利曾详细研究过它并对其性质惊叹不已，竟留下遗嘱将对数螺线画在自己的墓碑上. 对数螺线在自然界中最为普遍存在，例如鹦鹉螺的贝壳像对数螺线，蜘蛛网的构造类似对数螺线等. 当 $a=1$ 时，两种螺线的图像如图 1-14 所示.

图　1-14

a）阿基米德螺线

b）逆时针对数螺线

例 1.3.16 笛卡儿心形线，是一个圆上的固定一点在它绕着与其相切且半径相同的另外一个圆周滚动时所形成的轨迹. 因其形状像心形而得名. 方程推导如下：

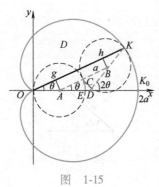

如图 1-15 所示，设两个圆 A 和圆 B 的直径都为 a，圆 B 上的一点 $K_0(2a,0)$ 位于初始 x 轴上，让圆 B 沿着圆 A 做无滑动的滚动，当 $K_0(2a,0)$ 运动到 $K(x,y)$ 时，两个圆的切点为 C，直线 AB 与 x 轴正向的夹角为 θ，因此，直角坐标和极坐标之间的关系满足

$$\begin{cases} \rho=\sqrt{x^2+y^2}, \\ \tan\theta=\dfrac{y}{x}. \end{cases}$$

从图中我们可以看到两个弧长 $\overset{\frown}{CE}=\overset{\frown}{CD}$，且有 $\angle CBD=\theta$，从而 $\overrightarrow{BK}$ 与 x 轴正向的夹角为 2θ. 利用向量加法的三角形法则，有 $\overrightarrow{AK}=\overrightarrow{AB}+\overrightarrow{BK}$，向量的坐标表达式满足：$\left\{x-\dfrac{a}{2},y\right\}=\{a\cos\theta,a\sin\theta\}+$

图　1-15

$\left\{\dfrac{a}{2}\cos2\theta,\dfrac{a}{2}\sin2\theta\right\}$，利用向量的相等得到 $\begin{cases}x=a\cos\theta(1+\cos\theta),\\y=a\sin\theta(1+\cos\theta).\end{cases}$ 从

而，$x^2+y^2=a^2(1+\cos\theta)^2=a^2(1+\cos\theta)^2$，转化为极坐标方程为 $\rho=a(1+\cos\theta)$. 这就是心形线，从不同的方向，心形方程一共有四个，如图 1-16 所示.

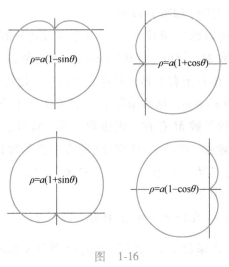

图　1-16

例 1.3.17　双纽线也称伯努利双纽线，双纽线在数学曲线领域占有至关重要的地位，对于伯努利双纽线的研究有助于我们更好地研究其他相关曲线，达到触类旁通的效果. 伯努利双纽线在轻工业和科技方面都得到广泛而恰到好处的应用. 如图 1-17 所示.

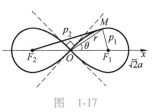

图　1-17

在数学中，双纽线是由平面直角坐标系中的以下方程定义的平面代数曲线：$(x^2+y^2)^2=2a^2(x^2-y^2)$，其中，$a$ 是图中 OF_1、OF_2 的长度. 在极坐标系中 $\rho^2=2a^2\cos2\theta$.

例 1.3.18　三叶玫瑰线：$\rho=\sin(3\theta)$，如图 1-18 所示.

1.3.4　函数的基本特性

1. 有界性

定义 1.3.9　如果存在两个常实数 m 和 M，使得对任意的 $x\in D$，都有函数 $m\leqslant f(x)\leqslant M$，则称函数 $y=f(x)$ 在 D 上有界. 其中 m 是函数的下界，M 是函数的上界. 如果这样的常数 m 和 M 不存在，则称函数 $y=f(x)$ 在 D 上无界.

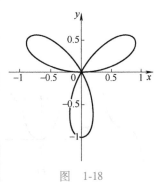

图　1-18

注意　①函数有界时其上界和下界是不唯一的，实际上，任意小于 m 的数也是 $f(x)$ 的下界，任意大于 M 的数也是 $f(x)$ 的上界. ②函数 $f(x)$ 在定义域 D 上有上（下）界，意味着值域 $V_f=f(D)$

是一个有上(下)界的数集. ③两个有界函数的和、差、积仍为有界函数.

符号语言表述：如果 $\exists M > 0$，使得对 $\forall x \in D$，都有函数 $|f(x)| \leqslant M$ 成立. $|f(x)| \leqslant M, x \in D$ 意味着 $f(x)$ 在定义域 D 上既有上界又有下界. 几何意义是有界的函数的图像完全落在直线 $y = M$ 与 $y = -M$ 之间. 如图 1-19 所示.

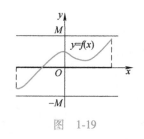

图 1-19

类似地，可以给出函数 $f(x)$ 只有上界或者只有下界的定义. 即：若存在实数 M，使得对任意的 $x \in D$，都有函数 $f(x) \leqslant M$，则称函数 $y = f(x)$ 在 D 上有上界；若存在实数 m，使得对任意的 $x \in D$，都有函数 $f(x) \geqslant m$，则称函数 $y = f(x)$ 在 D 上有下界.

若无这样的正数 M 存在，则函数无界，符号表述为 $\forall M > 0$，$\exists x \in D$，都有函数 $|f(x)| > M$ 成立(即将有界函数表述里的符号进行如下改变："$\forall$"→"$\exists$"，"$\exists$"→"$\forall$"，"$\leqslant$"→">"). 无界函数如图 1-20 所示.

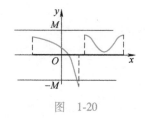

图 1-20

例如：$y = \cos x$ 在 $(-\infty, +\infty)$ 上有界，即对 $\forall x \in (-\infty, +\infty)$，都有 $|\cos x| \leqslant 1$. 而函数 $y = \dfrac{1}{x}$ 在区间 $(0,1)$ 内是无界的，即对任意大的常数 M，都存在 $x_0 \in (0,1)$，使得 $\left|\dfrac{1}{x_0}\right| > M$.

2. 单调性

定义 1.3.10 设函数 $f(x)$ 定义在 D 上，如果对于区域 D 上任意两点 $x_1, x_2 \in D$，当 $x_1 < x_2$ 时，恒有 $f(x_1) \leqslant f(x_2)$，则称函数 $f(x)$ 在 D 上单调增加(单调递增)，特别地，当严格不等式 $f(x_1) < f(x_2)$ 成立时，称 f 在 D 上严格单调增加(严格单调递增)；如果当 $x_1 < x_2$ 时，恒有 $f(x_1) \geqslant f(x_2)$，则称函数 $f(x)$ 在 D 上单调减少(单调递减)，特别地，当严格不等式 $f(x_1) > f(x_2)$ 时，称 f 在 D 上严格单调减少(严格单调递减). 单调增加函数和单调减少函数统称为单调函数，严格单调增加函数和严格单调减少函数统称为严格单调函数. 如图 1-21 所示.

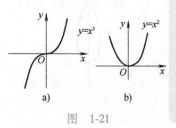

图 1-21

其中，图 1-21a 所示为单调递增函数，图 1-21b 所示函数在 $(-\infty, 0)$ 上是单调递减函数，在 $(0, +\infty)$ 上是单调递增函数.

注意 ①函数的单调性是对某个区间而言的，是一个局部概念. 例如：函数 $y = \dfrac{1}{x}$ 在 $(0, +\infty)$ 和 $(-\infty, 0)$ 上都是单调减少函数，但是不能说 $y = \dfrac{1}{x}$ 在定义域 $(-\infty, 0) \cup (0, +\infty)$ 上是单调减少函

数. ②区间上的严格单调函数一定存在反函数，且反函数也具有相同的严格单调性. （见定理.）

> **定理　（反函数存在定理）**　设 $y=f(x)$，$x\in D$ 为严格单调增加（或者严格单调减少）函数，则 $f(x)$ 必有反函数 $x=f^{-1}(y)$，并且反函数 $f^{-1}(y)$ 在其定义域 $f(D)$ 上也是严格单调增加（或者严格单调减少）函数. 证明留给读者自己完成.

3. 奇偶性

> **定义 1.3.11**　设函数 $f(x)$ 的定义域 D 关于原点对称，如果对任意的 $x\in D$，$f(-x)=f(x)$ 成立，则称函数 $f(x)$ 为偶函数；如果对任意的 $x\in D$，$f(-x)=-f(x)$ 成立，则称函数 $f(x)$ 是奇函数. 从函数图形上看，偶函数的图像关于 y 轴对称，奇函数的图像关于原点对称. 知道了函数的奇偶性，我们只需在区域 $D\cap[0,+\infty)$ 上讨论函数的性质和计算，再由对称性便可推出它在 $D\cap(-\infty,0]$ 上的性质和计算.

注意　若函数 $f(x)$ 的定义域 D 关于原点对称，则它可以写成一个奇函数和偶函数的和：$f(x)=\dfrac{f(x)-f(-x)}{2}+\dfrac{f(x)+f(-x)}{2}$，其中 $g(x)=\dfrac{f(x)-f(-x)}{2}$ 为奇函数，$h(x)=\dfrac{f(x)+f(-x)}{2}$ 为偶函数.

例 1.3.19　狄利克雷函数是 $\mathbf{R}$ 上的偶函数.

证明：若 $x\in\mathbf{Q}$，则 $-x\in\mathbf{Q}$，显然 $D(x)=D(-x)=1$，若 $x\in\mathbf{R}\backslash\mathbf{Q}$，则 $-x\in\mathbf{R}\backslash\mathbf{Q}$，则 $D(x)=D(-x)=0$，故狄利克雷函数是 $\mathbf{R}$ 上的偶函数.

例 1.3.20　黎曼函数是 $\mathbf{R}$ 上的偶函数.

证明请读者自己完成（参考狄利克雷函数）.

4. 周期性

> **定义 1.3.12**　若存在常数 $T>0$，使得对一切 $x\in D$，$f(x\pm T)=f(x)$ 成立，则称 f 为周期函数，T 称为 f 的一个周期，显然，若 T 为 f 的周期，则 nT，$n\in\mathbf{Z}$ 也是 f 的周期，若在所有周期中有一个最小的正数，则称为函数的最小正周期，或简称周期. 但并非每个周期函数都有最小正周期. 例如常量函数（周期为任何正数，不存在最小正周期），狄利克雷函数（任何正有理数都

是它的周期，但不存在最小的正有理数，所以没有最小正周期），黎曼函数是周期函数，且有最小正周期 $T=1$. 对于周期函数，我们只需要研究它在一个周期上的性质，再根据周期性推出它在其他范围上的性质.

除了上述函数的基本性质之外，数学分析课程后续将要探讨函数的其他三个主要性质：连续性、可微性和可积性，这也构成了本门课程的主要研究内容.

1.3.5　常用恒等式和不等式

下面介绍常用的恒等式和不等式，它们不仅在数学分析的证明中频繁出现，而且在其他数学分支中也都有广泛的用途.

1. 代数恒等式

（1）n 项求和公式

$$\sum_{k=1}^{n} k = \frac{n(n+1)}{2}, \quad \sum_{k=1}^{n} k^2 = \frac{n(n+1)(2n+1)}{6}.$$

（2）二项式展开式

$$(a+b)^n = \sum_{k=0}^{n} C_n^k a^k b^{n-k}$$

（3）组合数

$$C_n^k = \frac{n!}{k!(n-k)!}$$

2. 不等式

（1）三角不等式（绝对值不等式）

对于任意实数 a 和 b，都有 $|a| - |b| \leqslant |a \pm b| \leqslant |a| + |b|$.

证明：由于对任意实数 a 和 b，有 $-|a||b| \leqslant ab \leqslant |a||b|$ 成立，因此不等式两边都乘以 2 并加上 $a^2 + b^2$，就有 $|a|^2 - 2|a||b| + |b|^2 \leqslant a^2 + 2ab + b^2 \leqslant |a|^2 + 2|a||b| + |b|^2$，于是得到 $(|a| - |b|)^2 \leqslant (a+b)^2 \leqslant (|a| + |b|)^2$，开方后就得到上述三角不等式.

若将 a 和 b 理解为向量，则 $\boldsymbol{a}$，$\boldsymbol{b}$ 和 $\boldsymbol{a+b}$ 正好构成一个三角形，三角不等式表示的正是三角形任意两边之和大于第三边，任意两边之差小于第三边这一性质，这就是"三角不等式"名称的由来.

（2）柯西不等式

$$\left(\sum_{i=1}^{n} a_i b_i\right)^2 \leqslant \left(\sum_{i=1}^{n} a_i^2\right)\left(\sum_{i=1}^{n} b_i^2\right).$$

证明：

$$\left(\sum_{i=1}^{n}a_i^2\right)\left(\sum_{i=1}^{n}b_i^2\right)-\left(\sum_{i=1}^{n}a_ib_i\right)^2$$

$$=\left(\sum_{i=1}^{n}a_i^2\right)\left(\sum_{i=1}^{n}b_i^2\right)-\left(\sum_{i=1}^{n}a_ib_i\right)\left(\sum_{j=1}^{n}a_jb_j\right)$$

$$=\sum_{i=1}^{n}\sum_{j=1}^{n}a_i^2b_j^2-\sum_{i=1}^{n}\sum_{j=1}^{n}a_ib_ia_jb_j$$

$$=\frac{1}{2}\sum_{i,j=1}^{n}(a_ib_j-a_jb_i)^2\geqslant0.$$

等号成立时，当且仅当 $a_ib_j=a_jb_i$ 对任意 $i,\ j\in\{1,2,\cdots,n\}$ 成立.

（3）平均值不等式

一般地，假设 a_1，a_2，$\cdots$，a_n 为 n 个正实数，它们的算术平均值记为 $A_n=\dfrac{a_1+a_2+\cdots+a_n}{n}$；几何平均值记为 $G_n=(a_1a_2\cdots a_n)^{\frac{1}{n}}=$ $\sqrt[n]{a_1a_2\cdots a_n}$；调和平均值记为 $H_n=\dfrac{n}{\dfrac{1}{a_1}+\dfrac{1}{a_2}+\cdots+\dfrac{1}{a_n}}$. 这三个平均值之间成立如下的关系：对任意 n 个正数 a_1，a_2，$\cdots$，a_n，有 $\dfrac{a_1+a_2+\cdots+a_n}{n}\geqslant\sqrt[n]{a_1a_2\cdots a_n}\geqslant\dfrac{n}{\dfrac{1}{a_1}+\dfrac{1}{a_2}+\cdots+\dfrac{1}{a_n}}$，当且仅当 $a_1=a_2=\cdots=$ a_n 时，等号成立. 即：算术平均值不小于几何平均值，几何平均值不小于调和平均值. 上述不等式称为平均值不等式，或简称为均值不等式.

关于均值不等式的证明方法有很多，数学归纳法（第一数学归纳法或反向归纳法）、拉格朗日乘数法、詹森不等式法、排序不等式法、构造概率模型法、柯西不等式法等，都可以证明均值不等式，这里简要介绍数学归纳法的证明方法.（注：在此证明的是对 n 维形式的均值不等式的证明方法.）

证明：先证明左边不等式，也就是先证明算术平均值不小于几何平均值，即

$$\frac{a_1+a_2+\cdots+a_n}{n}\geqslant\sqrt[n]{a_1a_2\cdots a_n}.$$

1）当 $n=1$ 时，不等式为 $a_1=a_1$，显然成立.

2）当 $n=2$ 时，要证明 $\dfrac{a_1+a_2}{2}\geqslant\sqrt{a_1a_2}$，平方后等价于证明

$$\left(\frac{a_1+a_2}{2}\right)^2-(\sqrt{a_1a_2})^2$$

$$=\frac{1}{4}(a_1^2+2a_1a_2+a_2^2)-a_1a_2$$

$$= \frac{1}{4}(a_1 - a_2)^2 \geqslant 0,$$

并且 $a_1, a_2 > 0$, 则 $\dfrac{a_1 + a_2}{2} \geqslant \sqrt{a_1 a_2}$.

3) 当 $n = 4$ 时, $a_1 + a_2 + a_3 + a_4 \geqslant 2\sqrt{a_1 a_2} + 2\sqrt{a_3 a_4} \geqslant 4\sqrt{\sqrt{a_1 a_2} \cdot \sqrt{a_3 a_4}} = 4\sqrt[4]{a_1 a_2 a_3 a_4}$.

4) 以此类推, 可以证明当 $n = 2^k (k \in \mathbf{Z}_+)$ 时不等式成立.

[也可以采用数学归纳法来证明. 假设 $n = 2^k$ 时不等式成立, 即满足

$$\frac{a_1 + a_2 + \cdots + a_{2^k}}{2^k} \geqslant (a_1 a_2 \cdots a_{2^k})^{\frac{1}{2^k}}.$$

下面证明当 $n = 2^{k+1}$ 时也成立.

$$\frac{a_1 + a_2 + \cdots + a_{2^{k+1}}}{2^{k+1}} = \frac{\dfrac{a_1 + a_2 + \cdots + a_{2^k}}{2^k} + \dfrac{a_{2^k+1} + a_{2^k+2} + \cdots + a_{2^{k+1}}}{2^k}}{2}$$

$$\left(\text{利用当 } n = 2^k \text{ 时}, \frac{a_1 + a_2 + \cdots + a_{2^k}}{2^k} \right.$$

$$\left. \geqslant (a_1 a_2 \cdots a_{2^k})^{\frac{1}{2^k}} \text{ 成立} \right)$$

$$\geqslant \frac{(a_1 a_2 \cdots a_{2^k})^{\frac{1}{2^k}} + (a_{2^k+1} a_{2^k+2} \cdots a_{2^{k+1}})^{\frac{1}{2^k}}}{2}$$

$$\left(\text{利用} \frac{a_1 + a_2}{2} \geqslant \sqrt{a_1 a_2} \right)$$

$$\geqslant \left[(a_1 a_2 \cdots a_{2^k})^{\frac{1}{2^k}} \cdot (a_{2^k+1} a_{2^k+2} \cdots a_{2^{k+1}})^{\frac{1}{2^k}} \right]^{\frac{1}{2}}$$

$$= (a_1 a_2 \cdots a_{2^k} \cdot a_{2^k+1} a_{2^k+2} \cdots a_{2^{k+1}})^{\frac{1}{2^{k+1}}}.$$

利用归纳法, 当 $n = 2^k (k \in \mathbf{Z}_+)$ 时不等式成立.]

即 n 为偶数时不等式成立, 下面证明当 n 为奇数时也成立.

5) 当 $n \neq 2^k$ 时, 取 $l \in \mathbf{Z}_+$, 使得 $2^{l-1} < n < 2^l$. 记 $\sqrt[n]{a_1 a_2 \cdots a_n} = \bar{a}$, 为了利用 $n = 2^k$ 时已经证明的结论, 我们在 $a_1, a_2, \cdots, a_n$ 后面加上 $(2^l - n)$ 个 $\bar{a}$, 这样就扩充成 2^l 个正实数. 对这 2^l 个正数应用上面已经证明的不等式, 于是

$$\frac{a_1 + a_2 + \cdots + a_n + (2^l - n)\bar{a}}{2^l} \geqslant \left[(a_1 a_2 \cdots a_n) \cdot (\bar{a})^{2^l - n} \right]^{\frac{1}{2^l}}$$

$$= \left[(\bar{a})^n \cdot (\bar{a})^{2^l - n} \right]^{\frac{1}{2^l}}$$

$$= \bar{a} = \sqrt[n]{a_1 a_2 \cdots a_n},$$

对不等式左边做整理后得到 $\dfrac{a_1+a_2+\cdots+a_n}{2^l}+\bar{a}-\dfrac{n\bar{a}}{2^l}\geq\bar{a}$，再整理得

$\dfrac{a_1+a_2+\cdots+a_n}{n}\geq\bar{a}=\sqrt[n]{a_1a_2\cdots a_n}$，这就证得了原不等式对于任意正整数的情况.

将 $\dfrac{1}{a_1},\dfrac{1}{a_2},\cdots,\dfrac{1}{a_n}$ 代入上面的结论，便得到 $\dfrac{\frac{1}{a_1}+\frac{1}{a_2}+\cdots+\frac{1}{a_n}}{n}\geq$

$\sqrt[n]{\dfrac{1}{a_1a_2\cdots a_n}}$，由于 $a_1,a_2,\cdots,a_n$ 都是正数，所以两边同时取倒数，得

到 $\dfrac{n}{\frac{1}{a_1}+\frac{1}{a_2}+\cdots+\frac{1}{a_n}}\leq\sqrt[n]{a_1a_2\cdots a_n}$.

（4）伯努利不等式 $(1+x)^n\geq1+nx$　　$(x>-1,n\in\mathbf{N})$（证略）.

1.3.6　初等函数

初等数学中，我们已经熟悉了 6 类**基本初等函数**，具体如下：

（1）**常数函数**，$y=c$（c 为常实数）.

（2）**幂函数**，$y=x^\alpha$（$\alpha\in\mathbf{R}$）.

（3）**指数函数**，$y=a^x$（$a>0$ 且 $a\neq1$）.

（4）**对数函数**，$y=\log_a x$（$a>0$ 且 $a\neq1$）.

（5）**三角函数**，$y=\sin x$，$y=\cos x$，$y=\tan x$，$y=\cot x$，$y=\sec x$，$y=\csc x$.

（6）**反三角函数**，

$y=\arcsin x$，$y=\arccos x$，$y=\arctan x$，$y=\operatorname{arccot} x$，$y=\operatorname{arcsec} x$，$y=\operatorname{arccsc} x$.

以上这 6 类函数统称为**基本初等函数**.由有限个基本初等函数经过有限次加、减、乘、除四则运算与函数复合运算所得到的函数，统称为**初等函数**.例如：双曲函数就是由指数函数 e^x 和 e^{-x} 通过四则运算构成的初等函数，后面我们会研究初等函数的连续性、可微性和可积性.不是初等函数的函数，称为非初等函数，例如狄利克雷函数和黎曼函数，都是非初等函数.

下面我们对初等函数的一些基本特性做进一步的讨论，为学习后续内容做好铺垫.

1. 幂函数 $y=x^\alpha$

若 $\alpha=n$（$n\in\mathbf{Z}$），当 n 为奇数时，则 $y=x^n$ 的反函数记为 $y=\sqrt[n]{x}$，当 n 为正奇数时，$x\in(-\infty,+\infty)$，当 n 为负奇数时，$x\neq0$；当 n 为偶数时，则幂函数不可逆，但若限制 $x\geq0$，则满足可逆，其反函数记为 $y=$

$\sqrt[n]{x}$，当 n 为正偶数时，$x\in[0,+\infty)$，当 n 为负偶数时，$x\in(0,+\infty)$．若 $\alpha=\dfrac{m}{n}$ 是有理数，则 $y=x^{\frac{m}{n}}=(x^m)^{\frac{1}{n}}$；若 α 是无理数，则可以通过指数函数和对数函数的复合来实现，即 $y=x^\alpha=e^{\alpha\ln x}(\alpha\in\mathbf{R}\backslash\mathbf{Q},x>0)$，几种整数幂、有理数幂和无理数幂的图像如图 1-22 所示．

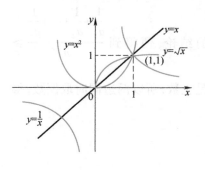
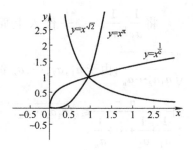

图　1-22

注意　①常函数和有限个正整数幂函数的数乘、代数和运算得到的函数称为多项式，其一般形式为 $P_n(x)=a_nx^n+a_{n-1}x^{n-1}+\cdots+a_1x+a_0(a_n\neq0)$，$x\in\mathbf{R}$．②两个多项式的商称为有理式，其一般形式为 $Q(x)=\dfrac{P_n^{(1)}(x)}{P_m^{(2)}(x)}=\dfrac{a_nx^n+a_{n-1}x^{n-1}+\cdots+a_1x+a_0}{b_mx^m+b_{m-1}x^{m-1}+\cdots+b_1x+b_0}(a_n,b_m\neq0)$．

2. 指数函数 $y=a^x(a>0,a\neq1)$

设 $a>0$，$b>0$，x，y 都是任意实数，则 $a^x\cdot a^y=a^{x+y}$，$\dfrac{a^x}{a^y}=a^{x-y}$，$(a^x)^y=a^{xy}$，$(a\cdot b)^x=a^x\cdot b^x$，$\left(\dfrac{a}{b}\right)^x=\dfrac{a^x}{b^x}$．定义域为 $(-\infty,+\infty)$，值域为 $(0,+\infty)$，如图 1-23 所示．

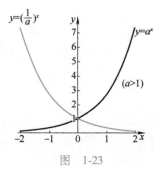

图　1-23

3. 对数函数 $y=\log_a x(a>0,a\neq1)$

对数函数的定义域为 $(0,+\infty)$，值域为 $(-\infty,+\infty)$，如图 1-24 所示．当 $a=10$ 时，称为常用对数，记作 $y=\lg x$，当 $a=e=2.71828\cdots$，称为自然对数，记作 $y=\ln x$．设 $a>0$，$b>0$，α 是任意实数，则 $\ln1=0$，$\ln ab=\ln a+\ln b$，$\ln\dfrac{a}{b}=\ln a-\ln b$，$\ln a^\alpha=\alpha\ln a$．

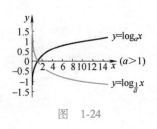

图　1-24

4. 三角函数

在给出具体讨论之前，先回顾一下一些三角函数的基本公式，这些公式在后续内容中要用到，请读者务必熟悉．

（1）同角三角函数基本关系

$$y=\tan x=\frac{\sin x}{\cos x},\quad y=\cot x=\frac{\cos x}{\sin x},\quad y=\sec x=\frac{1}{\cos x},\quad y=\csc x=\frac{1}{\sin x}.$$

（2）合一变形公式（辅助角公式）

$$a\sin x + b\cos x = \sqrt{a^2+b^2}\sin(x+\varphi) \quad \left(\tan\varphi = \frac{b}{a}\right).$$

（3）奇偶恒等式

$$\sin(-x) = -\sin x, \quad \cos(-x) = \cos x.$$

（4）余函数恒等式

$$\sin\left(\frac{\pi}{2}-x\right) = \cos x, \quad \cos\left(\frac{\pi}{2}-x\right) = \sin x.$$

（5）毕达哥拉斯恒等式

$$\sin^2 x + \cos^2 x = 1, \quad 1+\tan^2 x = \sec^2 x, \quad 1+\cot^2 x = \csc^2 x.$$

（6）两角和与差公式

$$\sin(x\pm y) = \sin x\cos y \pm \cos x\sin y, \quad \cos(x\pm y) = \cos x\cos y \mp \sin x\sin y,$$

$$\tan(x\pm y) = \frac{\tan x \pm \tan y}{1 \mp \tan x\tan y}.$$

（7）二倍角公式

$$\sin 2x = 2\sin x\cos x, \quad \cos 2x = \cos^2 x - \sin^2 x = 2\cos^2 x - 1 = 1 - 2\sin^2 x,$$

$$\tan 2x = \frac{2\tan x}{1-\tan^2 x}.$$

（8）半角公式

$$\sin^2\frac{x}{2} = \frac{1-\cos x}{2}, \quad \cos^2\frac{x}{2} = \frac{1+\cos x}{2}, \quad \tan^2\frac{x}{2} = \frac{1-\cos x}{1+\cos x},$$

$$\tan\frac{x}{2} = \frac{1-\cos x}{\sin x} = \frac{\sin x}{1+\cos x}.$$

（9）万能公式

$$\sin x = \frac{2\tan\frac{x}{2}}{1+\tan^2\frac{x}{2}}, \quad \cos x = \frac{1-\tan^2\frac{x}{2}}{1+\tan^2\frac{x}{2}}, \quad \tan x = \frac{2\tan\frac{x}{2}}{1-\tan^2\frac{x}{2}}.$$

（10）和差化积公式

$$\sin x + \sin y = 2\sin\frac{x+y}{2}\cos\frac{x-y}{2}, \quad \sin x - \sin y = 2\cos\frac{x+y}{2}\sin\frac{x-y}{2},$$

$$\cos x + \cos y = 2\cos\frac{x+y}{2}\cos\frac{x-y}{2}, \quad \cos x - \cos y = -2\sin\frac{x+y}{2}\sin\frac{x-y}{2}.$$

（11）积化和差公式

$$\sin x\cos y = \frac{1}{2}\left[\sin(x+y)+\sin(x-y)\right],$$

$$\cos x\sin y = \frac{1}{2}\left[\sin(x+y)-\sin(x-y)\right],$$

$$\cos x\cos y=\frac{1}{2}\big[\cos(x+y)+\cos(x-y)\big],$$

$$\sin x\sin y=-\frac{1}{2}\big[\cos(x+y)-\cos(x-y)\big].$$

（12）三角函数不等式

$$\sin x<x<\tan x\quad\Big(0<x<\frac{\pi}{2}\Big).$$

正弦函数、余弦函数、正切函数、余切函数、正割函数、余割函数图像如图 1-25 所示.

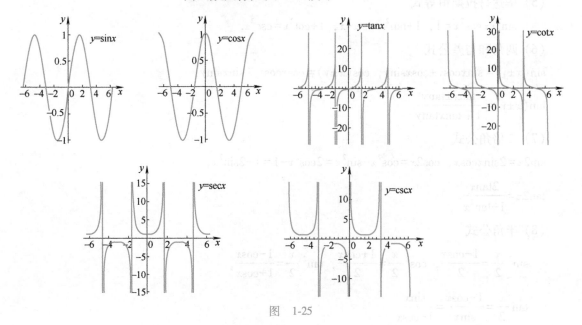

图　1-25

5. 反三角函数

反正弦函数 $y=\arcsin x$，定义域 $x\in[-1,1]$，值域 $y\in\left[-\dfrac{\pi}{2},\dfrac{\pi}{2}\right]$；如图 1-26 所示.

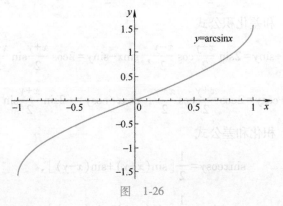

图　1-26

反余弦函数 $y=\arccos x$，定义域 $x\in[-1,1]$，值域 $y\in[0,\pi]$，

如图 1-27 所示.

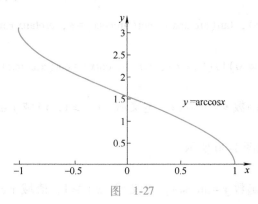

图　1-27

反正弦函数和反余弦函数成立如下关系：

$$\sin(\arcsin x) = \cos(\arccos x) = x,$$

$$\sin(\arccos x) = \cos(\arcsin x) = \sqrt{1-x^2}, \quad \arcsin x + \arccos x = \frac{\pi}{2}.$$

反正切函数 $y = \arctan x$，定义域 $x \in (-\infty, +\infty)$，值域 $y \in \left(-\frac{\pi}{2}, \frac{\pi}{2}\right)$，如图 1-28 所示.

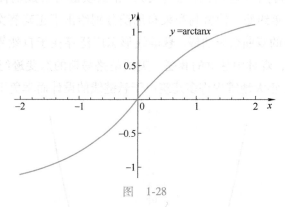

图　1-28

反余切函数 $y = \operatorname{arccot} x$，定义域 $x \in (-\infty, +\infty)$，值域 $y \in (0, \pi)$，如图 1-29 所示.

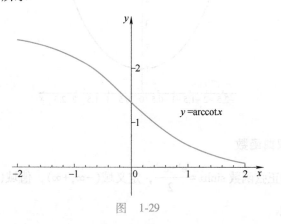

图　1-29

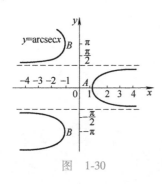

图 1-30

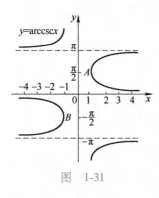

图 1-31

反正切函数和反余切函数成立如下关系:

$$x \in (-\infty, +\infty), \quad \tan(\arctan x) = \cot(\operatorname{arccot} x) = x, \quad \arctan x + \operatorname{arccot} x = \frac{\pi}{2}.$$

$$x \in (-\infty, 0) \cup (0, +\infty), \quad \tan(\operatorname{arccot} x) = \cot(\arctan x) = \frac{1}{x}.$$

反正割函数 $y = \operatorname{arcsec} x$,定义域 $|x| \geqslant 1$,值域 $y \in \left[0, \frac{\pi}{2}\right) \cup \left(\frac{\pi}{2}, \pi\right]$,如图 1-30 所示.

反余割函数 $y = \operatorname{arccsc} x$,定义域 $|x| \geqslant 1$,值域 $y \in \left(0, \frac{\pi}{2}\right] \cup \left(\pi, \frac{3\pi}{2}\right]$,如图 1-31 所示.

上面给出了 6 种基本初等函数以及图像,下面给出初等函数:双曲函数与反双曲函数. 双曲函数最早出现在悬链线的研究中,意大利著名艺术家达·芬奇(da Vinci)在绘制《抱银鼠的女子》时,曾思索女子脖子上的项链的形状. 固定项链的两端,使其在重力的作用下自然下垂(称为悬链线),那么项链所形成的曲线是什么?1670 年约翰·伯努利和莱布尼茨分别给出了正确答案,就是图 1-32 中的双曲余弦曲线. 悬链线形态广泛存在于自然界和生活中,例如,森林中悬垂的藤蔓、美国圣路易斯的杰斐逊纪念拱门. 日本 2011 年大地震中许多建筑由于悬链线的设计而幸免于倒塌.

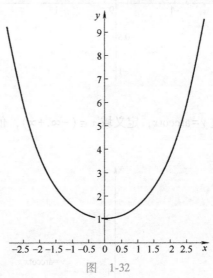

图 1-32

6. 双曲函数

双曲正弦函数 $\sinh x = \dfrac{e^x - e^{-x}}{2}$,定义域 $(-\infty, +\infty)$,值域 $(-\infty, +\infty)$,是奇函数.

双曲余弦函数 $\cosh x = \dfrac{e^x + e^{-x}}{2}$，定义域 $(-\infty, +\infty)$，值域 $[1, +\infty)$，是偶函数.

双曲正切函数 $\tanh x = \dfrac{\sinh x}{\cosh x}$，定义域 $(-\infty, +\infty)$，值域 $(-1, 1)$，是奇函数、有界函数.

双曲余切函数 $\coth x = \dfrac{\cosh x}{\sinh x}$，双曲正割函数 $\operatorname{sech} x = \dfrac{1}{\cosh x}$ 和双曲余割函数 $\operatorname{csch} x = \dfrac{1}{\sinh x}$.

注意　三角函数与双曲函数有许多类似之处，在三角函数恒等式中，将三角函数换成相应的双曲函数，并改变两个正弦函数的乘积前面的符号，就可以取得相应的双曲函数的恒等式. 具体如下：
$\cosh^2 x - \sinh^2 x = 1$，$\operatorname{sech}^2 x = 1 - \tanh^2 x$，$\cosh(x \pm y) = \cosh x \cosh y \pm \sinh x \sinh y$，$\sinh(x \pm y) = \sinh x \cosh y \pm \cosh x \sinh y$，$\sinh 2x = 2 \sinh x \cosh x$，$\cosh 2x = \cosh^2 x + \sinh^2 x$.

7. 反双曲函数

反双曲正弦函数 $y = \operatorname{arcsinh} x = \ln(x + \sqrt{x^2 + 1})$，定义域 $(-\infty, +\infty)$，值域 $(-\infty, +\infty)$，奇函数，单调增加函数.

反双曲余弦函数 $y = \operatorname{arccosh} x = \ln(x - \sqrt{1 + x^2})$，定义域 $[1, +\infty)$，值域 $[0, +\infty)$，单调增加函数.

反双曲正切函数 $y = \operatorname{arctanh} x = \dfrac{1}{2} \ln \dfrac{1+x}{1-x}$，定义域 $(-1, 1)$，值域 $(-\infty, +\infty)$，单调增加函数.

此外，还有反双曲余切函数、反双曲正割函数、反双曲余割函数.

图 1-33 仅给出了部分双曲函数和反双曲函数的图像.

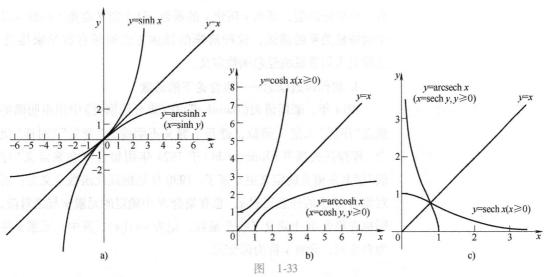

图　1-33

历史注记

1. 早期函数概念——几何观念下的函数

早在 17 世纪，伽利略（Galileo，意大利，1564—1642）在《两门新科学》一书中，用文字和比例的语言表达函数的关系. 直到 17 世纪后期牛顿、莱布尼茨建立微积分时还没有人明确函数的一般意义，大部分函数是被当作曲线来研究的.

2. 18 世纪函数概念——代数观念下的函数

1718 年，约翰·伯努利（Johann Bernoulli，瑞士，1667—1748）在莱布尼茨函数概念的基础上对函数概念进行了定义：由任一变量和常数的任一形式所构成的量. 18 世纪中叶欧拉（Euler，瑞士，1707—1783）给出了定义：一个变量的函数是由这个变量和一些数即常数以任何方式组成的解析表达式. 他把约翰·伯努利给出的函数定义称为解析函数，并进一步把它区分为代数函数和超越函数.

3. 19 世纪函数概念——对应关系下的函数

1821 年，柯西（Cauchy，法国，1789—1857）从定义变量起给出了定义：在某些变数间存在着一定的关系，当一经给定其中某一变数的值，其他变数的值可随之而确定时，则将最初的变数叫作自变量，其他各变数叫作函数. 1822 年傅里叶（Fourier，法国，1768—1830）发现某些函数既可以用曲线表示，也可以用一个式子或多个式子表示，从而结束了函数概念是否以唯一一个式子表示的争论，把对函数的认识又推进了一个新层次. 1837 年狄利克雷（Dirichlet，德国，1805—1859）进一步突破了这一局限，拓广了函数概念，指出：对于在某区间上的每一个确定的 x 值，y 都有一个确定的值，那么 y 叫作 x 的函数. 这个定义避免了函数定义中对依赖关系的描述，这种清晰的描述方式被所有数学家接受. 这就是人们常说的经典函数定义.

4. 现代函数概念——集合论下的函数

1914 年，豪斯道夫（Hausdorff）在《集合论纲要》中用不明确的概念"序偶"来定义函数，避开了意义不明确的"变量""对应"概念. 库拉托夫斯基（Kuratowski）于 1921 年用集合概念来定义"序偶"使豪斯道夫的定义更严谨了. 1930 年新的现代函数定义为：若对集合 M 中的任意元素 x，总有集合 N 中确定的元素 y 与之对应，则称在集合 M 上定义了一个函数，记为 $y=f(x)$. 其中，元素 x 称为自变元，元素 y 称为因变元.

人物注记

狄利克雷是德国数学家，解析数论的创始人，对函数论、位势论和三角级数论都有重要的贡献. 主要著作有《数论讲义》《定积分》等. 在数论方面，他对高斯的《算术研究》进行了研究，并有所创新. 在分析方面，他最卓越的工作是对傅里叶级数收敛性的研究，1837 年，他引入了现代的函数概念. 在数学物理和力学方面，1850 年他提出了研究拉普拉斯（Laplace）方程的边值问题（现称狄利克雷问题或者第一边值问题）.

习题 1.3

1. 设 X 是平面上的所有三角形的全体，Y 是平面上的所有圆的全体，请建立一个映射，并给出定义域和值域.

2. 设集合 $A=\{1,2,3\}$，$B=\{2,3,4,5\}$，那么笛卡儿集合 $A\times B$ 的子集 $S=\{(1,3),(2,2),(3,3)\}$，$F=\{(2,2),(2,3),(3,3),(3,4)\}$ 分别是映射吗? 为什么?

3. 设 $A=\{a,b,c\}$，$B=\{m,n,r\}$，问有多少种可能的映射 $f: A \rightarrow B$? 其中哪些是双射?

4. 证明不等式：（1）$|a+2b+c| \leqslant |a+b| + |b+c|$；（2）$|a-b| \geqslant ||a-c|-|b-c||$；（3）当 $0<|x-2|<1$ 时，$|x^2-4|<5|x-2|$.

5. 将下列函数 f 和 g 构成复合函数，并指出定义域和值域：

（1）$y=f(u)=\log_a u$，$u=g(x)=x^2-3$；

（2）$y=f(u)=\arcsin u$，$u=g(x)=3^x$.

6. 设 $f(x)=x^2$，$g(x)=2^x$，求 $f\circ g(x)$ 和 $g\circ f(x)$.

7. 设 $f(x)=\begin{cases} 0, & x\leqslant 0, \\ x, & x>0, \end{cases}$ $g(x)=\begin{cases} x, & x\leqslant 0, \\ -x^2, & x>0, \end{cases}$ 求 $f\circ g(x)$，$f\circ f(x)$ 和 $g\circ g(x)$.

8. 指出下列函数是由哪些基本初等函数复合而成的：

（1）$y=\arcsin\dfrac{1}{\sqrt{x^2+1}}$；（2）$y=4\log_a^2(x-1)$.

9. 证明：定义于 $(-\infty,+\infty)$ 上的任何函数都可以表示成一个偶函数和一个奇函数之和.

10. 试给出定义在 $[0,1]$ 上的函数，它是 $[0,1]\rightarrow$ $[0,1]$ 之间的一一对应，但在其任一子区间上都不是单调函数.

11. 求下列函数的定义域和值域：

（1）$y=\log_a\sin x (a>1)$；

（2）$y=\sqrt{4-3x-x^2}$；

（3）$y=\arcsin\dfrac{2x}{1+x}$；

（4）$y=\lg\left(\arcsin\dfrac{x}{10}\right)$.

12. 试作出下列函数的图像：

（1）$y=\begin{cases} 3x, & |x|>1, \\ x^3, & |x|<1, \\ 3, & |x|=1; \end{cases}$

（2）$y=\mathrm{sgn}(\sin x)$.

13. 设 $f\left(\dfrac{x}{x-1}\right)=\dfrac{3x-1}{3x+1}$，求 $f(x)$.

14. 数学分析里，经常用狄利克雷函数作为反例，讨论一下该函数的有界性、奇偶性、单调性和周期性.

15. 证明：（1）函数 $f(x)=\dfrac{x}{x^2+1}$ 是 **R** 上的有界函数；（2）$f(x)=\dfrac{1}{x^2}$ 为 $(0,1)$ 上的无界函数.

16. 求下列函数的反函数：

（1）$y=\dfrac{1}{2}\left(x+\dfrac{1}{x}\right)(x>1)$；

（2）$f(x)=\begin{cases} x^2-1, & -1\leqslant x<0, \\ x^2+1, & 0\leqslant x\leqslant 1. \end{cases}$

17. 判断(1) 函数 $y = \dfrac{1}{1+u}$, $u \neq -1$, 与函数 $u = 2+x^2$, $x \in \mathbf{R}$ 是否可以复合；(2) 函数 $y = \arcsin u$, $-1 \leqslant u \leqslant 1$, 与函数 $u = 2+x^2$, $x \in \mathbf{R}$ 是否可以复合.

18. 在什么条件下，函数 $y = \dfrac{ax+b}{cx+d}$ 的反函数就是它本身？

19. 讨论下列函数的奇偶性：

(1) $f(x) = x + x\cos x$；(2) $f(x) = x + \sin x + \mathrm{e}^x$；

(3) $f(x) = x\sin\dfrac{1}{x}$；(4) $f(x) = \ln(x + \sqrt{x^2+1})$.

大国工匠：大技贵精

第 2 章
数列极限与数项级数

前面介绍了函数的概念,若将函数的定义域取为正整数集 $\mathbf{Z}_+$,这样就成了一个定义在正整数集 $\mathbf{Z}_+$ 上的函数 $f: \mathbf{Z}_+ \to \mathbf{R}$,这就是数列的概念,数列实际上是一种特殊的整标函数,本节将进一步讨论数列的极限、敛散性以及数列极限的另一种表达形式——数项级数.

2.1 数列极限

2.1.1 数列和数列极限的概念

1. 数列的概念

若函数 f 的定义域为全体正整数集 $\mathbf{Z}_+$,则称 $f: \mathbf{Z}_+ \to \mathbf{R}$ 或 $f(n)$,$n \in \mathbf{Z}_+$ 为**数列**. 也就是说,数列是指按正整数编了号的一串永无尽头的,与正整数 n 一一对应的实数的排列:x_1, x_2, $\cdots$, x_n, $\cdots$,其中 x_n 中的下标 n 指明了这一项在数列中的位置,每个数称为数列的项,x_n 称为**通项(或一般项)**. 数列简记为 $\{x_n\}$. 在这个数列中,第一项(即第一个数)是 x_1,第二项是 x_2,$\cdots$,第 n 项是 x_n,$\cdots$.

例如:(1) $\{(-1)^{n-1}\}$:1, -1, 1, -1, $\cdots$, $(-1)^{n-1}$, $\cdots$;

(2) $\left\{\dfrac{1}{n}\right\}$:1, $\dfrac{1}{2}$, $\dfrac{1}{3}$, $\cdots$, $\dfrac{1}{n}$, $\cdots$,这些都是数列.

注意 ①数列和集合两者符号表示类似,但概念截然不同. 集合中,元素之间没有次序关系,重复出现的数当作是同一个元素;而数列中,每个数前后次序不能颠倒,可以出现若干相同的项,甚至所有的项可以相等,重复出现的数不能随便舍去. 例如上面例子中的数列 $\{(-1)^{n-1}\}$,是由两个数 1 与 -1 无限次重复交替出现而构成的,它反映的是这个变量的一种特殊的变化规律,显然不能把它仅仅看作是由 1 或 -1 所构成的一个集合. 又如常数列,它是指数列 $\{x_n\}$ 中的每一项都等于常数 c,表示出来就是 c,

c，c，$\cdots$，显然不能把它仅仅看作是由一个元素构成的集合 $\{c\}$．②通项公式和递推公式是表示数列项与项之间关系的常用方法，例如，a 为首项，q 为公比的等比数列的通项公式为 $x_n = aq^{n-1}$．斐波那契(Fibonacci)数列的递推公式为 $x_1 = x_2 = 1$，$x_{n+2} = x_n + x_{n+1}$．

2. 数列极限的概念

极限思想的萌芽可以追溯到我国战国时期和古希腊时期，我国古代哲学名著《庄子》记载着庄子的朋友惠施的一句话："一尺之棰，日取其半，万世不竭"．其含义是：一根长为一尺的木棒，每天截下一半，这样的过程可以无穷无尽地进行下去．把每天截下部分的长度列出如下(单位为尺)：

第一天截下 $\dfrac{1}{2}$，第二天截下 $\dfrac{1}{2^2}$，$\cdots$，第 n 天截下 $\dfrac{1}{2^n}$，$\cdots$，这样就得到一个数列 $\dfrac{1}{2}$，$\dfrac{1}{2^2}$，$\cdots$，$\dfrac{1}{2^n}$，$\cdots$，不难看出，数列 $\left\{\dfrac{1}{2^n}\right\}$ 的通项 $\dfrac{1}{2^n}$ 随着 n 越来越大而无限地接近一个常数 0，但永远不会等于 0，这里描述了一个恒不为 0 而又越来越接近 0 的无限过程．

中国早在 2000 年前就已经能算出方形、圆形、圆柱等几何图形的面积和体积，我国古代数学家刘徽创立的割圆术，就是用圆内接正 n 边形周长逼近圆的周长．并指出："割之弥细，所失弥少；割之又割，以至于不可割，则与圆周合体而无所失矣．"此外，古希腊大数学家阿基米德采用"穷竭法"求解曲面面积和旋转体体积，这个问题同样与极限有关，体现了数学中一种重要的无穷次逐步逼近的思想．

接下来，我们考察数列 $\left\{1 + \dfrac{(-1)^{n-1}}{n}\right\}$，当 $n \to \infty$ 时的变化趋势．

显然，当 n 无限增大时，$x_n = 1 + \dfrac{(-1)^{n-1}}{n}$ 无限接近 1．下面分析"如何无限接近的？"

因为 $\qquad |x_n - 1| = \left|\dfrac{(-1)^{n-1}}{n}\right| = \dfrac{1}{n}$，

给定 $\dfrac{1}{100}$，由 $\dfrac{1}{n} < \dfrac{1}{100}$，只要 $n > 100$ 时，有 $\qquad |x_n - 1| < \dfrac{1}{100}$，

给定 $\dfrac{1}{1000}$，由 $\dfrac{1}{n} < \dfrac{1}{1000}$，只要 $n > 1000$ 时，有 $\quad |x_n - 1| < \dfrac{1}{1000}$，

给定 $\dfrac{1}{10000}$，由 $\dfrac{1}{n} < \dfrac{1}{10000}$，只要 $n > 10000$ 时，有 $|x_n - 1| < \dfrac{1}{10000}$，

给定任意小的 $\varepsilon > 0$，由 $\dfrac{1}{n} < \dfrac{1}{\varepsilon}$，只要 $n > N = \left[\dfrac{1}{\varepsilon}\right]$ 时，有 $|x_n - 1| < \varepsilon$．

从上面的分析可以看出，随着给定的 ε 越来越小，则 x_n 与 1 就越来越接近. 一般来说，给定数列 $\{a_n\}$，若当 n 无限增大时 a_n 能无限地接近某一个常数 a，则称此数列为收敛数列，常数 a 称为它的极限，不具有这种特性的数列就不是收敛数列. 收敛数列的特性是"随着 n 的无限增大，a_n 无限地接近某一常数 a". 这就是说，当 n 充分大时，数列的通项 a_n 与常数 a 之差的绝对值可以任意小. 即 a_n 与常数 a 的距离要多接近就能够有多接近. 那么如何用数学语言刻画在"n 无限增大"过程中的数列"无限接近"某个数的变化趋势呢? 下面给出数列收敛和极限的精确定义.

> **定义 2.1.1**　设 $\{x_n\}$ 是一给定数列，若存在一个常数 $a\in\mathbf{R}(a\neq +\infty,-\infty,\infty)$，对于任意给定的 $\varepsilon>0$，存在正整数 N，使得当 $n>N$ 时有 $|x_n-a|<\varepsilon$ 成立，则称数列 $\{x_n\}$ 收敛于 a，或称 $\{x_n\}$ 以 a 为极限. 实常数 a 是数列 $\{x_n\}$ 的**极限**，记为 $\lim\limits_{n\to\infty}x_n=a$ 或 $x_n\to a(n\to\infty)$. 此时，称 $\{x_n\}$ 为**收敛数列**. 如果不存在常数 a，使得 $\lim\limits_{n\to\infty}x_n=a$，则称数列 $\{x_n\}$ 为**发散数列**.

注：这里的 ε 有三层含义：①$\varepsilon>0$ 具有任意性；②给定的，因为只有当 ε 确定时，才能找到相应的正整数 N（N 与任意给定的正数 ε 有关）；③我们关注的是足够小的 $\varepsilon>0$，要多小有多小，考虑大的 ε 没有意义.

此定义常常称为数列极限的"ε-N"定义. 数学符号语言表述为
"$\lim\limits_{n\to\infty}x_n=a\Leftrightarrow\forall\varepsilon>0,\ \exists N\in\mathbf{Z}_+,\ \forall n>N:|x_n-a|<\varepsilon$".

接下来，看一下这个定义的几何意义. 当 $n>N$ 时，成立 $|x_n-a|<\varepsilon$，表示数列从 $N+1$ 项起的所有项都落在点 a 的 ε 邻域中，即 $x_n\in U(a,\varepsilon)=(a-\varepsilon,a+\varepsilon)$，只有有限个（至多只有 N 个）落在其外. 由于 ε 具有任意性，也就是说邻域 $U(a,\varepsilon)$ 的长度可以任意收缩. 但不管收缩得多么小，数列的所有项一定会从某一项起全部落在由这两条线界定的范围中，不难理解 a 必为这个数列的极限值. 如图 2-1 所示.

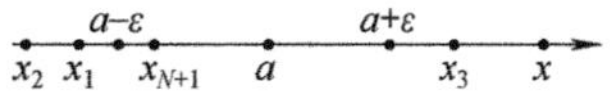

注意　数列极限的定义未给出求极限的方法，在后续章节中，我们将陆续介绍更多的方法证明数列收敛和求数列极限. 但我们可以利用"ε-N"定义来验证数列极限，这是数学分析的基本功，很重要. 下面举例说明.

图　2-1

例 2.1.1　用数列极限的定义验证 $\lim\limits_{n\to\infty}\dfrac{n+(-1)^{n-1}}{n}=1$.

证明：对任意给定的 $\varepsilon > 0$，要使 $\left| \dfrac{n+(-1)^{n-1}}{n} - 1 \right| = \dfrac{1}{n} < \varepsilon$，

只需要 $n > \dfrac{1}{\varepsilon}$，$N$ 可以取任意大于 $\dfrac{1}{\varepsilon}$ 的正整数，例如取 $N = \left[\dfrac{1}{\varepsilon} \right] +$

1（这里 $[\ ]$ 表示取整），则当 $n > N$ 时，必有 $n > \dfrac{1}{\varepsilon}$，于是自然成立

$\left| \dfrac{n+(-1)^{n-1}}{n} - 1 \right| = \dfrac{1}{n} < \varepsilon$，即 $\lim\limits_{n \to \infty} \dfrac{n+(-1)^{n-1}}{n} = 1$.

例 2.1.2 证明 $\lim\limits_{n \to \infty} q^n = 0$，其中 $|q| < 1$.

证明：对任意给定的 $\varepsilon > 0$，若 $q = 0$，则 $\lim\limits_{n \to \infty} q^n = \lim\limits_{n \to \infty} 0 = 0$；

若 $0 < |q| < 1$，要使 $|q^n - 0| = |q|^n < \varepsilon$，两边取自然对数得到 $n >$

$\dfrac{\ln \varepsilon}{\ln |q|}$. 于是 N 只要取大于 $\dfrac{\ln \varepsilon}{\ln |q|}$ 的任意正整数即可. 为了保证 N

为正整数，可取 $\max \left\{ \dfrac{\ln \varepsilon}{\ln |q|}, 1 \right\}$，则当 $n > N$ 时，就有 $|q^n - 0| =$

$|q|^n < \varepsilon$. 因此，$\lim\limits_{n \to \infty} q^n = 0 \, (0 < |q| < 1)$.

注意 考虑到很小的 ε，而不考虑大的 ε，正由于 ε 是任意小的正数，我们可以提前限定 ε 小于一个确定的小的正数，因此，这个例子中我们可以考虑任意给定的 $0 < \varepsilon < |q|$，则 $\left[\dfrac{\ln \varepsilon}{\ln |q|} \right]$ 肯定是正的，因此这个例子中的 N 直接取为 $\left[\dfrac{\ln \varepsilon}{\ln |q|} \right]$，当 $n > N$ 时，成立 $|q^n - 0| = |q|^n < \varepsilon$.

从上面两个例子可以看出，根据数列极限的定义来证明某一数列收敛（极限存在）时，关键是对任意给定的 $\varepsilon > 0$，寻找正整数 N. 一般使用"倒推法"，通过求解不等式 $|x_n - a| < \varepsilon$ 来确定 N.

但在大多数情况下，这个不等式并不容易求解. 实际上，数列极限的定义并不要求得到最小的或最佳的正整数 N，因此，常常可以对 $|x_n - a|$ 适度地做一些放大处理，以便容易求出 N. 注意"放大要适度"，也就是说"放大后仍然可以任意小"，这个技巧希望读者重视.

例 2.1.3 设 $a > 1$，用数列极限定义验证 $\lim\limits_{n \to \infty} \sqrt[n]{a} = 1$.

证明：由于 $a > 1$，故 $\sqrt[n]{a} > 1$，令 $y_n = \sqrt[n]{a} - 1$，所以 $y_n > 0 \, (n = 2,$

$3, \cdots)$，应用二项式定理得

$a = (1 + y_n)^n = 1 + n y_n + \dfrac{n(n-1)}{2} y_n^2 + \cdots + y_n^n > n y_n$，因此 $|\sqrt[n]{a} - 1| = |y_n| < \dfrac{a}{n}$.

对于任意给定的 $\varepsilon>0$, 取 $N=\left[\dfrac{a}{\varepsilon}\right]+1$, 当 $n>N$ 时, 成立 $\left|\sqrt[n]{a}-1\right|<$

$\dfrac{a}{n}<\varepsilon$, 因此 $\lim\limits_{n\to\infty}\sqrt[n]{a}=1$.

注意　关于数列极限 $\lim\limits_{n\to\infty}x_n=a$ 的 "$\varepsilon\text{-}N$" 定义有如下的等价描述:

(1) $\lim\limits_{n\to\infty}x_n=a\Leftrightarrow\forall\varepsilon>0$, $\exists N\in\mathbf{Z}_+$, 对 $\forall n>N$ 都有 $x_n\in U(a,\varepsilon)$, 也就是说, 数列 $\{x_n\}$ 中有无穷多项满足 $|x_n-a|\leqslant\varepsilon$.

(2) $\lim\limits_{n\to\infty}x_n=a\Leftrightarrow\forall\varepsilon>0$, $\exists N\in\mathbf{Z}_+$, 对 $\forall n\geqslant N$ 都有 $|x_n-a|<\varepsilon$.

(3) $\lim\limits_{n\to\infty}x_n=a\Leftrightarrow\forall\varepsilon>0$, $\exists N\in\mathbf{Z}_+$, 对 $\forall n>N$ 都有 $|x_n-a|\leqslant k\varepsilon$($k$ 为给定的正数). (因为 ε 是任意小的正数, 那么 $k\varepsilon$ 同样也是任意小的正数, 因此定义中不等式 $|x_n-a|<\varepsilon$ 中的 ε 可以用 $k\varepsilon$ 来代替)

(4) $\lim\limits_{n\to\infty}x_n=a\Leftrightarrow\forall m\in\mathbf{Z}_+$, $\exists N\in\mathbf{Z}_+$, 对 $\forall n>N$ 都有 $|x_n-a|<\dfrac{1}{m}$.

(5) $\lim\limits_{n\to\infty}x_n=a\Leftrightarrow\forall m$, $n\in\mathbf{R}$, $m<a<n$, $\exists N\in\mathbf{Z}_+$, 对 $\forall n>N$ 都有 $a_1<x_n<a_2$.

(6) $\lim\limits_{n\to\infty}x_n=a\Leftrightarrow\forall\varepsilon>0$, 数列 $\{x_n\}$ 中最多有限项满足 $|x_n-a|\geqslant\varepsilon$.

2.1.2　数列极限的基本性质

人们对数列极限概念的认识是从数列求和开始的. 在数列求和问题上产生的悖论使得人们开始探求数列的性质, 这些性质可运用于常见数列极限的计算、敛散性的讨论和其他性质的证明.

性质 2.1.1　一个数列收敛与否, 收敛于哪个数, 只与从某一项往后有关, 与前面有限项无关, 因此添加、去掉或者改变有限个值, 不改变数列的收敛性和极限值.

性质 2.1.2　(极限的唯一性)　收敛数列的极限必唯一.

证明: (反证法)假设收敛数列有两个极限 a 与 b, 根据极限的定义,

$$\lim\limits_{n\to\infty}x_n=a\Leftrightarrow\forall\varepsilon>0, \ \exists N_1, \ \forall n>N_1: |x_n-a|<\frac{\varepsilon}{2};$$

$$\lim\limits_{n\to\infty}x_n=b\Leftrightarrow\forall\varepsilon>0, \ \exists N_2, \ \forall n>N_2: |x_n-b|<\frac{\varepsilon}{2}.$$

取 $N = \max\{N_1, N_2\}$，利用三角不等式，则 $\forall n > N$：$|a-b| = |a-x_n +$
$x_n - b| \leqslant |x_n - a| + |x_n - b| < \dfrac{\varepsilon}{2} + \dfrac{\varepsilon}{2} = \varepsilon$. 由于 ε 可以任意接近 0，可
知 $a = b$. 此外，由数列极限的几何意义可知：当 n 充分大时，数列一定会从某一项起全部落在由两条线 $x = a + \varepsilon$，$x = a - \varepsilon$ 界定的范围中，不难理解，在 n 无限增大的过程中，x_n 不可能同时任意靠近两个不同的数. 因此，若数列极限存在(收敛)，则极限值必是唯一的.

性质 2.1.3 （局部有界性） 收敛数列一定有界.

分析：若 $\lim\limits_{n \to \infty} x_n = a$，则 $\exists M > 0$，使得对于一切正整数 n，有
$|x_n| \leqslant M (n = 1, 2, \cdots)$.

证明：设数列 $\{x_n\}$ 收敛，即 $\lim\limits_{n \to \infty} x_n = a$，由极限的定义，因为 ε 的任意性，不妨取 $\varepsilon = 1$，则 $\exists N$，$\forall n > N$：$|x_n - a| < 1$，即
$$a - 1 < x_n < a + 1,$$
记 $M = \max\{|x_1|, |x_2|, \cdots |x_N|, |a-1|, |a+1|\}$，则对 $\forall n \in \mathbf{Z}_+$，都有 $|x_n| \leqslant M$，故数列 $\{x_n\}$ 有界.

例如，数列 $\left\{x_n = \dfrac{n}{n+1}\right\}$ 有界，数列 $\{x_n = 2^n\}$ 无界，数轴上对应于有界数列的点 x_n 都落在闭区间 $[-M, M]$ 上.

注意 ①此性质的逆否命题"无界数列一定发散"，可以用来判断数列不收敛. ②此性质的逆命题并不成立，即有界数列未必收敛，例如 $\{(-1)^n\}$ 是有界数列，但它并不收敛.

例 2.1.4 证明数列 $x_n = (-1)^n$ 是发散的.

证明：设 $\lim\limits_{n \to \infty} x_n = a$，由极限定义，对于 $\varepsilon = \dfrac{1}{2}$，则存在 $N \in \mathbf{Z}_+$，使得当 $n > N$ 时，有 $|x_n - a| < \dfrac{1}{2}$ 成立，也就是说当 $n > N$ 时，$x_n \in \left(a - \dfrac{1}{2}, a + \dfrac{1}{2}\right)$，区间长度为 1，而 x_n 无休止地反复取 1，-1 两个数，不可能同时位于长度为 1 的区间上. 事实上，$\{x_n\}$ 是有界的，但却发散.

性质 2.1.4 局部保序性(极限不等式) 设数列 $\{x_n\}$ 和 $\{y_n\}$ 均收敛，若
$$\lim\limits_{n \to \infty} x_n = a, \quad \lim\limits_{n \to \infty} y_n = b,$$

(1) 若 $a>b(a<b)$，则存在正整数 N，当 $n>N$ 时，成立 $x_n>y_n(x_n<y_n)$；

(2) 若存在正整数 N，当 $n>N$ 时，有 $x_n \geqslant y_n(x_n \leqslant y_n)$，则 $a \geqslant b(a \leqslant b)$.

证明：(1) 不妨设 $a<b$，取 $\varepsilon = \dfrac{b-a}{2}>0$. 由 $\lim\limits_{n\to\infty} x_n = a$，$\exists N_1$，

$\forall n>N_1$：$|x_n - a| < \dfrac{b-a}{2}$，因而 $x_n < a + \dfrac{b-a}{2} = \dfrac{a+b}{2}$；而由 $\lim\limits_{n\to\infty} y_n = b$，

$\exists N_2$，$\forall n>N_2$：$|y_n - b| < \dfrac{b-a}{2}$，因而 $y_n > b - \dfrac{b-a}{2} = \dfrac{a+b}{2}$. 取

$N = \max\{N_1, N_2\}$，$\forall n>N$：$x_n < \dfrac{a+b}{2} < y_n$.

(2) 反证法，假设 $a<b(a>b)$，则由 (1)，存在正整数 N，当 $n>N$ 时，成立 $x_n<y_n(x_n>y_n)$，与题设 $x_n \geqslant y_n(x_n \leqslant y_n)$ 矛盾，因此 $a \geqslant b(a \leqslant b)$.

注意 性质 2.1.4(1) 的逆命题不成立. 如果 $\lim\limits_{n\to\infty} x_n = a$，$\lim\limits_{n\to\infty} y_n = b$，且 $x_n>y_n(x_n<y_n)$，则存在正整数 N，当 $n>N$ 时，不能得出 $a>b(a<b)$ 的结论. $\left(\text{例如数列 } x_n = \dfrac{1}{n}, y_n = \dfrac{2}{n}\right)$. 事实上只能有性质 2.1.4(2).

推论 （局部保号性） (1) 若 $\lim\limits_{n\to\infty} y_n = b>0$，则对任意的 $0<m<b$，存在正整数 N，当 $n>N$ 时，$y_n>m>0$；

(2) 若 $\lim\limits_{n\to\infty} y_n = b<0$，则对任意的 $b<n<0$，存在正整数 N，当 $n>N$ 时，$y_n<n<0$.

(1) 和 (2) 的证法相同，以 (1) 为例来证明.

证明：因为 $\lim\limits_{n\to\infty} y_n = b>0$，由数列极限的定义，对 $\varepsilon = b-m>0$，由 $\lim\limits_{n\to\infty} y_n = b$，存在 N，当 $n>N$ 时，于是有 $|y_n - b| < b-m$，因此有 $y_n>m>0$.

注：①该推论说明，若数列 $\{y_n\}$ 收敛且极限不为 0，则当 n 充分大时，y_n 与 0 的距离不能任意小. 这一事实在后面讨论极限的四则运算时会用到. ②推论保号性说明，若数列收敛，则除有限项之外的所有项都与极限值保持相同的符号. ③保号性条件中的严格不等号"$>0(<0)$"改为非严格不等号"$\geqslant 0(\leqslant 0)$"时，结论不成立. ④若 $\lim\limits_{n\to\infty} x_n = a$，若存在正整数 N，当 $n>N$ 时，有 $x_n \geqslant 0$（或

者 $x_n > 0$），则 $a \geq 0$；若 $\lim\limits_{n \to \infty} x_n = a$，若存在正整数 N，当 $n > N$ 时，有 $x_n \leq 0$（或者 $x_n < 0$），则 $a \leq 0$.

性质 2.1.5　极限的夹逼性（夹逼定理）　对三个数列 $\{x_n\}$，$\{y_n\}$，$\{z_n\}$，若存在 N_0，$\forall n > N_0$，即从某项开始成立 $x_n \leq y_n \leq z_n$，且 $\lim\limits_{n \to \infty} x_n = \lim\limits_{n \to \infty} z_n = a$，则 $\lim\limits_{n \to \infty} y_n = a$.

证明：$\forall \varepsilon > 0$，由于 $\lim\limits_{n \to \infty} x_n = a$，可知 $\exists N_1$，$\forall n > N_1 : |x_n - a| < \varepsilon$，从而有 $a - \varepsilon < x_n$；由 $\lim\limits_{n \to \infty} z_n = a$，可知 $\exists N_2$，$\forall \varepsilon > 0$，$\forall n > N_2 :$ $|z_n - a| < \varepsilon$，从而有 $z_n < a + \varepsilon$.

取 $N = \max\{N_0, N_1, N_2\}$，$\forall n > N : a - \varepsilon < x_n \leq y_n \leq z_n < a + \varepsilon$，此即 $|y_n - a| < \varepsilon$，所以 $\lim\limits_{n \to \infty} y_n = a$.

在应用夹逼性求极限时，$\{y_n\}$ 被看成需要求极限的数列，而 $\{x_n\}$，$\{z_n\}$ 往往是通过适当缩小与适当放大而得到的数列. 关键在于适当缩小与适当放大过程中保持 $\{x_n\}$ 与 $\{z_n\}$ 具有相同极限.

性质 2.1.6　四则运算法则　设 $\lim\limits_{n \to \infty} x_n = a$，$\lim\limits_{n \to \infty} y_n = b$，则

（1）$\lim\limits_{n \to \infty} (\alpha x_n \pm \beta y_n) = \alpha \lim\limits_{n \to \infty} x_n \pm \beta \lim\limits_{n \to \infty} y_n = \alpha a \pm \beta b$（$\alpha, \beta$ 是常数）；

（2）$\lim\limits_{n \to \infty} (x_n \cdot y_n) = \lim\limits_{n \to \infty} x_n \cdot \lim\limits_{n \to \infty} y_n = ab$；

（3）$\lim\limits_{n \to \infty} \dfrac{x_n}{y_n} = \dfrac{\lim\limits_{n \to \infty} x_n}{\lim\limits_{n \to \infty} y_n} = \dfrac{a}{b}$（$b \neq 0$）.

分析：四则运算法则都采用数列极限的"$\varepsilon\text{-}N$"定义来证明. 这里我们以性质（3）为例.

证明：因为 $\lim\limits_{n \to \infty} y_n = b \neq 0$，不妨设 $b > 0$，根据保号性，取 $m = \dfrac{b}{2}$，存在正整数 N_1，对 $\forall n > N_1$ 都有 $y_n > \dfrac{b}{2} > 0$. 又因为 $\lim\limits_{n \to \infty} x_n = a \Rightarrow$ $\forall \varepsilon > 0$，$\exists N_2 \in \mathbf{Z}_+$，$\forall n > N_2$，都有 $|x_n - a| < \dfrac{|b|^2}{2(|a| + |b|)} \varepsilon$. 且 $\lim\limits_{n \to \infty} y_n = b \Rightarrow \forall \varepsilon > 0$，$\exists N_3 \in \mathbf{Z}_+$，$\forall n > N_3$，都有 $|y_n - b| <$ $\dfrac{|b|^2}{2(|a| + |b|)} \varepsilon$. 于是，当 $n > N = \max\{N_1, N_2, N_3\}$ 时，

$$\left| \frac{x_n}{y_n} - \frac{a}{b} \right| = \frac{|bx_n - ab - ay_n + ab|}{|y_n| \cdot |b|} \leq \frac{2}{|b|^2} (|b| \cdot |x_n - a| + |a| \cdot$$

$$|y_n - b|) < \frac{2}{|b|^2} \left[|b| \cdot \frac{|b|^2}{2(|a| + |b|)} \varepsilon + |a| \cdot \right.$$

$$\frac{|b|^2}{2(|a|+|b|)}\varepsilon\Big]=\varepsilon,$$

故数列 $\left\{\dfrac{x_n}{y_n}\right\}$ 收敛，且 $\lim\limits_{n\to\infty}\dfrac{x_n}{y_n}=\dfrac{a}{b}$.

注意　数列极限的四则运算只能推广到有限个数列的情况，而不能随意推广到无限个数列或个数不确定的数列上去.

计算极限的方法很多，包括利用极限定义、性质、子列极限、海涅定理、泰勒公式、导数定义、级数收敛的必要条件、比值极限与根值极限的关系、等价无穷小和等价无穷大替换、洛必达(L'Hospital)法则、斯托尔茨(Stolz)定理、单调有界准则、夹逼定理、积分中值定理、微分中值定理、定积分与重积分的精确定义、瓦利斯(Wallis)公式、斯特林(Stirling)公式等. 随着后续内容的深入，这些求极限的方法逐一都会介绍.

下面举例说明利用数列极限的定义来求极限.

例 2.1.5　设 $\lim\limits_{n\to\infty}x_n=a$，证明 $\lim\limits_{n\to\infty}\dfrac{x_1+x_2+\cdots+x_n}{n}=a$.

证明：欲证 $\lim\limits_{n\to\infty}\dfrac{x_1+x_2+\cdots+x_n}{n}=a$，考虑

$$\left|\frac{x_1+x_2+\cdots+x_n}{n}-a\right|=\left|\frac{x_1-a+x_2-a+\cdots+x_n-a}{n}\right|$$
$$\leqslant\frac{1}{n}(|x_1-a|+|x_2-a|+\cdots+|x_n-a|),$$

由于 $\lim\limits_{n\to\infty}x_n=a$，对 $\forall\varepsilon>0$，$\exists N$，$\forall n>N$，有 $|x_n-a|<\varepsilon$. 上述和式的构成项 $|x_1-a|$，$|x_2-a|$，$\cdots$，$|x_n-a|$ 中，当 n 充分大时，后面的绝大部分项充分小而前面不充分小的项则仅有少数几项，被分母 n 除之后，也可以充分小. 因此，$\left|\dfrac{x_1+x_2+\cdots+x_n}{n}-a\right|<\varepsilon$.

这个例子也称为数列的**算术平均值收敛定理**.

例 2.1.6　若 $x_n>0$，且 $\lim\limits_{n\to\infty}x_n=a$，则 $\lim\limits_{n\to\infty}\sqrt[n]{x_1x_2\cdots x_n}=a$.

证明：若 $a=0$，由于 $0\leqslant\sqrt[n]{x_1x_2\cdots x_n}\leqslant\dfrac{x_1+x_2+\cdots+x_n}{n}$，根据例 2.1.5 和夹逼定理得证.

若 $a>0$，显然 $\lim\limits_{n\to\infty}\dfrac{1}{x_n}=\dfrac{1}{a}$，由例 2.1.5 可知 $\lim\limits_{n\to\infty}\dfrac{\frac{1}{x_1}+\frac{1}{x_2}+\cdots+\frac{1}{x_n}}{n}=\dfrac{1}{a}$，

也就是说，$\lim\limits_{n\to\infty}\dfrac{n}{\frac{1}{x_1}+\frac{1}{x_2}+\cdots+\frac{1}{x_n}}=a$，由平均值不等式 $\dfrac{n}{\frac{1}{x_1}+\frac{1}{x_2}+\cdots+\frac{1}{x_n}}\leqslant$

$$\sqrt[n]{x_1 x_2 \cdots x_n} \leqslant \frac{x_1 + x_2 + \cdots + x_n}{n},$$ 根据夹逼定理得证.

这个例子称为几何平均值收敛定理.

例 2.1.7 证明 $\lim\limits_{n \to \infty} \dfrac{1}{n^{\alpha}} = 0$，这里 $\alpha > 0$.

证明：由于 $\left| \dfrac{1}{n^{\alpha}} - 0 \right| = \dfrac{1}{n^{\alpha}}$，故对任给的 $\varepsilon > 0$，只要取 $N = \left[\dfrac{1}{\varepsilon^{\frac{1}{\alpha}}} \right] + 1$，

则当 $n > N$ 时就有 $\dfrac{1}{n^{\alpha}} < \dfrac{1}{N^{\alpha}} < \varepsilon$，这就证明了 $\lim\limits_{n \to \infty} \dfrac{1}{n^{\alpha}} = 0$.

总结：用定义求数列极限有几种模式：

（1）$\forall\, \varepsilon > 0$，做差 $|x_n - a|$，解方程 $|x_n - a| < \varepsilon$，解出 $n > f(\varepsilon)$，则取 $N = f(\varepsilon)$ 或 $N = f(\varepsilon) + 1$，….

（2）将 $|x_n - a|$ 适当放大，解出 $n > f(\varepsilon)$.

（3）做适当变形，找出所需要的 N.

下面举例说明利用夹逼定理求数列极限.

例 2.1.8 求 $\lim\limits_{n \to \infty} \left(\dfrac{1}{\sqrt{n^2+1}} + \dfrac{1}{\sqrt{n^2+2}} + \cdots + \dfrac{1}{\sqrt{n^2+n}} \right)$.

解：因为 $\dfrac{n}{\sqrt{n^2+n}} < \dfrac{1}{\sqrt{n^2+1}} + \dfrac{1}{\sqrt{n^2+2}} + \cdots + \dfrac{1}{\sqrt{n^2+n}} < \dfrac{n}{\sqrt{n^2+1}}$,

又 $\lim\limits_{n \to \infty} \dfrac{n}{\sqrt{n^2+n}} = \lim\limits_{n \to \infty} \dfrac{1}{\sqrt{1+\dfrac{1}{n}}} = 1$, $\lim\limits_{n \to \infty} \dfrac{n}{\sqrt{n^2+1}} = \lim\limits_{n \to \infty} \dfrac{1}{\sqrt{1+\dfrac{1}{n^2}}} = 1$,

由夹逼定理得

$$\lim\limits_{n \to \infty} \left(\dfrac{1}{\sqrt{n^2+1}} + \dfrac{1}{\sqrt{n^2+2}} + \cdots + \dfrac{1}{\sqrt{n^2+n}} \right) = 1.$$

下面举例说明利用四则运算求数列极限.

例 2.1.9 求 $\lim\limits_{n \to \infty} \dfrac{a_m n^m + a_{m-1} n^{m-1} + \cdots + a_1 n + a_0}{b_k n^k + b_{k-1} n^{k-1} + \cdots + b_1 n + b_0}$，其中 $a_m \neq 0$, $b_k \neq 0$.

解：当 $m \leqslant k$ 时，

$$\lim\limits_{n \to \infty} \frac{a_m n^m + a_{m-1} n^{m-1} + \cdots + a_1 n + a_0}{b_k n^k + b_{k-1} n^{k-1} + \cdots + b_1 n + b_0}$$

$$= \lim\limits_{n \to \infty} \frac{a_m n^{m-k} + a_{m-1} n^{m-1-k} + \cdots + a_1 n^{1-k} + a_0 n^{-k}}{b_k + b_{k-1} n^{-1} + \cdots + b_1 n^{1-k} + b_0 n^{-k}}$$

$$= \frac{\lim\limits_{n \to \infty} (a_m n^{m-k}) + \cdots + \lim\limits_{n \to \infty} (a_1 n^{1-k}) + \lim\limits_{n \to \infty} (a_0 n^{-k})}{\lim\limits_{n \to \infty} b_k + \cdots + \lim\limits_{n \to \infty} (b_1 n^{1-k}) + \lim\limits_{n \to \infty} (b_0 n^{-k})},$$

因此，当 $m=k$ 时，原极限等于 $\dfrac{a_m}{b_k}$；当 $m<k$ 时，原极限等于 0；当 $m>k$ 时，原极限发散.

总结：分式数列求极限的规律为：

（1）分子、分母次数相同时，极限是最高次项的系数比；

（2）分母的次数比较高时，极限等于 0；

（3）分子的次数比较高时，数列发散.

四则运算法则只适合有限个数列的和（积、商）的极限，对于无限个数列的和（积、商）的极限，要采用"先求和（积、商）再求极限"的方法，此外要保证每一项的极限都存在.

历史注记

极限概念是数学分析中最基本的概念之一，从古到今，人们对于极限概念的认识经历了一段漫长的过程.

1. 朴素、直观的极限观

朴素的极限概念在我国古代的文献《庄子·天下篇》中就有记载. 公元 3 世纪，我国数学家刘徽成功地把极限思想——割圆术应用于计算圆的面积，刘徽认为，割得越细，圆内接正多边形与圆面积之差越小，即"割之弥细，所失弥少；割之又割，以至于不可割，则与圆周合体而无所失矣". 他的极限观念与古希腊的安蒂丰（Antiphon，约公元前 480—前 411）不谋而合. 后来，古希腊著名数学家阿基米德利用安蒂丰的"穷竭法"成功地求解了许多面积和体积问题. 从阿基米德的工作中，可以看到近代微积分学中微元法基本思想的雏形.

2. 神秘的极限观

17 世纪下半叶，英国的数学家牛顿和德国数学家莱布尼茨在前人大量工作的基础上创立了微积分. 在建立微积分的过程中，必然要涉及极限概念. 最初的极限概念是十分含糊不清的，并且在某些关键处常常不能自圆其说. 例如，无穷小量是否为 0？牛顿自认为不是零，但是在运算的过程中却常常略去. 而莱布尼茨把无穷小量理解为离散的，但是在计算过程中略去无穷小. 极限概念的模糊不清，引起了 18 世纪许多人对微积分的攻击.

3. 严格的极限理论

为了克服无穷小带来的困难，在 18～19 世纪，数学家们提出了许多方案. 首先，法国数学家达朗贝尔（d'Alembert）给出了"一个变量趋于一个固定量，趋于程度小于任何给定量，且变量永远达不到固定量"的通俗的、描述性的极限概念. 到了 19 世纪，许多概念如极限、函数的连续性和级数的收敛性等都被重新考虑，期间，捷克数学家波尔查诺、法国数学家柯西初步建立了极限概念，最终，德国数学家魏尔斯特拉斯完成了严格意义上极限的概念. 经过半个多世纪的探索，19 世纪的数学家终于消除了长久以来极限概念的不明确性给人们带来的种种困惑，建立了严格的极限理论.

4. 极限理论的推广

极限概念被推广到多元函数和复变量函数之后，极限的过程复杂化了，例如：给出定积分定义上的达布和极限，极限过程与区间的分割发生了联系. 关于极限的更一般的概念，是由美国数学家穆尔和德国数学家史密斯在有向集到拓扑空间的映射上给出的，称为广义极限，也叫作广义序列的收敛，广义序列可以用来刻画分离公理、各种紧性以及紧化的种种构造，在现代拓扑学和分析数学中起到了重要的作用.

习题 2.1

1. 用"ε-N"定义验证下列极限：

(1) $\lim\limits_{n\to\infty}\sqrt[n]{n}=1$;　　　　(2) $\lim\limits_{n\to\infty}\dfrac{n^2+1}{2n^2-7}=\dfrac{1}{2}$;

(3) $\lim\limits_{n\to\infty}\dfrac{1}{n^\alpha}=0(\alpha>0)$;　(4) $\lim\limits_{n\to\infty}\dfrac{2+\sin n}{n^2}=0$;

(5) $\lim\limits_{n\to\infty}0.\underbrace{999\cdots9}_{n}=1$;　(6) $\lim\limits_{n\to\infty}\dfrac{n!}{n^n}=0$;

(7) $\lim\limits_{n\to\infty}\dfrac{1}{n}\sin\dfrac{n\pi}{2}=0$;　(8) $\lim nq^n=0(\,|q|<1)$.

2. 利用极限的定义考察下列结论是否正确. 若正确，请给出证明；若不正确，请举出反例：

(1) 设 k 是一正整数，若 $\lim\limits_{n\to\infty}x_n=A$，则 $\lim\limits_{n\to\infty}x_{n+k}=A$;

(2) 若 $\lim\limits_{n\to\infty}x_{2n}=\lim\limits_{n\to\infty}x_{2n+1}=A$，则 $\lim\limits_{n\to\infty}x_n=A$;

(3) 若 $\lim\limits_{n\to\infty}|x_n|=|A|\,(A\neq0)$，则 $\lim\limits_{n\to\infty}x_n=A$;

(4) 若 $\lim\limits_{n\to\infty}|x_n|=0$，则 $\lim\limits_{n\to\infty}x_n=0$.

3. 求下列数列的极限：

(1) $\lim\limits_{n\to\infty}\left(\dfrac{1}{n+\sqrt{1}}+\dfrac{1}{n+\sqrt{2}}+\cdots+\dfrac{1}{n+\sqrt{n}}\right)$;

(2) $\lim\limits_{n\to\infty}\dfrac{n^3+2n^2-3n+1}{2n^3-n+3}$;

(3) $\lim\limits_{n\to\infty}(\sqrt[n]{1}+\sqrt[n]{2}+\cdots+\sqrt[n]{10})$;

(4) $\lim\limits_{n\to\infty}\sqrt{n}\,(\sqrt[4]{n^2+1}-\sqrt{n+1}\,)$;

(5) $\lim\limits_{n\to\infty}\left(1+\dfrac{1}{n+1}\right)^n$;

(6) $\lim\limits_{n\to\infty}\left(\dfrac{1}{2}+\dfrac{3}{2^2}+\cdots+\dfrac{2n-1}{2^n}\right)$;

(7) $\lim\limits_{n\to\infty}\left(\dfrac{1^2}{n^3}+\dfrac{3^2}{n^3}+\dfrac{5^2}{n^3}+\cdots+\dfrac{(2n-1)^2}{n^3}\right)$;

(8) $\lim\limits_{n\to+\infty}\dfrac{\cos n}{n^2}$;　(9) $\lim\limits_{n\to+\infty}\dfrac{(\sqrt{n^2+1}+n)^2}{\sqrt[3]{n^6+n}}$;

(10) $\lim\limits_{n\to+\infty}\dfrac{4^n-3^n}{4^n+2^n}$;　(11) $\lim\limits_{n\to+\infty}\left(1+\dfrac{1}{3}+\dfrac{1}{3^2}+\cdots+\dfrac{1}{3^n}\right)$.

4. 利用夹逼定理求下列数列的极限：

(1) $\lim\limits_{n\to\infty}\dfrac{1!+2!+\cdots+n!}{n!}$;　(2) $\lim\limits_{n\to\infty}\dfrac{2^n}{n!}$;

(3) $\lim\limits_{n\to\infty}\dfrac{\sqrt[3]{n^2}\sin(n!)}{n+1}$;　(4) $\lim\limits_{n\to\infty}(1+2^n+3^n)^{\frac{1}{n}}$.

5. 设数列 $\{a_n\}$ 满足 $\lim\limits_{n\to\infty}\dfrac{a_1+a_2+\cdots+a_n}{n}=a\,(-\infty<a<+\infty)$，证明：$\lim\limits_{n\to\infty}\dfrac{a_n}{n}=0$.

6. 设 $\lim\limits_{n\to\infty}x_n=A$，证明：$\lim\limits_{n\to\infty}|x_n|=|A|$.

2.2　数列的无穷大量和无穷小量

2.2.1　数列的无穷小量

1. 数列无穷小量的概念

定义 2.2.1　若 $\lim\limits_{n\to\infty} x_n = 0$，则称数列 $\{x_n\}$ 是无穷小量(简称无穷小).

例如，因为 $\lim\limits_{n\to\infty} \dfrac{(-1)^n}{n} = 0$，所以数列 $\left\{\dfrac{(-1)^n}{n}\right\}$ 是当 $n\to\infty$ 时的无穷小量.

注意　①无穷小量是一个变量，而不是一个"非常小的量". 例如，10^{-10000} 不是一个无穷小量. ②0 是可以作为无穷小量的唯一的数. ③若 $\lim\limits_{n\to\infty} x_n = a$，即 $\lim\limits_{n\to\infty}[(x_n - a) + a] = a$，则 $\lim\limits_{n\to\infty}(x_n - a) = 0$，这说明任意收敛的数列都可以看作常数和一个数列无穷小的和，很多极限问题可以转化为无穷小问题. ④在同一过程中，有限个无穷小量的和、差、积仍为无穷小量. 但有限个无穷小量之商则情况比较复杂：可能没有极限，也可能有极限，后面章节中将进一步讨论. 无穷多个无穷小量的和、差、积、商未必是无穷小量. 例如 $\lim\limits_{n\to\infty}\dfrac{1}{n} = 0$，但是，$n$ 个无穷小量之和 $\lim\limits_{n\to\infty}\underbrace{\left(\dfrac{1}{n} + \dfrac{1}{n} + \cdots + \dfrac{1}{n}\right)}_{n\text{个}} = 1$，不是无穷小量.

2. 数列无穷小量的比较

在同一极限过程中出现的几个无穷小量，尽管都以 0 为极限，但趋于 0 的"快慢"程度却往往不一样.

定义 2.2.2　设在 $n\to\infty$ 时，$\{a_n\}$ 与 $\{b_n\}$ 均为无穷小量，$b_n \neq 0$，

(1) 若 $\lim\limits_{n\to\infty}\dfrac{a_n}{b_n} = 0$，则称 $\{a_n\}$ 是 $\{b_n\}$ 的高阶无穷小，记作 $b_n = o(a_n)$.

(2) 若 $\lim\limits_{n\to\infty}\dfrac{a_n}{b_n} = C \neq 0$，则称 $\{a_n\}$ 和 $\{b_n\}$ 是同阶无穷小，特别地，如果 $\lim\limits_{n\to\infty}\dfrac{a_n}{b_n} = 1$，则称 $\{a_n\}$ 和 $\{b_n\}$ 是等价无穷小，记作 $a_n \sim b_n$.

(3) 若 $\lim\limits_{n\to\infty}\dfrac{a_n}{b_n} = \infty$，则称 $\{a_n\}$ 是比 $\{b_n\}$ 低阶的无穷小.

（4）若 $\lim\limits_{n \to \infty} \dfrac{a_n}{(b_n)^k} = C(C \neq 0, k > 0)$，则称 $\{a_n\}$ 是关于 $\{b_n\}$ 的 k 阶无穷小.

例 2.2.1 当 $n \to \infty$ 时，$\left\{\dfrac{1}{n^2}\right\}$ 是 $\left\{\dfrac{1}{n}\right\}$ 的高阶无穷小，记为 $\dfrac{1}{n^2} = o\left(\dfrac{1}{n}\right)$；当 $n \to \infty$ 时，$\left\{\dfrac{1}{n}\right\}$ 是 $\left\{\dfrac{100}{n}\right\}$ 的同阶无穷小.

3. 数列无穷小量的性质

性质 2.2.1 $\{x_n\}$ 为无穷小量的充分必要条件为 $\{|x_n|\}$ 为无穷小量，即
$$\lim_{n \to \infty} x_n = 0 \Leftrightarrow \lim_{n \to \infty} |x_n| = 0.$$

证明：（$\Rightarrow$）若 $\{x_n\}$ 为无穷小量，则 $\forall \varepsilon > 0$，$\exists N \in \mathbf{Z}_+$，对 $\forall n > N$，都有 $|x_n - 0| < \varepsilon$，即 $||x_n| - 0| < \varepsilon$，则 $\lim\limits_{n \to \infty} |x_n| = 0$.

（$\Leftarrow$）若 $\{|x_n|\}$ 为无穷小量，则 $\forall \varepsilon > 0$，$\exists N \in \mathbf{Z}_+$，对 $\forall n > N$，都有 $||x_n| - 0| < \varepsilon$，即 $|x_n - 0| < \varepsilon$，则 $\lim\limits_{n \to \infty} x_n = 0$.

性质 2.2.2 若 $\lim\limits_{n \to \infty} x_n = 0$，且存在 $M > 0$，使得 $|y_n| \leqslant M$，$n = 1$, 2, $\cdots$，则 $\lim\limits_{n \to \infty} x_n y_n = 0$.

证明：任意给定 $\varepsilon > 0$，取 $\dfrac{\varepsilon}{M} > 0$，由 $\lim\limits_{n \to \infty} x_n = 0$，存在 N，当 $n > N$ 时，$|x_n - 0| < \dfrac{\varepsilon}{M}$，则 $|x_n y_n - 0| = |x_n| \cdot |y_n| \leqslant M|x_n - 0| < M \cdot \dfrac{\varepsilon}{M} = \varepsilon$，故 $\lim\limits_{n \to \infty} x_n y_n = 0$.

性质 2.2.3 若 $\lim\limits_{n \to \infty} x_n = 0$，且 $|y_n| \leqslant |x_n|$，则 $\lim\limits_{n \to \infty} y_n = 0$.

证明：若 $\lim\limits_{n \to \infty} x_n = 0$，则 $\forall \varepsilon > 0$，$\exists N \in \mathbf{Z}_+$，对 $\forall n > N$，都有 $|x_n| < \varepsilon$，于是当 $\forall n > N$ 时，有 $|y_n| \leqslant |x_n| < \varepsilon$，则 $\lim\limits_{n \to \infty} y_n = 0$.

性质 2.2.4 对于数列 $\{x_n\}$，以下结论成立：

（1）**比值性** 若 $\lim\limits_{n \to \infty} \left|\dfrac{x_{n+1}}{x_n}\right| = l < 1$，则 $\{x_n\}$ 为无穷小量；

（2）**根值性** 若 $\lim\limits_{n \to \infty} \sqrt[n]{|x_n|} = l < 1$，则 $\{x_n\}$ 为无穷小量.

证明：(1) 若$\lim\limits_{n\to\infty}\left|\dfrac{x_{n+1}}{x_n}\right|=l<1$，由保号性，对任意的$l<r=\dfrac{l+1}{2}<1$，

$\exists N\in\mathbf{Z}_+$，当$n>N$时都有$\left|\dfrac{x_{n+1}}{x_n}\right|<\dfrac{l+1}{2}=r<1$，于是，$|x_n|=|x_N|\cdot$

$\left|\dfrac{x_{N+1}}{x_N}\right|\cdot\left|\dfrac{x_{N+2}}{x_{N+1}}\right|\cdot\cdots\cdot\left|\dfrac{x_n}{x_{n-1}}\right|<|x_N|\cdot r^{n-N}$，由于$\lim\limits_{n\to\infty}|x_N|\cdot r^{n-N}=0$，

由夹逼定理，故$\{x_n\}$为无穷小量.

(2) 证明同上，略.

例 2.2.2　设$a\neq0$，求极限$\lim\limits_{n\to\infty}\dfrac{a^n}{n!}$.

解：设$x_n=\dfrac{a^n}{n!}$，由于$\lim\limits_{n\to\infty}\left|\dfrac{x_{n+1}}{x_n}\right|=\lim\limits_{n\to\infty}\left|\dfrac{a}{n+1}\right|=0<1$，根据数列极限

的比值性质，可得$\lim\limits_{n\to\infty}\dfrac{a^n}{n!}=0$.

2.2.2　数列的无穷大量

1. 数列无穷大量的概念

定义 2.2.3　若$\{x_n\}$为无穷小量，且$x_n\neq0(n=1,2,\cdots)$，那么$\left\{\dfrac{1}{x_n}\right\}$便称作**无穷大量**(简称无穷大)，即当$n$增大时，其各项的绝对值也无限制地增大. 其严格的分析定义可表述为：

定义 2.2.4　若对于任意给定的$G>0$，可以找到正整数N，使得当$n>N$：$|x_n|\geqslant G$，则称数列$\{x_n\}$是无穷大量，记为$\lim\limits_{n\to\infty}x_n=\infty$或$x_n\to\infty\,(n\to\infty)$.

注意　当$\{x_n\}$为无穷大量时，$\{x_n\}$的极限并不存在，只是一种表示而已. 若采用符号表述法，"数列$\{x_n\}$是无穷大量"可表示为$\forall G>0$，$\exists N$，$\forall n>N$：$|x_n|\geqslant G$. 与数列极限定义中的ε表示任意给定的很小的正数相类似，ε考虑足够小的，要多小有多小，而这里的G表示任意给定的很大的正数，要多大有多大.

定义 2.2.5　如果无穷大量$\{x_n\}$从某一项开始都是正的(或负的)，则称其为正无穷大量(或负无穷大量)，统称为定号无穷大量，分别记为$\lim\limits_{n\to\infty}x_n=+\infty$(或$\lim\limits_{n\to\infty}x_n=-\infty$)，显然，$\{n^2\}$是正无穷大量，$\{-10^n\}$是负无穷大量，而$\{(-2)^n\}$是不定号无穷大量.

注意 无穷大数列一定是无界数列，但反过来，无界数列不一定是无穷大数列，因为无界数列要求数列的个别项满足大于任意给定的正数，而无穷大数列要求某项以后的所有项都满足大于任意给定的正数，因此无穷大数列是比无界数列更强的概念.

例 2.2.3 在下列数列中哪些数列是有界数列、无界数列以及无穷大数列：

(1) $\left\{\dfrac{n^2}{n-\sqrt{5}}\right\}$；(2) $\{\sin n\}$；(3) $\{[1+(-1)^n]\sqrt{n}\}$.

解：(1) 因为 $\lim\limits_{n\to\infty}\dfrac{n^2}{n-\sqrt{5}}=+\infty$，故数列 $\left\{\dfrac{n^2}{n-\sqrt{5}}\right\}$ 为无穷大数列；

(2) 因为 $|\sin n|\leqslant 1$，且 $\lim\limits_{n\to\infty}\sin n$ 不存在，故数列 $\{\sin n\}$ 为有界数列；

(3) 因为 $\lim\limits_{n\to\infty}[1+(-1)^{2n}]\sqrt{2n}=+\infty$，而 $\lim\limits_{n\to\infty}[1+(-1)^{2n+1}]\sqrt{2n+1}=0$，所以 $\{[1+(-1)^n]\sqrt{n}\}$ 是无界数列，不是无穷大数列.

2. 数列无穷大量的运算性质

关于数列无穷大量的运算，具有如下的性质：

(1) 同号无穷大量之和仍然是该符号的无穷大量；

(2) 异号无穷大量之差是无穷大量，其符号与被减无穷大量的符号相同；

(3) 无穷大量与有界量之和或者之差仍然是无穷大量；

(4) 同号无穷大量之积为正无穷大量，而异号无穷大量之积为负无穷大量.

(5) 设 $\{x_n\}$ 是无穷大量，若存在 $\delta>0$，使得 $|y_n|\geqslant\delta$，$n=1$，2，$\cdots$则 $\{x_ny_n\}$ 是无穷大量；

(6) 设 $\{x_n\}$ 是无穷大量，若 $\lim\limits_{n\to\infty}y_n=b\neq 0$，则 $\{x_ny_n\}$，$\left\{\dfrac{x_n}{y_n}\right\}$ 都是无穷大量.

总之，对于无穷大量进行四则运算应当特别小心，关于极限的四则运算的定理，对于无穷的数列而言，一般不成立.

2.2.3 待定型数列极限

形如 $\infty\pm\infty$，$(+\infty)-(+\infty)$，$(+\infty)+(-\infty)$，$0\cdot\infty$，$\dfrac{0}{0}$，$\dfrac{\infty}{\infty}$ 等型的极限，其结果可以是无穷小量，或者非零极限，或者无穷大量，也可以没有极限，这些类型的极限，称为待定型极限. 实际上讨

论无穷大量以及无穷小量之间运算的极限,往往并不那么轻而易举,而是需要针对具体情况来做具体讨论的. 例如在中学中,大家接触的洛必达法则,就是针对待定型求极限的一种方法(在后续导数章节介绍). 下面介绍的斯托尔茨定理是处理待定型数列极限的有力工具,一般用于 $\dfrac{*}{\infty}$ 型的极限(即分母趋于正无穷大的分式极限)、$\dfrac{0}{0}$ 型极限. 也被称为求数列极限的洛必达法则(离散形式). 在介绍斯托尔茨定理之前,先给出单调数列的定义.

> **定义 2.2.6** 如果数列 $\{x_n\}$ 满足:对任意的 n 都有 $x_n \le x_{n+1}$(或 $x_n \ge x_{n+1}$),$n=1,2,\cdots$,则称 $\{x_n\}$ 为单调增加数列(或者单调减少数列). 若进一步满足对任意的 n 都有 $x_n < x_{n+1}$(或 $x_n > x_{n+1}$),$n=1,2,\cdots$,则称 $\{x_n\}$ 为严格单调增加数列(或严格单调减少数列). 单调增加数列和单调减少数列统称为**单调数列**.

> **定理 2.2.1** $\left(\dfrac{*}{\infty}\text{型斯托尔茨定理}\right)$ 若数列 $\{x_n\}$、$\{y_n\}$ 满足:
>
> (1) $\{y_n\}$ 从某一项起严格单调增加;
>
> (2) $\lim\limits_{n\to\infty} y_n = +\infty$;
>
> (3) $\lim\limits_{n\to\infty} \dfrac{x_{n+1}-x_n}{y_{n+1}-y_n} = a$($a$ 为有限数、$+\infty$、$-\infty$),
>
> 则 $$\lim_{n\to\infty}\frac{x_n}{y_n} = \lim_{n\to\infty}\frac{x_{n+1}-x_n}{y_{n+1}-y_n} = a.$$

注意 ① 这里只对 $\{y_n\}$ 要求正无穷大量;

② 斯托尔茨定理的逆命题不成立. 例如,$x_n = (-1)^n$,$y_n = n$ 时,$\lim\limits_{n\to\infty}\dfrac{x_n}{y_n} = 0$,$\lim\limits_{n\to\infty}\dfrac{x_{n+1}-x_n}{y_{n+1}-y_n} = (-1)^{n+1} - (-1)^n = \{2,-2,2,-2,\cdots\}$ $(n=1,2,\cdots)$ 极限不存在.

证明:(1) 我们先考虑 $\lim\limits_{n\to\infty}\dfrac{x_{n+1}-x_n}{y_{n+1}-y_n} = L$,其中 L 为有限实数,根据极限定义,则

$\forall \varepsilon > 0$,$\exists N_1 \in \mathbf{Z}_+$,当 $n > N_1$ 时,$\left|\dfrac{x_{n+1}-x_n}{y_{n+1}-y_n} - L\right| < \varepsilon$,即 $L-\varepsilon < \dfrac{x_{n+1}-x_n}{y_{n+1}-y_n} < L+\varepsilon$,于是有

$$(L-\varepsilon)(y_{n+1}-y_n) < x_{n+1}-x_n < (L+\varepsilon)(y_{n+1}-y_n). \tag{$*$}$$

（这里 $\{y_n\}$ 严格单调增加，$y_{n+1}-y_n>0$，不等号两边同乘时不变号.）

又由 $\lim\limits_{n\to\infty}y_n=+\infty$，根据极限定义，则 $\forall\varepsilon>0$，$\exists N_2\in\mathbf{Z}_+$，当 $n>N_2$ 时，$y_n>\varepsilon>0$，于是 $\lim\limits_{n\to\infty}\dfrac{1}{y_n}=0$.

取 $N=\max\{N_1,N_2\}$，当 $n>N$ 时，从 $N+1$ 到 n 对式（$*$）累加，得

$$(y_{N+2}-y_{N+1})(L-\varepsilon)<x_{N+2}-x_{N+1}<(y_{N+2}-y_{N+1})(L+\varepsilon),$$
$$\vdots$$
$$(y_{n+1}-y_n)(L-\varepsilon)<x_{n+1}-x_n<(y_{n+1}-y_n)(L+\varepsilon),$$

将以上各式相加得 $(y_{n+1}-y_{N+1})(L-\varepsilon)<x_{n+1}-x_{N+1}<(y_{n+1}-y_{N+1})(L+\varepsilon)$，同除以 $y_{n+1}-y_{N+1}$，注意到 $y_{n+1}>0$，因为 $n+1>n>N\geqslant N_2$，$y_{n+1}>\varepsilon>0$，

故 $L-\varepsilon<\dfrac{x_{n+1}-x_{N+1}}{y_{n+1}-y_{N+1}}<L+\varepsilon$，于是 $L-\varepsilon<\dfrac{\dfrac{x_{n+1}}{y_{n+1}}-\dfrac{x_{N+1}}{y_{n+1}}}{1-\dfrac{y_{N+1}}{y_{n+1}}}<L+\varepsilon$，也就是

$\lim\limits_{n\to\infty}\dfrac{\dfrac{x_{n+1}}{y_{n+1}}-\dfrac{x_{N+1}}{y_{n+1}}}{1-\dfrac{y_{N+1}}{y_{n+1}}}=L$，由 $\lim\limits_{n\to\infty}\dfrac{1}{y_n}=0$，且 x_{N+1}，y_{N+1} 是常数，由极限的四

则运算法则，得 $\lim\limits_{n\to\infty}\dfrac{x_{n+1}}{y_{n+1}}=L$，$\lim\limits_{n\to\infty}\dfrac{x_n}{y_n}=L$.

（2）再考虑 $\lim\limits_{n\to\infty}\dfrac{x_{n+1}-x_n}{y_{n+1}-y_n}=+\infty$ 的情形（这里若为 $-\infty$，思路一样），

即 $\forall M>0$，$\exists N>0$，当 $n>N$ 时，有 $\dfrac{x_{n+1}-x_n}{y_{n+1}-y_n}>M$，于是得到

$$x_{N+1}-x_N>M(y_{N+1}-y_N),$$
$$x_{N+2}-x_{N+1}>M(y_{N+2}-y_{N+1}),$$
$$\vdots$$
$$x_n-x_{n-1}>M(y_n-y_{n-1}),$$

则 $x_n-x_N>M(y_n-y_N)$，即 $\dfrac{x_n}{y_n}-\dfrac{x_N}{y_n}>M\left(1-\dfrac{y_N}{y_n}\right)$，又 $\lim\limits_{n\to\infty}y_n=\infty$，所以

$\lim\limits_{n\to\infty}\dfrac{x_n}{y_n}\geqslant M$.

即 $\lim\limits_{n\to\infty}\dfrac{x_n}{y_n}=\lim\limits_{n\to\infty}\dfrac{x_{n+1}-x_n}{y_{n+1}-y_n}=+\infty$，综上得证.

定理 2.2.2 $\left(\dfrac{0}{0}\text{型的斯托尔茨定理}\right)$ 若数列 $\{x_n\}$ 和 $\{y_n\}$ 满足：

（1）$\{y_n\}$ 从某一项起严格单调减少；

（2）$\lim\limits_{n\to\infty}x_n=0$, $\lim\limits_{n\to\infty}y_n=0$;

（3）$\lim\limits_{n\to\infty}\dfrac{x_{n+1}-x_n}{y_{n+1}-y_n}=a$（$a$ 为有限数、$+\infty$、$-\infty$），

则

$$\lim_{n\to\infty}\frac{x_n}{y_n}=a.$$

注意　若 $a=\infty$，则结论不一定成立，例如 $x_n=\dfrac{(-1)^n}{n}$，$y_n=\dfrac{1}{n}$，

虽然 $\{y_n\}$ 严格单调减少趋于 0，x_n 趋于 0，且 $\lim\limits_{n\to\infty}\dfrac{x_{n+1}-x_n}{y_{n+1}-y_n}=$

$\lim\limits_{n\to\infty}(-1)^n(2n+1)=\infty$，但 $\lim\limits_{n\to\infty}\dfrac{x_n}{y_n}=\lim\limits_{n\to\infty}(-1)^n$ 无极限.

例 2.2.4　求极限 $\lim\limits_{n\to\infty}\dfrac{1^k+2^k+\cdots+n^k}{n^{k+1}}$（$k\in\mathbf{Z}_+$）.

解：令 $x_n=1^k+2^k+\cdots+n^k$，$y_n=n^{k+1}$，由斯托尔茨定理得

$$\lim_{n\to\infty}\frac{1^k+2^k+\cdots+n^k}{n^{k+1}}=\lim_{n\to\infty}\frac{x_n-x_{n-1}}{y_n-y_{n-1}}$$

$$=\lim_{n\to\infty}\frac{n^{k-i}n^i}{[n-(n-1)]\left[\sum\limits_{i=0}^{k}n^{k-i}(n-1)^i\right]}$$

$$=\lim_{n\to\infty}\frac{1}{\sum\limits_{i=0}^{k}\left(1-\dfrac{1}{n}\right)^i}=\frac{1}{k+1}.$$

注意　$a^{n+1}-b^{n+1}=(a-b)\left(\sum\limits_{k=0}^{n}a^{n-k}b^k\right)$.

例 2.2.5　证明数列极限的算术平均值收敛定理，若 $\lim\limits_{n\to\infty}x_n=a$，

则 $\lim\limits_{n\to\infty}\dfrac{x_1+x_2+\cdots+x_n}{n}=a.$

证明：令 $x_n=x_1+x_2+\cdots+x_n$，$y_n=n$，由斯托尔茨定理，得

$$\lim_{n\to\infty}\frac{x_1+x_2+\cdots+x_n}{n}=\lim_{n\to\infty}\frac{(x_1+x_2+\cdots+x_n+x_{n+1})-(x_1+x_2+\cdots+x_n)}{n+1-n}$$

$$=\lim_{n\to\infty}x_{n+1}=a.$$

历史注记

无穷小量的概念可以追溯到文艺复兴时期的不可分量. 而不可分量概念的产生可以从古希腊的原子论和阿基米德解决一些问

题的方法中得到某种根源性的解释. 古希腊原子论学派创立者德谟克利特第一个得出圆锥是同底等高的圆柱体积的三分之一的结论. 后来，伽利略、卡瓦列里、开普勒等人继承了阿基米德的启发式方法，伽利略和卡瓦列里的不可分量指的是"不能用来做度量的单位，在算术上不可比的量"，而开普勒指的是无穷小量，即固定的，不可分的量，之后，不可分量逐渐被叫作无穷小量. 莱布尼茨集成了开普勒的"无穷小量"的说法，并应用于无穷小分析中，他用了"有界量"和"无界量"来解释无穷大量和无穷小量的概念，事实上，他对无穷大量和无穷小量是固定的还是变动的，是潜在的还是实在的，是虚拟的还是客观的并没有做出绝对肯定的结论.

16、17 世纪属于微积分发展的初期，无穷小概念和极限概念基本上是并行发展的，无穷小概念可以从阿基米德方法以及文艺复兴后的不可分量法里找到根基，而极限概念与古代的穷竭法也有着思想上的联系，莱布尼茨的无穷小概念是用来发现和说明问题的，而柯西有时候称无穷小为无限小的量，对无穷小概念的改动被分析严格化的完成者魏尔斯特拉斯所继承. 魏尔斯特拉斯用"$\varepsilon\text{-}\delta$"语言给出了"无穷地小（infinimentperite），它与"无穷小（infinitesimal）"有着本质的区别. "无穷小"是可以参加代数运算的，因此基本上是被当成数来看待的，本质上是固定的，"不可分的"点. 而柯西-魏尔斯特拉斯的"无穷地小"是变量，一般不直接参与运算；infinitesimal 是基本的，用来定义其他概念的，而柯西的无穷小属于变量，魏尔斯特拉斯的 infiniment perite 属于 $\varepsilon\text{-}\delta$ 形式的极限概念.

19 世纪 70 年代，分析的算术化和实数理论的建立帮助 $\varepsilon\text{-}\delta$ 形式的极限概念获得了最后的胜利，实数理论说明了无穷小数是不存在的，这也使得"无穷小"这一概念暂时被尘封起来. 之后，无穷小概念因非标准分析的产生被人们所认识.

习题 2.2

1. 利用极限 $\varepsilon\text{-}N$ 定义来证明下面数列是无穷小量：

(1) $\left\{\,|\,q^n\,|\,\right\}\,(0<|\,q\,|<1)$；(2) $\left\{\dfrac{3^n}{n!}\right\}$；

(3) $\left\{\dfrac{1+2+\cdots+n}{n^3}\right\}$；(4) $\left\{\dfrac{n!}{n^n}\right\}$.

2. 按定义证明下面数列是无穷大量：

(1) $\{n-\arctan n\}$；(2) $\left\{\dfrac{n^2-1}{n+5}\right\}$；

(3) $\{n!\}$.

3. 求下列极限，并指出哪些是无穷小数列：

(1) $\lim\limits_{n\to\infty}\dfrac{1}{\sqrt{n}}$；(2) $\lim\limits_{n\to\infty}\dfrac{1}{\sqrt{2^n}}$；

(3) $\lim\limits_{n\to\infty}\sqrt[n]{3}$；(4) $\lim\limits_{n\to\infty}\dfrac{1}{\sqrt[n]{2}}$.

4. 判断下面说法是否正确：

（1）若 $\lim\limits_{n\to\infty} x_n y_n = 0$，是否一定有 $\lim\limits_{n\to\infty} x_n = 0$，$\lim\limits_{n\to\infty} y_n = 0$?

（2）两个都不是无穷大量的数列的乘积一定不是无穷大量吗？

5. 设 $\lim\limits_{n\to\infty} a_n = +\infty$，利用定义证明：

$$\lim_{n\to\infty}\frac{a_1 + a_2 + \cdots + a_n}{n} = +\infty.$$

6. 利用斯托尔茨定理证明：

（1）$\lim\limits_{n\to\infty}\dfrac{1^2 + 3^2 + \cdots + (2n+1)^2}{n^3} = \dfrac{4}{3}$;

（2）$\lim\limits_{n\to\infty}\dfrac{\log_a n}{n} = 0\,(a>1)$.

7. 利用斯托尔茨定理求下列极限：

（1）$\lim\limits_{n\to\infty}\dfrac{1^m + 2^m + \cdots + n^m}{n^{m+1}}$，其中 m 为自然数;

（2）求 $\lim\limits_{n\to\infty}\left(\dfrac{2}{2^2-1}\right)^{\frac{1}{2^{n-1}}}\left(\dfrac{2^2}{2^3-1}\right)^{\frac{1}{2^{n-2}}}\cdots\left(\dfrac{2^{n-1}}{2^n-1}\right)^{\frac{1}{2}}$.

8. 设 $A_n = \sum\limits_{k=1}^{n} a_k$，当 $n\to\infty$ 时有极限，$\{p_n\}$ 为单调增加的正数数列，且 $\lim\limits_{n\to\infty} p_n = +\infty$. 证明：

$$\lim_{n\to\infty}\frac{p_1 a_1 + p_2 a_2 + \cdots + p_n a_n}{p_n} = 0.$$

2.3 数列收敛（极限存在）的判定准则

一般来说，在研究比较复杂的数列极限问题时，通常先要考察该数列是否有极限（极限的收敛性问题），若极限存在（收敛）的话，再考虑如何计算此极限（极限的计算问题）. 这是极限论的两个基本问题. 前面通过数列极限的定义和利用夹逼定理可以证明数列极限的存在性，但最简单的思想是利用数列本身的性质证明数列极限的存在性.

2.3.1 数列收敛判定准则

由数列极限的局部有界性可知，收敛的数列必定有界，但是有界的数列不一定收敛，那么对有界数列如何加强条件，来保证它一定收敛？下述定理说明，对有界数列再加上单调性，则数列一定收敛.

定理 2.3.1　单调增加且有上界（或者单调减少且有下界）的数列必收敛.

证明：不妨设数列 $\{x_n\}$ 单调增加有上界，设 $M>0$，使得 $x_n\leq x_{n+1}\leq M$. 由确界存在定理，$\{x_n\}$ 必有上确界 $a=\sup\{x_n\}$，根据上确界的定义，即满足：

（1）$\forall n\in \mathbf{Z}_+$，有 $x_n\leq a$（上界）;

（2）$\forall \varepsilon>0$，$\exists N$，使得 $x_N>a-\varepsilon$（最小的上界），

于是当 $n>N$ 时，$a-\varepsilon<x_N\leq x_n\leq a<a+\varepsilon$，有 $|x_n-a|<\varepsilon$，故 $\lim\limits_{n\to\infty} x_n = a$.

注意　①定理中 $\{x_n\}$ 的单调性只要从某一项之后满足即可. 这是因为数列的敛散性与靠前的有限项无关;②一个单调增加数

列 $\{a_n\}$（或者单调减少数列 $\{a_n\}$），且 $\lim_{n\to\infty}a_n=a$，则对每个 a_n，都有 $a_n\leqslant a$（或者 $a_n\geqslant a$）；③此定理的条件为充分但非必要条件，例如，$x_n=(-1)^n\dfrac{1}{n}$，$n=1$，2，…（因为收敛非单调）；④本定理只是证明了极限存在性；⑤单调有界准则是研究递推数列收敛性的有力工具.

例 2.3.1 证明数列 $x_n=\sqrt{3+\sqrt{3+\sqrt{\cdots+\sqrt{3}}}}$（$n$ 重根式）的极限存在.

证明：（1）显然 $x_2>x_1$，设 $x_k>x_{k-1}$，则 $\sqrt{3+x_k}>\sqrt{3+x_{k-1}}$，所以 $x_{k+1}>x_k$，故 $\{x_n\}$ 是单调增加的.

（2）又因为 $x_1=\sqrt{3}<3$，假定 $x_k<3$，$x_{k+1}=\sqrt{3+x_k}<\sqrt{3+3}<3$，所以 $\{x_n\}$ 是有上界的. 根据单调有界准则，$\lim_{n\to\infty}x_n$ 存在.

（3）设 $\lim_{n\to\infty}x_n=a$，因为 $x_{n+1}=\sqrt{3+x_n}$，即 $x_{n+1}^2=3+x_n$，于是 $\lim_{n\to\infty}x_{n+1}^2=\lim_{n\to\infty}(3+x_n)$，$a^2=3+a$，解得 $a=\dfrac{1+\sqrt{13}}{2}$，$a=\dfrac{1-\sqrt{13}}{2}$（舍去），所以 $\lim_{n\to\infty}x_n=\dfrac{1+\sqrt{13}}{2}$.

例 2.3.2 设 $0<x_1<1$，$x_{n+1}=x_n-x_n^2$，$n=1$，2，…，

（1）证明 $\{x_n\}$ 收敛并求极限；

（2）证明 $\lim_{n\to\infty}(nx_n)=1$.

证明：（1）应用数学归纳法，可知对 $\forall n\in\mathbf{Z}_+$，有 $0<x_n<1$. 再由 $x_{n+1}=x_n-x_n^2$，$n=1$，2，…

可得 $x_{n+1}-x_n=-x_n^2<0$，则 $\{x_n\}$ 单调减少有下界，则 $\{x_n\}$ 收敛.

设 $\lim_{n\to\infty}x_n=a$，对 $x_{n+1}=x_n-x_n^2$ 两边同时求极限，得到 $a=a-a^2$，解得 $a=0$，即 $\lim_{n\to\infty}x_n=0$.

（2）利用斯托尔茨定理，得到

$$\lim_{n\to\infty}(nx_n)=\lim_{n\to\infty}\dfrac{n}{\dfrac{1}{x_n}}=\lim_{n\to\infty}\dfrac{n+1-n}{\dfrac{1}{x_{n+1}}-\dfrac{1}{x_n}}=\lim_{n\to\infty}\dfrac{x_{n+1}x_n}{x_n-x_{n+1}}=\lim_{n\to\infty}\dfrac{x_n(1-x_n)x_n}{x_n^2}=1.$$

这说明，不管 $0<x_1<1$ 如何选取，当 $n\to\infty$ 时，无穷小量 $\{x_n\}$ 和无穷小量 $\left\{\dfrac{1}{n}\right\}$ 趋于 0 的速度一致，也就是说 $x_n\sim\dfrac{1}{n}$，在以后的许多场合中，两者可以相互替代.

例 2.3.3 商业活动中进行利息计算，假设整个时间周期分为 n 个结息周期，每期利息为 $\dfrac{1}{n}$，期满后产生的本息共 $\left(1+\dfrac{1}{n}\right)^n$，如

果 $n \to \infty$，就是所谓的"连续复利". 设 $x_n = \left(1+\dfrac{1}{n}\right)^n$，证明数列 $\{x_n\}$ 收敛.

证明：由均值不等式 $\sqrt[n+1]{1 \cdot \left(1+\dfrac{1}{n}\right)^n} \leqslant \dfrac{1+n\left(1+\dfrac{1}{n}\right)}{n+1} = 1+\dfrac{1}{n+1}$，

则 $\left(1+\dfrac{1}{n}\right)^n \leqslant \left(1+\dfrac{1}{n+1}\right)^{n+1}$，因此 $x_n \leqslant x_{n+1}$，说明 $\{x_n\}$ 单调增加. 另

外，再由均值不等式，$\sqrt[n]{\dfrac{1}{4}} = \sqrt[n]{\dfrac{1}{2} \cdot \dfrac{1}{2} \cdot 1^{n-2}} \leqslant \dfrac{n-1}{n} \leqslant \dfrac{n}{n+1}$，则

$\left(1+\dfrac{1}{n}\right)^n \leqslant 4$，说明 $\{x_n\}$ 有上界，根据单调增加有上界准则，数列

$\{x_n\}$ 收敛. 记为 $\lim\limits_{n \to \infty}\left(1+\dfrac{1}{n}\right)^n = e\,(e = 2.71828\cdots)$.

例 2.3.4　利用 e，求 $\lim\limits_{n \to \infty}\left(\dfrac{3+n}{2+n}\right)^{2n}$.

解：$\lim\limits_{n \to \infty}\left(\dfrac{3+n}{2+n}\right)^{2n} = \lim\limits_{n \to \infty}\left[\left(1+\dfrac{1}{n+2}\right)^{n+2}\right]^2\left(1+\dfrac{1}{n+2}\right)^{-4} = e^2$.

定理 2.3.2　（闭区间套定理）　如果一列闭区间 $\{[a_n, b_n]\}$ 形成一个闭区间套，即满足：

(1) $[a_{n+1}, b_{n+1}] \subseteq [a_n, b_n]$，$n = 1, 2, \cdots$（嵌套关系）；

(2) $\lim\limits_{n \to \infty}(b_n - a_n) = 0$（区间长度趋于 0），

则存在唯一的实数 ξ 属于所有的闭区间 $[a_n, b_n]$，且

$$\xi = \lim\limits_{n \to \infty}a_n = \lim\limits_{n \to \infty}b_n.$$

分析：欲证 $\exists \xi \in [a_n, b_n]$，$n = 1, 2, \cdots$，并且唯一.

证明：构造一个单调有界数列，使其极限为所求的 ξ，为此，可就近取数列 $\{a_n\}$（或者 $\{b_n\}$），由于 $a_1 \leqslant a_2 \leqslant \cdots \leqslant a_n \leqslant \cdots \leqslant b_n \leqslant \cdots \leqslant b_2 \leqslant b_1$，因此 $\{a_n\}$ 为单调增加数列，且有上界（例如 b_1）. 由单调有界定理，存在 $\lim\limits_{n \to \infty}a_n = \xi$，且 $a_n \leqslant \xi$，$n = 1, 2, \cdots$. 又因为 $b_n = (b_n - a_n) + a_n$，而 $\lim\limits_{n \to \infty}(b_n - a_n) = 0$，故 $\lim\limits_{n \to \infty}b_n = \lim\limits_{n \to \infty}(b_n - a_n) + \lim\limits_{n \to \infty}a_n = 0 + \xi = \xi$；且由于 $\{b_n\}$ 单调减少，必使 $b_n \geqslant \xi$. 这就证得 $\xi \in [a_n, b_n]$，$n = 1, 2, \cdots$. 最后，用反证法证明如此的 ξ 唯一，事实上，假设另有一个 $\xi' \in [a_n, b_n]$，$n = 1, 2, \cdots$，则由 $|\xi - \xi'| \leqslant b_n - a_n \to 0$ $(n \to \infty)$，导致与 $|\xi - \xi'| > 0$ 矛盾.

注意　闭区间套定理是在实数集上成立的，因此可以用它来

证明实数集不可列.

例 2.3.5   实数集 **R** 是不可列集.

证明：反证法. 假设实数集可列，就可以找到一种排列方式 $\{x_1, x_2, \cdots, x_n, \cdots\}$，使得 $\mathbf{R} = \{x_1, x_2, \cdots, x_n, \cdots\}$，不妨取 **R** 上的一个集合 $[a_0, b_0]$，将其三等分为三个闭区间 $\left[a_0, a_0 + \dfrac{b_0 - a_0}{3}\right]$，$\left[a_0 + \dfrac{b_0 - a_0}{3}, b_0 - \dfrac{b_0 - a_0}{3}\right]$，$\left[b_0 - \dfrac{b_0 - a_0}{3}, b_0\right]$（三等分是为了确保一定能找到子闭区间不含有实数），x_1 至多能同时属于其中的两个闭区间，那么一定有一个闭区间不包含 x_1，记作 $x_1 \notin [a_1, b_1]$，$[a_1, b_1] \subseteq [a_0, b_0]$；继续对 $[a_1, b_1]$ 进行三等分，x_2 至多能同时属于其中的两个闭区间，那么一定有一个闭区间不包含 x_2，记作 $x_2 \notin [a_2, b_2]$，$[a_2, b_2] \subseteq [a_1, b_1]$；以此类推，得到一个闭区间列 $\{[a_n, b_n]\}$，由这个闭区间列的构造方式可知 $[a_{n+1}, b_{n+1}] \subseteq [a_n, b_n]$，且 $b_n - a_n = \dfrac{b_0 - a_0}{3^n} \to 0 \, (n \to \infty)$，所以闭区间列 $\{[a_n, b_n]\}$ 是一个闭区间套，由闭区间套定理，存在唯一的实数 ξ，满足 $\xi \in [a_n, b_n]$，$\forall n \in \mathbf{Z}_+$，但由于

$$\xi \in [a_1, b_1], x_1 \notin [a_1, b_1] \Rightarrow \xi \neq x_1,$$
$$\xi \in [a_2, b_2], x_2 \notin [a_2, b_2] \Rightarrow \xi \neq x_2,$$
$$\vdots$$
$$\xi \in [a_n, b_n], x_n \notin [a_n, b_n] \Rightarrow \xi \neq x_n,$$

即 ξ 不是实数列 $\{x_1, x_2, \cdots, x_n, \cdots\}$ 中的任何一个，也就是 $\xi \notin \mathbf{R}$，这显然是矛盾的，所以实数集一定是不可列的.

我们知道有界数列未必收敛，若增加单调这一条件，则单调有界数列一定收敛；换个角度来说，若不加强条件，有界数列能否得到弱一些的结论吗？为了回答这个问题，下面给出子数列的概念及其收敛性.

定义 2.3.1   给定数列 $\{x_n\}$，而 $n_1 < n_2 < \cdots < n_k < n_{k+1} < \cdots$ 是一列严格单调增加的正整数，则 x_{n_1}，x_{n_2}，$\cdots$，x_{n_k}，$\cdots$ 也形成一个数列，称为 $\{x_n\}$ 的子数列（简称子列），记为 $\{x_{n_k}\}$.

注意   （1）子列 $\{x_{n_k}\}$ 的各项均选自 $\{x_n\}$，且保持这些项在 $\{x_n\}$ 中的先后次序. k 表示 x_{n_k} 在子列中是第 k 项，n_k 表示 x_{n_k} 在 $\{x_n\}$ 中是第 n_k 项，故总有 $n_k \geq k$.

（2）对任意的 h，k，若 $h \geq k$，则 $n_h \geq n_k$；反之，若 $n_h \geq n_k$，

则 $h \geqslant k$.

（3）对子列再抽子列，记为 $\{x_{n_{k_j}}\}$.

（4）$\lim\limits_{k\to\infty}x_{n_k}=a$：$\forall\varepsilon>0$，$\exists K$，使得当 $k>K$ 时，$|x_{n_k}-a|<\varepsilon$.

例如，数列 $\{1,2,\cdots,n,\cdots\}$ 为自然数列，取奇数列 $\{1,3,\cdots,2n+1,\cdots\}$ 和偶数列 $\{2,4,\cdots,2n,\cdots\}$，则它们都是子列.

一个数列的收敛与其子列的收敛有什么关系？下面给出两个收敛定理.

定理 2.3.3　（数列极限的归并原理） 若 $\lim\limits_{n\to\infty}x_n=a$，则 $\{x_n\}$ 的任何子列 $\{x_{n_k}\}$ 都有 $\lim\limits_{k\to\infty}x_{n_k}=a$.

证明：必要性. 设 $\lim\limits_{n\to\infty}x_n=a$，则 $\forall\varepsilon>0$，$\exists N\in\mathbf{Z}_+$，当 $n>N$，$|x_n-a|<\varepsilon$. 设 $\{x_{n_k}\}$ 是 $\{x_n\}$ 的任意一个子列. 由于 $n_k\geqslant k$，因此，当 $k>N$ 时，$n_k\geqslant k>N$，也有 $|x_{n_k}-a|<\varepsilon$，这就证明了 $\lim\limits_{k\to\infty}x_{n_k}=a$.

充分性. 由于数列 $\{x_n\}$ 可以看作其自身的子列，故显然成立.

推论 若存在 $\{x_n\}$ 的两个子列 $\{x_{n_k}\}$ 和 $\{x_{n_i}\}$，满足 $\lim\limits_{k\to\infty}x_{n_k}=l_1$，$\lim\limits_{i\to\infty}x_{n_i}=l_2$，且 $l_1\neq l_2$，或者存在的两个子列的极限都不存在，则 $\{x_n\}$ 无极限.

注意 该推论是证明数列发散的很好的工具.

例 2.3.6 证明数列 $\{(-1)^{n-1}\}$ 发散.

证明：取 $x_n=(-1)^{n-1}$，$x_{2n}=(-1)^{2n-1}=-1$，$x_{2n+1}=(-1)^{2n}=1$，于是 $\lim\limits_{n\to\infty}x_{2n}=-1$，$\lim\limits_{n\to\infty}x_{2n+1}=1$，根据推论，数列发散，无极限.

数列收敛与其子列收敛的密切联系：

（1）若数列收敛，则其任意子列也收敛（并且收敛到同一极限）；

（2）若数列的奇数列和偶数列都收敛到同一极限，则原数列也收敛到该极限.

有界数列未必收敛，那有界数列能得到弱一些的结论吗？下面定理告诉我们，有界数列必有收敛子列.

定理 2.3.4　波尔查诺-魏尔斯特拉斯（Bolzano-Weierstrass）定理 有界数列必有收敛的子列.

若 $\{x_n\}$ 有界，即存在 a，b，使得 $a\leqslant x_n\leqslant b$，$n=1,2,\cdots$，则 $\{x_n\}$ 有一个子列 $\{x_{n_k}\}$，当 $k\to\infty$ 时它有极限，即 $\{x_n\}$ 有一个收敛

子列.

> **引理**　从任意数列中必可取出一个单调的子列.

证明：先引进一个定义：若数列中的一项大于或等于在这项之后的所有各项，则称这一项是一个"龙头".

下面分两种情况讨论.

（1）若数列中存在着无穷多个"龙头"，那么把这些可作为"龙头"的项依次地取下来，显然得到一个减少的数列.

（2）若数列中只有有限多项可作为"龙头"，这时取最后一个"龙头"的下一项，记作 a_{n_1}，由于 a_{n_1} 不是"龙头"，在它的后边必有一项 $a_{n_2}(n_2>n_1)$ 满足 $a_{n_1}<a_{n_2}$，如此进行下去就得到一个子列 $\{a_{n_k}\}$，它是一个严格增加子列.

证明：设 $\{x_n\}$ 是有界数列，由引理，从中可取出一个单调的子列 $\{x_{n_k}\}$，它显然是有界的，从单调有界准则得 $\{x_{n_k}\}$ 是收敛的.

另证，若数列 $\{x_n\}$ 有界，不妨设 $a\leqslant x_n\leqslant b(n=1,2,\cdots)$，将闭区间 $[a,b]$ 平分，其中一半必含有数列 $\{x_n\}$ 的无穷多项，记作 $[a_1,b_1]$；继续将 $[a_1,b_1]$ 平分，它的一半 $[a_2,b_2]$ 也含有数列 $\{x_n\}$ 的无穷多项；一直进行下去，第 k 次平分出的闭区间 $[a_k,b_k]$ 一样含有数列 $\{x_n\}$ 的无穷多项. 注意到 $b_k-a_k=\dfrac{1}{2^k}(b-a)\to 0(k\to\infty)$，以及 $a_1\leqslant a_2\leqslant\cdots\leqslant b$，$b_1\geqslant b_2\geqslant\cdots\geqslant a$，由单调有界准则和闭区间套定理，可知数列 $\{a_k\}$，$\{b_k\}$ 都收敛并且极限相等，设 $\lim\limits_{k\to\infty}a_k=\lim\limits_{k\to\infty}b_k=A$，由于每个闭区间 $[a_k,b_k]$ 含有数列 $\{x_n\}$ 的无穷多项，可以依次选取 x_{n_k} 满足 $a_k\leqslant x_{n_k}\leqslant b_k(k=1,2,\cdots)$ 并且使得 $n_1<n_2<\cdots<n_k<\cdots$，根据数列极限的夹逼定理，$\lim\limits_{k\to\infty}x_{n_k}=A$，即有界数列 $\{x_n\}$ 存在收敛子列 $\{x_{n_k}\}$.

说明：①定理 2.3.4 也称为致密性定理；②数列的任意收敛子列的极限称为该数列的极限点，也称为聚点.

例如，0 是 $\left\{\dfrac{1}{n}\right\}$ 的一个聚点；1 和 -1 都是数列 $\{(-1)^{n-1}\}$ 的聚点.

注意　聚点可以属于数列中的点也可以不属于.

前面"单调有界数列必定收敛"这一定理只是给出了判断数列收敛的一个充分而非必要条件. 事实上，许多收敛的数列并非是单调的，所以，有必要从数列本身出发来寻找其收敛的充分必要条件.

定义 2.3.2 柯西数列(基本数列) 给定数列 $\{x_n\}$,若对任意的 $\varepsilon>0$,存在 $N\in\mathbf{Z}_+$,使得当 n,$m>N$ 时,有 $|x_n-x_m|<\varepsilon$,则称 $\{x_n\}$ 为柯西数列,也称为基本数列.

等价形式 1: $\forall\varepsilon>0$,$\exists N\in\mathbf{Z}_+$,使得对 $\forall n>N$,$|x_n-x_{N+1}|<\varepsilon$.

等价形式 2: $\forall\varepsilon>0$,$\exists N\in\mathbf{Z}_+$,使得对 $\forall n>N$ 及 $\forall p\in\mathbf{Z}_+$,$|x_{n+p}-x_n|<\varepsilon$.

例 2.3.7 证明:设 $\{x_n\}$ 是基本列,则 $\{x_n\}$ 有界.

证明: 由 $\{x_n\}$ 是基本列,取 $\varepsilon_0=1$,$\exists N\in\mathbf{Z}_+$,$n>N$,$|x_n-x_{N+1}|<\varepsilon_0=1$,

$$|x_n|\leqslant|x_n-x_{N+1}+x_{N+1}|\leqslant|x_n-x_{N+1}|+|x_{N+1}|<1+|x_{N+1}|,$$

取 $M=\max\{|x_1|,|x_2|,\cdots,|x_N|,1+|x_{N+1}|\}$,则对 $\forall n\in\mathbf{Z}_+$,都有 $|x_n|\leqslant M$.

定理 2.3.5 (柯西收敛原理) 数列收敛的充分必要条件是该数列是柯西数列(基本数列).

数列 $\{x_n\}$ 收敛的充要条件是:对任意给定的 $\varepsilon>0$,存在正整数 N,使得当 n,$m>N$ 时有 $|x_n-x_m|<\varepsilon$.数学符号语言表述为 "$\forall\varepsilon>0$,$\exists N$,$\forall n$,$m>N$:$|x_n-x_m|<\varepsilon$".

证明: 必要性($\Rightarrow$)设 $\lim\limits_{n\to\infty}x_n=a$,则 $\forall\varepsilon>0$,$\exists N$,使当 m,$n>N$ 时,有

$$|x_n-a|<\frac{\varepsilon}{2},|x_m-a|<\frac{\varepsilon}{2},$$

因此, $|x_n-x_m|=|(x_n-a)-(x_m-a)|\leqslant|x_n-a|+|x_m-a|<\varepsilon.$

充分性($\Leftarrow$)设 $\{x_n\}$ 为基本数列,则 $\{x_n\}$ 有界,由波尔查诺-魏尔斯特拉斯定理,$\exists\{x_{n_k}\}$,使得 $\lim\limits_{k\to\infty}x_{n_k}=a$,根据数列极限的定义,即 $\forall\varepsilon>0$,$\exists K\in\mathbf{Z}_+$,使当 $\forall k>K$ 时,有 $|x_{n_k}-a|<\frac{\varepsilon}{2}$,另一方面,由 $\{x_n\}$ 为基本数列,$\exists N_1\in\mathbf{Z}_+$,使当 m,$n>N_1$ 时,有 $|x_m-x_n|<\frac{\varepsilon}{2}$,取 $N=\max\{K,N_1\}$,使当 $n>N(n_{N+1}>N)$ 时,有 $|x_n-a|\leqslant|x_n-x_{n_{N+1}}|+|x_{n_{N+1}}-a|<\varepsilon$,所以 $\lim\limits_{n\to\infty}x_n=a$.

例 2.3.8 $x_n=1+\dfrac{1}{2^\alpha}+\dfrac{1}{3^\alpha}+\cdots+\dfrac{1}{n^\alpha}$,$\alpha\geqslant 2$,$n=1$,$2$,$\cdots$,证明 $\{x_n\}$ 收敛.

证明：
$$|x_{n+p}-x_n| = \frac{1}{(n+1)^\alpha}+\cdots+\frac{1}{(n+p)^\alpha}$$

$$\leqslant \frac{1}{(n+1)^2}+\cdots+\frac{1}{(n+p)^2}$$

$$\leqslant \frac{1}{n(n+1)}+\cdots+\frac{1}{(n+p-1)(n+p)}$$

$$=\frac{1}{n}-\frac{1}{n+p}<\frac{1}{n},$$

$\forall n, p \in \mathbf{Z}_+$，于是取 $N=\left[\dfrac{1}{\varepsilon}\right]$.

于是，对 $\forall \varepsilon>0$，$\exists N=\left[\dfrac{1}{\varepsilon}\right]$，使得 $\forall n>N$，以及 $\forall p \in \mathbf{Z}^+$，$|x_{n+p}-x_n|<\varepsilon$，说明 $\{x_n\}$ 是基本列，由柯西收敛原理，可知 $\{x_n\}$ 收敛.

柯西收敛原理的意义是：

（1）收敛数列的各项越到后面，彼此越是接近，项之间几乎"挤"在了一起.

（2）柯西收敛原理把数列项 x_n 与其极限 a 的关系换成了数列各个项 x_n 与 x_m 之间的关系.

（3）判别数列 $\{x_n\}$ 的收敛性只要根据数列本身的特征就可以鉴别其敛散性，无须借助数列以外的数 a 作为参照.

柯西收敛原理的符号表述为

$\lim\limits_{n\to\infty}x_n=a \Leftrightarrow \forall \varepsilon>0$，$\exists N \in \mathbf{Z}_+$，使得 $\forall m, n>N$，$|x_m-x_n|<\varepsilon$.

$\lim\limits_{n\to\infty}x_n=a \Leftrightarrow \forall \varepsilon>0$，$\exists N \in \mathbf{Z}_+$，使得 $\forall n>N$ 及 $\forall p \in \mathbf{Z}_+$，$|x_{n+p}-x_n|<\varepsilon$.

数列 $\{x_n\}$ 不收敛，则 $\exists \varepsilon_0>0$，$\forall N \in \mathbf{Z}_+$，$\exists m, n>N$，使得 $|x_m-x_n| \geqslant \varepsilon_0$.

$\exists \varepsilon_0>0$，$\forall N \in \mathbf{Z}_+$，$\exists n_0>N$，$\exists p \in \mathbf{Z}_+$，使得 $|x_{n_0+p}-x_{n_0}| \geqslant \varepsilon_0$.

例 2.3.9 设 $x_n=1+\dfrac{1}{2^\alpha}+\dfrac{1}{3^\alpha}+\cdots+\dfrac{1}{n^\alpha}$，$\alpha \leqslant 1$，证明 $\{x_n\}$ 发散.

证明：利用数列发散的定义，$\exists \varepsilon_0>0$，$\forall N \in \mathbf{Z}_+$，$\exists n_0>N$，$\exists p \in \mathbf{Z}_+$，使得 $|x_{n_0+p}-x_{n_0}| \geqslant \varepsilon_0$.

因为
$$|x_{n+p}-x_n| = \frac{1}{(n+1)^\alpha}+\frac{1}{(n+2)^\alpha}+\cdots+\frac{1}{(n+p)^\alpha}$$

$$\geqslant \frac{1}{n+1}+\frac{1}{n+2}+\cdots+\frac{1}{n+p} \geqslant \frac{p}{n+p},$$

故取 $\varepsilon_0=\dfrac{1}{2}$，$p=n$，所以，对 $\forall N \in \mathbf{Z}_+$，$\forall n>N$，取 $p=n$，$|a_{2n}-$

$$\left| a_n \right| \geqslant \frac{n}{n+n} = \frac{1}{2} = \varepsilon_0.$$

2.3.2　实数集连续性的等价定理

我们在前面给出了戴德金分割定理,并且证明了实数集连续性定理——确界存在定理. 在本节中,我们又依次证明了单调有界数列收敛定理、闭区间套定理、致密性定理(波尔查诺-魏尔斯特拉斯定理)与柯西收敛原理,通过分析它们的证明,可以发现它们之间的逻辑推理关系:戴德金切割定理⇒确界存在定理⇒单调有界数列收敛定理⇒闭区间套定理⇒波尔查诺-魏尔斯特拉斯定理⇒柯西收敛原理,即实数集的连续性包含了实数集的完备性. 实数集的完备性也包含了实数集的连续性,也就是说,在实数集中,完备性与连续性这两个概念是等价的.

人物注记

1. 魏尔斯特拉斯

德国数学家,他的主要贡献是在分析学方面. 1854 年他解决了椭圆积分的逆转问题,还建立了椭圆函数的新结构. 他在分析学中建立了实数理论,引进了极限的"ε-N"定义,给出了连续函数的严格定义及性质,还构造了一个处处不可微的连续函数:

$$\sum_{n=0}^{\infty} a^n \cos(b^n \pi x) \left(0 < a < 1, ab > 1 + \frac{3}{2}\pi, b \text{ 为奇数} \right),$$ 为分析学的算术

化做出了重要贡献.

2. 柯西

法国数学家,他的特长是在分析学方面,他对微积分给出了严密的基础,他还证明了复变函数论的主要定理以及在实变数和复变数的情况下微分方程解的存在定理,这些都是很重要的.

柯西幼年在父亲的教导下学习数学,拉格朗日、拉普拉斯常和他的父亲交往,曾预言柯西日后必成大器. 1805 年柯西进入理工科大学,1816 年成为教授. 1821 年,在拉普拉斯和泊松的鼓励下,柯西出版了《分析教程》《无穷小计算讲义》《无穷小计算在几何中的应用》这几部划时代的著作. 他给出了分析学一系列基本概念的严格定义. 柯西的极限定义至今还在普遍使用,连续、导数、微分、积分、无穷级数的和等概念也建立在较为坚实的基础上.

现今所谓的柯西定义或"ε-δ"方法是半个世纪后经过魏尔斯特拉斯的加工才完成的. 柯西时代实数的严格理论还未建立起来,因此极限理论也就不可能完成. 柯西在 1821 年提出 ε 方法(后来

改成 δ 方法），即所谓极限概念的算术化，把整个极限过程用一系列不等式刻画，使无穷的运算化成一系列不等式的推导，后来魏尔斯特拉斯将 ε 和 δ 联系起来，完成了"ε-δ"方法.

习题 2.3

1. 分别用定义、夹逼定理和单调有界准则三种方法，证明 $\lim\limits_{n\to\infty}\dfrac{n}{2^n}=0$.

2. 设 $x_{n+1}=\dfrac{1}{2}\left(x_n+\dfrac{a}{x_n}\right)(n=1,2,\cdots)$，且 $x_1>0$，$a>0$，求 $\lim\limits_{n\to\infty}x_n$.

3. 设 $0<x_1<1$，$x_{n+1}=1-\sqrt{1-x_n}$，证明：数列 $\{x_n\}$ 收敛，并求 $\lim\limits_{n\to\infty}x_n$ 与 $\lim\limits_{n\to\infty}\dfrac{x_{n+1}}{x_n}$.

4. 设 $a_i\geq 0(i=1,2,\cdots)$，证明下述数列有极限：
$$x_n=\frac{a_1}{1+a_1}+\frac{a_2}{(1+a_1)(1+a_2)}+\cdots+\frac{a_n}{(1+a_1)(1+a_2)\cdots(1+a_n)}$$
$(n=1,2,\cdots)$.

5. 对于数列 $\{x_n\}$，有 $\lim\limits_{n\to\infty}x_{2n}=a$，$\lim\limits_{n\to\infty}x_{2n-1}=a$，证明：$\lim\limits_{n\to\infty}x_n=a$.

6. 证明下列数列发散：

(1) $\left\{(-1)^n\dfrac{n}{n+1}\right\}$；　　(2) $\left\{\cos\dfrac{n\pi}{4}\right\}$；

(3) $\left\{\dfrac{2n+(-1)^n n}{3n+1}\right\}$.

7. 利用柯西收敛原理（或者否定表述），证明下列数列收敛或者发散：

(1) $x_n=\dfrac{\cos 1!}{1\cdot 2}+\dfrac{\cos 2!}{2\cdot 3}+\cdots+\dfrac{\cos n!}{n\cdot(n+1)}$ 收敛；

(2) $x_n=1+\dfrac{1}{2}+\cdots+\dfrac{1}{n}$ 收敛；

(3) $x_n=\sin\dfrac{n\pi}{2}$ 发散.

8. 设 $\{(a_n,b_n)\}$ 是一个严格开区间套，即满足 $a_1<a_2<\cdots<a_n<\cdots<b_n<\cdots<b_2<b_1$，且 $\lim\limits_{n\to\infty}(b_n-a_n)=0$，证明：存在唯一的一点 ξ，使得 $a_n<\xi<b_n$，$n=1,2,\cdots$.

9. 试举例说明：在有理数集内，确界原理、单调有界定理、波尔查诺-魏尔斯特拉斯定理和柯西收敛原理一般不能成立.

10. 证明：a 是数列 $\{a_n\}$ 的极限点 $\Leftrightarrow a$ 的任何邻域内含有 $\{a_n\}$ 的无穷多项.

2.4 数列的上极限和下极限

上、下极限的概念是极限概念的延伸，由于上、下极限的引入，为某些定理和题目的证明开通了一条全新的思路，例如，上下极限在数列的敛散性的证明和数列运算问题上的作用. 此外，上下极限的概念在数列与级数收敛性的判别法中有重要的应用. 本节将从上下极限的性质和应用两个方面进行探讨.

2.4.1 数列上下极限的概念

定义 2.4.1 扩充的实数集，即 $\mathbf{R}_\infty=\mathbf{R}\cup\{-\infty,+\infty\}$.

定义 2.4.2 设 $\{x_n\}$ 是一个数列，集合 E 为 $\{x_n\}$ 中所有子列极限（包含 $\pm\infty$）构成的集合：

$E = \{ l \in \mathbf{R}_{\infty} : \ \exists x_{n_k}, x_{n_k} \to l (k \to \infty) \}$，称 E 的上下确界 $a^* = \sup E$，

$a_* = \inf E$ 为 $\{x_n\}$ 的上、下极限，记作　　$\overline{\lim\limits_{n \to \infty}} x_n = a^*$，$\underline{\lim\limits_{n \to \infty}} x_n = a_*$.

例 2.4.1 求数列 $\left\{ x_n = (-1)^n \left(1 + \dfrac{1}{n} \right) \right\}$ 的上、下极限.

解：
$$\lim_{n \to \infty} x_{2n} = \lim_{n \to \infty} \left(1 + \frac{1}{2n} \right) = 1,$$

$$\lim_{n \to \infty} x_{2n+1} = \lim_{n \to \infty} \left[-\left(1 + \frac{1}{2n+1} \right) \right] = -1,$$

$$E = \{ -1, 1 \},$$

$$\overline{\lim_{n \to \infty}} x_n = 1, \quad \underline{\lim_{n \to \infty}} x_n = -1.$$

例 2.4.2 考察下列数列的上极限和下极限：

（1）$\{ x_n = n [1 + (-1)^n] \}$；

（2）$\left\{ x_n = \cos \dfrac{n\pi}{4} \right\}$；

（3）$\left\{ x_n = (-1)^n \dfrac{1}{n} \right\}$.

解：（1）$x_{2k} = 4k \to \infty$，$k \to \infty$，

$\qquad x_{2k+1} = 0 \to 0$，$k \to \infty$，

$$\overline{\lim_{n \to \infty}} x_n = \infty, \quad \underline{\lim_{n \to \infty}} x_n = 0.$$

（2）$x_{8k} = \cos 2k\pi \to 1$，$k \to \infty$，

$\qquad x_{4(2k+1)} = \cos(2k+1)\pi \to -1$，$k \to \infty$，

$$\overline{\lim_{n \to \infty}} x_n = 1, \quad \underline{\lim_{n \to \infty}} x_n = -1.$$

（3）$\overline{\lim\limits_{n \to \infty}} x_n = \underline{\lim\limits_{n \to \infty}} x_n = 0$.

上下极限还有其他表达方式，具体如下：

定义 2.4.3 设 $\{x_n\}$ 是一个有界数列，令 $A_n = \sup \{ x_k : k \geq n \}$，$B_n = \inf \{ x_k : k \geq n \}$，显然，随着 n 增大，A_n 单调减少，而 B_n 单调增加，并且 A_n 和 B_n 均为有界数列，故存在极限.（因为单调有界数列必收敛.）即 $\overline{l} = \lim\limits_{n \to \infty} A_n = \lim\limits_{n \to \infty} \sup \{ x_k : k \geq n \}$，$\underline{l} = \lim\limits_{n \to \infty} B_n = \lim\limits_{n \to \infty} \inf \{ x_k : k \geq n \}$ 都存在，则称 $\overline{l}$，$\underline{l}$ 分别为数列 $\{x_n\}$ 的上极限和下极限，并分别记为 $\overline{\lim\limits_{n \to \infty}} x_n$（或者 $\limsup\limits_{n \to \infty} x_n$）和 $\underline{\lim\limits_{n \to \infty}} x_n$（或者 $\liminf\limits_{n \to \infty} x_n$）.

例 2.4.3   设 $x_n = (-1)^n$，则 $\overline{\lim\limits_{n\to\infty}} x_n = 1$，$\underline{\lim\limits_{n\to\infty}} x_n = -1$.

事实上，这时 $A_n = \sup\{x_k : k \geqslant n\} = 1$，$B_n = \inf\{x_k : k \geqslant n\} = -1$，因此 $\overline{\lim\limits_{n\to\infty}} x_n = 1$，$\underline{\lim\limits_{n\to\infty}} x_n = -1$.

定义 2.4.4   设 a 是一个实数，

（1）若对 $\forall \varepsilon > 0$，有无穷多个 n 使得 $x_n > a - \varepsilon$，同时至多有有限个 n 使得 $x_n > a + \varepsilon$，数 a 称为数列 $\{x_n\}$ 的上极限，记作 $\overline{\lim\limits_{n\to\infty}} x_n = a$.

（2）若对 $\forall \varepsilon > 0$，有无穷多个 n 使得 $x_n < b + \varepsilon$，同时至多有有限个 n 使得 $x_n < b - \varepsilon$，数 b 称为数列 $\{x_n\}$ 的下极限，记作 $\underline{\lim\limits_{n\to\infty}} x_n = b$.

注意此定义与数列极限 $\lim\limits_{n\to\infty} x_n$ 的联系和区别.

2.4.2 上下极限的基本性质

设 $\{x_n\}$，$\{y_n\}$ 为两个数列，则

（1）（保序性）$\overline{\lim\limits_{n\to\infty}} x_n \geqslant \underline{\lim\limits_{n\to\infty}} x_n$.

（2）（保不等式性）设 $\{x_n\}$ 和 $\{y_n\}$ 是两个有界数列，且有 $N \in \mathbf{Z}_+$，当 $n > N$ 时，有 $x_n \leqslant y_n$，则 $\overline{\lim\limits_{n\to\infty}} x_n \leqslant \overline{\lim\limits_{n\to\infty}} y_n$，$\underline{\lim\limits_{n\to\infty}} x_n \leqslant \underline{\lim\limits_{n\to\infty}} y_n$.

（3）若 α，β 为常数，又存在 $N \in \mathbf{Z}_+$ 时，有 $\alpha \leqslant x_n \leqslant \beta$，则 $\alpha \leqslant \underline{\lim\limits_{n\to\infty}} x_n \leqslant \overline{\lim\limits_{n\to\infty}} x_n \leqslant \beta$.

（4）（符号性质）$\underline{\lim\limits_{n\to\infty}} x_n = -\overline{\lim\limits_{n\to\infty}} (-x_n)$，$\overline{\lim\limits_{n\to\infty}} x_n = -\underline{\lim\limits_{n\to\infty}} (-x_n)$.

（5）若 $\{x_n\}$ 为有界递增数列，则 $\overline{\lim\limits_{n\to\infty}} x_n = \lim\limits_{n\to\infty} x_n$.

（6）上下极限的运算性质

若 $\{x_n\}$，$\{y_n\}$ 为有界数列，则 $\overline{\lim\limits_{n\to\infty}} (x_n + y_n) \leqslant \overline{\lim\limits_{n\to\infty}} x_n + \overline{\lim\limits_{n\to\infty}} y_n$，$\underline{\lim\limits_{n\to\infty}} (x_n + y_n) \geqslant \underline{\lim\limits_{n\to\infty}} x_n + \underline{\lim\limits_{n\to\infty}} y_n$；$\overline{\lim\limits_{n\to\infty}} (x_n y_n) \leqslant \overline{\lim\limits_{n\to\infty}} x_n \cdot \overline{\lim\limits_{n\to\infty}} y_n$；$\underline{\lim\limits_{n\to\infty}} (x_n y_n) \leqslant \underline{\lim\limits_{n\to\infty}} x_n \cdot \underline{\lim\limits_{n\to\infty}} y_n$.

注意 ①对于任意有界数列，其上极限与下极限总存在，尽管它自身的极限可能不存在.②相比极限运算，上下极限的运算不存在极限的四则运算公式，但仍然存在一系列相对较弱的结论.③数列的保序性要求两个数列极限都要存在的前提下，具有保序性；而上下极限的保序性不要求两个数列的极限存在，约束

条件少.

> **定理 2.4.1** $\lim\limits_{n\to\infty}x_n$ 存在 $\Leftrightarrow \overline{\lim\limits_{n\to\infty}}x_n=\underline{\lim\limits_{n\to\infty}}x_n$.

证明：必要性⇒，显然有 $B_n\leqslant x_n\leqslant A_n$，$\forall n=1,2,\cdots$，因此，当 $\overline{\lim\limits_{n\to\infty}}x_n=\underline{\lim\limits_{n\to\infty}}x_n$ 时，也就是当 $\lim\limits_{n\to\infty}A_n=\lim\limits_{n\to\infty}B_n$ 时，根据夹逼定理，$\lim\limits_{n\to\infty}x_n$ 存在，并与上下极限相等.

充分性⇐，若 $\lim\limits_{n\to\infty}x_n$ 存在，则对 $\forall\varepsilon>0$，$\exists N\in\mathbf{Z}_+$，只要 $m\geqslant N$，$n\geqslant N$，使得 $|x_n-x_m|<\varepsilon$，特别地，只要 $m\geqslant N$，$n\geqslant N$，则有 $x_n<x_m+\varepsilon$，任意固定 m，对 $n\geqslant N$ 时 x_n 取上确界，即得 $A_N=\sup\{x_n:n\geqslant N\}\leqslant x_m+\varepsilon$. 此外，只要 $m\geqslant N$，$n\geqslant N$，有 $x_m>x_n-\varepsilon$，然后再固定 n，对 $m\geqslant N$ 时 x_m 取下确界，又得 $\inf\{x_m:m\geqslant N\}\geqslant x_n-\varepsilon$，因此，$x_n\leqslant\inf\{x_m:m\geqslant N\}+\varepsilon$，对 x_n 取上确界，则 $A_N\leqslant\inf\{x_m:m\geqslant N\}+\varepsilon=B_N+\varepsilon$，两边取极限，$\lim\limits_{N\to\infty}A_N\leqslant\varepsilon+\lim\limits_{N\to\infty}B_N$，即 $\overline{\lim\limits_{n\to\infty}}x_n\leqslant\varepsilon+\underline{\lim\limits_{n\to\infty}}x_n$，或写成 $0\leqslant\overline{\lim\limits_{n\to\infty}}x_n-\underline{\lim\limits_{n\to\infty}}x_n\leqslant\varepsilon$，由于 ε 任意小，所以上式表明：$\overline{\lim\limits_{n\to\infty}}x_n=\underline{\lim\limits_{n\to\infty}}x_n$.

例 2.4.4 设 $\lim\limits_{n\to\infty}x_n=A$，证明 $\lim\limits_{n\to\infty}\dfrac{x_1+x_2+\cdots+x_n}{n}=A$.

证明：因为 $\lim\limits_{n\to\infty}x_n=A$，所以有

$$\forall\varepsilon>0,\ \exists N\in\mathbf{Z}_+,\ \forall n>N:|x_n-A|<\varepsilon.$$

令 $y_n=\dfrac{x_1+x_2+\cdots+x_n}{n}$，则

$$|y_n-A|=\frac{|(x_1-A)+(x_2-A)+\cdots+(x_N-A)+(x_{N+1}-A)+\cdots+(x_n-A)|}{n}$$

$$\leqslant\frac{|(x_1-A)+(x_2-A)+\cdots+(x_N-A)|}{n}+\frac{n-N}{n}\varepsilon$$

$$\leqslant\frac{1}{n}\sum_{k=1}^{N}|x_k-A|+\varepsilon.$$

两边取上极限，根据保序性，则有

$$\overline{\lim\limits_{n\to\infty}}|y_n-A|\leqslant\overline{\lim\limits_{n\to\infty}}\left(\frac{1}{n}\sum_{k=1}^{N}|x_k-A|+\varepsilon\right)=\lim\limits_{n\to\infty}\left(\frac{1}{n}\sum_{k=1}^{N}|x_k-A|+\varepsilon\right)=\varepsilon$$

$\left(\text{因为 }\sum\limits_{k=1}^{N}|x_k-A|\text{ 为有界量}\right)$.

注意　这里能否用数列极限的保序性？（不行，因为数列 $\{y_n-A\}$ 收敛性未知.）

这个例子说明利用数列的上下极限来分析问题更灵活.

由于 ε 的任意性：$\overline{\lim\limits_{n\to\infty}}|y_n-A|=0$，又因为 $\underline{\lim\limits_{n\to\infty}}|y_n-A|\leqslant$

$\overline{\lim\limits_{n\to\infty}}|y_n-A|$，因此 $\underline{\lim\limits_{n\to\infty}}|y_n-A|=\overline{\lim\limits_{n\to\infty}}|y_n-A|=0$. 所以 $\lim\limits_{n\to\infty}y_n=A$.

例 2.4.5　$x_n>0(n\in\mathbf{Z}_+)$，$\lim\limits_{n\to\infty}x_n=A>0$，证明：$\lim\limits_{n\to\infty}\sqrt[n]{x_1x_2\cdots x_n}=A$.

证明：因为 $\lim\limits_{n\to\infty}x_n=A$，所以 $\forall\varepsilon>0$，$\exists N\in\mathbf{Z}_+$，$\forall n>N$：$A-\varepsilon<$

$x_n<A+\varepsilon$.

设　　$y_n=\sqrt[n]{(x_1x_2\cdots x_N)(x_{N+1}\cdots x_n)}\leqslant\sqrt[n]{x_1x_2\cdots x_N}(A+\varepsilon)^{\frac{n-N}{n}}$,

$$y_n\leqslant\sqrt[n]{\frac{x_1x_2\cdots x_N}{(A+\varepsilon)^N}}(A+\varepsilon),\quad\forall n>N.$$

两边取上极限，根据保序性，得

$$\overline{\lim_{n\to\infty}}y_n\leqslant\overline{\lim_{n\to\infty}}\left[\sqrt[n]{\frac{x_1x_2\cdots x_N}{(A+\varepsilon)^N}}(A+\varepsilon)\right]=\lim_{n\to\infty}\left[\sqrt[n]{\frac{x_1x_2\cdots x_N}{(A+\varepsilon)^N}}(A+\varepsilon)\right]$$

$$=A+\varepsilon\ (\sqrt[n]{a}\to1,n\to\infty,a>0).$$

注意　这里不能利用数列极限的保序性来分析，因为数列 $\{y_n\}$ 是否收敛不知道.

由于 ε 的任意性：$\overline{\lim\limits_{n\to\infty}}y_n\leqslant A$，类似上面的推导，根据 $\forall n>N$，

$x_n>A-\varepsilon$，可得 $\underline{\lim\limits_{n\to\infty}}y_n\geqslant A$，因此 $\overline{\lim\limits_{n\to\infty}}y_n=\underline{\lim\limits_{n\to\infty}}y_n$，所以 $\lim\limits_{n\to\infty}y_n=A$.

数列上下极限讨论问题的特点：

（1）利用上下极限讨论问题更灵活方便，任何有界数列的上下极限都存在.

（2）任何有界数列 $\{a_n\}$，$\{b_n\}$，$a_n\leqslant b_n$，上下极限的保序性都成立，对于数列极限的保序性，需要 $\lim\limits_{n\to\infty}a_n$，$\lim\limits_{n\to\infty}b_n$ 存在.

习题 2.4

1. 若 $x_n>0(n=1,2,\cdots)$，则 $\overline{\lim\limits_{n\to\infty}}\sqrt[n]{x_n}\leqslant\overline{\lim\limits_{n\to\infty}}\dfrac{x_{n+1}}{x_n}$.

2. 设 $\{x_n\}$ 为有界数列，$\{x_{n_k}\}(k=1,2,\cdots)$ 是它的一个子列，$a<1$，$a\neq-1$，证明：如果 $\lim\limits_{k\to\infty}(x_k+ax_{n_k})=A$，则 $\{x_n\}$ 收敛并求其极限.

3. 设非负数列 $\{x_n\}$，满足条件 $0\leqslant x_{m+n}<x_m+x_n$（$m=1,2,\cdots;n=1,2,\cdots$），证明数列 $\lim\limits_{n\to\infty}\dfrac{x_n}{n}=$ $\inf\left\{\dfrac{x_n}{n},n=1,2,\cdots\right\}$.

4. 已知 $\lim\limits_{n\to\infty}x_n=x$，求证：$\lim\limits_{n\to\infty}\dfrac{x_0+x_1+\cdots+x_n}{n+1}=x$.

5. 设 $a>1$，$x>\sqrt{\alpha}$，定义 $x_{n+1}=\dfrac{a+x_n}{1+x_n}$，$n=1,2,\cdots$，试证 $\lim\limits_{n\to\infty}x_n=\sqrt{\alpha}$.

2.5 数项级数的收敛性及性质

在数学的计算中，经常会遇到无限项求和，事实上，无限循环小数 $3.3333333\cdots = 3+0.3+0.33+0.333+\cdots = 3+\dfrac{3}{10}+\dfrac{3}{10^2}+\cdots$，这个无限项求和就是无穷级数（简称级数）. 级数的方法和理论是分析学中的一个重要的分支，它在微积分学中也起到了至关重要的作用，也是逼近理论的一个重要部分. 级数是数列极限的一种表达形式，对于数列 $\{x_n\}$，考虑它的前 n 项和 $S_n = \sum_{i=1}^{n} x_i$，则 $\{S_n\}$ 也是一个数列. 另一方面，取 $x_0 = 0$，$a_n = x_n - x_{n-1}$，则 $x_n = \sum_{i=1}^{n} a_i$，于是可以将 $\{x_n\}$ 看作是由数列 $\{a_n\}$ 的前 n 项和生成的数列. 利用数列 $\{a_n\}$ 给出数列 $\{x_n\}$，是一种常见的表示数列的方式，同时也是一种重要的研究数列的方法. 考虑数列极限 $\lim\limits_{n\to\infty} x_n$，将 $\{x_n\}$ 看作是由 $\{a_n\}$ 给出的，就可以将此数列极限表示为级数 $\sum_{n=1}^{\infty} a_n$. 从有限个数的和推广到无穷个数的和，无限和可能存在，例如 $3\dfrac{1}{3} = 3+\dfrac{3}{10}+\dfrac{3}{10^2}+\cdots$，也可能不存在，例如 $1+2+3+\cdots+n+\cdots = +\infty$. 无限和是与有限和有重大区别的新概念. 那么，在什么条件下无限和是一个确定的数？在什么条件下无限和不是一个确定的数，这就构成了研究数项级数最基本的问题. 本节将利用数列极限的理论和方法研究常数项无穷级数的敛散性.

2.5.1 数项级数的收敛和发散

定义 2.5.1 设 $\{a_n\}$ 是一个数列，称和式 $\sum\limits_{n=1}^{\infty} a_n = a_1 + a_2 + \cdots + a_n + \cdots$ 为**数项级数**，或简称为**级数**，其中 a_n 称为级数的**通项**（或**一般项**）. 我们把级数 $\sum\limits_{n=1}^{\infty} a_n$ 的前 n 项之和 $S_n = \sum\limits_{k=1}^{n} a_k = a_1 + a_2 + \cdots + a_n$ 称为**部分和**.

$S_1 = a_1$，$S_2 = a_1 + a_2$，$S_3 = a_1 + a_2 + a_3$，$\cdots$，$S_n = a_1 + a_2 + \cdots + a_n$，$\cdots$，$\{S_n\}$ 称为级数的部分和数列.

例如，级数 $\dfrac{3}{10}+\dfrac{3}{10^2}+\cdots+\dfrac{3}{10^n}+\cdots$ 的前 n 项部分和为

$$\dfrac{3}{10}+\dfrac{3}{10^2}+\cdots+\dfrac{3}{10^n}=\dfrac{3}{10}\cdot\dfrac{1-\left(\dfrac{1}{10}\right)^n}{1-\dfrac{1}{10}}=\dfrac{1}{3}\left(1-\dfrac{1}{10^n}\right).$$

定义 2.5.2 若级数的前 n 项部分和数列 $\{S_n\}$ 的极限存在（收敛），即

$$\lim_{n\to\infty}S_n=\lim_{n\to\infty}\sum_{k=1}^{n}a_k=S,$$

则称级数 $\displaystyle\sum_{n=1}^{\infty}a_n$ **收敛**，S 称为**级数和**，记作 $\displaystyle\sum_{n=1}^{\infty}a_n=S$；否则，即级数的前 n 项部分和数列 $\{S_n\}$ 没有极限，称级数 $\displaystyle\sum_{n=1}^{\infty}a_n$ **发散**.

注：级数是以"和"的形式出现的一个特殊的数列（部分和数列）的极限，级数的收敛性本质上就是部分和数列 $\{S_n\}$ 的收敛性，因此可以用数列极限的思想和方法研究无穷级数的收敛性.

例 2.5.1 讨论等比级数（几何级数） $\displaystyle\sum_{n=0}^{\infty}aq^n=a+aq+aq^2+\cdots+aq^n+\cdots(a\neq0)$ 的收敛性.

解：如果 $q\neq1$ 时，

$$S_n=a+aq+aq^2+\cdots+aq^{n-1}$$
$$=\dfrac{a-aq^n}{1-q}=\dfrac{a}{1-q}-\dfrac{aq^n}{1-q}.$$

当 $|q|<1$ 时，因为 $\lim\limits_{n\to\infty}q^n=0$，所以 $\lim\limits_{n\to\infty}S_n=\dfrac{a}{1-q}$ 收敛.

当 $|q|>1$ 时，因为 $\lim\limits_{n\to\infty}q^n=\infty$，所以 $\lim\limits_{n\to\infty}S_n=\infty$ 发散.

当 $q=1$ 时，$S_n=na\to\infty$，所以 $\lim\limits_{n\to\infty}S_n=\infty$ 发散.

当 $q=-1$ 时，级数变为 $a-a+a-a+\cdots$，所以 $\lim\limits_{n\to\infty}S_n$ 不存在，则发散.

综上 $\displaystyle\sum_{n=0}^{\infty}aq^n\begin{cases}\text{当}\ |q|<1\ \text{时，收敛，}\\ \text{当}\ |q|\geqslant1\ \text{时，发散.}\end{cases}$

例 2.5.2 讨论级数 $\displaystyle\sum_{n=0}^{\infty}\dfrac{1}{n^p}=1+\dfrac{1}{2^p}+\cdots+\dfrac{1}{n^p}+\cdots$（称为 p-级数）的收敛性.

证明：当 $p=1$ 时，级数前 n 项部分和数列 $S_n = 1 + \dfrac{1}{2} + \dfrac{1}{3} + \cdots +$ $\dfrac{1}{n}$，利用数列柯西收敛原理，即取 $\varepsilon_0 = \dfrac{1}{2}$，对 $\forall N \in \mathbf{Z}_+$，取 $n > N$，$m = 2n$，则

$$\left| x_m - x_n \right| = \frac{1}{n+1} + \frac{1}{n+2} + \cdots + \frac{1}{2n} > n \cdot \frac{1}{2n} = \frac{1}{2} = \varepsilon_0,$$ 根据柯西收敛原理发散性的分析表述，可知部分和数列 $\{S_n\}$ 发散，所以级数发散.

当 $p=2$ 时，级数前 n 项部分和数列 $S_n = 1 + \dfrac{1}{2^2} + \dfrac{1}{3^2} + \cdots + \dfrac{1}{n^2}$，利用数列柯西收敛原理，即 $\forall \varepsilon > 0$，$\exists N \in \mathbf{Z}_+$，当 $m > n > N$，则

$$\left| S_m - S_n \right| = \frac{1}{(n+1)^2} + \frac{1}{(n+2)^2} + \cdots + \frac{1}{m^2} < \frac{1}{n(n+1)} + \frac{1}{(n+1)(n+2)} + \cdots +$$

$$\frac{1}{(m-1)m} = \frac{1}{n} - \frac{1}{m} < \frac{1}{n}.$$

根据夹逼定理，则 $\lim\limits_{n \to \infty} \left| S_m - S_n \right| = 0$，即 $\left| S_m - S_n \right| < \varepsilon$. 根据柯西收敛原理，可知部分和数列 $\{S_n\}$ 收敛，所以级数收敛.

当 $1 < p < 2$ 时，对 $\forall m > n$，设 $2^k \leqslant n < m \leqslant 2^{k+l}$，其中 k，$l \in \mathbf{Z}_+$，注意到对任意的 $k \in \mathbf{Z}_+$，都有 $\dfrac{1}{(2^k+1)^p} + \dfrac{1}{(2^k+2)^p} + \cdots + \dfrac{1}{(2^k+2^k)^p} <$ $\dfrac{2^k}{(2^k)^p} = \left(\dfrac{1}{2^{p-1}} \right)^k$，因此，

$$\left| S_m - S_n \right| = \frac{1}{(n+1)^p} + \frac{1}{(n+2)^p} + \cdots + \frac{1}{m^p} \leqslant \frac{1}{(2^k+1)^p} + \frac{1}{(2^k+2)^p} + \cdots + \frac{1}{(2^{k+l})^p}$$

$$= \left[\frac{1}{(2^k+1)^p} + \frac{1}{(2^k+2)^p} + \cdots + \frac{1}{(2^{k+1})^p} \right] + \cdots + \left[\frac{1}{(2^{k+l-1}+1)^p} + \cdots + \right.$$

$$\left. \frac{1}{(2^{k+l})^p} \right] < \left(\frac{1}{2^{p-1}} \right)^k + \cdots + \left(\frac{1}{2^{p-1}} \right)^{k+l-1} < \frac{1}{2^{p-1}-1} \cdot \left(\frac{1}{2^{p-1}} \right)^{k-1}.$$

当 $n \to \infty$ 时，取 $k = [\log_2 n] \to \infty$，由于 $p > 1$ 时，$\lim\limits_{k \to \infty} \dfrac{1}{2^{p-1}-1} \cdot$ $\left(\dfrac{1}{2^{p-1}} \right)^{k-1} = 0$，根据夹逼定理，所以 $\left| S_m - S_n \right| < \varepsilon$，所以部分和数列 $\{S_n\}$ 收敛，从而级数收敛.

综上所述，利用部分和数列的极限研究了 p-级数的敛散性，可得 $\displaystyle\sum_{n=0}^{\infty} \frac{1}{n^p} \begin{cases} \text{当 } p > 1 \text{ 时，级数收敛，} \\ \text{当 } p \leqslant 1 \text{ 时，级数发散.} \end{cases}$

注：（1）当 $p=1$ 时的级数 $1 + \dfrac{1}{2} + \dfrac{1}{3} + \cdots$ 称为调和级数，因为级

数中的每一项都是前后相邻两项的调和平均值.

（2）在 $p=2$ 的证明中，把级数的通项拆成两项之差，这是求级数部分和的一种常用技巧，请读者掌握.

（3）几何级数 $\sum\limits_{n=0}^{\infty} aq^n$ 和 p-级数 $\sum\limits_{n=0}^{\infty} \dfrac{1}{n^p}$ 是常用的级数，在后续的比较判别法里经常用来做比较.

（4）根据定义来讨论无穷级数的敛散性，将面临部分和数列 $\{S_n\}$ 的计算. 于是研究出不从定义出发（从而回避 S_n 的计算）讨论级数 $\sum\limits_{n=1}^{\infty} a_n$ 的敛散性的方法就成为研究无穷级数问题的关键. 将数列极限的柯西收敛原理应用在级数收敛性判断上，可以避免部分和 S_n 的计算.

2.5.2　级数的柯西收敛原理

定理 2.5.1　（柯西收敛原理） 　级数 $\sum\limits_{n=1}^{\infty} a_n$ 收敛的充要条件：对于任意 $\varepsilon>0$，$\exists N \in \mathbf{Z}_+$，使得当 $n>N$ 时，对 $\forall p \in \mathbf{Z}_+$，有
$$|a_{n+1}+a_{n+2}+\cdots+a_{n+p}|<\varepsilon.$$

根据柯西收敛原理，级数 $\sum\limits_{n=1}^{\infty} a_n$ 发散的充分必要条件是，$\exists \varepsilon_0>0$，$\exists n_0>N$，$\exists p \in \mathbf{Z}_+$，有
$$|a_{n_0+1}+a_{n_0+2}+\cdots+a_{n_0+p}| \geqslant \varepsilon_0.$$

注：在级数的柯西收敛原理中，若取 $p=1$ 可得 $|a_{n+1}|<\varepsilon$，因此，当级数 $\sum\limits_{n=1}^{\infty} a_n$ 收敛时，必有 $\{a_n\}$ 是无穷小.

例 2.5.3 　证明级数 $\sum\limits_{n=1}^{\infty} \dfrac{\cos x^n}{n^2}(x \in \mathbf{R})$ 收敛.

证明：设 $a_n=\dfrac{\cos x^n}{n^2}$，由于

$$
\begin{aligned}
|a_{n+1}+a_{n+2}+\cdots+a_{n+p}| &= \left| \frac{\cos x^{n+1}}{(n+1)^2}+\cdots+\frac{\cos x^{n+p}}{(n+p)^2} \right| \\
&\leqslant \frac{1}{(n+1)^2}+\cdots+\frac{1}{(n+p)^2} \\
&\leqslant \frac{1}{n(n+1)}+\cdots+\frac{1}{(n+p-1)(n+p)} \\
&= \frac{1}{n}-\frac{1}{n+p}<\frac{1}{n},
\end{aligned}
$$

所以由级数的柯西收敛原理，知级数 $\sum\limits_{n=1}^{\infty}\dfrac{\cos x^{n}}{n^{2}}(x\in\mathbf{R})$ 收敛.

2.5.3　收敛级数的性质

利用数列极限的线性性质，可以直接得到级数的线性性质.

性质 2.5.1　（级数的线性）　若两收敛级数 $\sum\limits_{n=1}^{\infty}a_{n}=s$ 和 $\sum\limits_{n=1}^{\infty}b_{n}=\sigma$，则对任意的 λ，$\mu\in\mathbf{R}$，级数 $\sum\limits_{n=1}^{\infty}(\lambda a_{n}+\mu b_{n})$ 也收敛，其和为 $\lambda s+\mu\sigma$.

注意　①收敛级数可以逐项相加与逐项相减；②当 $\lambda\neq0$ 时，若级数 $\sum\limits_{n=1}^{\infty}a_{n}$ 收敛，则 $\sum\limits_{n=1}^{\infty}\lambda a_{n}$ 也收敛.

例 2.5.4　求级数 $\sum\limits_{n=1}^{\infty}\left(\dfrac{5}{n(n+1)}+\dfrac{1}{2^{n}}\right)$ 的和.

解：$\sum\limits_{n=1}^{\infty}\left(\dfrac{5}{n(n+1)}+\dfrac{1}{2^{n}}\right)=\sum\limits_{n=1}^{\infty}\dfrac{5}{n(n+1)}+\sum\limits_{n=1}^{\infty}\dfrac{1}{2^{n}}$，

因为 $\sum\limits_{n=1}^{\infty}\dfrac{5}{n(n+1)}=5\sum\limits_{n=1}^{\infty}\left(\dfrac{1}{n}-\dfrac{1}{n+1}\right)$，

令 $g_{n}=5\sum\limits_{k=1}^{n}\left(\dfrac{1}{k}-\dfrac{1}{k+1}\right)=5\left(1-\dfrac{1}{n+1}\right)$，则 $\lim\limits_{n\to\infty}g_{n}=5\lim\limits_{n\to\infty}\left(1-\dfrac{1}{n+1}\right)=5$，

因为 $\sum\limits_{n=1}^{\infty}\dfrac{1}{2^{n}}$ 是等比级数，公比 $q=\dfrac{1}{2}<1$，首项是 $\dfrac{1}{2}$，因为 $\sum\limits_{n=1}^{\infty}\dfrac{1}{2^{n}}=$

$\dfrac{\dfrac{1}{2}}{1-\dfrac{1}{2}}=1$，

因此，根据级数的线性性质得 $\sum\limits_{n=1}^{\infty}\left(\dfrac{5}{n(n+1)}+\dfrac{1}{2^{n}}\right)=5+1=6$.

性质 2.5.2　若级数 $\sum\limits_{n=1}^{\infty}a_{n}$ 收敛，则 $\sum\limits_{n=k+1}^{\infty}a_{n}$ 也收敛 $(k\geqslant1)$，且其逆也真.

（由于数列是否收敛与前有限项无关，因此级数增加、删除或者改变有限项不影响级数的敛散性.）

性质 2.5.3　收敛级数加括号后所成的级数仍然收敛于原来的和.

证明：假设级数加括号后变为 $(a_1+a_2)+(a_3+a_4+a_5)+\cdots$，则 $\sigma_1=s_2$，$\sigma_2=s_5$，$\sigma_3=s_9$，$\cdots$，$\sigma_m=s_n$，$\cdots$，则 $\lim\limits_{m\to\infty}\sigma_m=\lim\limits_{n\to\infty}s_n=s$.

注意　①收敛级数去括号后所成的级数不一定收敛，例如 $(1-1)+(1-1)+\cdots$ 收敛，但是去掉括号后变为 $1-1+1-1+\cdots$，则发散. ②若级数不收敛的话，结合律不一定成立，例如，对级数 $\sum\limits_{n=0}^{\infty}(-1)^n$，使用结合律，分别有下面结果：

$$\sum_{n=0}^{\infty}(-1)^n=1+(-1)+1+(-1)+\cdots=[1+(-1)]+[1+(-1)]+\cdots$$
$$=0+0+\cdots=0,$$

$$\sum_{n=0}^{\infty}(-1)^n=1+(-1)+1+(-1)+\cdots=1+[(-1)+1]+[(-1)+1]+\cdots$$
$$=1+0+0+\cdots=1.$$

推论　如果加括号后所成的级数发散，则原来级数也发散.

性质 2.5.4　收敛的必要条件　若级数 $\sum\limits_{n=1}^{\infty}a_n$ 收敛，则 $\lim\limits_{n\to\infty}a_n=0$.

证法 1：根据级数的柯西收敛原理，很容易证明.

证法 2：因为 $\sum\limits_{n=1}^{\infty}a_n=s$，则 $a_n=s_n-s_{n-1}$，所以 $\lim\limits_{n\to\infty}a_n=\lim\limits_{n\to\infty}s_n-\lim\limits_{n\to\infty}s_{n-1}=s-s=0$.

注意　（1）如果级数的一般项不趋于 0（即若 $\{a_n\}$ 不是无穷小数列），则级数一定发散（此结论经常用来判断级数的发散）.

例如，$\dfrac{1}{2}-\dfrac{2}{3}+\dfrac{3}{4}-\cdots+(-1)^{n-1}\dfrac{n}{n+1}+\cdots$ 发散.

（2）此性质为收敛的必要条件，不是充分条件.

例如，调和级数 $1+\dfrac{1}{2}+\dfrac{1}{3}+\dfrac{1}{4}+\cdots+\dfrac{1}{n}+\cdots$，虽然有 $\lim\limits_{n\to\infty}a_n=0$，但级数不收敛.

性质 2.5.5　若 $\sum\limits_{n=1}^{\infty}|a_n|$ 收敛，则 $\sum\limits_{n=1}^{\infty}a_n$ 收敛.

证明从略.

注意　反之不成立. 请读者举例.

例如，证明：$\sum\limits_{n=1}^{\infty} n\sin\dfrac{(-1)^n}{n^3}$ 收敛 $\left(\text{提示：考虑} \sum\limits_{n=1}^{\infty} \left| n\sin\dfrac{(-1)^n}{n^3} \right| = \right.$

$\left. \sum\limits_{n=1}^{\infty} n\sin\dfrac{1}{n^3}，\text{然后采用柯西收敛原理.} \right)$

历史注记

级数理论在求解微分方程中有重要的作用，也是逼近论的重要部分之一，下面简述级数的起源和发展的历程.

1. 无穷级数理论的萌芽

最早的无穷级数起源于哲学和逻辑的悖论，出现在原始的极限概念中，例如在我国战国时期的《庄子》中，有名辩"一尺之棰，日取其半，则万世不可竭也". 古希腊时期，伊利亚学派的芝诺(Zeno，公元前 490—前 425)提出四个著名悖论，其中之一称为阿基里斯追乌龟悖论，事实上就是无穷级数的和是否存在的问题. 接下来，亚里士多德(Aristotle，公元前 384—前 322)认为公比小于 1 的几何级数是有和的. 阿基米德用无限和求了抛物线的弦截面积. 严格来说，这一时期还没有真正意义上的无穷级数的概念.

2. 无穷级数理论的发展

无穷级数理论的发展是从代表人物奥雷姆(Oresme，1320—1382)开始的，他明确指出几何级数的敛散性，证明了调和级数是发散的. 到了 17、18 世纪，数学家打破对无穷的禁忌，逐渐应用无穷级数作为表示数量的工具，同时研究各种无穷级数的求和问题. 例如，法国数学家韦达(Vieta)给出了一个无穷级数的求和公式：$S=\dfrac{a_1^2}{a_1-a_2}\left(\dfrac{a_1}{a_2}>1\right)$. 莱布尼茨得出了 $\dfrac{\pi}{4}=1-\dfrac{1}{3}+\dfrac{1}{5}-\dfrac{1}{7}+\cdots$. 伯努利兄弟再次证明了调和级数的发散性，兄弟俩分别给出了两个完全不同的方法. 欧拉证明了 $\dfrac{\pi^2}{6}=1+\dfrac{1}{2^2}+\dfrac{1}{3^2}+\cdots$.

3. 无穷级数理论的成熟

19 世纪之前，高斯给出了严密的级数的收敛和发散，1821年，柯西在其《分析学教程》中，首次给出级数收敛的精确定义，并给出柯西收敛原理. 柯西的研究结果一开始就引起了科学界很大的轰动. 据说柯西在巴黎科学院宣读第一篇关于级数收敛性的论文时，使得德高望重的拉普拉斯大感困惑，会后急匆匆赶回家去检查他那五大卷《天体力学》里使用的级数，结果发现他所使用的级数幸好都是收敛的. 随后出现了一系列的收敛判定方法：比较判别法、达朗贝尔判别法、柯西判别法、拉贝(Raabe)判别法、高斯判别法、柯西积分判别法、对数判别法等，至此，无穷级数理论才算比较成熟了.

4. 无穷级数理论的进一步发展

在近代数学发展过程中，数学家们发现排斥发散级数所付出的代价太大了. 他们开始寻求更合理的发展和利用发散级数的新途径. 因此，在 19 世纪末 20 世纪初，无穷级数理论又开辟了一个新的研究方向，即发散级数的"求和问题". 使用发散级数的有限项来进行函数逼近，并且效果明显. 提出了级数的"可和性"并把它与柯西所给出的"收敛性"区别开来.

习题 2.5

1. 写出下列级数的一般项：

(1) $\dfrac{1}{2}+\dfrac{3}{4}+\dfrac{5}{6}+\dfrac{7}{8}+\cdots$；

(2) $\dfrac{1}{2}+\dfrac{1}{3}+\dfrac{1}{4}+\dfrac{1}{9}+\dfrac{1}{8}+\dfrac{1}{27}+\cdots$.

2. 根据级数收敛和发散的定义判断下列级数的敛散性：

(1) $\displaystyle\sum_{n=1}^{\infty}\dfrac{1}{(2n-1)(2n+1)}$；

(2) $\displaystyle\sum_{n=1}^{\infty}\dfrac{1}{\sqrt{n+1}+\sqrt{n}}$；   (3) $\displaystyle\sum_{n=1}^{\infty}\ln\dfrac{n+1}{n}$；

(4) $\displaystyle\sum_{n=1}^{\infty}(\sqrt{n+2}-2\sqrt{n+1}+\sqrt{n})$.

3. 判断下列级数的敛散性，若级数收敛，求其和：

(1) $\displaystyle\sum_{n=1}^{\infty}\dfrac{(-1)^{n-1}}{2^{n-1}}$；   (2) $\displaystyle\sum_{n=0}^{\infty}\dfrac{(\ln3)^{n}}{2^{n}}$；

(3) $\displaystyle\sum_{n=1}^{\infty}e^{n}$；   (4) $\displaystyle\sum_{n=1}^{\infty}\left(\dfrac{1}{2^{n-1}}+\dfrac{2^{n}}{3^{n-1}}\right)$；

(5) $\dfrac{4}{5}+\dfrac{4^{2}}{5^{2}}+\dfrac{4^{3}}{5^{3}}+\dfrac{4^{4}}{5^{4}}+\cdots+(-1)^{n-1}\dfrac{4^{n}}{5^{n}}+\cdots$；

(6) $\displaystyle\sum_{n=1}^{\infty}(-1)^{n+1}\dfrac{2a+2n-1}{(a+n-1)(a+n)}$ $(a>0)$.

4. 求下列级数的和：

(1) $\dfrac{1}{2^{n}}+\dfrac{3}{n(n+1)}$；   (2) $\displaystyle\sum_{n=1}^{\infty}\dfrac{1}{n(n+1)(n+2)}$.

5. 判断下列级数的敛散性：

(1) $0.001+\sqrt{0.001}+\sqrt[3]{0.001}+\cdots+\sqrt[n]{0.001}+\cdots$；

(2) $\dfrac{1}{2}+\dfrac{2}{3}+\dfrac{3}{4}+\dfrac{4}{5}+\cdots$；

(3) $\displaystyle\sum_{n=1}^{\infty}\dfrac{(-1)^{n}\cdot n}{2n+1}$；   (4) $\displaystyle\sum_{n=1}^{\infty}\dfrac{n^{n+\frac{1}{n}}}{\left(n+\dfrac{1}{n}\right)^{n}}$.

6. 判断下列命题是否正确. 若正确，给出证明；若不正确，举出反例.

(1) 设级数 $\displaystyle\sum_{n=1}^{\infty}u_{n}$ 收敛，$\displaystyle\sum_{n=1}^{\infty}v_{n}$ 发散，证明：级数 $\displaystyle\sum_{n=1}^{\infty}(u_{n}\pm v_{n})$ 发散；

(2) 若 $\displaystyle\sum_{n=1}^{\infty}u_{n}$ 收敛，则 $\displaystyle\sum_{n=1}^{\infty}\dfrac{1}{1+|u_{n}|}$ 发散；

(3) 设级数 $\displaystyle\sum_{n=1}^{\infty}u_{n}$ 和 $\displaystyle\sum_{n=1}^{\infty}v_{n}$ 都发散，则级数 $\displaystyle\sum_{n=1}^{\infty}(u_{n}\pm v_{n})$ 可能收敛也可能发散.

7. 设级数 $\displaystyle\sum_{n=1}^{\infty}u_{n}$ 的前 n 项部分和为 $S_{n}=\dfrac{n}{2n-1}$，判断级数 $\displaystyle\sum_{n=1}^{\infty}u_{n+2}$ 的敛散性，若级数收敛，求级数的和.

8. 利用柯西收敛原理证明下列级数的敛散性：

(1) 若 $\displaystyle\sum_{n=1}^{\infty}|a_{n}-a_{n-1}|$ 收敛，则 $\{a_{n}\}$ 收敛；

(2) $1+\dfrac{1}{2}-\dfrac{1}{3}+\dfrac{1}{4}+\dfrac{1}{5}-\dfrac{1}{6}+\cdots$ 收敛；

(3) $\displaystyle\sum_{n=1}^{\infty}\frac{\cos n}{n(n+1)}$ 收敛;

(4) $\displaystyle\sum_{n=1}^{\infty}\frac{1}{\sqrt{n}}$ 发散.

2.6　正项级数的收敛判别法

之前已经指出, 在许多时候为了证明数列的收敛性, 不需要求出极限, 对于级数更是如此, 接下来将会给出判断级数收敛性的一些方法, 它们是由柯西收敛原理得到的. 本节我们讨论一个特殊的数项级数——**同号级数**, 所谓同号级数是指级数的每项的符号都相同, 对于同号级数, 只需要研究通项非负, 即 $a_n \geqslant 0$ 的**正项级数**.

2.6.1　正项级数收敛的充要条件

对于正项级数, 一个重要特征是其部分和数列 $\{S_n\}$ 是单调增加的, 根据数列收敛的单调有界准则可得: **正项级数 $\displaystyle\sum_{n=1}^{\infty}a_n$ 收敛 $\Leftrightarrow$ 部分和数列 $\{S_n\}$ 有上界.**

例 2.6.1　证明级数 $\dfrac{1}{n^2+n+1}$ 收敛.

证明: 对于任意自然数 $n \geqslant 1$, 显然有 $0 < \dfrac{1}{n^2+n+1} < \dfrac{1}{n(n+1)}$, 因

而, $S_n = \displaystyle\sum_{k=1}^{n}\frac{1}{k^2+k+1} < \sum_{k=1}^{n}\frac{1}{k(k+1)} = 1 - \frac{1}{n+1} < 1$. 根据部分和有上界,

得证.

正项级数收敛的充分必要条件是下列诸判别法的理论基础, 于是得到如下的判别法.

2.6.2　比较判别法

定理 2.6.1　设 $\displaystyle\sum_{n=1}^{\infty}a_n$ 和 $\displaystyle\sum_{n=1}^{\infty}b_n$ 为正项级数, 若存在 $N \in \mathbf{Z}_+$, 当 $n>N$ 时, $a_n \leqslant b_n$, 则

(1) 若 $\displaystyle\sum_{n=1}^{\infty}b_n$ 收敛, 则 $\displaystyle\sum_{n=1}^{\infty}a_n$ 收敛;

(2) 若 $\displaystyle\sum_{n=1}^{\infty}a_n$ 发散, 则 $\displaystyle\sum_{n=1}^{\infty}b_n$ 发散.

证明：(1) 设 $\sum\limits_{n=1}^{\infty} b_n = \sigma$，因为 $a_n \leqslant b_n$，所以 $S_n = a_1 + a_2 + \cdots + a_n \leqslant b_1 + b_2 + \cdots + b_n \leqslant \sigma$，即级数 $\sum\limits_{n=1}^{\infty} a_n$ 的部分和数列 $\{S_n\}$ 有上界. 所以 $\sum\limits_{n=1}^{\infty} a_n$ 收敛.

若 $\sum\limits_{n=1}^{\infty} a_n$ 发散，则部分和数列 $\{S_n\}$ 无界，则 $\{\sigma_n\}$ 无界，因此 $\sum\limits_{n=1}^{\infty} b_n$ 发散.

注：(1) 两个正项级数一般项的不等式，可放宽为 $a_n \leqslant cb_n (n = k, k+1, \cdots)(c > 0)$.

(2) 如果要判别 $\sum\limits_{n=1}^{\infty} a_n$ 收敛，则一定要找一个收敛的级数 $\sum\limits_{n=1}^{\infty} b_n$，且 $a_n \leqslant b_n$ 或者 $a_n \leqslant cb_n (n = k, k+1, \cdots)(c > 0)$，方能判别. (大收则小收)

(3) 如果要判别 $\sum\limits_{n=1}^{\infty} b_n$ 发散，则一定要找一个发散的级数 $\sum\limits_{n=1}^{\infty} a_n$，且 $a_n \leqslant b_n$ 或者 $ca_n \leqslant b_n (n = k, k+1, \cdots)(c > 0)$，方能判别. (小散则大散)

(4) 由于几何级数、p-级数敛散性已知，所以在判别其他级数的敛散性时常常用这两类级数来进行比较.

例 2.6.2 判别下列级数的敛散性：

(1) $\sum\limits_{n=1}^{\infty} \dfrac{1}{n\sqrt{n^2+1}}$; (2) $\sum\limits_{n=1}^{\infty} \dfrac{\ln n}{n}$.

解：(1) 因为 $\dfrac{1}{n\sqrt{n^2+1}} < \dfrac{1}{n\sqrt{n^2}} = \dfrac{1}{n^2}$，且 $\sum\limits_{n=1}^{\infty} \dfrac{1}{n^2}$ 收敛，由比较判别法可知：$\sum\limits_{n=1}^{\infty} \dfrac{1}{n\sqrt{n^2+1}}$ 收敛.

(2) 因为 $n > 2$ 时，$\dfrac{\ln n}{n} > \dfrac{1}{n}$，且 $\sum\limits_{n=1}^{\infty} \dfrac{1}{n}$ 发散，由比较判别法可知：$\sum\limits_{n=1}^{\infty} \dfrac{\ln n}{n}$ 发散.

在使用比较判别法时通常需要找一个比较的级数，建立两个级数通项的不等式，但有时建立这种不等式并且对不等式进行放大或者缩小也并非易事. 为此我们介绍比较判别法的极限形式.

定理 2.6.2　设 $\sum\limits_{n=1}^{\infty} a_n$ 和 $\sum\limits_{n=1}^{\infty} b_n$ 均为正项级数，且 $b_n \neq 0$. 又设极限 $\lim\limits_{n\to\infty} \dfrac{a_n}{b_n} = l$，则有：

(1) 若 $0 < l < +\infty$，则 $\sum\limits_{n=1}^{\infty} a_n$ 和 $\sum\limits_{n=1}^{\infty} b_n$ 同时收敛或者同时发散；

(2) 若 $l = 0$，且 $\sum\limits_{n=1}^{\infty} b_n$ 收敛，则 $\sum\limits_{n=1}^{\infty} a_n$ 也收敛；

(3) 若 $l = +\infty$ 时，且 $\sum\limits_{n=1}^{\infty} b_n$ 发散，则 $\sum\limits_{n=1}^{\infty} a_n$ 也发散.

若 $a_n \to 0$，$b_n \to 0$，都是无穷小量，上述三种情形分别为：

(1) a_n 和 b_n 是同阶无穷小；（2）a_n 是 b_n 的高阶无穷小；
(3) a_n 是 b_n 的低阶无穷小.

注意　已知敛散性的级数比较时放在分母上.

证明：（1）由 $\lim\limits_{n\to\infty} \dfrac{a_n}{b_n} = l$，对 $\varepsilon = \dfrac{l}{2} > 0$，$\exists N$，当 $n > N$ 时，$\dfrac{l}{2} <$

$\dfrac{a_n}{b_n} < \dfrac{3l}{2}$，即 $\dfrac{l}{2} b_n < a_n < \dfrac{3l}{2} b_n$，由比较判别法，推出 $\sum\limits_{n=1}^{\infty} a_n$ 和 $\sum\limits_{n=1}^{\infty} b_n$ 同时收敛或者同时发散.

（2）若 $l = 0$，即 $\lim\limits_{n\to\infty} \dfrac{a_n}{b_n} = 0$，对 $\varepsilon = 1$，$\exists N$，当 $n > N$ 时，

$\left| \dfrac{a_n}{b_n} - 0 \right| < 1$，即当 $n > N$ 时，$a_n < b_n$，根据比较判别法，因此，当

$\sum\limits_{n=1}^{\infty} b_n$ 收敛时，$\sum\limits_{n=1}^{\infty} a_n$ 收敛.

（3）若 $l = +\infty$，即 $\lim\limits_{n\to\infty} \dfrac{a_n}{b_n} = +\infty$，对 $M = 1$，$\exists N$，使得当 $n > N$

时，有 $\dfrac{a_n}{b_n} > 1$，即 $a_n > b_n$，根据比较判别法，因此当 $\sum\limits_{n=1}^{\infty} b_n$ 发散时，

$\sum\limits_{n=1}^{\infty} a_n$ 一定也发散.

使用比较判别法的极限形式的一般步骤为：

(1) 首先根据级数的通项 a_n 的形式，猜测级数的敛散性；

(2) 根据猜测找敛散性已知的级数 $\sum\limits_{n=1}^{\infty} b_n$，通常找 $a_n \sim b_n$；

(3) 由比较判别法的极限形式得出结论.

例 2.6.3　判别级数 $\sum\limits_{n=1}^{\infty}\sin\dfrac{\pi}{2^n}$ 的敛散性.

解：因为 $\sin\dfrac{\pi}{2^n}\sim\dfrac{\pi}{2^n}$，又 $\sum\limits_{n=1}^{\infty}\dfrac{\pi}{2^n}$ 是 $q=\dfrac{1}{2}$ 的收敛的几何级数，因此，级数 $\sum\limits_{n=1}^{\infty}\sin\dfrac{\pi}{2^n}$ 与 $\sum\limits_{n=1}^{\infty}\dfrac{\pi}{2^n}$ 同时收敛.

例 2.6.4　若 $\lim\limits_{n\to\infty}nu_n\neq0$，则正项级数 $\sum\limits_{n=1}^{\infty}u_n$ 发散.

证明：因为 $\lim\limits_{n\to\infty}\dfrac{u_n}{\dfrac{1}{n}}=\lim\limits_{n\to\infty}nu_n\neq0$，又 $\sum\limits_{n=1}^{\infty}\dfrac{1}{n}$ 发散，由比较判别法知 $\sum\limits_{n=1}^{\infty}u_n$ 发散.

例 2.6.5　证明：若正项级数 $\sum\limits_{n=1}^{\infty}a_n$ 收敛，则 $\sum\limits_{n=1}^{\infty}a_n^2$ 收敛，但反之不真（举例说明）.

证明：因为 $\sum\limits_{n=1}^{\infty}a_n$ 收敛，所以 $\lim\limits_{n\to\infty}a_n=0$. 又因为 $\lim\limits_{n\to\infty}\dfrac{a_n^2}{a_n}=\lim\limits_{n\to\infty}a_n=0$，由比较判别法得 $\sum\limits_{n=1}^{\infty}a_n^2$ 收敛，反之不真，例如 $\sum\limits_{n=1}^{\infty}a_n^2=\sum\limits_{n=1}^{\infty}\dfrac{1}{n^2}$ 收敛，但是 $\sum\limits_{n=1}^{\infty}a_n=\sum\limits_{n=1}^{\infty}\dfrac{1}{n}$ 发散.

接下来介绍的级数收敛判别法，只利用级数本身的条件，不需要找作为比较的其他级数. 通过考虑后项与前项之比或者前 n 项的"平均公比"的极限，若极限不存在的话，可以通过讨论上（下）极限来得到结论. 下面介绍柯西判别法和达朗贝尔判别法.

2.6.3　柯西判别法

定理 2.6.3　（柯西判别法、根值判别法）　设 $\sum\limits_{n=1}^{\infty}a_n$ 为正项级数，若 $\exists q\in\mathbf{R}$，$N\in\mathbf{Z}_+$，只要 $n>N$ 时，则有：

(1) 若 $\sqrt[n]{a_n}\leqslant q<1$，则 $\sum\limits_{n=1}^{\infty}a_n$ 收敛；

(2) 若对无穷多个 n，有 $\sqrt[n]{a_n}\geqslant1$，则 $\sum\limits_{n=1}^{\infty}a_n$ 发散.

证明：（1）因为 $\forall n > N$ 时，有 $\sqrt[n]{a_n} \leqslant q < 1$，则 $a_n \leqslant q^n < 1$，注意到 $q < 1$ 时，几何级数 $\sum\limits_{n=1}^{\infty} q^n$ 收敛，从而根据比较判别法可知 $\sum\limits_{n=1}^{\infty} a_n$ 也收敛.

（2）因为对无穷多项，$\sqrt[n]{a_n} \geqslant 1$，则 $a_n \geqslant 1$，可得 $\lim\limits_{n\to\infty} a_n \neq 0$，因此 $\sum\limits_{n=1}^{\infty} a_n$ 发散.

注：若（1）中的条件换成 $\sqrt[n]{a_n} < 1$，那么不能得出 $\sum\limits_{n=1}^{\infty} a_n$ 收敛，例如 $\sum\limits_{n=1}^{\infty} \dfrac{1}{n}$.

定理 2.6.4 （柯西判别法的极限形式） 设 $\sum\limits_{n=1}^{\infty} a_n$ 为正项级数，且有 $l = \lim\limits_{n\to\infty} \sqrt[n]{a_n}$，则有

（1）若 $l < 1$ 时，$\sum\limits_{n=1}^{\infty} a_n$ 收敛；

（2）若 $l > 1$ 时，$\sum\limits_{n=1}^{\infty} a_n$ 发散；

（3）当 $l = 1$ 时，不能判断 $\sum\limits_{n=1}^{\infty} a_n$ 的收敛性或发散性.

证明：（1）若 $l = \varlimsup\limits_{n\to\infty} \sqrt[n]{a_n} < 1$，取 $\varepsilon_0 > 0$，使得 $l < l + \varepsilon_0 < 1$，依据上极限定义和保序性，对于 $\varepsilon_0 > 0$，$\exists N \in \mathbf{Z}_+$，当 $\forall n > N$ 时，有 $\sqrt[n]{a_n} < l + \varepsilon_0 < 1$，即 $a_n < (l + \varepsilon_0)^n$，又因为 $l + \varepsilon_0 < 1$，可以推出 $\sum\limits_{n=1}^{\infty} a_n$ 收敛.

（2）若 $l = \varlimsup\limits_{n\to\infty} \sqrt[n]{a_n} > 1$，取 $\varepsilon_0 > 0$，使得 $1 < l - \varepsilon_0 < l$，根据上极限定义和保序性，对于 $\varepsilon_0 > 0$，$\exists N \in \mathbf{Z}_+$，当 $\forall n > N$ 时，有 $\sqrt[n]{a_n} \geqslant l - \varepsilon_0 > 1$，即 $a_n > 1$，从而 $\lim\limits_{n\to\infty} a_n \neq 0$，所以 $\sum\limits_{n=1}^{\infty} a_n$ 发散.

（3）考虑两个正项级数，$\sum\limits_{n=1}^{\infty} \dfrac{1}{n}$ 为调和级数，是发散的.

$\sum\limits_{n=1}^{\infty} \dfrac{1}{n^2}$ 是收敛的. 然而，对于两个级数而言，对应的 $l = \varlimsup\limits_{n\to\infty} \sqrt[n]{a_n} = 1$，因此当 $l = 1$ 时，不能判断级数的敛散性.

推论 2.6.1 若 $\lim\limits_{n\to\infty} \sqrt[n]{a_n} = l$，则

(1) 当 $q<1$ 时，则 $\lim\limits_{n\to\infty} a_n$ 收敛；

(2) 当 $q>1$ 时，则 $\lim\limits_{n\to\infty} a_n$ 发散.

例 2.6.6 讨论 $\sum\limits_{n=1}^{\infty} \dfrac{e^n}{n^n}$ 的敛散性.

解：显然 $\sqrt[n]{\dfrac{e^n}{n^n}} = \dfrac{e}{n} \to 0\,(n\to\infty)$，即当 $\forall n>N$ 时，$\sqrt[n]{\dfrac{e^n}{n^n}} < 1$，根据柯西判别法，$\sum\limits_{n=1}^{\infty} \dfrac{e^n}{n^n}$ 收敛.

例 2.6.7 讨论正项级数 $\sum\limits_{n=1}^{\infty} \dfrac{n^3 \left[\sqrt{2}+(-1)^n\right]^n}{3^n}$ 的敛散性.

解：由于 $\varlimsup\limits_{n\to\infty} \sqrt[n]{\dfrac{n^3 \left[\sqrt{2}+(-1)^n\right]^n}{3^n}} = \dfrac{\sqrt{2}+1}{3} < 1$，由柯西判别法，级数 $\sum\limits_{n=1}^{\infty} \dfrac{n^3 \left[\sqrt{2}+(-1)^n\right]^n}{3^n}$ 收敛.

2.6.4 达朗贝尔判别法

定理 2.6.5 （达朗贝尔判别法、比值判别法） 设 $\sum\limits_{n=1}^{\infty} a_n$ 为正项级数，若 $\exists q \in \mathbf{R}$，$N \in \mathbf{Z}_+$，只要当 $n>N$ 时，则有：

(1) 若 $\dfrac{a_{n+1}}{a_n} \leqslant q < 1$，则 $\sum\limits_{n=1}^{\infty} a_n$ 收敛；

(2) 若 $\dfrac{a_{n+1}}{a_n} \geqslant 1$，则 $\sum\limits_{n=1}^{\infty} a_n$ 发散.

证明：（1）$\forall n>N$ 时，若 $\dfrac{a_{n+1}}{a_n} \leqslant q < 1$，则

$$\dfrac{a_n}{a_N} = \dfrac{a_{N+1}}{a_N} \dfrac{a_{N+2}}{a_{N+1}} \cdots \dfrac{a_n}{a_{n-1}}$$

$$\leqslant \underbrace{qq\cdots q}_{n-N\text{个}}$$

$$= q^{n-N},$$

即 $a_n \leqslant a_N \cdot q^{n-N} = \dfrac{a_N}{q^N} \cdot q^n$，由于 $q<1$，由比较判别法，几何级数

$\sum\limits_{n=1}^{\infty} q^n$ 收敛，根据比较判别法，可以得到 $\sum\limits_{n=1}^{\infty} a_n$ 收敛.

（2）$\forall n > N$ 时，因为 $\dfrac{a_{n+1}}{a_n} \geqslant 1$，则 $a_n \geqslant a_{n-1} \geqslant \cdots \geqslant a_{N+1} > 0$，$\{a_n\}$

为单调递增的正数列，于是 $\lim\limits_{n \to \infty} a_n \neq 0$，因此 $\sum\limits_{n=1}^{\infty} a_n$ 发散.

注意 若（1）中的条件改为 $\dfrac{a_{n+1}}{a_n} < 1$，不能推出 $\sum\limits_{n=1}^{\infty} a_n$ 收敛

$\left(\text{例如} \sum\limits_{n=1}^{\infty} \dfrac{1}{n}\right)$.

在实际应用中，"比值判别法"经常使用"极限形式"，具体
如下：

定理 2.6.6 （达朗贝尔判别法的极限形式） 设 $\sum\limits_{n=1}^{\infty} a_n (a_n \neq 0)$

为正项级数，又设

$$\overline{l} = \varlimsup_{n \to \infty} \frac{a_{n+1}}{a_n}, \quad \underline{l} = \varliminf_{n \to \infty} \frac{a_{n+1}}{a_n}, \quad \text{则有：}$$

（1）当 $\overline{l} < 1$ 时，则 $\sum\limits_{n=1}^{\infty} a_n$ 收敛；

（2）当 $\underline{l} > 1$ 时，则 $\sum\limits_{n=1}^{\infty} a_n$ 发散；

（3）当 $\overline{l} \geqslant 1$ 且 $\underline{l} \leqslant 1$ 时，不能判断 $\sum\limits_{n=1}^{\infty} a_n$ 的收敛性或发散性.

证明类似于定理柯西判别法，请读者自己完成.

推论 2.6.2 在上述定理中，若 $\overline{l} = \underline{l} = l$，即 $l = \lim\limits_{n \to \infty} \dfrac{a_{n+1}}{a_n}$，则当 $l <$

1 时，级数收敛；当 $l > 1$ 时，级数发散；当 $l = 1$ 时，级数可能
收敛也可能发散.

例 2.6.8 判断正项级数 $\sum\limits_{n=1}^{\infty} \dfrac{n^n}{3^n \cdot n!}$ 的敛散性.

解：令 $a_n = \dfrac{n^n}{3^n \cdot n!}$，则

$$\lim_{n \to \infty} \frac{a_{n+1}}{a_n} = \lim_{n \to \infty} \left[\frac{(n+1)^{n+1}}{3^{n+1} \cdot (n+1)!} \cdot \frac{3^n \cdot n!}{n^n} \right]$$

$$=\lim_{n\to\infty}\frac{1}{3}\left(1+\frac{1}{n}\right)^n=\frac{e}{3}<1,$$

由达朗贝尔判别法可知级数 $\displaystyle\sum_{n=1}^{\infty}\frac{n^n}{3^n\cdot n!}$ 收敛.

例 2.6.9　　讨论级数 $\displaystyle\sum_{n=1}^{\infty}\frac{n^{20}}{n!}$ 的敛散性.

解：设 $a_n=\dfrac{n^{20}}{n!}$，则

$$\lim_{n\to\infty}\frac{a_{n+1}}{a_n}=\lim_{n\to\infty}\frac{(n+1)^{20}\cdot n!}{n^{20}\cdot(n+1)!}$$

$$=\lim_{n\to\infty}\left(1+\frac{1}{n}\right)^{20}\cdot\frac{1}{n+1}$$

$$=0<1,$$

这相当于定理中的 $\overline{l}=\underline{l}=0$，根据达朗贝尔判别法可知级数 $\displaystyle\sum_{n=1}^{\infty}\frac{n^{20}}{n!}$ 一定收敛.

例 2.6.10　　考虑级数 $\displaystyle\sum_{n=1}^{\infty}x_n=\frac{1}{2}+\frac{1}{3}+\frac{1}{2^2}+\frac{1}{3^2}+\frac{1}{2^3}+\frac{1}{3^3}+\cdots$ 的敛散性.

解：因为

$$\varlimsup_{n\to\infty}\sqrt[n]{x_n}=\lim_{n\to\infty}\sqrt[2n-1]{\frac{1}{2^n}}=\frac{1}{\sqrt{2}},$$

$$\varlimsup_{n\to\infty}\frac{x_{n+1}}{x_n}=\lim_{n\to\infty}\frac{3^n}{2^{n+1}}=+\infty,$$

$$\varliminf_{n\to\infty}\frac{x_{n+1}}{x_n}=\lim_{n\to\infty}\frac{2^n}{3^n}=0.$$

由柯西判别法可知级数 $\displaystyle\sum_{n=1}^{\infty}x_n$ 收敛，但达朗贝尔判别法却是失效的.

对于柯西判别法和达朗贝尔判别法，需要注意以下几点：

（1）极限为 1 时，两个判别法都失效；

（2）由于 $\sqrt[n]{a_n}=\sqrt[n]{a_1\cdot\dfrac{a_2}{a_1}\cdot\cdots\cdot\dfrac{a_n}{a_{n-1}}}$，根据几何平均收敛性，

则 $\lim\limits_{n\to\infty}\dfrac{a_n}{a_{n-1}}=l\Rightarrow\lim\limits_{n\to\infty}\sqrt[n]{a_n}=l$，能够使用达朗贝尔判别法，就一定也能用柯西判别法. 但反之不一定成立（见上例）.

（3）从上述两个判别法的证明中可以看出，柯西判别法和达

朗贝尔判别法的比较对象是几何级数，如果级数的通项收敛速度较慢，它们就失效了，如 p-级数. 拉贝（Raabe）判别法是以 p-级数为比较对象的，这类级数的通项收敛于 0 的速度较慢，因此较柯西判别法和达朗贝尔判别法在判断级数收敛时更精细.

2.6.5　拉贝判别法

思考：与 p-级数相比，取 $b_n = \dfrac{1}{n^p}$（$p > 1$），若 $\dfrac{a_{n+1}}{a_n} \leqslant \dfrac{b_{n+1}}{b_n} =$

$\left(\dfrac{n}{n+1}\right)^p$，则 $\displaystyle\sum_{n=1}^{\infty} a_n$ 收敛变形为 $n\left(\dfrac{a_n}{a_{n+1}} - 1\right) \geqslant \dfrac{\left(1+\dfrac{1}{n}\right)^p - 1}{\dfrac{1}{n}} \longrightarrow p > 1$，启发

我们：$n\left(\dfrac{a_n}{a_{n+1}} - 1\right) \geqslant r > 1$ 能否保证 $\displaystyle\sum_{n=1}^{\infty} a_n$ 收敛？

> **定理 2.6.7　（拉贝判别法）**　设 $\displaystyle\sum_{n=1}^{\infty} a_n (a_n \neq 0)$ 为正项级数，又
>
> 设 $\displaystyle\lim_{n\to\infty} n\left(\dfrac{a_n}{a_{n+1}} - 1\right) = r$，则有：
>
> （1）若 $n > n_0$ 时，$r > 1$，则 $\displaystyle\sum_{n=1}^{\infty} a_n$ 收敛；
>
> （2）若 $n > n_0$ 时，$r < 1$，则 $\displaystyle\sum_{n=1}^{\infty} a_n$ 发散；
>
> （3）当 $r = 1$ 时，不能判断 $\displaystyle\sum_{n=1}^{\infty} a_n$ 的收敛性或发散性.

证明：设 $s > t > 1$，$f(x) = 1 + sx - (1+x)^t$，由 $f(0) = 0$ 与 $f'(0) = s - t > 0$，则存在 $\delta > 0$，当 $0 < x < \delta$ 时，成立
$$1 + sx > (1+x)^t. \tag{$*$}$$

当 $r > 1$ 时，取 s，t 满足 $r > s > t > 1$. 由 $\displaystyle\lim_{n\to\infty} n\left(\dfrac{a_n}{a_{n+1}} - 1\right) = r > s > t$ 与不等式（$*$），得到 $n \to \infty$，成立 $\dfrac{a_n}{a_{n+1}} > 1 + \dfrac{s}{n} > \left(1 + \dfrac{1}{n}\right)^t = \dfrac{(n+1)^t}{n^t}$. 这说明正项数列 $\{n^t a_n\}$ 从某一项开始单调减少，因而其一定有上界，设 $n^t a_n \leqslant A$，于是 $a_n \leqslant \dfrac{A}{n^t}$，由于 $t > 1$，则级数 $\displaystyle\sum_{n=1}^{\infty} \dfrac{1}{n^t}$ 收敛，根据比较判别法即得到 $\displaystyle\sum_{n=1}^{\infty} a_n$ 的收敛性.

当 $\lim\limits_{n\to\infty}n\left(\dfrac{a_n}{a_{n+1}}-1\right)=r<1$，则 $n\to\infty$ 时，成立 $\dfrac{a_n}{a_{n+1}}<1+\dfrac{1}{n}=\dfrac{n+1}{n}$，这 说明正项数列 $\{na_n\}$ 从某一项开始单调增加，因此存在正整数 N 与实数 $\alpha>0$，使得对任意的 $n>N$ 时，成立 $a_n>\dfrac{\alpha}{n}$。因为 $\sum\limits_{n=1}^{\infty}\dfrac{1}{n}$ 发散， 根据比较判别法得到 $\sum\limits_{n=1}^{\infty}a_n$ 发散。

对于 $r=1$，例如正项级数 $\sum\limits_{n=2}^{\infty}\dfrac{1}{n\ln^q n}$，由于 $\lim\limits_{n\to\infty}n\left(\dfrac{a_n}{a_{n+1}}-1\right)=r=1$。 拉贝判别法失效。但是通过后续学习到的积分判别法，可以得到 当 $q>1$ 时收敛，当 $q\leqslant 1$ 时发散。

> **定理 2.6.8** （拉贝判别法的极限形式）　设 $a_n>0$，$\dfrac{a_n}{a_{n+1}}=1+\dfrac{l}{n}+$
>
> $o\left(\dfrac{1}{n}\right)(n\to\infty)$，则有：
>
> （1）若 $l>1$，则 $\sum\limits_{n=1}^{\infty}a_n$ 收敛；
>
> （2）若 $l<1$，则 $\sum\limits_{n=1}^{\infty}a_n$ 发散。

例 2.6.11　判断级数 $\dfrac{(2n-1)!!}{(2n)!!}$ 的敛散性。

解：设 $a_n=\dfrac{(2n-1)!!}{(2n)!!}$，则 $\lim\limits_{n\to\infty}\dfrac{a_{n+1}}{a_n}=\lim\limits_{n\to\infty}\dfrac{(2n+1)!!}{(2n+2)!!}\cdot\dfrac{(2n)!!}{(2n-1)!!}=1$。 则柯西判别法和达朗贝尔判别法都不适用，但应用拉贝判别法， 可得 $\dfrac{a_n}{a_{n+1}}=\dfrac{2n+2}{2n+1}$，则 $\lim\limits_{n\to\infty}n\left(\dfrac{a_n}{a_{n+1}}-1\right)=\lim\limits_{n\to\infty}\dfrac{n}{2n+1}=\dfrac{1}{2}<1$，根据拉贝判别 法，原级数发散。

例 2.6.12　判断级数 $\sum\limits_{n=1}^{\infty}\dfrac{p(p+1)\cdots(p+n-1)}{n!}\dfrac{1}{n^q}\ (p,\ q>0)$ 的敛 散性。

解：$\dfrac{a_n}{a_{n+1}}=\dfrac{p(p+1)\cdots(p+n-1)}{n!n^q}\dfrac{(n+1)!(n+1)^q}{p(p+1)\cdots(p+n)}$

$=\dfrac{n+1}{n+p}\left(1+\dfrac{1}{n}\right)^q=\left(1+\dfrac{1-p}{n+p}\right)\left(1+\dfrac{q}{n}+o\left(\dfrac{1}{n}\right)\right)$

$=1+\dfrac{q}{n}+\dfrac{1-p}{n+p}+o\left(\dfrac{1}{n}\right)<1+\dfrac{q+1-p}{n}+o\left(\dfrac{1}{n}\right)$,

因此，$n\left(\dfrac{a_n}{a_{n+1}}-1\right)=q+1-p+o(1)\to 1+(q-p)$，可得 $q>p$ 时收敛，$q<p$ 时发散.

注：从上例中可以看出，拉贝判别法比柯西判别法和达朗贝尔判别法适用范围更广，但拉贝判别法也有失效的情况，即 $\lim\limits_{n\to\infty}n\left(\dfrac{a_n}{a_{n+1}}-1\right)=1$ 时. 事实上，还可以建立比拉贝判别法适用范围更广的判别法，例如积分判别法、贝特朗(Bertrand)判别法，但是也更加复杂，这个过程是无限的.

习题 2.6

1. 用级数收敛的柯西准则证明下列级数的敛散性：

(1) 若 $\sum\limits_{n=1}^{\infty}a_n$，$\sum\limits_{n=1}^{\infty}b_n$ 收敛，则级数 $\sum\limits_{n=1}^{\infty}(ca_n+db_n)$ 也收敛；

(2) $1+\dfrac{1}{2}-\dfrac{1}{3}+\dfrac{1}{4}+\dfrac{1}{5}-\dfrac{1}{6}+\cdots$；

(3) 若 $\sum\limits_{n=1}^{\infty}a_n$ 发散，则存在正项级数 $\sum\limits_{n=1}^{\infty}b_n$ 也发散，且 $\lim\limits_{n\to\infty}\dfrac{b_n}{a_n}=0$；

(4) 设 $a>0$，$b>0$，$a\neq b$，级数 $1+a+ab+a^2b+a^2b^2+\cdots+a^nb^{n-1}+a^nb^n+\cdots$；

(5) $\sum\limits_{n=1}^{\infty}\dfrac{\sin 2^n}{2^n}$.

2. 用比较判别法及其极限形式判别下列级数的敛散性：

(1) 若 $\sum\limits_{n=1}^{\infty}a_n$ 收敛，则存在正项级数 $\sum\limits_{n=1}^{\infty}b_n$ 也收敛，且 $\lim\limits_{n\to\infty}\dfrac{a_n}{b_n}=0$；

(2) $\sum\limits_{n=1}^{\infty}2^n\sin\dfrac{\pi}{3^n}$；　(3) $\sum\limits_{n=1}^{\infty}\dfrac{1}{n\sqrt[n]{n}}$；

(4) $\dfrac{1}{2}+\dfrac{1}{5}+\dfrac{1}{10}+\dfrac{1}{17}+\cdots+\dfrac{1}{n^2+1}+\cdots$；

(5) $\sum\limits_{n=1}^{\infty}\dfrac{\sin^2 n}{4^n}$；　(6) $\sum\limits_{n=1}^{\infty}\dfrac{1}{3^{\ln n}}$；

(7) $\sum\limits_{n=1}^{\infty}\dfrac{1}{\ln(n+1)}$；　(8) $\sum\limits_{n=1}^{\infty}\dfrac{1}{n^2-n+1}$；

(9) $\sum\limits_{n=1}^{\infty}\dfrac{1}{1+\alpha^n}(\alpha>0)$；　(10) $\sum\limits_{n=1}^{\infty}\left(1-\cos\dfrac{\pi}{n}\right)$；

(11) $\sum\limits_{n=1}^{\infty}\dfrac{\ln n}{n^{1+2\alpha}}(\alpha>0)$.

3. 设 $a_n\geqslant 0$，$b_n\geqslant 0$，若 $n\geqslant n_0$ 时，有 $\dfrac{a_{n+1}}{a_n}\leqslant\dfrac{b_{n+1}}{b_n}$，则

(1) 若 $\sum\limits_{n=1}^{\infty}b_n$ 收敛，则 $\sum\limits_{n=1}^{\infty}a_n$ 收敛；

(2) $\sum\limits_{n=1}^{\infty}a_n$ 发散，则 $\sum\limits_{n=1}^{\infty}b_n$ 发散.

4. 用达朗贝尔(比值)判别法判别下列级数的敛散性：

(1) $\sum\limits_{n=1}^{\infty}\dfrac{1\cdot 3\cdot\cdots\cdot(2n-1)}{n!}$；

(2) $1+\dfrac{1}{2!}+\dfrac{1}{3!}+\dfrac{1}{4!}+\cdots$；　(3) $\sum\limits_{n=1}^{\infty}\dfrac{(n!)^2}{(2n)!}$；

(4) $\sum\limits_{n=1}^{\infty}\dfrac{2n-1}{(\sqrt[6]{2})^n}$；　(5) $\sum\limits_{n=1}^{\infty}\dfrac{(n+1)!}{10^n}$；

(6) $\sum\limits_{n=1}^{\infty}\dfrac{5^n}{n^5}$；　(7) $\sum\limits_{n=1}^{\infty}\dfrac{n!}{n^n}$；

(8) $\sum\limits_{n=1}^{\infty}\dfrac{n}{2^{n-1}}$；　(9) $\sum\limits_{n=1}^{\infty}\dfrac{n^n}{n^k}$；

(10) $\sum\limits_{n=1}^{\infty}2^n\sin\left(\dfrac{\pi}{3^2}\right)$.

5. 设 $x\in(0,+\infty)$，讨论 $\sum\limits_{n=1}^{\infty}\dfrac{n!}{n^n}x^n$ 的敛散性.

6. 判别下列级数的敛散性:

(1) $\sum_{n=1}^{\infty} \frac{1}{1+a^n}(a>0)$; (2) $\sum_{n=1}^{\infty} \frac{2^n n!}{n^n}$;

(3) $\sum_{n=1}^{\infty} \frac{n-1}{n(n+1)}$.

7. 用柯西(根值)判别法判断下列级数的敛散性:

(1) $\sum_{n=1}^{\infty} \left(\frac{n}{2n+1}\right)^2$; (2) $\sum_{n=1}^{\infty} \frac{1}{\left[\ln(n+1)\right]^n}$;

(3) $\sum_{n=1}^{\infty} \frac{2^n}{3^{\ln n}}$; (4) $\sum_{n=1}^{\infty} \frac{a^n}{n^p}$.

(5) $\sum_{n=2}^{\infty} \frac{1}{(\ln n)^n}$; (6) $\left(\frac{1}{n}-e^{-n^2}\right)$;

(7) $\frac{1}{2}+\frac{1}{3}+\frac{1}{2^2}+\frac{1}{3^2}+\frac{1}{2^3}+\frac{1}{3^3}+\cdots$;

(8) $\sum_{n=1}^{\infty} \frac{1}{2^n}\left(1+\frac{1}{n}\right)^{n^2}$.

8. 用拉贝判别法判别下列级数的敛散性:

(1) $\sum_{n=1}^{\infty} \frac{n!}{(x+1)\cdots(x+n)}$, 其中 $x>0$ 为常数;

(2) $\sum_{n=1}^{\infty} \left[\frac{(2n-1)!!}{(2n)!!}\right]^s$ $(s>0)$; (3) $\sum_{n=1}^{\infty} \frac{1}{3^{\ln n}}$.

2.7 任意项级数的收敛判别法

对于任意项级数,若只有有限项是正的或者负的,在这有限项之后成为不变号级数(即全为正的,或者全是负的),则可以使用正项级数的方法判断敛散性. 若正数项和负数项随机出现,且都有无穷多项,这种级数称为**任意项级数**,由于此时它的部分和数列不单调,因此无法使用基于"部分和数列单调增加有上界"建立起来的若干正项级数的判别法,本节建立新的针对任意项级数的敛散性的判别方法.

2.7.1 交错级数

任意项级数中最常见的是正负项交错相间的级数,称为交错级数,一般形式为 $\sum_{n=1}^{\infty} (-1)^{n+1} a_n = a_1 - a_2 + a_3 - a_4 + \cdots + a_{2n-1} - a_{2n} + \cdots$,其中 $a_n>0(n=1,2,\cdots)$. 对于交错级数,有如下判别法.

定理 2.7.1 (莱布尼茨判别法) 设 a_n 满足下列条件:

(1) $0<a_{n+1}\leqslant a_n$(数列 $\{a_n\}$ 单调减少);

(2) $\lim_{n\to\infty} a_n = 0$,

则交错级数 $\sum_{n=1}^{\infty} (-1)^{n+1} a_n$ 收敛,并且级数部分和 S_n 与级数和 S 的绝对误差 $|S-S_n| \leqslant a_{n+1}$.

证明:级数 $\sum_{n=1}^{\infty} (-1)^{n+1} a_n$ 收敛等价于部分和数列 $\{S_n\}$ 收敛,我们根据项数 n 是奇数或者偶数分别考察 S_n,设 n 为偶数,

$$S_{2n} = (a_1 - a_2) + (a_3 - a_4) + \cdots + (a_{2n-1} - a_{2n})$$
$$\geqslant (a_1 - a_2) + (a_3 - a_4) + \cdots + (a_{2n-3} - a_{2n-2})$$
$$= S_{2n-2},$$

根据条件(1)可知，每个括号内的值都大于或者等于 0，如果把每个括号看成一项，这就是一个正项级数的前 n 项部分和，并且随着 n 的增加而单调增加. 另一方面，部分和 S_{2n} 可以写成 $S_{2n} = a_1 - (a_2 - a_3) - \cdots - (a_{2n-2} - a_{2n-1}) - a_{2n} \leqslant a_1$，说明 $\{S_{2n}\}$ 单调增加有上界，于是 $\{S_{2n}\}$ 极限存在，设 $\lim\limits_{n \to \infty} S_{2n} = S \leqslant a_1$. 当 n 为奇数时，由于 $\lim\limits_{n \to \infty} a_n = 0$，故有 $\lim\limits_{n \to \infty} S_{2n+1} = \lim\limits_{n \to \infty} (S_{2n} + a_{2n+1}) = S$，这样，$\lim\limits_{n \to \infty} S_{2n} = \lim\limits_{n \to \infty} S_{2n+1} = S$. 因此，不管 n 为奇数还是偶数，都有 $\lim\limits_{n \to \infty} S_n = S \leqslant a_1$.

由于交错级数的和不大于首项，现在考察下列级数

$$S - S_n = \sum_{k=1}^{\infty} (-1)^{n+k-1} a_{n+k} = (-1)^n \sum_{k=1}^{\infty} (-1)^{k-1} a_{n+k}.$$

显然该级数也是一交错级数，其和不大于首项，则有 $|S - S_n| \leqslant a_{n+1}$.

例 2.7.1　判断级数 $\sum\limits_{n=2}^{\infty} \dfrac{(-1)^n}{n - \sqrt{n}}$ 的敛散性.

解：由于 $a_n = \dfrac{1}{n - \sqrt{n}} > 0$，级数为交错级数. 采用莱布尼茨判别法，

$$\lim_{n \to \infty} a_n = \lim_{n \to \infty} \frac{1}{n - \sqrt{n}} = \lim_{n \to \infty} \frac{1}{n} \frac{1}{1 - \dfrac{1}{\sqrt{n}}} = 0,$$

另一方面，有

$$a_n - a_{n+1} = \frac{1}{n - \sqrt{n}} - \frac{1}{(n+1) - \sqrt{n+1}} = \frac{1 - \dfrac{1}{\sqrt{n} + \sqrt{n+1}}}{(n - \sqrt{n})[(n+1) - \sqrt{n+1}]} > 0,$$

即数列 $\{a_n\}$ 单调减少，因此级数 $\sum\limits_{n=2}^{\infty} \dfrac{(-1)^n}{n - \sqrt{n}}$ 收敛.

2.7.2 任意项级数

前面介绍的莱布尼茨判别法只适合交错级数，对于一般任意项级数（即正负项任意出现且都出现无穷多次），下面给出阿贝尔(Abel)判别法和狄利克雷(Dirichlet)判别法，它们都是以阿贝尔变换为基础的.

定义 2.7.1　分部求和公式（阿贝尔变换）　对于两组数 α_i，$\beta_i (i = 1, 2, \cdots)$，令 $c_1 = \beta_1$，$c_2 = \beta_1 + \beta_2$，$\cdots$，$c_k = \beta_1 + \beta_2 + \cdots + \beta_k$，则有阿贝尔变换式

$$\alpha_1\beta_1+\alpha_2\beta_2+\cdots+\alpha_n\beta_n=(\alpha_1-\alpha_2)c_1+(\alpha_2-\alpha_3)c_2+\cdots+(\alpha_{n-1}-\alpha_n)$$

$$c_{n-1}+\alpha_nc_n.$$

即 $\displaystyle\sum_{k=1}^{n}\alpha_k\beta_k=\sum_{k=1}^{n-1}(\alpha_k-\alpha_{k+1})c_k+\alpha_nc_n$，我们将 $c_k=\beta_1+\beta_2+\cdots+\beta_k$ 代入后合并即可证明. 阿贝尔变换式也称为分部求和式. 如果将"和"看作积分，而将"差"看作微分，那么这个求和式跟分部积分公式很类似. 此外，这个分部求和公式主要用于数列 $\{\alpha_n\}$ 单调，$\alpha_k-\alpha_{k+1}$ 不变号的情形.

定理 2.7.2　（阿贝尔-狄利克雷判别法）　设 $\{\alpha_n\}$ 为单调数列，分别满足以下两组条件时，则级数 $\displaystyle\sum_{n=1}^{\infty}\alpha_n\beta_n$ 收敛：

阿贝尔判别条件：（1）$\{\alpha_n\}$ 有界；（2）级数 $\displaystyle\sum_{n=1}^{\infty}\beta_n$ 收敛.

狄利克雷判别条件：（1）$\displaystyle\lim_{n\to\infty}\alpha_n=0$；（2）级数 $\displaystyle\sum_{n=1}^{\infty}\beta_n$ 的部分和数列有界.

证明：对于阿贝尔判别法，一方面因为级数 $\displaystyle\sum_{n=1}^{\infty}\beta_n$ 收敛，根据级数收敛的柯西收敛原理，$\forall\varepsilon>0$，$\exists N$，当 $n>N$ 时，对任意的 $p\in\mathbf{Z}_+$，有 $\left|\displaystyle\sum_{k=1}^{p}\beta_{n+k}\right|<\varepsilon$. 另一方面，因为 $\{\alpha_n\}$ 有界，则 $|\alpha_n|\leqslant M$，则由分部求和公式可以得到

$$\left|\sum_{k=1}^{p}\alpha_{n+k}\beta_{n+k}\right|=\left|\sum_{k=1}^{p-1}(\alpha_{n+k}-\alpha_{n+k+1})c_k+\alpha_{n+p}c_p\right|$$

$$\leqslant\left(\left|\sum_{k=1}^{p-1}(\alpha_{n+k}-\alpha_{n+k+1})\right|+|\alpha_{n+p}|\right)\varepsilon$$

$$=(|\alpha_{n+1}-\alpha_{n+p}|+|\alpha_{n+p}|)\varepsilon\leqslant3M\varepsilon,$$

其中 $c_k=\beta_{n+1}+\beta_{n+2}+\cdots+\beta_{n+k}(|c_k|<\varepsilon)$，由级数的柯西收敛原理，级数 $\displaystyle\sum_{n=1}^{\infty}\alpha_n\beta_n$ 收敛.

对于狄利克雷判别法，由于级数 $\displaystyle\sum_{n=1}^{\infty}\beta_n$ 的部分和数列有界，则对 $\forall n$，k，$|c_k|=|\beta_{n+1}+\beta_{n+2}+\cdots+\beta_{n+k}|\leqslant M$，另一方面，$\displaystyle\lim_{n\to\infty}\alpha_n=0$，则对 $\forall\varepsilon>0$，$\exists N$，当 $n>N$ 时，$|\alpha_n|<\varepsilon$，由分部求和公式可得

$$\left| \sum_{k=1}^{p} \alpha_{n+k}\beta_{n+k} \right| = \left| \sum_{k=1}^{p-1} (\alpha_{n+k}-\alpha_{n+k+1})c_k+\alpha_{n+p}c_p \right|$$

$$\leqslant \left(\left| \sum_{k=1}^{p-1} (\alpha_{n+k}-\alpha_{n+k+1}) \right| + |\alpha_{n+p}| \right)M$$

$$= (|\alpha_{n+1}-\alpha_{n+p}|+|\alpha_{n+p}|)M \leqslant 3M\varepsilon,$$

由级数的柯西收敛原理，级数 $\displaystyle\sum_{n=1}^{\infty}\alpha_n\beta_n$ 收敛.

注：（1）交错级数的莱布尼茨判别法可以看成狄利克雷判别法的特例，事实上，对交错级数 $\displaystyle\sum_{n=1}^{\infty}(-1)^{n+1}u_n$，令 $a_n=u_n$，$b_n=(-1)^{n+1}$，则 $\{a_n\}$ 单调趋于 0，$\left\{\displaystyle\sum_{i=1}^{n}b_i\right\}$ 有界，由狄利克雷判别法可知，级数 $\displaystyle\sum_{n=1}^{\infty}a_nb_n=\sum_{n=1}^{\infty}(-1)^{n+1}u_n$ 收敛.

（2）阿贝尔判别法可以看成狄利克雷判别法的特例. 事实上，若阿贝尔条件满足，由 $\{a_n\}$ 单调有界得 $\displaystyle\lim_{n\to\infty}a_n=a$，则 $\{a_n-a\}$ 单调趋于 0，$\displaystyle\sum_{n=1}^{\infty}b_n$ 收敛，则 $\left\{\displaystyle\sum_{i=1}^{\infty}b_i\right\}$ 有界，由狄利克雷判别法，则 $\displaystyle\sum_{n=1}^{\infty}(a_n-a)b_n$ 收敛，从而 $\displaystyle\sum_{n=1}^{\infty}a_nb_n$ 收敛.

例 2.7.2　讨论下列级数的敛散性：

（1）$\displaystyle\sum_{n=1}^{\infty}\frac{\sin nx}{n}(\forall x\in\mathbf{R})$；（2）$\displaystyle\sum_{n=1}^{\infty}\frac{(-1)^{n-1}}{\sqrt{n}}\left(1+\frac{1}{n}\right)^n$.

解：（1）设 $a_n=\dfrac{1}{n}$，$b_n=\sin nx$，因为 $\cos\dfrac{x}{2}\sin kx=\dfrac{1}{2}\left(\sin\dfrac{2k+1}{2}x-\sin\dfrac{2k-1}{2}x\right)$，可知

$$2\cos\frac{x}{2}\sum_{k=1}^{n}\sin kx=\sum_{k=1}^{n}\left(\sin\frac{2k+1}{2}x-\sin\frac{2k-1}{2}x\right)=\sin\frac{2n+1}{2}x-\sin\frac{x}{2}.$$

当 $x=k\pi$ 时，$b_n=0$，

当 $x\neq k\pi$ 时，$\left|\displaystyle\sum_{k=1}^{n}b_k\right|=\left|\sum_{k=1}^{n}\sin kx\right|=\left|\dfrac{\sin\dfrac{2n+1}{2}x-\sin\dfrac{x}{2}}{2\cos\dfrac{x}{2}}\right|\leqslant\csc x.$

因此级数 $\displaystyle\sum_{n=1}^{\infty}b_n$ 的部分和数列有界，故满足狄利克雷判别法条件，原级数收敛.

（2）设 $a_n = \left(1 + \dfrac{1}{n}\right)^n$，$b_n = \dfrac{(-1)^{n-1}}{\sqrt{n}}$，根据莱布尼茨判别法，交

错级数 $\displaystyle\sum_{n=1}^{\infty} b_n$ 收敛，又因为数列 $\{a_n\}$ 单调增加有上界，因此根据

阿贝尔判别法，原级数收敛.

2.7.3　绝对收敛与条件收敛

对于任意项级数，下面给出绝对收敛和条件收敛的概念.

定理 2.7.3　（绝对收敛准则）　若级数 $\displaystyle\sum_{n=1}^{\infty} |a_n|$ 收敛，则级数

$\displaystyle\sum_{n=1}^{\infty} a_n$ 收敛.

证明：因为 $0 \leqslant \dfrac{|a_n| \pm a_n}{2} \leqslant |a_n|$，又因为 $\displaystyle\sum_{n=1}^{\infty} |a_n|$ 收敛，根

据比较判别法，正项级数 $\displaystyle\sum_{n=1}^{\infty} \dfrac{|a_n| + a_n}{2}$ 和 $\displaystyle\sum_{n=1}^{\infty} \dfrac{|a_n| - a_n}{2}$ 都收敛，再

由于 $a_n = \dfrac{|a_n| + a_n}{2} - \dfrac{|a_n| - a_n}{2}$，根据收敛级数的线性性质，可知

$\displaystyle\sum_{n=1}^{\infty} a_n$ 收敛.

定义 2.7.2　若 $\displaystyle\sum_{n=1}^{\infty} |a_n|$ 收敛，则称级数 $\displaystyle\sum_{n=1}^{\infty} a_n$ **绝对收敛**. 若

$\displaystyle\sum_{n=1}^{\infty} |a_n|$ 不收敛，但是 $\displaystyle\sum_{n=1}^{\infty} a_n$ 收敛，则称级数 $\displaystyle\sum_{n=1}^{\infty} a_n$ **条件收敛**.

注：（1）若 $\displaystyle\sum_{n=1}^{\infty} a_n$ 收敛时，则级数 $\displaystyle\sum_{n=1}^{\infty} |a_n|$ 不一定收敛，例

如，$\displaystyle\sum_{n=1}^{\infty} \dfrac{(-1)^{n-1}}{n}$.

（2）级数收敛和数列收敛有显著的差异：① "数列"：若数列 $\{a_n\}$ 收敛，数列 $\{|a_n|\}$ 必收敛，但是 $\{|a_n|\}$ 收敛时，$\{a_n\}$ 不一定收敛. ② "级数"：若级数 $\displaystyle\sum_{n=1}^{\infty} |a_n|$ 收敛，级数 $\displaystyle\sum_{n=1}^{\infty} a_n$ 必收敛，但是 $\displaystyle\sum_{n=1}^{\infty} a_n$ 收敛时，$\displaystyle\sum_{n=1}^{\infty} |a_n|$ 不一定收敛.

对于任意项级数的敛散性（绝对收敛、条件收敛、发散），其

判断流程如下：

(1) 使用正项级数的判别法，判断级数 $\sum\limits_{n=1}^{\infty} |a_n|$ 是否收敛；若收敛，则为绝对收敛；若不收敛，考虑第(2)步.

(2) 使用任意项级数的判别法，判断 $\sum\limits_{n=1}^{\infty} a_n$ 是否收敛；若收敛，则为条件收敛；若不收敛，则为发散.

例 2.7.3　讨论级数 $\sum\limits_{n=2}^{\infty} \dfrac{(-1)^n}{\sqrt{n+(-1)^n}}$ 的敛散性.

解：首先考虑正项级数 $\sum\limits_{n=2}^{\infty} \left| \dfrac{(-1)^n}{\sqrt{n+(-1)^n}} \right| = \sum\limits_{n=2}^{\infty} \left| \dfrac{1}{\sqrt{n+(-1)^n}} \right|$，采用比较判别法的极限形式，则

$$\lim_{n \to \infty} \frac{\left| \dfrac{(-1)^n}{\sqrt{n+(-1)^n}} \right|}{\dfrac{1}{\sqrt{n}}} = \lim_{n \to \infty} \frac{\sqrt{n}}{\sqrt{n+(-1)^n}} = 1,$$

由于 $\sum\limits_{n=2}^{\infty} \dfrac{1}{\sqrt{n}}$ 发散，所以原级数非绝对收敛.

接下来考虑任意项级数 $\sum\limits_{n=2}^{\infty} \dfrac{(-1)^n}{\sqrt{n+(-1)^n}}$ 的敛散性，注意到 $\sum\limits_{n=2}^{\infty} \dfrac{(-1)^n}{\sqrt{n+(-1)^n}} = \dfrac{1}{\sqrt{3}} - \dfrac{1}{\sqrt{2}} + \dfrac{1}{\sqrt{5}} - \dfrac{1}{\sqrt{4}} + \cdots$ 虽然是交错级数，但并不满足莱布尼茨判别法的条件. 转而考虑部分和数列，记 $S_{2n+1} = \sum\limits_{k=2}^{2n+1} \dfrac{(-1)^k}{\sqrt{k+(-1)^k}}$，则

$$S_{2n+1} = \sum_{k=2}^{2n+1} \frac{(-1)^k}{\sqrt{k+(-1)^k}}$$

$$= \left(\frac{1}{\sqrt{3}} - \frac{1}{\sqrt{2}} \right) + \left(\frac{1}{\sqrt{5}} - \frac{1}{\sqrt{4}} \right) + \cdots + \left(\frac{1}{\sqrt{2n+1}} - \frac{1}{\sqrt{2n}} \right),$$

又因为 $\left| \dfrac{1}{\sqrt{2n+1}} - \dfrac{1}{\sqrt{2n}} \right| = \dfrac{\sqrt{2n+1} - \sqrt{2n}}{\sqrt{2n+1}\sqrt{2n}} = \dfrac{1}{\sqrt{2n+1}\sqrt{2n}\left(\sqrt{2n+1} + \sqrt{2n} \right)},$

因此可以得到 $\lim\limits_{n \to \infty} \dfrac{\left| \dfrac{1}{\sqrt{2n+1}} - \dfrac{1}{\sqrt{2n}} \right|}{\dfrac{1}{n\sqrt{n}}} = \dfrac{1}{4\sqrt{2}}$，因为 $\sum\limits_{n=1}^{\infty} \dfrac{1}{n\sqrt{n}}$ 收敛，知

$\{S_{2n+1}\}$ 收敛，再由于 $\lim\limits_{n \to \infty} \dfrac{(-1)^n}{\sqrt{n+(-1)^n}} = 0$，知 $\{S_{2n}\}$ 收敛，故无论偶数

列还是奇数列都收敛，所以级数 $\displaystyle\sum_{n=2}^{\infty}\frac{(-1)^n}{\sqrt{n+(-1)^n}}$ 收敛. 综上可得级

数条件收敛.

级数贯穿整个数学分析内容，一些性质可以延伸到求解数列极限中，若发现某一数列复杂，但根据常规又不能解出，不妨将其变成数项级数，看其是否收敛. 而证明数项级数是否收敛可以采用比较判别法、比值判别法、根值判别法、狄利克雷判别法、阿贝尔判别法等. 若 $\displaystyle\sum_{n=1}^{\infty}u_n$ 收敛，则 $\displaystyle\lim_{n\to\infty}u_n=0$，也就求得数列的极限值.

例 2.7.4　求解 $\displaystyle\lim_{n\to\infty}\frac{5^n\cdot n!}{(2n)^n}$.

解：令 $u_n=\dfrac{5^n\cdot n!}{(2n)^n}$，则

$$\frac{u_{n+1}}{u_n}=\frac{\dfrac{5^{n+1}\cdot(n+1)!}{(2(n+1))^{n+1}}}{\dfrac{5^n\cdot n!}{(2n)^n}}=\frac{5}{2}\left(\frac{n}{n+1}\right)^n,$$

所以

$$\lim_{n\to\infty}\frac{u_{n+1}}{u_n}=\lim_{n\to\infty}\frac{5}{2}\left(\frac{1}{1+\dfrac{1}{n}}\right)^n=\frac{5}{2e}<1,$$

于是根据比值判别法的极限形式可知，$\displaystyle\sum_{n=1}^{\infty}u_n=\sum_{n=1}^{\infty}\frac{5^n\cdot n!}{(2n)^n}$ 收敛，由

数项级数收敛性的必要条件可知 $\displaystyle\lim_{n\to\infty}\frac{5^n\cdot n!}{(2n)^n}=0$.

例 2.7.5　求解 $\displaystyle\lim_{n\to\infty}\frac{11\cdot12\cdot13\cdot\cdots\cdot(n+10)}{2\cdot5\cdot8\cdot\cdots\cdot(3n-1)}$.

解：令 $u_n=\dfrac{11\cdot12\cdot13\cdot\cdots\cdot(n+10)}{2\cdot5\cdot8\cdot\cdots\cdot(3n-1)}$，则 $\dfrac{u_{n+1}}{u_n}=\dfrac{n+11}{3n+2}$，

所以

$$\lim_{n\to\infty}\frac{u_{n+1}}{u_n}=\lim_{n\to\infty}\frac{n+11}{3n+2}=\frac{1}{3}<1,$$

于是根据比值判别法的极限形式可知，

$\displaystyle\sum_{n=1}^{\infty}u_n=\sum_{n=1}^{\infty}\frac{11\cdot12\cdot13\cdot\cdots\cdot(n+10)}{2\cdot5\cdot8\cdot\cdots\cdot(3n-1)}$ 收敛，由数项级数收敛性的

必要条件可知 $\displaystyle\lim_{n\to\infty}\frac{11\cdot12\cdot13\cdot\cdots\cdot(n+10)}{2\cdot5\cdot8\cdot\cdots\cdot(3n-1)}=0$.

2.7.4　绝对收敛级数的性质

绝对收敛是更强的一种收敛性，是否具有一些特殊的性质呢？另外，级数作为从有限到无限的延伸，无限项的和式有哪些特殊的操作呢？下面讨论其"交换律"和"分配律".

1. 级数的重排

设 $\sum\limits_{n=1}^{\infty} a_n$ 为一给定级数，若按照一定规则将其中第 n 项 a_n 变成某个第 k_n 项，换句话说，设有正整数数列 $\{1,2,3,\cdots,n,\cdots\}$ 到自身的一个一一映射：$f: n \to f(n) = k_n$，并令 $a'_n = a_{k_n}$，$n = 1$，2，$\cdots$，则新级数 $\sum\limits_{n=1}^{\infty} a'_n$ 称为 $\sum\limits_{n=1}^{\infty} a_n$ 的一个**重排级数**，或**更序级数**.

> **性质 2.7.1　（级数的交换律——重排级数）**　若级数 $\sum\limits_{n=1}^{\infty} a_n$ 绝对收敛，则它的任何一个重排级数也绝对收敛，且重排不改变原级数的和.

证明：首先假设 $\sum\limits_{n=1}^{\infty} a_n$ 为正项级数，设 $S = \sum\limits_{n=1}^{\infty} a_n$，又设 $\sum\limits_{n=1}^{\infty} a'_n$ 是 $\sum\limits_{n=1}^{\infty} a_n$ 的一个重排级数. 设 $S_n = \sum\limits_{n=1}^{n} a_n$，$S'_n = \sum\limits_{n=1}^{n} a'_n$，记 $m = \max\{f(1), f(2), \cdots, f(n)\}$，则 $S'_n \le S_m \le S$，因此 S'_n 有界，从而得到 $\sum\limits_{n=1}^{\infty} a'_n$ 收敛，设 $S' = \sum\limits_{n=1}^{\infty} a'_n$，则上面不等式告诉我们 $S' \le S$，另外，级数 $\sum\limits_{n=1}^{\infty} a_n$ 又可以看作是 $\sum\limits_{n=1}^{\infty} a'_n$ 的一个重排级数，因此，又有 $S \le S'$. 因此，$S = S'$.

其次，若 $\sum\limits_{n=1}^{\infty} a_n$ 是绝对收敛的任意项级数，记 $a_n^+ = \dfrac{|a_n| + a_n}{2}$，$a_n^- = \dfrac{|a_n| - a_n}{2}$，则 $\sum\limits_{n=1}^{\infty} a_n^+$ 和 $\sum\limits_{n=1}^{\infty} a_n^-$ 都是收敛的正项级数，记 $S = \sum\limits_{n=1}^{\infty} a_n$，$S_1 = \sum\limits_{n=1}^{\infty} a_n^+$，$S_2 = \sum\limits_{n=1}^{\infty} a_n^-$，显然有 $S = S_1 - S_2$，根据上面所证，则 $\sum\limits_{n=1}^{\infty} a_n^+$ 和 $\sum\limits_{n=1}^{\infty} a_n^-$ 的重排 $\sum\limits_{n=1}^{\infty} a_n'^+$ 和 $\sum\limits_{n=1}^{\infty} a_n'^-$ 也分别收敛于 S_1，S_2，所以级数 $\sum\limits_{n=1}^{\infty} a'_n = \sum\limits_{n=1}^{\infty} a_n'^+ - \sum\limits_{n=1}^{\infty} a_n'^-$ 绝对收敛，和为 $S = S_1 - S_2$.

注:（1）证明过程表明绝对收敛的级数可以表示为两个收敛的正项级数之差. 此外，可以得到下列充分必要条件，即正项级数收敛等价于任意重排级数收敛也等价于任意加括号级数收敛.

（2）对于条件收敛的级数，上述性质不成立，也就是说，只有条件收敛的级数才会经过重排改变其和（事实上，条件收敛的级数经过适当重排后，可以收敛于任意实数或 $\pm\infty$）.

例如，级数 $S=\sum_{n=1}^{\infty}\dfrac{(-1)^{n-1}}{n}$，考虑其重排级数：$1+\dfrac{1}{3}-\dfrac{1}{2}+\dfrac{1}{5}+\dfrac{1}{7}-$

$\dfrac{1}{4}+\cdots$，级数 $\sum_{n=1}^{\infty}\dfrac{(-1)^{n-1}}{n}=1-\dfrac{1}{2}+\dfrac{1}{3}-\dfrac{1}{4}+\dfrac{1}{5}-\dfrac{1}{6}+\cdots$ 与 $\dfrac{1}{2}\sum_{n=1}^{\infty}\dfrac{(-1)^{n-1}}{n}=$

$\dfrac{1}{2}-\dfrac{1}{4}+\dfrac{1}{6}-\dfrac{1}{8}+\cdots$，相加后与上述重排级数一样，因此 $1+\dfrac{1}{3}-\dfrac{1}{2}+$

$\dfrac{1}{5}+\dfrac{1}{7}-\dfrac{1}{4}+\cdots=S+\dfrac{1}{2}S=\dfrac{3}{2}S$，与原级数的和不相等.

2. 级数的乘法

两个级数如何定义乘积呢? 下面介绍级数的乘法.

两个级数 $\sum_{n=1}^{\infty}a_n$ 和 $\sum_{n=1}^{\infty}b_n$ 的乘积的所有项可以记作 $\{a_ib_j\}_{i,j=1}^{\infty}$，这些项可以按照不同方式排成级数，最常用的有正方形顺序和对角线顺序. 所谓正方形顺序，即为

$$a_1b_1+a_1b_2+a_2b_2+a_2b_1+a_1b_3+a_2b_3+a_3b_3+a_3b_2+a_3b_1+\cdots.$$

如图 2-2a 所示.

所谓对角线顺序，即为

$a_1b_1+a_1b_2+a_2b_1+a_1b_3+a_2b_2+a_3b_1+\cdots$，也叫作柯西乘积. 如图 2-2b 所示.

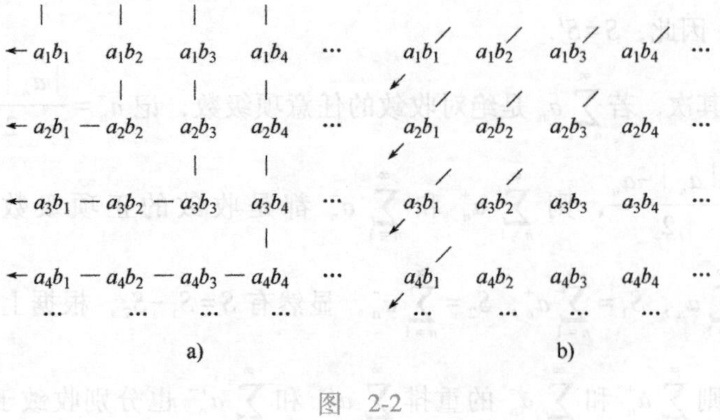

图 2-2

总之，两个级数乘积的项，有许多方法排列其次序.

性质 2.7.2　（级数的乘积——分配律，柯西定理）　若两个级数 $\sum\limits_{n=1}^{\infty} a_n$ 和 $\sum\limits_{n=1}^{\infty} b_n$ 都绝对收敛，和分别为 S，T，则 $\{a_i b_j\}_{i,j=1}^{\infty}$ 的所有级数项按照任意顺序排列所得的新的级数 $\sum\limits_{n=1}^{\infty} c_n = \sum\limits_{i \geqslant 1,\ j \geqslant 1} a_i b_j$ 也绝对收敛，且和为 ST.

证明：首先考虑 $\{a_i b_j\}_{i,j=1}^{\infty}$ 组成的级数在某一排列下构成的级数 $\sum\limits_{k=1}^{\infty} |a_{i_k} b_{j_k}|$ 收敛，事实上，有

$$\sum_{k=1}^{n} |a_{i_k} b_{j_k}| \leqslant \sum_{k=1}^{N} |a_k| \cdot \sum_{k=1}^{M} |b_k| \leqslant \sum_{k=1}^{\infty} |a_k| \cdot \sum_{k=1}^{\infty} |b_k|,$$

其中 $N = \max\{i_1, \cdots, i_n\}$，$M = \max\{j_1, \cdots, j_n\}$，这表明正项级数 $\sum\limits_{k=1}^{\infty} |a_{i_k} b_{j_k}|$ 的部分和有界，从而级数绝对收敛.

对于绝对收敛的级数，按任意顺序排列所得的级数 $\sum\limits_{n=1}^{\infty} c_n$ 的和都相等，若采用正方形顺序，并每一层加上括号，则前 n 个括号之和正好为 $\sum\limits_{n=1}^{\infty} a_n$ 和 $\sum\limits_{n=1}^{\infty} b_n$ 的前 n 项之积，故 $\sum\limits_{n=1}^{\infty} c_n = ST$.

习题 2.7

1. 下列级数是否收敛？若收敛，是绝对收敛还是条件收敛？

(1) $\sum\limits_{n=1}^{\infty} (-1)^n \dfrac{n}{3^{n-1}}$；　　(2) $\sum\limits_{n=1}^{\infty} \dfrac{\sin na}{(n+1)^2}$；

(3) $\sum\limits_{n=1}^{\infty} \dfrac{(-1)^n}{na^n} (a>0)$；　　(4) $\sum\limits_{n=2}^{\infty} \sin\left(n\pi + \dfrac{1}{\ln n}\right)$；

(5) $\sum\limits_{n=1}^{\infty} \dfrac{(-1)^{n-1}}{[n+(-1)^n]^p} (p>0)$；

(6) $\sum\limits_{n=1}^{\infty} (-1)^n \dfrac{1}{3^n + \ln n}$；

(7) $1 + \dfrac{1}{2} - \dfrac{1}{3} + \dfrac{1}{4} + \dfrac{1}{5} - \dfrac{1}{6} + \cdots$；

(8) $\sum\limits_{n=1}^{\infty} \dfrac{(-1)^n}{n^{1+\frac{1}{n}}}$.

2. 用阿贝尔判别法或者狄利克雷判别法判别下列级数的敛散性：

(1) $\sum\limits_{n=1}^{\infty} (-1)^n \dfrac{\cos^2 n}{n}$；

(2) $\sum\limits_{n=1}^{\infty} \dfrac{\sin nx}{n^\alpha} (x \in (0, 2\pi),\ \alpha > 0)$；

(3) $\sum\limits_{n=2}^{\infty} \dfrac{\sin \frac{n\pi}{12}}{\ln n}$；

(4) $\sum\limits_{n=1}^{\infty} \dfrac{\cos nx}{n} (x \in (0, 2\pi))$.

3. 讨论级数 $\dfrac{1}{1^p} - \dfrac{1}{2^q} + \dfrac{1}{3^p} - \dfrac{1}{4^q} + \cdots + \dfrac{1}{(2n-1)^p} - \dfrac{1}{(2n)^q} + \cdots (p, q > 0)$ 的敛散性.

4. $\sum\limits_{n=1}^{\infty} \dfrac{a_n}{n^x}$ 称为狄利克雷级数，证明：若 $\sum\limits_{n=1}^{\infty} \dfrac{a_n}{n^{x_0}}$ 收敛（发散），则当 $x > x_0 (x < x_0)$ 时，$\sum\limits_{n=1}^{\infty} \dfrac{a_n}{n^x}$ 也收敛（发散）.

第 3 章
函数极限与连续函数

本章首先介绍函数极限的概念及其性质，接着介绍函数连续的概念，并讨论函数列的连续性等问题.

3.1 函数极限

3.1.1 函数极限的定义

我们在第 2 章讨论了数列 $\{x_n\}$ 的极限，其中自变量 n 是自然数，它只有一种变化趋势 $n \to +\infty$. 数列可以看作一种特殊的函数，从数列的极限可以推广到函数 $y=f(x)$ 的极限，相比于数列极限，函数的自变量 x 则可能有多个变化过程，例如它可以趋于某个数 x_0，也可以趋于 x_0^+，x_0^-，∞，$+\infty$，$-\infty$，即函数的自变量共有 6 种变化趋势，而因变量 $f(x)$ 的变化有 $f(x) \to A$，∞，$+\infty$，$-\infty$ 共 4 种，因此，函数极限一共有 24 种. 下面先讨论 $x \to x_0$ 时函数 $y = f(x)$ 的极限的定义.

1. $x \to x_0$ 时函数的极限

我们假定 $y=f(x)$ 在一点 x_0 的去心邻域 $\mathring{U}(x_0, r)$ 内有定义，这里所说的去心邻域是一个以 x_0 为中心的区间 (x_0-r, x_0+r) 再挖去点 x_0，这就是说，函数极限并不要求 $y=f(x)$ 在点 x_0 有定义，换一句话强调就是，函数极限与函数在点 x_0 是否有定义没有关系，而只要求它在点 x_0 的附近有定义. 我们要考虑当 x 充分接近 x_0(但不达到 x_0)时，函数 $y=f(x)$ 值的变化趋势，假如当 x 充分接近 x_0 时，函数值无限接近于一个固定常数，那么称这个固定的常数为函数 $y=f(x)$ 在 $x \to x_0$ 时的极限. 我们先从直观上看一个例子.

当 $x \to 0$ 时，$\dfrac{\sin x}{x}$ 的值越来越接近 1，必须注意，在 x 趋于 0 的过程中，我们不取 $x=0 \left(\text{事实上，当 } x=0 \text{ 时，函数 } \dfrac{\sin x}{x} \text{ 没有意义}\right)$.

我们当前关心的是在 x 趋于 0 的过程中，函数 $y=\dfrac{\sin x}{x}$ 的变化趋势，而对函数在 $x=0$ 处是否有意义，如果有意义的话取值为多少之类的问题，我们都不感兴趣. 下面给出 $x\to x_0$ 时的函数极限的严格定义.

> **定义 3.1.1**　设函数 $y=f(x)$ 在点 x_0 的某个去心邻域 $\mathring{U}(x_0,r)$ 内有定义，即存在 $\mathring{U}(x_0,r)\subseteq D_f$，如果存在实数 $A\in\mathbf{R}$，则对任意给定的 $\varepsilon>0$，可以找到一个正数 $\delta>0(\delta<r)$，使得当 $0<|x-x_0|<\delta$ 时，成立 $|f(x)-A|<\varepsilon$. 则称当 x 趋于 x_0 时，函数 $y=f(x)$ 在点 x_0 以 A 为极限，记为 $\lim\limits_{x\to x_0}f(x)=A$，或者 $f(x)\to A(x\to x_0)$. 如果不存在具有上述性质的实数 A，则称函数 $y=f(x)$ 在点 x_0 的极限不存在或没有极限. 上述函数极限的定义可利用符号表述为
>
> $$\lim_{x\to x_0}f(x)=A\Leftrightarrow\forall\,\varepsilon>0,\ \exists\,\delta>0,\ \forall\,x(0<|x-x_0|<\delta):|f(x)-A|<\varepsilon.$$

以上定义称作函数极限的"ε-δ"语言，跟数列极限的情况类似，ε 既是任意的，又是给定的. 一方面，只有当 ε 给定时，才能确定存在的正数 δ（δ 是由 ε 决定的），我们用 δ 来描述自变量 x 与 x_0 的接近的程度；另一方面，由于 ε 既是任意的，又是足够小的，要多小有多小，我们用它来描述函数值 $f(x)$ 与极限值 A 的接近的程度. 极限的"ε-δ"语言的含义是 $f(x)$ 与 A 的距离可以小到任意给定的程度，只要 x 与 x_0 的距离小到某种程度.

　　下面我们举例说明如何应用"ε-δ"语言来验证这种类型函数的极限. 请读者特别注意以下例子中 δ 值的确定，这是关键，这一关键点跟数列极限"ε-N"语言中 N 的确定是类似的.

例 3.1.1　用"ε-δ"定义语言验证下列函数极限：

（1）$\lim\limits_{x\to x_0}\sin x=\sin x_0$；（2）$\lim\limits_{x\to0}\dfrac{\sqrt{1+x}-1}{x}=\dfrac{1}{2}$.

　　解：（1）由于 $|\sin x-\sin x_0|=\left|2\cos\dfrac{x+x_0}{2}\sin\dfrac{x-x_0}{2}\right|\leqslant|x-x_0|<\varepsilon$

$\left(\text{注意到}\left|\sin\dfrac{x-x_0}{2}\right|\leqslant\left|\dfrac{x-x_0}{2}\right|\right)$. 因此，对任意的 $\varepsilon>0$，取 $\delta=\varepsilon$，则当 $0<|x-x_0|<\delta$ 时，有 $|\sin x-\sin x_0|<\varepsilon$，于是 $\lim\limits_{x\to x_0}\sin x=\sin x_0$.

　　（2）由于 $\left|\dfrac{\sqrt{1+x}-1}{x}-\dfrac{1}{2}\right|=\dfrac{1}{2}\dfrac{|x|}{(\sqrt{1+x}+1)^2}\leqslant\dfrac{1}{2}|x|\ (x\neq0)$，因

此, 对于任意给定的 $\varepsilon>0$, 取 $\delta=2\varepsilon$, 只要 $0<|x-0|<\delta$, 则有

$$\left|\frac{\sqrt{1+x}-1}{x}-\frac{1}{2}\right|<\varepsilon.$$

通过以上举例, 读者对函数极限的"ε-δ"定义总结体会如下:

(1) 定义中的正数 δ, 相当于数列极限"ε-N"语言中的 N, 它通过 ε 来确定, 但也不是唯一的. 一般来说, ε 越小, δ 也相应地要小一些, 而且把 δ 取得更小些也无妨. 同样, 对任意给定的 $\varepsilon>0$, 正数 δ 并不要求取最大的或最佳的值, 所以对具体的函数极限问题, 常常采用与数列极限证明时类似的适度放大技巧, 然后根据放大后的表达式, 由 ε 确定 δ, 为了得到这一点, 适度放大的表达式中要含有 $|x-x_0|$ 的因子.

(2) 定义中只要求函数 f 在点 x_0 的某一去心邻域内有定义, 而一般不考虑函数 f 在点 x_0 处的函数值是否有定义, 或者取什么值, 这是因为, 对于函数极限我们所研究的是当 x 趋于 x_0 过程中函数值的变化趋势.

2. 单侧极限

有些函数在其定义域上某些点的左侧与右侧的解析表达式不同(如分段函数), 或者函数在某些点仅仅在其某一侧有定义(如在定义区间端点处), 这时函数在这些点上的极限只能给出单侧的定义. 同样, 在函数极限的定义中, 自变量 x 可以按任意的方式趋于 x_0. 但有时候, $f(x)$ 只在 x_0 的一侧(左侧或右侧)有定义, 或者需要分别研究 $f(x)$ 在点 x_0 两侧的性态, 这就有必要引入单侧极限的概念.

> **定义 3.1.2** 设函数 $f(x)$ 在 (x_0-r,x_0) 有定义. 如果存在实数 B, 对于任意给定的 $\varepsilon>0$, 可以找到 $\delta>0$, 使得当 $-\delta<x-x_0<0$ 时, 成立 $|f(x)-B|<\varepsilon$, 则称 B 是函数 $f(x)$ 在点 x_0 的左极限, 记为
> $$\lim_{x\to x_0^-}f(x)=\lim_{x\to x_0-0}f(x)=f(x_0^-)=B.$$

类似地, 如果函数 $f(x)$ 在 (x_0,x_0+r) 有定义. 如果存在实数 C, 对于任意给定的 $\varepsilon>0$, 可以找到 $\delta>0$, 使得当 $0<x-x_0<\delta$ 时, 成立 $|f(x)-C|<\varepsilon$, 则称 C 是函数 $f(x)$ 在点 x_0 的右极限, 记为 $\lim_{x\to x_0^+}f(x)=\lim_{x\to x_0+0}f(x)=f(x_0^+)=C$.

例 3.1.2 求 $\lim_{x\to1^+}[x]$ 和 $\lim_{x\to1^-}[x]$.

解: 因为 $y=[x]=\begin{cases}1, & 1\leqslant x<2,\\ 0, & 0<x<1,\end{cases}$ 所以 $\lim_{x\to1^+}[x]=1$, $\lim_{x\to1^-}[x]=0$.

例 3.1.3

$$求 \lim_{x \to 1} f(x) = 1，其中 f(x) = \begin{cases} \dfrac{x^2 + x - 2}{2x^2 - x - 1}, & x < 1, \\ \\ e^{x-1}, & x > 1. \end{cases}$$

解：当 $x < 1$ 时，对任意的 $0 < \varepsilon < 1$，取 $\delta = \varepsilon$，当 $1 - \delta < x < 1$ 时，有 $0 < x < 2$，于是 $2x + 1 > 1$，于是 $\left| \dfrac{x^2 + x - 2}{2x^2 - x - 1} - 1 \right| = \left| \dfrac{x + 2}{2x + 1} - 1 \right| = \dfrac{|x-1|}{|2x+1|} < |x-1| < \varepsilon$，故 $\lim\limits_{x \to 1^-} f(x) = 1$.

当 $x > 1$ 时，对任意的 $\varepsilon > 0$，取 $\delta = \ln(1 + \varepsilon)$，当 $1 < x < 1 + \delta$ 时，有 $0 < e^{x-1} - 1 < e^{\ln(1+\varepsilon)} - 1 = \varepsilon$，故 $\lim\limits_{x \to 1^+} f(x) = 1$. 综上，可得 $\lim\limits_{x \to 1} f(x) = 1$.

命题 3.1.1　设 $f(x)$ 在 x_0 的一个去心邻域内有定义，则 $\lim\limits_{x \to x_0} f(x) = A$ 的充分必要条件是

$$\lim_{x \to x_0^+} f(x) = \lim_{x \to x_0^-} f(x) = A.$$

也就是说：函数 $f(x)$ 在点 x_0 存在极限的充分必要条件是 $f(x)$ 在点 x_0 的左极限与右极限都存在并且相等.

证明："$\Rightarrow$" 设 $\lim\limits_{x \to x_0} f(x) = A$，根据定义，$\forall \varepsilon > 0$，$\exists \delta > 0$，当 $0 < |x - x_0| < \delta$ 时，$|f(x) - A| < \varepsilon$. 事实上，又可以写成：只要 $0 < x - x_0 < \delta$，$|f(x) - A| < \varepsilon$；只要 $-\delta < x - x_0 < 0$，$|f(x) - A| < \varepsilon$，则 $\lim\limits_{x \to x_0^+} f(x) = \lim\limits_{x \to x_0^-} f(x) = A$.

"$\Leftarrow$" 假设 $\lim\limits_{x \to x_0^+} f(x) = \lim\limits_{x \to x_0^-} f(x) = A$，根据左右极限的定义，分别有：$\forall \varepsilon > 0$，$\exists \delta_1 > 0$，当 $0 < x - x_0 < \delta_1$ 时，$|f(x) - A| < \varepsilon$；又 $\exists \delta_2 > 0$，当 $-\delta_2 < x - x_0 < 0$ 时，$|f(x) - A| < \varepsilon$，取 $\delta = \min\{\delta_1, \delta_2\} > 0$，则当 $0 < |x - x_0| < \delta$ 时，$|f(x) - A| < \varepsilon$.

从而 $\lim\limits_{x \to x_0} f(x) = A$.

3. 函数极限定义的扩充

如前所述，函数极限定义共有 24 种，本节前面函数极限只是对 $\lim\limits_{x \to x_0} f(x) = A$，$\lim\limits_{x \to x_0^+} f(x) = B$，$\lim\limits_{x \to x_0^-} f(x) = C$ 三种极限给出的，但实际上，自变量的极限过程有 6 种情况：$x \to x_0$，x_0^+，x_0^-，∞，$+\infty$，$-\infty$，而因变量即函数值 $f(x)$ 的极限有 4 种情况：$f(x) \to A$，∞，$+\infty$，$-\infty$. 仔细分析一下函数极限的定义，以 $\lim\limits_{x \to x_0} f(x) = A$ 的定义为例，可以发现定义包含了两个方面：自变量 x 和因变量 $f(x)$："$\forall \varepsilon > 0$，$\cdots$：$|f(x) - A| < \varepsilon$" 描述的是函数值的极限情况 "$f(x) \to A$"；而 "$\cdots$，$\exists \delta > 0$，$\forall x(0 < |x - x_0| < \delta)$：$\cdots$" 描述的是自变量的极

限过程"$x \to x_0$". 而对于上述四种函数值的极限情况和六种自变量的极限过程, 分别有相应的表述方式如下:

"$f(x) \to A$(有限数)": " $\forall \varepsilon > 0$, $\cdots$: $|f(x) - A| < \varepsilon$";

　　"$f(x) \to \infty$": " $\forall G > 0$, $\cdots$: $|f(x)| > G$";

　　"$f(x) \to +\infty$": " $\forall G > 0$, $\cdots$: $f(x) > G$";

　　"$f(x) \to -\infty$": " $\forall G > 0$, $\cdots$: $f(x) < -G$";

以及

　　"$x \to x_0$": "$\cdots$, $\exists \delta > 0$, $\forall x(0 < |x - x_0| < \delta)$: $\cdots$";

　　"$x \to x_0^+$": "$\cdots$, $\exists \delta > 0$, $\forall x(0 < x - x_0 < \delta)$: $\cdots$";

　　"$x \to x_0^-$": "$\cdots$, $\exists \delta > 0$, $\forall x(-\delta < x - x_0 < 0)$: $\cdots$";

　　"$x \to \infty$": "$\cdots$, $\exists M > 0$, $\forall x(|x| > M)$: $\cdots$";

　　"$x \to +\infty$": "$\cdots$, $\exists M > 0$, $\forall x(x > M)$: $\cdots$";

　　"$x \to -\infty$": "$\cdots$, $\exists M > 0$, $\forall x(x < -M)$: $\cdots$".

理解了这一点, 读者就不难举一反三, 对任何一种函数极限立即写出相应的定义. 例如: $\lim\limits_{x \to x_0^+} f(x) = \infty$ 定义为 $\forall G > 0$, $\exists \delta > 0$, $\forall x(0 < x - x_0 < \delta)$: $|f(x)| > G$.

例 3.1.4　　证明: $\lim\limits_{x \to \infty} x \sin^2 \dfrac{1}{x} = 0$.

证明: 当 $x \neq 0$ 时, 利用基本不等式, 得 $\left| x \sin^2 \dfrac{1}{x} \right| = \left| \dfrac{\sin \dfrac{1}{x}}{\dfrac{1}{x}} \right|$

$\left| \sin \dfrac{1}{x} \right| \leqslant \dfrac{1}{|x|}$.

$\forall \varepsilon > 0$, 取 $M = \dfrac{1}{\varepsilon}$, 当 $|x| > M$ 时, $\left| x \sin^2 \dfrac{1}{x} - 0 \right| \leqslant \dfrac{1}{|x|} < \varepsilon$, 则 $\lim\limits_{x \to \infty}$

$x \sin^2 \dfrac{1}{x} = 0$.

命题 3.1.2　　设 $\lim\limits_{x \to \infty} f(x) = l$, 则 $\lim\limits_{y \to 0} f\left(\dfrac{1}{y} \right) = l$, 反之亦然.

证明: "$\Rightarrow$" 设 $\lim\limits_{x \to \infty} f(x) = l$, 根据定义, $\forall \varepsilon > 0$, $\exists M > 0$, 当 $|x| > M$时, $|f(x) - l| < \varepsilon$. 取 $\delta = \dfrac{1}{M}$, 当 $0 < |y - 0| < \delta$ 时, $\left| \dfrac{1}{y} \right| > \dfrac{1}{\delta} = M$, 则 $\left| f\left(\dfrac{1}{y} \right) - l \right| < \varepsilon$, 即得 $\lim\limits_{y \to 0} f\left(\dfrac{1}{y} \right) = l$. "$\Leftarrow$" 设 $\lim\limits_{y \to 0} f\left(\dfrac{1}{y} \right) = l$, 根据定义, $\forall \varepsilon > 0$, $\exists \delta > 0$, 当 $0 < |y - 0| < \delta$ 时, $\left| f\left(\dfrac{1}{y} \right) - l \right| < \varepsilon$.

取 $M=\dfrac{1}{\delta}>0$，则当 $|x|>M$ 时，$0<\left|\dfrac{1}{x}-0\right|<\dfrac{1}{M}=\delta$，记 $y=\dfrac{1}{x}$，而 $x=$

$\dfrac{1}{y}$，则 $|f(x)-l|=\left|f\left(\dfrac{1}{y}\right)-l\right|<\varepsilon.$ 从而 $\lim\limits_{x\to\infty}f(x)=l.$

命题 3.1.3　$\lim\limits_{x\to\infty}f(x)=l$ 的充分必要条件是 $\lim\limits_{x\to+\infty}f(x)=\lim\limits_{x\to-\infty}f(x)=l.$

命题 3.1.4　设 $\lim\limits_{x\to+\infty}f(x)=l\ (\lim\limits_{x\to-\infty}f(x)=l)$，则 $\lim\limits_{y\to0^+}f\left(\dfrac{1}{y}\right)=l\ \left(\lim\limits_{y\to0^-}f\left(\dfrac{1}{y}\right)=l\right)$，反之亦然.

命题 3.1.5　$\lim\limits_{x\to u}f(x)=\infty$ 的充分必要条件是 $\lim\limits_{x\to u}\dfrac{1}{f(x)}=0.$

注意　这里的 $x\to u$ 可以是 $x\to x_0$，$x\to x_0^+$，$x\to x_0^-$，$x\to\infty$，$x\to+\infty$，$x\to-\infty$ 中的任意一种.

4. 函数的上下极限

设函数 $y=f(x)$ 在点 x_0 的一个去心邻域内有定义，设函数 $y=f(x)$ 为有界函数，令 $A_\delta=\sup\{f(x):0<|x-x_0|<\delta\}$，$B_\delta=\inf\{f(x):0<|x-x_0|<\delta\}$，那么随着 δ 减小，A_δ 递减，B_δ 递增. 这样，极限 $\bar{l}=\lim\limits_{\delta\to0}A_\delta$，$\underline{l}=\lim\limits_{\delta\to0}B_\delta$ 都存在，我们将极限 $\bar{l}=\lim\limits_{\delta\to0}A_\delta=\lim\limits_{\delta\to0}\sup\{f(x):0<|x-x_0|<\delta\}$ 称作 $x\to x_0$ 时 $y=f(x)$ 的上极限，记作 $\varlimsup\limits_{x\to x_0}f(x)$；将极限 $\underline{l}=\lim\limits_{\delta\to0}B_\delta=\lim\limits_{\delta\to0}\inf\{f(x):0<|x-x_0|<\delta\}$ 称作 $x\to x_0$ 时 $y=f(x)$ 的下极限，记作 $\varliminf\limits_{x\to x_0}f(x)$. 显然，对有界函数而言，上下极限总是存在的，且下极限小于或等于上极限.

定理 3.1.1　函数极限存在的充分必要条件是上极限等于下极限. 即

$$\lim_{x\to x_0}f(x)=A\Leftrightarrow\varlimsup_{x\to x_0}f(x)=\varliminf_{x\to x_0}f(x)=A.$$

证明从略.

3.1.2　函数极限的性质

本部分列出的函数极限的性质对于各种类型的极限都是成立

的，并且函数极限的许多性质及其证明方法都与数列极限有类似之处，请读者仔细领会，统一掌握，并注意区别它们不同的地方.

1. 极限的唯一性

定理 3.1.2　若 $\lim f(x)$ 存在，则极限值一定唯一.

证明：设 $\lim f(x)=A$ 以及 $\lim f(x)=B$，只需要证 $A=B$. 对任意的 $\varepsilon>0$，由 $\lim f(x)=A$，可知存在某去心邻域 $\mathring{U}_1$，当 $x\in\mathring{U}_1$ 时有 $|f(x)-A|<\varepsilon$；由 $\lim f(x)=B$，可知存在某去心邻域 $\mathring{U}_2$，当 $x\in\mathring{U}_2$ 时有 $|f(x)-B|<\varepsilon$，于是当 $x\in\mathring{U}_1\cap\mathring{U}_2$ 时，$|A-B|=|A-f(x)+f(x)-B|\leqslant|f(x)-A|+|f(x)-B|<2\varepsilon$，由 $\varepsilon>0$ 的任意性，可得 $A=B$.

2. 局部有界性

定理 3.1.3　若 $\lim f(x)$ 存在，则 $f(x)$ 在该极限过程中的某去心邻域 $\mathring{U}$ 内有界.

证明：不妨设 $\lim f(x)=A$，取 $\varepsilon=1$，则存在某去心邻域 $\mathring{U}$，当 $x\in\mathring{U}$ 时，$|f(x)-A|<1\Rightarrow|f(x)|<1+|A|$，所以 $f(x)$ 在该极限过程中的某去心邻域 $\mathring{U}$ 内有界.

注：这里函数的有界是局部的，例如，$\lim\limits_{x\to-\infty}e^x=0$，则 e^x 在 $(-\infty,-M)$ 内有界，但是在 $(-\infty,+\infty)$ 内无界.

3. 局部保序性

定理 3.1.4　若 $\lim\limits_{x\to a}f(x)=l_1$，$\lim\limits_{x\to a}g(x)=l_2$，且 $l_1>l_2$，则存在 $\delta>0$，当 $0<|x-a|<\delta$ 时，使得 $f(x)>g(x)$.

证明：对 $\varepsilon=\dfrac{l_1-l_2}{2}>0$，由 $\lim\limits_{x\to a}f(x)=l_1$，$\exists\delta_1>0$，当 $0<|x-a|<\delta_1$ 时，$|f(x)-l_1|<\varepsilon$，$f(x)>l_1-\varepsilon=\dfrac{l_1+l_2}{2}$. 又由 $\lim\limits_{x\to a}g(x)=l_2$，$\exists\delta_2>0$，当 $0<|x-a|<\delta_2$ 时，$|g(x)-l_2|<\varepsilon$，$g(x)<l_2+\varepsilon=\dfrac{l_1+l_2}{2}$，取 $\delta=\min\{\delta_1,\delta_2\}$，则当 $0<|x-a|<\delta$ 时，$f(x)>\dfrac{l_1+l_2}{2}>g(x)$.

推论 3.1.1　若 $\lim\limits_{x\to a}f(x)=l>0$，则存在 $\delta>0$，当 $0<|x-a|<\delta$ 时，使得 $f(x)>\dfrac{l}{2}$.

推论 3.1.2 若 $\lim\limits_{x \to a} f(x) = l < 0$，则存在 $\delta > 0$，当 $0 < |x-a| < \delta$ 时，使得 $f(x) < \dfrac{l}{2}$.

推论 3.1.3 若 $\lim\limits_{x \to a} f(x) = |l| > 0$，则存在 $\delta > 0$，当 $0 < |x-a| < \delta$ 时，使得 $f(x) > \dfrac{|l|}{2}$.

定理 3.1.5 若 $f(x) \leqslant g(x)$，$x \in \mathring{U}(a, r)$ 时，且 $\lim\limits_{x \to a} f(x) = l_1$，$\lim\limits_{x \to a} g(x) = l_2$，则 $l_1 \leqslant l_2$.

思考：若将条件"$f(x) \leqslant g(x)$"改为"$f(x) < g(x)$"，能否推出 "$l_1 < l_2$"？（证明从略）

4. 夹逼性（夹逼定理）

定理 3.1.6 设 $y = f(x)$，$y = g(x)$ 和 $y = h(x)$ 在 $I = (a-r, a+r) \setminus \{a\}$ 上有定义，且 $h(x) \leqslant f(x) \leqslant g(x)$，若 $\lim\limits_{x \to a} g(x) = \lim\limits_{x \to a} h(x) = l$，则当 $x \to a$ 时，$y = f(x)$ 有极限，且 $\lim\limits_{x \to a} f(x) = l$.

证明：$\forall \varepsilon > 0$，由 $\lim\limits_{x \to a} g(x) = l$，$\exists \delta_1 > 0$，当 $0 < |x-a| < \delta_1$ 时，$|g(x) - l| < \varepsilon$，$g(x) < l + \varepsilon$. 再由 $\lim\limits_{x \to a} h(x) = l$，$\exists \delta_2 > 0$，当 $0 < |x-a| < \delta_2$ 时，$|h(x) - l| < \varepsilon$，$h(x) > l - \varepsilon$.

取 $\delta = \min\{\delta_1, \delta_2\}$，当 $0 < |x-a| < \delta$ 时，$l - \varepsilon < h(x) \leqslant f(x) \leqslant g(x) < l + \varepsilon$，即 $|f(x) - l| < \varepsilon$，从而 $\lim\limits_{x \to a} f(x) = l$.

例 3.1.5 证明：$\lim\limits_{x \to +\infty} \dfrac{[x]}{x} = 1$.

证明：对任意的实数，$[x] \leqslant x < [x] + 1$，则 $x - 1 < [x] \leqslant x$，$\forall x > 0$，$1 - \dfrac{1}{x} < \dfrac{[x]}{x} \leqslant 1$，而 $\lim\limits_{x \to +\infty} \left(1 - \dfrac{1}{x}\right) = 1$，利用夹逼定理，$\lim\limits_{x \to +\infty} \dfrac{[x]}{x} = 1$.

5. 函数极限的四则运算性质

定理 3.1.7 若 $y = f(x)$，$y = g(x)$ 在 a 的一个去心邻域内有定义，且 $\lim\limits_{x \to a} f(x) = A$，$\lim\limits_{x \to a} g(x) = B$，则有：

(1) $\lim_{x \to a}(f(x) \pm g(x)) = A \pm B$;

(2) $\lim_{x \to a}(f(x)g(x)) = AB$;

(3) 当 $B \neq 0$ 时，$\lim_{x \to a}\dfrac{f(x)}{g(x)} = \dfrac{A}{B}$.

（证明略）

例 3.1.6　求 $\lim\limits_{x \to \infty}\dfrac{x^4 + x^2 + 1}{(x+1)^4}$.

解：$\lim\limits_{x \to \infty}\dfrac{x^4 + x^2 + 1}{(x+1)^4} = \lim\limits_{x \to \infty}\dfrac{1 + \dfrac{1}{x^2} + \dfrac{1}{x^4}}{\left(1 + \dfrac{1}{x}\right)^4} = 1$.

关于函数极限的性质做以下说明：

（1）关于函数极限的性质，例如局部保序性与夹逼定理，只有函数极限为有限数、$+\infty$，$-\infty$ 才成立，需要排除极限是未定号无穷大的情况，这是因为此时无法将 ∞ 与任意有限数比较大小.

（2）函数极限的四则运算，只要不是待定型，如 $\infty \pm \infty$，$(+\infty) - (+\infty)$，$(+\infty) + (-\infty)$，$0 \cdot \infty$，$\dfrac{0}{0}$，$\dfrac{\infty}{\infty}$ 等，四则运算性质总是成立的.

3.1.3　函数极限存在的条件

与讨论数列极限存在的条件一样，下面的定理只对自变量趋势 $x \to a$ 情况的函数极限进行论述，但其结论对其他各种类型的函数极限均成立.

1. 定理：海涅（Heine）定理（归结原则）函数极限与数列极限的关系

定理 3.1.8　设 $y = f(x)$ 在点 a 的一个去心邻域 $\mathring{U}(a,r)$ 内有定义，则 $\lim\limits_{x \to a}f(x) = l$ 的充分必要条件是：对 $\mathring{U}(a,r)$ 中任意一个以 a 为极限的数列 $\{x_n\}$（即 $\lim\limits_{n \to \infty}x_n = a$，$x_n \neq a$，$n = 1, 2, \cdots$），相应的函数值数列 $\{f(x_n)\}$，都有 $\lim\limits_{n \to \infty}f(x_n) = l$.

在证明之前，首先思考一下极限的反面叙述：当 $x \to a$ 时，$f(x)$ 不以 l 为极限，事实上就是把对应的"$\forall$"换成"$\exists$"，而"$\exists$"换成"$\forall$".

证明："$\Rightarrow$"设 $\lim\limits_{x \to a}f(x) = l$，$\{x_n\}$ 是 $\mathring{U}(a,r)$ 中任意一个以 a 为极限的数列.

由$\lim_{x \to a} f(x) = l$，对 $\forall \varepsilon > 0$，$\exists \delta > 0$，当 $0 < |x-a| < \delta$ 时，有 $|f(x) - l| < \varepsilon$，又由$\lim_{n \to \infty} x_n = a$，对上述的 $\delta > 0$，$\exists N$，当 $n > N$ 时，$0 < |x_n - a| < \delta$（注意 $x_n \neq a$），则 $|f(x_n) - l| < \varepsilon$，即$\lim_{n \to \infty} f(x_n) = l$.

"$\Leftarrow$"用反证法，假设当 $x \to a$ 时，$y = f(x)$ 不以 l 为极限，$\exists \varepsilon_0 > 0$，$\forall \delta > 0$，存在 x_δ，满足 $0 < |x_\delta - a| < \delta$，且 $|f(x_\delta) - l| \geqslant \varepsilon_0$.

由于 δ 的任意性，我们对任意的正整数 n，分别令 $\delta = \dfrac{1}{n}$，记相应得到的 x_{δ_n} 为 x_n，则数列 $\{x_n\}$ 满足 $0 < |x_n - a| < \dfrac{1}{n}$，且 $|f(x_n) - l| \geqslant \varepsilon_0$，于是$\lim_{n \to \infty} x_n = a$，且 $x_n \neq a$，$n = 1$，2，$\cdots$，还得到函数值数列 $\{f(x_n)\}$ 不以 l 为极限，这与前提条件$\lim_{n \to \infty} f(x_n) = l$ 矛盾，因此假设不成立，于是有$\lim_{x \to a} f(x) = l$.

这一性质经常用于证明某个函数极限的不存在性.

推论 3.1.4　若在 a 的一个去心邻域中存在两个序列 $\{x'_n\}$，$\{x''_n\}$，满足$\lim_{n \to \infty} x'_n = a$，$\lim_{n \to \infty} x''_n = a$，$\lim_{n \to \infty} f(x'_n) = l'$，$\lim_{n \to \infty} f(x''_n) = l''$，但 $l' \neq l''$，则当 $x \to a$ 时，$f(x)$ 没有极限.

推论 3.1.5　若在 a 的一个去心邻域中存在序列 $\{x_n\}$，满足$\lim_{n \to \infty} x_n = a$，且函数值数列 $\{f(x_n)\}$ 不以 l 为极限，则当 $x \to a$ 时，$f(x)$ 不以 l 为极限.

例 3.1.7　证明：当 $x \to 0$ 时，$f(x) = \sin \dfrac{1}{x}$ 没有极限.

证明：取 $x''_n = \dfrac{1}{n\pi}$，$x''_n = \dfrac{1}{2n\pi + \dfrac{\pi}{2}}$，$n = 1$，$2$，$\cdots$，显然$\lim_{n \to \infty} x'_n = 0$，$\lim_{n \to \infty} x''_n = 0$，但是 $f(x'_n) = \sin \dfrac{1}{x'_n} = 0$，$f(x''_n) = \sin \dfrac{1}{x''_n} = 1$，$n = 1$，$2$，$\cdots$，利用推论 3.1.4，当 $x \to 0$ 时，$f(x) = \sin \dfrac{1}{x}$ 没有极限.

引理　$\lim_{n \to \infty} a_n = a$ 的充分必要条件是$\lim_{n \to \infty} a_{2n} = \lim_{n \to \infty} a_{2n+1} = a$.

定理 3.1.9　$\lim_{x \to a} f(x) = l$ 的充分必要条件是：对任意一个以 a 为极限的数列 $\{x_n\}$（即$\lim_{n \to \infty} x_n = a$，$x_n \neq a$，$n = 1$，$2$，$\cdots$），相应的函数值数列 $\{f(x_n)\}$ 都收敛.

证明："⟹"与定理相同.

"⟸"只需证明：对任意的满足$\lim\limits_{n\to\infty}x_n=a$且$x_n\neq a(n=1,2,\cdots)$的数列$\{x_n\}$，$\{f(x_n)\}$必收敛于同一极限值.

用反证法，假设存在数列$\{x_n'\}$和$\{x_n''\}$，满足$\lim\limits_{n\to\infty}x_n'=a$，$\lim\limits_{n\to\infty}x_n''=a$，$x_n'\neq a$，$x_n''\neq a(n=1,2,\cdots)$，$\lim\limits_{n\to\infty}f(x_n')=l'$，$\lim\limits_{n\to\infty}f(x_n'')=l''$，且$l'\neq l''$.

定义一个新的数列$\{x_n\}$，x_1'，x_1''，x_2'，x_2''，$\cdots$，x_n'，x_n''，$\cdots$，即$x_{2n-1}=x_n'$，$x_{2n}=x_n''$，$n=1$，2，$\cdots$，利用引理，$\lim\limits_{n\to\infty}x_n=a$，且$x_n\neq a(n=1,2,\cdots)$，但是$\lim\limits_{n\to\infty}f(x_{2n-1})=l'$，$\lim\limits_{n\to\infty}f(x_{2n})=l''$，且$l'\neq l''$. 说明$\{f(x_n)\}$不收敛，与条件矛盾，假设不成立.

2. 函数的柯西收敛原理

前面介绍了数列收敛的柯西收敛原理，对于 24 种类型的函数极限，同样也有相应的柯西收敛原理，下面以一种类型的函数极限为例，给出柯西收敛原理.

> **定理 3.1.10** 函数极限$\lim\limits_{x\to+\infty}f(x)$存在而且有限的充分必要条件是：对于任意给定的$\varepsilon>0$，存在$X>0$，使得对一切$x'$，$x''>X$，成立$|f(x')-f(x'')|<\varepsilon$.

证明：必要性，设$\lim\limits_{x\to+\infty}f(x)=A$，按照定义，$\forall\varepsilon>0$，$\exists X>0$，$\forall x'$，$x''>X$：$|f(x')-A|<\dfrac{\varepsilon}{2}$，$|f(x'')-A|<\dfrac{\varepsilon}{2}$，于是，$|f(x')-f(x'')|\leqslant|f(x')-A|+|f(x'')-A|<\varepsilon$.

充分性，设$\forall\varepsilon>0$，$\exists X>0$，$\forall x'$，$x''>X$：$|f(x')-f(x'')|<\varepsilon$. 任意选取数列$\{x_n\}$，$\lim\limits_{n\to\infty}x_n=+\infty$，则对上述$X>0$，$\exists N$，$\forall n>N$：$x_n>X$，于是当$m>n>N$时，成立$|f(x_n)-f(x_m)|<\varepsilon$. 这说明函数值数列$\{f(x_n)\}$是基本数列，因此一定收敛，再根据相应的海涅定理，可知$\lim\limits_{x\to\infty}f(x)$存在而且有限.

其他类型函数极限的柯西收敛原理请读者自己完成，今后，函数极限的柯西收敛原理将在建立广义积分（反常积分）的收敛性判别法中发挥重要的作用.

3.1.4 两个重要极限

首先给出两个基本不等式，这两个不等式在后面经常用到.

$$|\sin x|<|x|，\quad\forall x\in\mathbf{R}\backslash\{0\};$$

$$|x|<|\tan x|，\quad\forall x\in\left(-\frac{\pi}{2},\frac{\pi}{2}\right)\backslash\{0\}.$$

证明：平面上以原点 O 为中心，1 为半径作一个圆，如图 3-1 所示. $\forall x \in \left(0, \dfrac{\pi}{2}\right)$，$OA$ 与横轴的夹角为 x.

由于对 $\forall x \in \left(0, \dfrac{\pi}{2}\right)$，$AB = \sin x$，$CD = \tan x$，且 $S_{\triangle AOD} < S_{\text{扇形} AOD} < S_{\triangle COD}$，所以有

$$\sin x < x < \tan x.$$

$\forall x \in \left(-\dfrac{\pi}{2}, 0\right)$，$-x \in \left(0, \dfrac{\pi}{2}\right)$，则 $\sin(-x) < -x < \tan(-x)$，从而有

$$|\sin x| < |x| < |\tan x|.$$

若 $|x| \geqslant \dfrac{\pi}{2}$，则有 $|\sin x| \leqslant 1 < \dfrac{\pi}{2} \leqslant |x|$.

综上所述，我们有两个基本不等式

$$|\sin x| < |x|, \qquad \forall x \in \mathbf{R} \backslash \{0\};$$

$$|x| < |\tan x|, \qquad \forall x \in \left(-\dfrac{\pi}{2}, \dfrac{\pi}{2}\right) \backslash \{0\}.$$

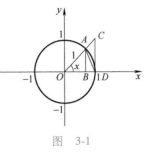

图　3-1

例 3.1.8　用 $\varepsilon\text{-}\delta$ 法证明：$\lim\limits_{x \to a} \sin x = \sin a$.

证明：利用三角函数恒等式和上述基本不等式，对任意的 x，有

$$|\sin x - \sin a| = \left|2 \sin \frac{x-a}{2} \cos \frac{x+a}{2}\right| \leqslant 2\left|\sin \frac{x-a}{2}\right| \leqslant 2\left|\frac{x-a}{2}\right| = |x-a|.$$

$\forall \varepsilon > 0$，取 $\delta = \varepsilon$，当 $0 < |x-a| < \delta$ 时，$|\sin x - \sin a| \leqslant |x-a| < \delta = \varepsilon$，即得

$$\lim_{x \to a} \sin x = \sin a.$$

命题 3.1.6　$\lim\limits_{x \to 0} \dfrac{\sin x}{x} = 1$.

证明：利用基本不等式，$\forall x \in \left(0, \dfrac{\pi}{2}\right)$，$\sin x < x < \tan x$，则 $\cos x < \dfrac{\sin x}{x} < 1$；$\forall x \in \left(-\dfrac{\pi}{2}, 0\right)$，$-x \in \left(0, \dfrac{\pi}{2}\right)$，于是 $\cos(-x) < \dfrac{\sin(-x)}{-x} < 1$，仍然成立 $\cos x < \dfrac{\sin x}{x} < 1$. 所以当 $0 < |x| < \dfrac{\pi}{2}$ 时，$\cos x < \dfrac{\sin x}{x} < 1$，而 $\lim\limits_{x \to 0} \cos x = 1$，利用夹逼定理可得，$\lim\limits_{x \to 0} \dfrac{\sin x}{x} = 1$.

例 3.1.9　求 $\lim\limits_{x \to 0} \dfrac{\sin 3x}{\sin 2x}$.

解： $\lim\limits_{x\to0}\dfrac{\sin3x}{\sin2x}$

$=\lim\limits_{x\to0}\dfrac{\sin3x}{3x}\cdot\dfrac{2x}{\sin2x}\cdot\dfrac{3}{2}=\dfrac{3}{2}.$

命题 3.1.7 $\lim\limits_{x\to\infty}\left(1+\dfrac{1}{x}\right)^{x}=\mathrm{e}.$

证明：先证 $\lim\limits_{x\to+\infty}\left(1+\dfrac{1}{x}\right)^{x}=\mathrm{e}.$

$\forall\varepsilon>0$，由 $\lim\limits_{n\to+\infty}\left(1+\dfrac{1}{n}\right)^{n}=\mathrm{e}$，存在 N，当 $n>N$ 时，$\left|\left(1+\dfrac{1}{n}\right)^{n}-\mathrm{e}\right|<\varepsilon$，

取 $X=N+1$，则当 $x>X$，$[x]\geqslant N+1>N$，$\left|\left(1+\dfrac{1}{[x]}\right)^{[x]}-\mathrm{e}\right|<\varepsilon$，故

$\lim\limits_{x\to+\infty}\left(1+\dfrac{1}{[x]}\right)^{[x]}=\mathrm{e}$，同理可得

$$\lim\limits_{x\to+\infty}\left(1+\dfrac{1}{[x]+1}\right)^{[x]}=\lim\limits_{x\to+\infty}\dfrac{\left(1+\dfrac{1}{[x]+1}\right)^{[x]+1}}{1+\dfrac{1}{[x]+1}}=\mathrm{e},$$

$$\lim\limits_{x\to+\infty}\left(1+\dfrac{1}{[x]}\right)^{[x]+1}=\lim\limits_{x\to+\infty}\left(1+\dfrac{1}{[x]}\right)^{[x]}\left(1+\dfrac{1}{[x]}\right)=\mathrm{e}.$$

不妨设 $x>1$，因为 $[x]\leqslant x<[x]+1$，所以

$$\left(1+\dfrac{1}{[x]+1}\right)^{[x]}\leqslant\left(1+\dfrac{1}{x}\right)^{x}\leqslant\left(1+\dfrac{1}{[x]}\right)^{[x]+1},$$

根据夹逼定理，得 $\lim\limits_{x\to+\infty}\left(1+\dfrac{1}{x}\right)^{x}=\mathrm{e}.$

当 $x<0$ 时，$y=-x>0$，$\left(1+\dfrac{1}{x}\right)^{x}=\left(1-\dfrac{1}{y}\right)^{-y}=\left(1+\dfrac{1}{y-1}\right)^{y}$，

则 $\lim\limits_{x\to-\infty}\left(1+\dfrac{1}{x}\right)^{x}=\lim\limits_{y\to+\infty}\left(1+\dfrac{1}{y-1}\right)^{y}=\lim\limits_{y\to+\infty}\left(1+\dfrac{1}{y-1}\right)^{y-1}\left(1+\dfrac{1}{y-1}\right)=\mathrm{e},$

从而得到 $\lim\limits_{x\to+\infty}\left(1+\dfrac{1}{x}\right)^{x}=\lim\limits_{x\to-\infty}\left(1+\dfrac{1}{x}\right)^{x}=\lim\limits_{x\to\infty}\left(1+\dfrac{1}{x}\right)^{x}=\mathrm{e}.$

例 3.1.10   证明： $\lim\limits_{x\to\infty}\left(1+\dfrac{\alpha}{x}\right)^{x}=\mathrm{e}^{\alpha}$，其中 $\alpha\neq0.$

证明： $\lim\limits_{x\to\infty}\left(1+\dfrac{\alpha}{x}\right)^{x}=\lim\limits_{x\to\infty}\left[\left(1+\dfrac{\alpha}{x}\right)^{\frac{x}{\alpha}}\right]^{\alpha}=\left[\lim\limits_{x\to\infty}\left(1+\dfrac{\alpha}{x}\right)^{\frac{x}{\alpha}}\right]^{\alpha}=\mathrm{e}^{\alpha}.$

习题 3.1

1. 利用 $\varepsilon\text{-}\delta$ 定义验证下列极限：

(1) $\lim\limits_{x\to 2}(x^2-6x+10)=2$；　(2) $\lim\limits_{x\to 0^+}\sqrt{x}\sin\dfrac{1}{x}=0$；

(3) $\lim\limits_{x\to\infty}\dfrac{x^2-5}{x^2-1}=1$；　　(4) $\lim\limits_{x\to a}\sqrt{x}=\sqrt{a}\ (a>0)$；

(5) $\lim\limits_{x\to+\infty}\dfrac{6x+5}{x+1}=6$；　　(6) $\lim\limits_{x\to 0}e^x=1$；

(7) $\lim\limits_{x\to 2^+}\dfrac{2x}{x^2-4}=+\infty$；　(8) $\lim\limits_{x\to-\infty}\dfrac{x^2}{x+1}=-\infty$.

2. 利用符号语言叙述 $\lim\limits_{x\to x_0}f(x)\neq A$.

3. 证明：若 $\lim\limits_{x\to a}f(x)=l$，则 $\lim\limits_{x\to a}|f(x)|=|l|$. 当且仅当 l 为何值时反之也成立？

4. 设 $\lim\limits_{x\to 2}f(x)=l$，证明：$y\to\sqrt{2}$ 时，$f(y^2)\to l$.

5. 讨论下列函数在 $x\to 0$ 时的极限或左、右极限：

(1) $y=\cos x\,\mathrm{sgn}x$；　　(2) $y=[x](1+x)$；

(3) $y=\dfrac{|x|}{x}$；　　(4) $y=\begin{cases}3^x, & x>0,\\ 0, & x=0,\\ 1+x^3, & x<0;\end{cases}$

(5) $f(x)=\dfrac{2^{\frac{1}{x}}+1}{2^{\frac{1}{x}}-1}$ 在点 $x=0$ 处.

6. 设 $f(x)>0$，$\lim\limits_{x\to x_0}f(x)=A$. 证明 $\lim\limits_{x\to x_0}\sqrt[n]{f(x)}=\sqrt[n]{A}$，其中 $n\geq 2$ 为正整数.

7. 设 $\lim\limits_{x\to a}f(x)=l$，且 $l\neq 0$，证明函数 $y=\dfrac{1}{f(x)}$ 当 $x\to a$ 时为有界变量.

8. 求下列函数的极限：

(1) $\lim\limits_{x\to 0}\dfrac{\sqrt{a^2+x}-a}{x}\ (a>0)$；

(2) $\lim\limits_{x\to+\infty}\dfrac{(x+a)^{10}(x+b)^7}{(x+c)^{17}}\ (a,b,c$ 为常数$)$；

(3) $\lim\limits_{x\to 4}\dfrac{\sqrt{1+2x}-3}{\sqrt{x}-2}$；

(4) $\lim\limits_{x\to 0}\dfrac{\sqrt[n]{1+x}-1}{x}\ (n\in\mathbf{Z}_+)$；

(5) $\lim\limits_{x\to 1}\dfrac{x^n-1}{x^m-1}(n,m\in\mathbf{Z}_+)$；　(6) $\lim\limits_{x\to 0}\dfrac{x^2-1}{2x^2-x-1}$；

(7) $\lim\limits_{x\to\frac{\pi}{4}}2(\sin x-\cos x-x^2)$；

(8) $\lim\limits_{x\to 0}\dfrac{\tan x-\sin x}{x^3}$；　　(9) $\lim\limits_{x\to\infty}\dfrac{x^2-1}{2x^2-x-1}$.

9. 用 $\varepsilon\text{-}\delta$ 语言证明：若 $\lim\limits_{x\to a}f(x)=|l|>0$，则存在 $\delta>0$，当 $0<|x-a|<\delta$ 时，使得 $f(x)>\dfrac{l}{2}$.

10. 利用夹逼定理求下列各极限：

(1) $\lim\limits_{x\to 0^+}\dfrac{x}{\alpha}\left[\dfrac{b}{x}\right](\alpha>0,b>0)$；

(2) $\lim\limits_{x\to-\infty}\dfrac{x-\cos x}{x}$；　　(3) $\lim\limits_{x\to+\infty}x^{\frac{1}{x}}$；

(4) $\lim\limits_{x\to+\infty}\dfrac{x\sin x}{x^2-4}$；　　(5) $\lim\limits_{x\to+\infty}\dfrac{\ln^k x}{x}(k\in\mathbf{Z}_+)$.

11. 举例说明，在点 a 的一个去心邻域中可以有下列函数 $y=f(x)$ 或者 $y=g(x)$：在该去心邻域中 $f(x)>g(x)$，但 $\lim\limits_{x\to a}f(x)=\lim\limits_{x\to a}g(x)$.

12. 设函数 $f(x)=\dfrac{2+e^{\frac{1}{x}}}{1+e^{\frac{4}{x}}}+\dfrac{\sin x}{|x|}$，当 $x\to 0$ 时，$f(x)$ 的极限是否存在？

13. 用数学符号语言描述下列命题的“否定命题”：

(1) $\{x_n\}$ 是无穷小量；

(2) $\{x_n\}$ 是正无穷大量；

(3) $f(x)$ 在 x_0 的右极限是正无穷大量.

14. 证明 $\lim\limits_{x\to+\infty}f(x)=-\infty$ 的充分必要条件是：对于任意正无穷大量 $\{x_n\}$，成立 $\lim\limits_{n\to\infty}f(x_n)=-\infty$.

15. (1) 写出函数极限 $\lim\limits_{x\to x_0}f(x)$ 存在而且有限的柯西收敛原理；

(2) 用柯西收敛原理描述极限 $\lim\limits_{x\to-\infty}f(x)$ 不存在的充分必要条件，并应用它证明 $\lim\limits_{x\to-\infty}\sin x$ 不存在.

16. 利用重要极限 $\lim\limits_{x\to 0}\dfrac{\sin x}{x}=1$ 求下列各函数的极限：

(1) $\lim\limits_{x\to 0}\dfrac{\tan 3x-\tan 5x}{\sin 2x}$　(2) $\lim\limits_{x\to a}\dfrac{\sin x-\sin a}{x-a}$；

(3) $\lim\limits_{x\to 0}\dfrac{1-\cos x}{x^2}$；　　(4) $\lim\limits_{x\to 0}\dfrac{\sin x^3}{(\sin x)^2}$.

(5) $\lim\limits_{x\to\infty}2^x\sin\dfrac{\pi}{2^x}$；　　(6) $\lim\limits_{x\to0}\dfrac{\arctan x}{x}$；

(7) $\lim\limits_{x\to0}\dfrac{\sqrt{1+x\sin x}-\cos x}{x\sin x}$；　(8) $\lim\limits_{x\to2}\dfrac{\sin(x-2)}{x^2-4}$.

17. 利用重要极限 $\lim\limits_{x\to\infty}\left(1+\dfrac{1}{x}\right)^x=e$ 求下列各函数的极限:

(1) $\lim\limits_{x\to0}(1+6x)^{\frac{1}{x}}$；　　(2) $\lim\limits_{x\to\infty}\left(1+\dfrac{1}{x}+\dfrac{1}{x^2}\right)^x$；

(3) $\lim\limits_{y\to0}(1-5y)^{\frac{1}{y}}$；　　(4) $\lim\limits_{x\to0}\left(\dfrac{1+x}{1-x}\right)^{\frac{1}{x}}$；

(5) $\lim\limits_{x\to\infty}\left(1-\dfrac{2}{x}\right)^{-x}$；　　(6) $\lim\limits_{x\to0}(1+x^2)^{\cot^2x}$；

(7) $\lim\limits_{x\to0^+}\sqrt[x]{\cos\sqrt{x}}$；　　(8) $\lim\limits_{x\to0}\cos x^{\frac{1}{1-\cos x}}$；

(9) $\lim\limits_{x\to0}(1+\tan x)^{\cot x}$.

18. 求出满足条件 $\lim\limits_{x\to-\infty}\left(\sqrt{x^2-x+1}-ax-b\right)=0$ 的常数.

19. 利用海涅定理证明下列极限不存在:

(1) $\lim\limits_{x\to+\infty}x\sin x$；　　(2) $\lim\limits_{x\to0}\cos\dfrac{1}{x}$.

20. 利用海涅定理计算下列极限:

(1) $\lim\limits_{n\to\infty}\sqrt{n}\sin\dfrac{\pi}{n}$；　　(2) $\lim\limits_{n\to\infty}\left(1+\dfrac{1}{n}+\dfrac{1}{n^2}\right)^n$.

21. 求下列极限:

(1) $\lim\limits_{x\to2}\dfrac{x^2-2}{\sqrt{x+7}}$；　　(2) $\lim\limits_{x\to1}\dfrac{x^2-2x+1}{x^2-1}$；

(3) $\lim\limits_{x\to2}\dfrac{\sqrt{x+2}-2}{\sqrt{x+7}-3}$；　　(4) $\lim\limits_{x\to1}\left(\dfrac{1}{1-x}-\dfrac{3}{1-x^3}\right)$；

(5) $\lim\limits_{x\to1}\dfrac{x^2-|x-1|-1}{|x-1|}$；　　(6) $\lim\limits_{x\to\infty}\dfrac{3x^3-1}{4x^3+2x^2-5}$；

(7) $\lim\limits_{x\to+\infty}\sqrt{x}\left(\sqrt{x+1}-\sqrt{x}\right)$；　(8) $\lim\limits_{x\to\infty}\dfrac{x+\cos x}{x-\arctan x}$.

22. 判断下列极限是否存在:

(1) $\lim\limits_{x\to\infty}\left(\dfrac{1}{x}+\sin x\right)$；　(2) $\lim\limits_{x\to\infty}\left(\sqrt{x^2+1}-x\right)$；

(3) $\lim\limits_{x\to\infty}\dfrac{10^x+1}{10^x-1}$；　　(4) $\lim\limits_{x\to1}\left(\dfrac{1}{x-1}-\dfrac{1}{|x-1|}\right)$.

23. 求下列极限:

(1) $\lim\limits_{x\to0}\dfrac{1-\cos 2x}{x\sin x}$；　　(2) $\lim\limits_{x\to0}\dfrac{\sqrt{2}-\sqrt{1+\cos x}}{\sin^2x}$；

(3) $\lim\limits_{x\to1}(1-x)\tan\dfrac{\pi x}{2}$；　(4) $\lim\limits_{x\to\pi}\dfrac{\sin(x-\pi)}{x^2-\pi^2}$；

(5) $\lim\limits_{x\to0^+}\sqrt{x}\cot\sqrt{x}$.

24. 求下列极限:

(1) $\lim\limits_{x\to\infty}\left(1+\dfrac{3}{x}\right)^x$；　　(2) $\lim\limits_{x\to0}\left(\dfrac{2+x}{2}\right)^{\frac{2}{x}}$；

(3) $\lim\limits_{x\to0}(1+x^2)^{\cot^2x}$；　　(4) $\lim\limits_{n\to+\infty}\left(1+\dfrac{5}{3^n}\right)^{3^n}$.

25. 求下列极限:

(1) $\lim\limits_{x\to0}\dfrac{\ln(1+x)}{\sin 3x}$；　　(2) $\lim\limits_{x\to0}\dfrac{e^{5x}-e^{2x}}{x}$；

(3) $\lim\limits_{x\to0}\dfrac{10^x-1}{2x}$；　　(4) $\lim\limits_{x\to+\infty}x[\ln(1+x)-\ln x]$；

(5) $\lim\limits_{x\to0}\dfrac{\tan x-\sin x}{x\sin^2x}$；　　(6) $\lim\limits_{x\to0}\dfrac{\tan 2x^2}{\ln(1+3x^2)}$；

(7) $\lim\limits_{x\to0}\dfrac{5x^2-2\sin^2x}{6x^3+4\sin^2x}$；

(8) $\lim\limits_{x\to0}\dfrac{\sin x-\tan x}{\left(\sqrt[3]{1+x^2}-1\right)\left(\sqrt{1+\sin x}-1\right)}$.

26. 已知 $\lim\limits_{x\to\infty}\left(\dfrac{x-2}{x}\right)^{kx}=\dfrac{2}{e}$，求常数 k.

3.2 函数的无穷小量与无穷大量的阶

3.2.1 函数的无穷小量及其性质

1. 无穷小量的定义

　　类似数列的无穷小量的定义，同样可以给出函数的无穷小量(极限为0)的定义.

定义 3.2.1　在某一种自变量变化过程中以 0 为极限的函数称为无穷小量. 这里的极限过程可以为 $x \to x_0$, x_0^+, x_0^-, ∞, $+\infty$, $-\infty$ 六种.

例如，$y = \sin x (x \to 0)$，$y = \ln x (x \to 1)$ 等都是无穷小量.

2. 无穷小量的性质

命题 3.2.1　设 $y = f(x)$ 在点 a 的一个去心邻域内有定义，则当 $x \to a$ 时，$y = f(x)$ 以 l 为极限的充分必要条件是：$f(x) - l$ 是无穷小量.

证明："$\Rightarrow$"设 $\lim\limits_{x \to a} f(x) = l$，根据定义，$\forall \varepsilon > 0$，$\exists \delta > 0$，当 $0 < |x - a| < \delta$ 时，$|f(x) - l| < \varepsilon$，即 $|f(x) - l - 0| < \varepsilon$，则 $\lim\limits_{x \to a} (f(x) - l) = 0$.

"$\Leftarrow$"设 $\lim\limits_{x \to a} (f(x) - l) = 0$，根据定义，$\forall \varepsilon > 0$，$\exists \delta > 0$，当 $0 < |x - a| < \delta$ 时，$|f(x) - l - 0| < \varepsilon$，即 $|f(x) - l| < \varepsilon$，则 $\lim\limits_{x \to a} f(x) = l$.

命题 3.2.2　设当 $x \to a$ 时，$y = \alpha(x)$ 与 $y = \beta(x)$ 为无穷小量，则 $y = \alpha(x) \pm \beta(x)$ 也是无穷小量.

证明：由 $y = \alpha(x)$ 为无穷小量，$\forall \varepsilon > 0$，$\exists \delta_1 > 0$，当 $0 < |x - a| < \delta_1$ 时，$|\alpha(x) - 0| < \dfrac{\varepsilon}{2}$.

又由 $y = \beta(x)$ 为无穷小量，$\exists \delta_2 > 0$，当 $0 < |x - a| < \delta_2$ 时，$|\beta(x) - 0| < \dfrac{\varepsilon}{2}$. 取 $\delta = \min\{\delta_1, \delta_2\} > 0$，则当 $0 < |x - a| < \delta$ 时，$|\alpha(x) \pm \beta(x) - 0| \leqslant |\alpha(x) - 0| + |\beta(x) - 0| < \dfrac{\varepsilon}{2} + \dfrac{\varepsilon}{2} = \varepsilon$，则 $\lim\limits_{x \to a} (\alpha(x) \pm \beta(x)) = 0$.

定义 3.2.2　设 $y = f(x)$ 在点 a 的一个去心邻域内有定义，若存在 $M > 0$ 及 $\delta_0 > 0$，当 $0 < |x - a| < \delta_0$ 时，使得 $|f(x)| \leqslant M$，则称当 $x \to a$ 时，$y = f(x)$ 是有界变量.

命题 3.2.3　若 $\lim\limits_{x \to a} f(x) = l$，则 $y = f(x)$ 在 $x \to a$ 时为有界变量.

证明：对 $\varepsilon = 1$，由 $\lim\limits_{x \to a} f(x) = l$，$\exists \delta_0 > 0$，当 $0 < |x - a| < \delta_0$ 时，$|f(x) - l| < 1$，则 $\big||f(x)| - |l|\big| \leqslant |f(x) - l| < 1$，从而，$|f(x)| < |l| + 1$. 即当 $x \to a$ 时，$y = f(x)$ 是有界变量.

注意　①有极限的函数是有界变量；②局部有界而非整体有

界；③有界变量不一定有极限（例如：狄利克雷函数）.

命题 3.2.4   设当 $x \to a$ 时 $y = \alpha(x)$ 为无穷小量，当 $x \to a$ 时 $y = h(x)$ 为有界变量，则当 $x \to a$ 时 $y = \alpha(x)h(x)$ 为无穷小量.

注意   有界变量和无穷小量之积仍是无穷小量.

证明：因为当 $x \to a$ 时，$y = h(x)$ 为有界变量，所以存在 $\delta_0 > 0$ 及 $M > 0$，当 $0 < |x - a| < \delta_0$ 时，使得 $|h(x)| \leqslant M$，又当 $x \to a$ 时，$y = \alpha(x)$ 为无穷小量，则 $\forall \varepsilon > 0$，对 $\dfrac{\varepsilon}{M} > 0$，$\exists \delta_1 > 0$，当 $0 < |x - a| < \delta_1$ 时，使得 $|\alpha(x)| < \dfrac{\varepsilon}{M}$，取 $\delta = \min\{\delta_0, \delta_1\} > 0$，则当 $0 < |x - a| < \delta$ 时，$|\alpha(x)h(x) - 0| = |\alpha(x)| \, |h(x)| \leqslant M|\alpha(x)| < M \cdot \dfrac{\varepsilon}{M} = \varepsilon$，则当 $x \to a$ 时，$y = \alpha(x)h(x)$ 为无穷小量.

命题 3.2.5   若 $\lim\limits_{x \to a} g(x) = B \neq 0$，则存在 $\delta > 0$，当 $0 < |x - a| < \delta$ 时，使得 $|g(x)| > \dfrac{|B|}{2}$.

证明：因为 $\lim\limits_{x \to a} g(x) = B \neq 0$，对 $\varepsilon = \dfrac{|B|}{2} > 0$，$\exists \delta > 0$，当 $0 < |x - a| < \delta$ 时，有 $|g(x) - B| < \varepsilon$，则 $|B| - |g(x)| \leqslant |g(x) - B| < \varepsilon$，从而，$|g(x)| > |B| - \varepsilon = \dfrac{|B|}{2}$.

3.2.2   无穷小量的比较

定义 3.2.3   设 $\lim\limits_{x \to a} \alpha(x) = 0$，$\lim\limits_{x \to a} \beta(x) = 0$ 且 $\beta(x) \neq 0$. 假若 $\lim\limits_{x \to a} \dfrac{\alpha(x)}{\beta(x)} = l \neq 0$，则称 $\alpha(x)$ 和 $\beta(x)$ 是同阶无穷小量.

若 $l = 1$，则称 $\alpha(x)$ 和 $\beta(x)$ 是等价无穷小量，记作 $\alpha(x) \sim \beta(x)$ $(x \to a)$.

假若 $\lim\limits_{x \to a} \dfrac{\alpha(x)}{\beta(x)} = 0$，则称 $\alpha(x)$ 是比 $\beta(x)$ 更高阶的无穷小量，记作

$$\alpha(x) = o(\beta(x)) \, (x \to a).$$

定义 3.2.4   设 $\lim\limits_{x \to a} \alpha(x) = 0$，若 $\alpha(x)$ 与 $(x - a)^n$ 是同阶的无穷小量，则称 $\alpha(x)$ 是 n 阶无穷小量.

注意　（1）当 $x\to\infty$ 时，取 $\beta(x)=\dfrac{1}{x^n}$.

（2）在使用无穷小量和有界量时，应该附上相应的极限过程.

（3）$\alpha(x)\sim\beta(x)(x\to a)\Leftrightarrow\alpha(x)=\beta(x)+o(\beta(x))(x\to a)$.

（4）有时候取 $\beta(x)=1$，$\alpha(x)=o(1)(x\to a)$ 表示当 $x\to a$ 时，$\alpha(x)$ 是无穷小量.

（5）常用的等价无穷小量 $(x\to0)$（其中 x 可以换成任意非 0 无穷小量）.

$\sin x\sim\tan x\sim\arcsin x\sim\arctan x\sim\ln(1+x)\sim e^x-1\sim x$；

$1-\cos x\sim\dfrac{1}{2}x^2$；$(1+x)^\alpha-1\sim\alpha x$.

3.2.3　无穷大量的比较

> **定义 3.2.5**　设 $\lim\limits_{x\to a}u(x)=\infty$，$\lim\limits_{x\to a}v(x)=\infty$ 且 $v(x)\neq0$. 假若
>
> $\lim\limits_{x\to a}\dfrac{u(x)}{v(x)}=c\neq0$，则称 $u(x)$ 和 $v(x)$ 是同阶无穷大量.

若 $c=1$，则称 $u(x)$ 和 $v(x)$ 是等价无穷大量，记作 $u(x)\sim v(x)(x\to a)$.

假若 $v(x)=\dfrac{1}{(x-a)^k}$，$k\in\mathbf{N}$，若 $u(x)\sim v(x)(x\to a)$，则称 $u(x)$ 是 k 阶的无穷大量.

注意　当 $x\to\infty$ 时，取 $v(x)=x^k$.

若 $\lim\limits_{x\to a}\dfrac{u(x)}{v(x)}=\infty$，称当 $x\to a$ 时，$u(x)$ 为 $v(x)$ 的高阶无穷大量.

3.2.4　极限中的等价量替换

分式型极限 $\lim\limits_{n\to\infty}\dfrac{f(x)}{g(x)}$，若分子分母同时为无穷小量（或者为无穷大量）称为 "$\dfrac{0}{0}$" 或者 "$\dfrac{\infty}{\infty}$" 型待定式，等价无穷小量（或者等价无穷大量）可以方便地应用于该类型极限的计算.

> **定理 3.2.1　（极限中的等价量替换）**　设 $\lim\limits_{n\to\infty}\dfrac{f(x)}{g(x)}$ 为 "$\dfrac{0}{0}$" 或者 "$\dfrac{\infty}{\infty}$" 型待定式，极限存在且有限，若在该极限过程中 $f(x)\sim f_1(x)$，$g(x)\sim g_1(x)$，则

$$\lim\frac{f(x)}{g(x)}=\lim\frac{f_1(x)}{g_1(x)}.$$

证明：因为 $\lim\dfrac{f(x)}{f_1(x)}=\lim\dfrac{g(x)}{g_1(x)}=1$，因此

$$\lim\frac{f(x)}{g(x)}=\lim\frac{f(x)}{f_1(x)}\lim\frac{g_1(x)}{g(x)}\lim\frac{f_1(x)}{g_1(x)}=\lim\frac{f_1(x)}{g_1(x)}.$$

注意 ①"等价量替换"只适合分式型的待定式，可以只替换分子或者分母. 但若分子或分母是若干无穷小（大）量的和（差），不能分别替换，也就是说，只能替换积或商的因子. ②对于幂指函数的极限 $\lim u(x)^{v(x)}$，若 $\lim u(x)=1$，$\lim v(x)=\infty$（称为 1^{∞} 型），根据 $\ln u(x)=\ln(1+(u(x)-1))\sim u(x)-1$，则

$$\lim u(x)^{v(x)}=\lim e^{v(x)\ln u(x)}=e^{\lim(v(x)\ln u(x))}=e^{\lim(v(x)(u(x)-1))}.$$

例 3.2.1 求下列各函数的极限：

(1) $\lim\limits_{x\to 0}\dfrac{\sinh x}{x}$；   (2) $\lim\limits_{n\to\infty}n^2(\sqrt[n]{x}-\sqrt[n+1]{x})(x>0)$；

(3) $\lim\limits_{x\to 0}\left(\cos x-\dfrac{x^2}{2}\right)^{\frac{1}{x^2}}$；   (4) $\lim\limits_{n\to\infty}\tan^n\left(\dfrac{n+1}{4n}\pi\right)$.

解：(1) 由于 $e^x-1\sim x$，$e^{-x}-1\sim -x(x\to 0)$，可得

$$\lim_{x\to 0}\frac{\sinh x}{x}=\lim_{x\to 0}\frac{e^x-e^{-x}}{2x}=\frac{1}{2}\lim_{x\to 0}\left(\frac{e^x-1}{x}-\frac{e^{-x}-1}{x}\right)=1.$$

(2) 由于 $\sqrt[n]{x}-\sqrt[n+1]{x}=x^{\frac{1}{n}}-x^{\frac{1}{n+1}}=x^{\frac{1}{n+1}}(x^{\frac{1}{n}-\frac{1}{n+1}}-1)$，而 $x^{\frac{1}{n(n+1)}}-1=e^{\frac{1}{n(n+1)}\ln x}-1\sim\dfrac{1}{n(n+1)}\ln x(n\to\infty,\ x>0)$，于是，

$$\lim_{n\to\infty}n^2(\sqrt[n]{x}-\sqrt[n+1]{x})=\ln x\lim_{n\to\infty}\frac{n^2}{n(n+1)}x^{\frac{1}{n+1}}=\ln x.$$

(3) 所求极限为 1^{∞} 型幂指函数极限，因此

$$\lim_{x\to 0}\left(\cos x-\frac{x^2}{2}\right)^{\frac{1}{x^2}}=e^{\lim\limits_{x\to 0}\frac{\cos x-\frac{x^2}{2}-1}{x^2}}=e^{-1}.$$

(4) 由于是 1^{∞} 型极限，故 $\lim\limits_{n\to\infty}\tan^n\left(\dfrac{n+1}{4n}\pi\right)=e^{\lim\limits_{n\to\infty}n\left[\tan\left(\frac{n+1}{4n}\pi\right)-1\right]}$，

从而，有

$$\tan\left(\frac{n+1}{4n}\pi\right)-1=\tan\left(\frac{n+1}{4n}\pi\right)-\tan\frac{\pi}{4}=\left[1+\tan\left(\frac{n+1}{4n}\pi\right)\tan\frac{\pi}{4}\right]\tan\frac{\pi}{4n},$$

于是，

$$\lim_{n\to\infty}n\left[\tan\left(\frac{n+1}{4n}\pi\right)-1\right]=\lim_{n\to\infty}n\left\{\left[1+\tan\left(\frac{n+1}{4n}\pi\right)\tan\frac{\pi}{4}\right]\tan\frac{\pi}{4n}\right\}$$

$$= 2\lim_{n\to\infty} n \tan\frac{\pi}{4n} = \frac{\pi}{2},$$

最后得到 $\displaystyle\lim_{n\to\infty}\tan^n\left(\frac{n+1}{4n}\pi\right) = e^{\frac{\pi}{2}}$.

例 3.2.2　若 $\displaystyle\lim_{x\to 0}\frac{f(x)}{g(x)} = 1$，其中 $f(x) = \dfrac{x^4}{2x^2+x+5}$，$g(x) = ax^b$，确定常数 a，b 的值.

解：因为 $\displaystyle\lim_{x\to 0}\frac{f(x)}{\frac{1}{5}x^4} = \lim_{x\to 0}\frac{5}{2x^2+x+5} = 1$，所以 $f(x)$ 与函数 $g(x) =$

$\dfrac{1}{5}x^4$ 为等价无穷小量，因此 $a = \dfrac{1}{5}$，$b = 4$.

习题 3.2

1. 证明：

(1) $(1+x)^n = 1 + nx + o(x)\ (x\to 0)\ (n\in \mathbf{Z}_+)$；

(2) $\sqrt{x+\sqrt{x+\sqrt{x}}} \sim \sqrt{x}\ (x\to +\infty)$；

(3) $\arctan x - x = o(x)\ (x\to 0)$.

2. 利用极限中的等价量替换，求下列极限：

(1) $\displaystyle\lim_{x\to 0}\frac{1-\cos x}{\sin^2 x}$；

(2) $\displaystyle\lim_{x\to 0}\frac{(\sqrt[3]{1+\tan x}-1)(\sqrt{1+x^2}-1)}{\tan x - \sin x}$；

(3) $\displaystyle\lim_{x\to 0^+}\frac{1-\sqrt{\cos x}}{x(1-\cos\sqrt{x})}$；　(4) $\displaystyle\lim_{x\to 0}\frac{\sqrt{1+x}-\sqrt[3]{1+2x^2}}{\ln(1+3x)}$；

(5) $\displaystyle\lim_{x\to a}\frac{\ln x - \ln a}{x-a}(a>0)$；　(6) $\displaystyle\lim_{x\to 0}(x+e^x)^{\frac{1}{x}}$；

(7) $\displaystyle\lim_{x\to 0}\left(\cos x - \frac{x^2}{2}\right)^{\frac{1}{x^2}}$；

(8) $\displaystyle\lim_{x\to +\infty}(\sqrt{1+x+x^2}-\sqrt{1-x+x^2})$.

3. 确定 α 的值，使下列函数与 x^α 当 $x\to 0$ 时为同阶无穷小量.

(1) $\dfrac{1}{1+x} - (1-x)$；

(2) $\sqrt{1+\tan x} - \sqrt{1-\sin x}$；　(3) $\sqrt[5]{3x^2-4x^3}$.

4. 已知 $\displaystyle\lim_{x\to 1}\frac{x^3+ax^2+b}{x-1} = 5$，求 a，b 的值.

3.3　连续函数

在本节中，我们讨论函数的连续性，连续函数是微积分研究的基本对象，今后的许多讨论将与连续函数的性质有关. 函数连续与否的概念源于对函数图像的直观分析. 例如，函数 $y=x^2$ 的图像是一条抛物线，图像上各点相互连接而不出现间断，呈现一种"连续不断"的外观特征，也可理解为图像是"渐变"的. 而符号函数 $y=\text{sgn}x$ 的图像也直观地告诉我们，它的曲线在坐标平面上不是一条连绵不断的曲线，它的连续在 $x=0$ 处遭到破坏，出现了"间断"，也就是说，图像发生了"突变". 用数学上严格分析的观点来看，函数 $y=f(x)$ 在某点 x_0 处是否具有连续特性，就是指当 x 在点 x_0 附近做微小的变化时，函数值 $f(x)$ 是否也在 $f(x_0)$ 附近做微小的变化. 借助于已经学过的函数极限的工具，就是看当自变量 x 趋于 $x_0(x \to x_0)$ 时，因变量 y 是否趋于 $f(x_0)(y \to f(x_0))$. 本节首先定义函数在一点的连续性和区间上的连续性，注意：这里函数的连续性指的是逐点连续，与点 x_0 有关，这一点跟后面函数的一致连续性要区分开.

3.3.1　函数在一点的连续性

定义 3.3.1　设函数 $y=f(x)$ 在点 x_0 的某个邻域中 $U(x_0)$ 有定义，并且成立 $\lim\limits_{x \to x_0} f(x) = f(x_0)$，则称函数 $y=f(x)$ 在点 x_0 连续，且称 x_0 是函数 $f(x)$ 的连续点. 其数学符号表述为 "$\forall \varepsilon > 0$，$\exists \delta > 0$，$\forall x(|x-x_0| < \delta)：|f(x)-f(x_0)| < \varepsilon.$"

定义 3.3.2　记 $\Delta x = x - x_0$，称为自变量 x（在点 x_0）的增量或改变量. 设 $y_0 = f(x_0)$，则相应的函数 y（在点 x_0）的增量记为 $\Delta y = f(x) - f(x_0) = f(x_0 + \Delta x) - f(x_0) = y - y_0$，则函数 $y=f(x)$ 在点 x_0 连续等价于 $\lim\limits_{\Delta x \to 0} \Delta y = 0$.

注意　自变量的增量或函数的增量可以是正数、0 或者负数.

接下来，我们给出第三种定义，这里先给出函数值的振幅的概念.

（函数值的振幅）　设 $y=f(x)$ 在一个区间 I（开区间或者闭区间）上为有界函数，因此，它在 I 上的函数值集合有上确界与下确界，记为 $M_f(I) = \sup\{f(x):x \in I\}$，$m_f(I) = \inf\{f(x):x \in I\}$，我们称量 $\omega_f(I) = M_f(I) - m_f(I)$ 为函数 $y=f(x)$ 在 I 上的振幅. 极限 $\omega_f(x_0) = \lim\limits_{\delta \to 0^+} \omega_f(I_\delta)$ 称为函数 $y=f(x)$ 在点 x_0 处的振幅.

定理 3.3.1　设函数 $y=f(x)$ 在点 x_0 附近为有界函数，则函数在点 x_0 连续的充分必要条件是

$$\omega_f(x_0) = \lim\limits_{\delta \to 0^+} \omega_f(I_\delta) = 0.$$

从上述定义，读者应该把函数的连续和极限这两个概念的区别和联系弄清楚.

（1）连续："$\forall \varepsilon > 0$，$\exists \delta > 0$，$\forall x(|x-x_0| < \delta)：|f(x)-$

$f(x_0)|<\varepsilon$"极限："$\forall\varepsilon>0$，$\exists\delta>0$，$\forall x(0<|x-x_0|<\delta):|f(x)-A|<\varepsilon$"比较两个定义，极限值 A 换成 $f(x_0)$，并去掉 $|x-x_0|>0$ 的要求. 因为当 $x=x_0$ 时，$|f(x)-f(x_0)|<\varepsilon$ 自然成立.

（2）连续要求函数在点 x_0 有定义，并且极限值等于 $f(x_0)$；而极限要求函数在点 x_0 的去心邻域内有定义，函数可以在点 x_0 没有定义.

（3）连续反映的是函数 $f(x)$ 在一点 x_0 邻域中的变化，因而只是局部性的概念.

（4）函数连续意味着极限运算与对应法则的可交换性，即极限运算可以取到函数里面去，即 $\lim\limits_{x\to x_0}f(x)=f(\lim\limits_{x\to x_0}x)$.

通过逐点考察函数连续的办法，可以弄清楚函数在一个区间上的连续情况.

3.3.2 开区间和闭区间的连续

定义 3.3.3 若 $\forall x\in(a,b)$，函数 $f(x)$ 在点 x 处连续，则称函数 $f(x)$ 在开区间 (a,b) 上连续.

例 3.3.1 试证函数 $f(x)=\dfrac{1}{x}$ 在开区间 $(0,1)$ 上连续.

证明：设 x_0 是 $(0,1)$ 中任意一点. 对于任意给定的 $\varepsilon>0$，要找 $\delta>0$，使得当 $|x-x_0|<\delta$ 时，有 $\left|\dfrac{1}{x}-\dfrac{1}{x_0}\right|=\left|\dfrac{x-x_0}{xx_0}\right|<\varepsilon$，将不等式左边放大，加上条件 $|x-x_0|<\dfrac{x_0}{2}$，于是 $x>\dfrac{x_0}{2}$，从而，取 $\delta=\min\left\{\dfrac{x_0}{2},\dfrac{x_0^2}{2}\varepsilon\right\}$，当 $|x-x_0|<\delta$ 时，$\left|\dfrac{1}{x}-\dfrac{1}{x_0}\right|=\left|\dfrac{x-x_0}{xx_0}\right|<\dfrac{2|x-x_0|}{x_0^2}<\varepsilon$，所以 $f(x)=\dfrac{1}{x}$ 在点 x_0 连续，再由于 x_0 为 $(0,1)$ 中任意一点，则 $f(x)=\dfrac{1}{x}$ 在开区间 $(0,1)$ 连续。

为了讨论函数在闭区间上的连续性，需要给出左连续、右连续的定义，类似于左极限和右极限的概念.

定义 3.3.4 若 $\lim\limits_{x\to x_0^-}f(x)=f(x_0)$，则称函数 $f(x)$ 在点 x_0 处左连续；若 $\lim\limits_{x\to x_0^+}f(x)=f(x_0)$，则称函数 $f(x)$ 在点 x_0 处右连续. 显然，函数 $f(x)$ 在一点 x_0 处连续的充分必要条件是它在 x_0 处左右都连续. 符号语言表述为

$$\lim_{x \to x_0^-} f(x) = f(x_0) \Leftrightarrow \forall \varepsilon > 0, \ \exists \delta > 0, \ \forall x(-\delta < x - x_0 \le 0): |f(x) -$$

$$f(x_0)| < \varepsilon,$$

$$\lim_{x \to x_0^+} f(x) = f(x_0) \Leftrightarrow \forall \varepsilon > 0, \ \exists \delta > 0, \ \forall x(0 \le x - x_0 < \delta): |f(x) -$$

$$f(x_0)| < \varepsilon.$$

定义 3.3.5　若函数 $f(x)$ 在开区间 (a,b) 内的每一点都连续，且在左端点 a 右连续，在右端点 b 左连续，则称函数 $f(x)$ 在闭区间 $[a,b]$ 上连续.

例 3.3.2　证明：$y = D(x) = \begin{cases} 1, & x \ 有理数, \\ 0, & x \ 无理数 \end{cases}$ 在 **R** 中每一点都不连续.

　　证明：$\forall x_0 \in (-\infty, +\infty)$，因为 **Q**，**R\Q** 都在 **R** 中稠密，所以 $\forall \delta > 0$，$(x_0 - \delta, x_0 + \delta)$ 中既有有理数，又有无理数. 对任意正整数 n，令 $\delta = \dfrac{1}{n}$，在 $\left(x_0 - \dfrac{1}{n}, x_0 + \dfrac{1}{n}\right) \setminus \{x_0\}$ 中分别取有理数 x_n'、无理数 x_n''，于是得到数列 $\{x_n'\}$ 和 $\{x_n''\}$，满足 $0 < |x_n' - x_0| < \dfrac{1}{n}$，$0 < |x_n'' - x_0| < \dfrac{1}{n}$，则 $\lim\limits_{n \to \infty} x_n' = \lim\limits_{n \to \infty} x_n'' = x_0$，$x_n' \ne x_0$，$x_n'' \ne x_0$，$n = 1, 2, \cdots$，但是，$D(x_n') = 1$，$D(x_n'') = 0$，$n = 1, 2, \cdots$，利用海涅定理，$\lim\limits_{x \to x_0} D(x)$ 不存在，于是 $y = D(x)$ 在 $(-\infty, +\infty)$ 中每一点都不连续.

　　注意　不管开区间、闭区间或半开半闭区间，函数连续的定义可以统一表示为如下形式：设函数 $f(x)$ 定义在某区间 I 上，如果 $\forall x_0 \in I$，$\forall \varepsilon > 0$，$\exists \delta > 0$，$\forall x \in I(|x - x_0| < \delta): |f(x) - f(x_0)| < \varepsilon$，则称函数在区间 I 上连续. 值得强调的是这里的 $\delta = \delta(x_0, \varepsilon)$，即 $\delta = \delta(x_0, \varepsilon)$ 与点 x_0 和 ε 都有关系.

3.3.3　连续函数的四则运算

　　由于连续函数是通过极限加以定义的，根据极限的四则运算，连续函数也有下述运算法则.

定理 3.3.2　设函数 $f(x)$，$g(x)$ 在点 x_0 处连续，即 $\lim\limits_{x \to x_0} f(x) = f(x_0)$，$\lim\limits_{x \to x_0} g(x) = g(x_0)$，则 $f(x) \pm g(x)$，$f(x)g(x)$，$\dfrac{f(x)}{g(x)}$ 在点 x_0 处连续，即有：

（1）$\lim\limits_{x \to x_0}(f(x) \pm g(x)) = f(x_0) \pm g(x_0)$;

（2）$\lim\limits_{x \to x_0}f(x)g(x) = f(x_0)g(x_0)$;

（3）$\lim\limits_{x \to x_0}\dfrac{f(x)}{g(x)} = \dfrac{f(x_0)}{g(x_0)} \quad (g(x_0) \neq 0)$.

3.3.4　间断点及其分类

按照连续性定义，函数 $f(x)$ 在点 x_0 连续必须满足：

（1）函数 $f(x)$ 在点 x_0 有定义，即 $f(x_0)$ 为有限值（不是 $+\infty$，$-\infty$，∞）；

（2）函数 $f(x)$ 在点 x_0 有左极限，且 $f(x_0^-) = f(x_0)$；

（3）函数 $f(x)$ 在点 x_0 有右极限，且 $f(x_0^+) = f(x_0)$，

三者缺一不可，否则函数 $f(x)$ 在点 x_0 不连续，也称为 $f(x)$ 在点 x_0 间断，这时点 x_0 是函数 $f(x)$ 的间断点. 通常将间断点分为三类：

（1）**跳跃间断点**：函数 $f(x)$ 在点 x_0 的左右极限都存在，但不相等，即 $f(x_0^+) \neq f(x_0^-)$. 在跳跃间断点处，图像会出现一个跳跃.

（2）**可去间断点**：函数 $f(x)$ 在点 x_0 的左右极限都存在且相等，但不等于 $f(x_0)$，即 $f(x_0^+) = f(x_0^-) \neq f(x_0)$，或者 $f(x)$ 在点 x_0 无定义. 在可去间断点处，我们可以通过修改函数的定义，使得函数在该间断点处变为连续，顾名思义：这类间断点称为可去间断点.

可去间断点和跳跃间断点都称为第一类间断点.

（3）**无穷间断点（第二类间断点）**：函数 $f(x)$ 在点 x_0 的左右极限中至少有一个不存在，即极限值为无穷.

例 3.3.3　讨论下列函数在 $x = 0$ 处的连续性.

解：$y = \text{sgn}^2 x = \begin{cases} 1, & x \neq 0, \\ 0, & x = 0, \end{cases}$ $\lim\limits_{x \to 0}\text{sgn}^2 x = 1 \neq 0$，$x = 0$ 是 $y = \text{sgn}^2 x$ 的可去间断点.

$\lim\limits_{x \to 0^+}\text{sgn}x = 1$，$\lim\limits_{x \to 0^-}\text{sgn}x = -1$，$x = 0$ 是 $y = \text{sgn}x$ 的第一类间断点.

设 $x_n' = \dfrac{1}{2n\pi}$，$x_n'' = \dfrac{1}{2n\pi + \dfrac{\pi}{2}}$，$\lim\limits_{n \to \infty}\sin\dfrac{1}{x_n'} = 0$，$\lim\limits_{n \to \infty}\sin\dfrac{1}{x_n''} = 1$，则 $\lim\limits_{x \to 0^+}\sin\dfrac{1}{x}$

不存在，故 $x = 0$ 是 $y = \begin{cases} \sin\dfrac{1}{x}, & x \neq 0, \\ 0, & x = 0 \end{cases}$ 的第二类间断点.

3.3.5　反函数连续性定理

定理 3.3.3　设 $y=f(x)$ 在 (a,b) 上严格单调，并且 $f:(a,b)\to(c,d)$ 是满射，则 $y=f(x)$ 及其反函数分别在 (a,b) 和 (c,d) 上连续，并且其反函数也是严格单调的.（证明略）

注：(a,b) 和 (c,d) 改为 $[a,b]$ 和 $[c,d]$ 结论仍然成立.

例 3.3.4　下列反三角函数在其定义域上是连续的：

$$y=\arcsin x,\ x\in[-1,1],\ y\in\left[-\frac{\pi}{2},\frac{\pi}{2}\right];$$

$$y=\arccos x,\ x\in[-1,1],\ y\in[0,\pi];$$

$$y=\arctan x,\ x\in(-\infty,+\infty),\ y\in\left(-\frac{\pi}{2},\frac{\pi}{2}\right);$$

$$y=\operatorname{arccot}x,\ x\in(-\infty,+\infty),\ y\in(0,\pi).$$

3.3.6　复合函数的连续性

定理 3.3.4　若 $y=f(x)$ 在 x_0 连续，$z=g(y)$ 在 $y_0=f(x_0)$ 连续，则 $z=g\circ f(x)$ 在 x_0 连续，即内外两个函数都是连续函数时，复合函数才连续.
（证明留给读者完成）

例 3.3.5　对于任意实数 α，幂函数 $f(x)=x^{\alpha}$ 在 $(0,+\infty)$ 上连续.

解：事实上，幂函数 $f(x)=x^{\alpha}$ 是由 $f(x)=x^{\alpha}=e^{\alpha\ln x}$，$x\in(0,+\infty)$ 定义的，即它是由 $y=e^{u}$，$u\in(-\infty,+\infty)$ 与 $u=\alpha\ln x$，$x\in(0,+\infty)$ 复合而成的. 根据复合函数的连续性，则 $f(x)=x^{\alpha}$ 在 $(0,+\infty)$ 上连续.

3.3.7　初等函数的连续性

任何初等函数在其自然定义区域内是连续的，它的连续性为我们计算极限提供了很多方便.

命题　若 $\lim\limits_{x\to x_0}f(x)=\alpha>0$，$\lim\limits_{x\to x_0}g(x)=\beta$，则 $\lim\limits_{x\to x_0}(f(x))^{g(x)}=\alpha^{\beta}$.

证明：因为 $f(x)^{g(x)}=e^{g(x)\ln f(x)}$，利用连续函数的性质，$\lim\limits_{x\to x_0}(f(x))^{g(x)}=\alpha^{\beta}$.

例 3.3.6　计算极限 $\lim\limits_{x\to0}(\cos x)^{\frac{1}{x^2}}$.

解：利用对数恒等式，有 $(\cos x)^{\frac{1}{x^2}}=e^{u}$，其中

$$u = g(x) = \frac{1}{x^2}\ln(\cos x)$$

$$= \frac{1}{x^2}\ln\left(1 - 2\sin^2\frac{x}{2}\right)$$

$$= \frac{2\sin^2\frac{x}{2}}{x^2}\ln\left(1 - 2\sin^2\frac{x}{2}\right)^{\frac{1}{2\sin^2\frac{x}{2}}}.$$

利用重要极限和对数函数的连续性，得

$$\lim_{x\to 0}g(x) = \lim_{x\to 0}\frac{2\sin^2\frac{x}{2}}{x^2}\ln\left(1 - 2\sin^2\frac{x}{2}\right)^{\frac{1}{2\sin^2\frac{x}{2}}}$$

$$= \frac{1}{2}\ln\frac{1}{e} = -\frac{1}{2},$$

再由指数函数 e^u 的连续性，得到

$$\lim_{x\to 0}(\cos x)^{\frac{1}{x^2}} = \lim_{u\to -\frac{1}{2}}e^u = \frac{1}{\sqrt{e}}.$$

习题 3.3

1. 按定义证明下列函数在定义域内连续：

(1) $y = \sin\frac{1}{x}$；　　　(2) $y = \sqrt{x}$.

2. 若函数 $f(x)$ 在点 x_0 连续，证明 $f^2(x)$ 和 $|f(x)|$ 在点 x_0 也连续. 反之，若 $f^2(x)$ 或者 $|f(x)|$ 在点 x_0 连续，能否推出 $f(x)$ 在点 x_0 连续？

3. 求复合函数 $f\circ g$ 的解析表达式，并讨论其连续性，其中 $f(x) = \mathrm{sgn}x$，$g(x) = (1-x^2)x$.

4. 利用函数连续性，求下列函数的极限：

(1) $\lim_{x\to 0}\frac{\ln(1+2x)}{\sin 3x}$；　　　(2) $\lim_{x\to 0}\left(\cot x - \frac{e^{2x}}{\sin x}\right)$；

(3) $\lim_{x\to\infty}\left(\frac{x+1}{x-1}\right)^x$；　　　(4) $\lim_{x\to a}\left(\frac{\sin x}{\sin a}\right)^{\frac{1}{x-a}}$.

5. 指出下列函数的间断点并说明类型：

(1) $y = \frac{\sin x}{|x|}$；　　　(2) $y = \mathrm{sgn}(\cos x)$；

(3) $y = \frac{x^2-x}{|x|(x^2-1)}$；　　　(4) $y = x\ln^n|x|$.

6. 讨论黎曼函数的连续性.

7. 设 $f(x) = \lim_{n\to\infty}\frac{x^{2n-1}+ax^2+bx}{x^{2n}+1}$，$-\infty < x < +\infty$ 为连续

函数，求 a，b.

8. 确定常数 a，b，使得函数 $f(x) = $

$$\begin{cases} \dfrac{\sin ax}{x}, & x>0, \\ 2, & x=0, \\ \dfrac{\ln(1-3x)}{bx}, & x<0 \end{cases}$$ 在点 $x=0$ 处连续.

9. 指出下列函数的间断点，并说明间断点的类型：

(1) $f(x) = \frac{1}{x^2-1}$；　　　(2) $f(x) = e^{\frac{1}{x-2}}$；

(3) $f(x) = \frac{1-\cos x}{x^2}$；　　　(4) $f(x) = \frac{2^{\frac{1}{x}}+1}{2^{\frac{1}{x}}-1}$；

(5) $f(x) = \left[\frac{1}{x}\right]$；

(6) $f(x) = \begin{cases} \dfrac{\sin x}{|x|}, & x\neq 0, \\ 1, & x=0. \end{cases}$

10. 试确定常数 a 和 b，使得下列函数在 $x=0$ 处连续：

$$(1)\ f(x)=\begin{cases}\arctan\dfrac{1}{x}, & x<0,\\ b, & x=0,\\ a+\sqrt{x+1}, & x>0;\end{cases}$$

$$(2)\ f(x)=\begin{cases}\dfrac{\sin ax}{x}, & x>0,\\ 2, & x=0,\\ \dfrac{1}{bx}\ln(1-3x), & x<0.\end{cases}$$

3.4 闭区间上连续函数的性质

连续函数是通过极限加以定义的,因此连续函数具有类似极限的一些性质:如局部有界性和局部保号性. 但是我们更关注的是闭区间上的连续函数的一些重要的性质,这些性质是开区间上连续函数不一定具有的,是今后学习的重要应用.

本节中,我们将利用关于实数集完备性的基本定理,来证明闭区间上连续函数的基本性质.

3.4.1 有界性定理

定理 3.4.1 若函数 $f(x)$ 在闭区间 $[a,b]$ 上连续,即 $f(x)\in C[a,b]$,则它在闭区间 $[a,b]$ 上有界.

证明:反证法,若 $f(x)$ 在 $[a,b]$ 上无界,则对任意的 $n\in\mathbf{Z}_+$,存在 $x_n\in[a,b]$,使 $|f(x_n)|>n$. 而数列 $\{x_n\}$ 有界,根据波尔查诺-魏尔斯特拉斯定理,存在收敛的子数列 $\{x_{n_k}\}$,设 $\lim\limits_{k\to\infty}x_{n_k}=x_0\in[a,b]$. 由于 $f(x)$ 在 $x_0\in[a,b]$ 上连续,故 $\lim\limits_{k\to\infty}f(x_{n_k})=f(x_0)$,根据极限的局部有界性,可知函数值数列 $\{f(x_{n_k})\}$ 有界,这与 $|f(x_n)|>n$ 矛盾,证毕.

注意 开区间上的连续函数不一定是有界的. 例如 $f(x)=\dfrac{1}{x}$ 在开区间 $(0,1)$ 上连续,但显然是无界的.

3.4.2 最值定理

定理 3.4.2 若函数 $f(x)$ 在闭区间 $[a,b]$ 上连续,则它在 $[a,b]$ 上有最大值和最小值,即存在 $c,d\in[a,b]$,对任意的 $x\in[a,b]$,有 $f(c)\leqslant f(x)\leqslant f(d)$. 其中,最小值 $m=f(c)$,最大值 $M=f(d)$.

证明:由于函数 $f(x)$ 在闭区间 $[a,b]$ 上连续,则 $f(x)$ 在 $[a,b]$ 上有界,其值域 $V(f)=\{f(x)\mid x\in[a,b]\}$ 为有界数集,根据确界

存在定理，值域 $V(f)$ 存在上、下确界，记 $m = \inf V(f)$，$M = \sup V(f)$，只需证明存在 c，$d \in [a,b]$，使得 $f(c) = m, f(d) = M$.

由于 $m = \inf V(f)$，根据下确界的定义，$\forall x \in [a,b], f(x) \geqslant m$ 并且 $\forall m' > m$，$\exists x' \in [a,b]$，使得 $f(x') < m'$. 于是对任意的正整数 n，取 $m' = m + \dfrac{1}{n} > m$，则存在 $x_n \in [a,b]$ 使得 $m \leqslant f(x_n) < m + \dfrac{1}{n}$，根据数列极限的夹逼定理，则 $\lim\limits_{n \to \infty} f(x_n) = m$，又因为 $x_n \in [a,b]$ 是有界数列，必存在收敛的子列 $\{x_{n_k}\}$，设 $\lim\limits_{k \to \infty} x_{n_k} = c \in [a,b]$，由于函数 $f(x)$ 在点 $c \in [a,b]$ 是连续的，所以 $\lim\limits_{k \to \infty} f(x_{n_k}) = f(c)$，又 $\lim\limits_{n \to \infty} f(x_n) = m$，可知 $f(c) = m$. 同理可以证明存在 $d \in [a,b]$，使得 $f(d) = M$.

注：（1）闭区间 $[a,b]$ 上的连续函数一定可以取得唯一的最大值和最小值.

（2）闭区间 $[a,b]$ 上的连续函数的值域 V_f 也是一有界的闭区间.

（3）开区间上的连续函数即使有界，也不一定能取到它的最大最小值，例如，$y = x$ 在开区间 $(0,1)$ 连续而且有界，且有上、下确界，即 $a = \inf\{f(x) \mid x \in (0,1)\} = 0$，$b = \sup\{f(x) \mid x \in (0,1)\} = 1$，然而，函数 $f(x)$ 在开区间 $(0,1)$ 上取不到最大值和最小值.

3.4.3　**零点存在定理**（根的存在定理）

定理 3.4.3　若函数 $f(x)$ 在闭区间 $[a,b]$ 上连续，且 $f(a)f(b) < 0$，则一定存在 $\xi \in (a,b)$，使得 $f(\xi) = 0$. 即方程 $f(x) = 0$ 在 (a,b) 内至少有一个根.

几何解释为：若点 $A(a, f(a))$ 与 $B(b, f(b))$ 分别在 x 轴的两侧，则连接 A，B 两点的曲线与 x 轴至少有一个交点.

证明：不妨设 $f(a) < 0$，$f(b) > 0$，令 $d = \dfrac{a+b}{2}$.

（1）若 $f(d) = 0$，则存在 $\xi = d$，证毕.

（2）若 $f(d) > 0$，记 $a_1 = a$，$b_1 = d$，若 $f(d) < 0$，记 $a_1 = d$，$b_1 = b$，这样就得到区间 $[a_1, b_1]$，其长度为 $\dfrac{b-a}{2}$，并且 $f(a_1) < 0$，$f(b_1) > 0$.

继续令 $d_1 = \dfrac{a_1 + b_1}{2}$，若 $f(d_1) = 0$，则存在 $\xi = d_1$，证毕. 若不然，就继续按照前面构造区间，记为 $[a_2, b_2]$，其长度为 $\dfrac{b-a}{2^2}$，并且有 $f(a_2) < 0$，$f(b_2) > 0$. 采用数学归纳法的想法，如果每次所取到的中点恰好都不是函数 $f(x)$ 的零点，则可构造一列闭区间列 $\{[a_n, b_n]\}_{n=1}^{\infty}$，满

足：①$[a_{n+1}, b_{n+1}] \subseteq [a_n, b_n]$；②$\lim\limits_{n\to\infty}(b_n - a_n) = \lim\limits_{n\to\infty}\dfrac{b-a}{2^n} = 0$；

③$f(a_n) < 0, f(b_n) > 0$. 于是有 $a \leqslant a_n \leqslant a_{n+1} < b_{n+1} \leqslant b_n \leqslant b$，可知数列 $\{a_n\}$ 单调增加有上界，$\{b_n\}$ 单调减少有下界，所以收敛. 根据闭区间套定理，则存在 $\xi \in (a, b)$，使得 $\lim\limits_{n\to\infty}a_n = \lim\limits_{n\to\infty}b_n = \xi$. 下面再证 $\xi \in (a, b)$，事实上，$a_n \leqslant b \Rightarrow \xi \leqslant b$，$b_n \geqslant a \Rightarrow \xi \geqslant a$，所以 $\xi \in [a, b]$. 又因为 $f(x)$ 在点 ξ 连续，于是有 $f(\xi) = \lim\limits_{n\to\infty}f(a_n) = \lim\limits_{n\to\infty}f(b_n)$. 因为 $f(a_n) < 0$, $f(b_n) > 0$，于是 $f(\xi) \leqslant 0$ 且 $f(\xi) \geqslant 0$，因此 $f(\xi) = 0$，又 $\xi \neq a$, $\xi \neq b$，所以 $\xi \in (a, b)$.

定理 3.4.4 （介值定理） 设函数 $f(x)$ 在闭区间 $[a, b]$ 上连续，且 $f(a) \neq f(b)$. 若 μ 是介于 $f(a)$ 与 $f(b)$ 之间的任何实数，则至少存在一点 $x_0 \in (a, b)$，使得 $f(x_0) = \mu$.

证明：构造辅助函数 $\varphi(x) = f(x) - \mu$，因为函数 $f(x)$ 在闭区间 $[a, b]$ 上连续，且 $\varphi(a)\varphi(b) < 0$，根据零点存在定理，存在 $x_0 \in (a, b)$，使 $\varphi(x_0) = f(x_0) - \mu = 0$，证毕.

例 3.4.1 设函数 $f(x)$ 在闭区间 $[a, b]$ 上连续，且 $f([a, b]) \subset [a, b]$，则存在 $\xi \in (a, b)$，使 $f(\xi) = \xi$.

证明：构造辅助函数 $F(x) = f(x) - x$，则 $F(x)$ 在 $[a, b]$ 上连续，因为 $f([a, b]) \subset [a, b]$，所以 $F(a) \geqslant 0$, $F(b) \leqslant 0$. 若 $F(a) = 0$，则存在 $\xi = a$；若 $F(b) = 0$，则存在 $\xi = b$；若 $F(a) > 0$，$F(b) < 0$，则由零点定理，必存在 $\xi \in (a, b)$，使得 $F(\xi) = f(\xi) - \xi = 0$，即 $f(\xi) = \xi$.

注意 本例子中的闭区间不能改为开区间，例如 $f(x) = \dfrac{x}{2}$ 在开区间 $(0, 1)$ 上连续，且 $f((0, 1)) \subset (0, 1)$，然而函数在开区间中没有零点.

3.4.4 一致连续性

在前面学过，函数 $f(x)$ 在某个区间 I 上连续，是指 $f(x)$ 在区间 I 上的每一点都连续. 需要注意的是，$\delta > 0$ 与 ε 和点 x_0 都有关. 这样自然会提出一个问题：对任意给定的 $\varepsilon > 0$，能否找到一个只与 ε 有关，而对于区间 I 上一切点都适用的 $\delta = \delta(\varepsilon) > 0$，即对区间 I 上任意两个点 x', x''，只要满足 $|x' - x''| < \delta(\varepsilon)$，就能保证不等式 $|f(x') - f(x'')| < \varepsilon$ 成立？这一问题既与所讨论的函数有关，也与讨论的区间有关. 本部分在"逐点连续"的基础上，给出在区间

上更强的、整体性的连续性.

> **定义 3.4.1　（一致连续）**　设函数 $y=f(x)$ 定义在区间 I 上, 若对于任意给定的 $\varepsilon>0$, 存在 $\delta>0$, 对于任意的 x', $x''\in I$, 只要 $|x'-x''|<\delta$, 就成立 $|f(x')-f(x'')|<\varepsilon$, 则称函数在区间 I 上一致连续.

　　注:（1）函数 $f(x)$ 在区间 I 上一致连续 $\Rightarrow f(x)$ 在区间 I 上连续. 至于逆命题, 就不一定成立.

　　（2）"逐点连续"为局部性质, 其中的 δ 与连续点的位置有关; "一致连续"为函数的整体性质, 其中的 δ 相对于函数的整个区间而言是统一的, 与点无关.

　　$f(x)$ 在 I 上连续, 符号表述为

$$\forall x_0\in I,\ \forall\varepsilon>0,\ \exists\delta>0,\ \forall x\in I(|x-x_0|<\delta):|f(x)-f(x_0)|<\varepsilon;$$

　　$f(x)$ 在 I 上一致连续, 符号表述为

$$\forall\varepsilon>0,\ \exists\delta>0,\ \forall x',\ x''\in I(|x'-x''|<\delta):|f(x')-f(x'')|<\varepsilon.$$

　　（3）$f(x)$ 在 I 上一致连续 $\Leftrightarrow$

$$\forall\varepsilon>0,\ \forall 数列\{x_n^{(1)}\},\ \{x_n^{(2)}\}\in I(\lim_{n\to\infty}(x_n^{(1)}-x_n^{(2)})=0):|f(x_n^{(1)})-f(x_n^{(2)})|<\varepsilon;$$

　　$f(x)$ 在 I 上不一致连续 $\Leftrightarrow$

$$\exists\varepsilon_0>0,\ \exists 数列\{x_n^{(1)}\},\ \{x_n^{(2)}\}\in I(\lim_{n\to\infty}(x_n^{(1)}-x_n^{(2)})=0):|f(x_n^{(1)})-f(x_n^{(2)})|\geqslant\varepsilon_0.$$

　　对于大部分函数, 要精确解出在整个区间与点无关的 $\delta(\varepsilon)$ 是非常困难的, 因此这里给出的充分必要条件为判断不一致连续提供了便利.

　　（4）若存在 $L>0$, 对任意的 x', $x''\in I$ 都有 $|f(x')-f(x'')|\leqslant L|x'-x''|$, 则称函数 $f(x)$ 在 I 上满足利普希茨(Lipschitz)条件(或称函数在 I 上利普希茨连续).

　　满足利普希茨条件的函数在区间 I 上必一致连续. 事实上, 对

$$\forall\varepsilon>0,\ 取\ \delta=\frac{\varepsilon}{L},\ 当\ |x'-x''|<\delta\ 时,\ 有\ |f(x')-f(x'')|<\varepsilon.$$

> **例 3.4.2**　$f(x)=\sin x$ 在 $(-\infty,+\infty)$ 上处处连续, 且一致连续.

　　证明: 对 $\forall x'$, $x''\in(-\infty,+\infty)$, $|\sin x'-\sin x''|=2\left|\cos\dfrac{x'+x''}{2}\sin\dfrac{x'-x''}{2}\right|\leqslant|x'-x''|$, 于是 $\sin x$ 在 $(-\infty,+\infty)$ 上满足利普希茨条件, 所以 $\sin x$ 在 $(-\infty,+\infty)$ 上一致连续.

例 3.4.3 $f(x) = \dfrac{1}{x}$ 在 $(0,1)$ 上连续，但不一致连续.

证明：取 $\varepsilon_0 = 1$，$x_n^{(1)} = \dfrac{1}{n}$，$x_n^{(2)} = \dfrac{1}{n+1}$，则 $\lim\limits_{n \to \infty}\left(x_n^{(1)} - x_n^{(2)}\right) = 0$，

但是 $\left|\dfrac{1}{x_n^{(1)}} - \dfrac{1}{x_n^{(2)}}\right| = 1$，所以 $f(x) = \dfrac{1}{x}$ 在 $(0,1)$ 上不一致连续. $\left(\text{事实上，这里也可以取 } x_n^{(1)} = \dfrac{1}{2n}, x_n^{(2)} = \dfrac{1}{n}.\right)$

本例子中，若将开区间 $(0,1)$ 改成闭区间 $[c,1]$，$c > 0$，则 $f(x) = \dfrac{1}{x}$ 在闭区间 $[c,1]$ 上是一致连续的. 这是因为 $\left|\dfrac{1}{x'} - \dfrac{1}{x''}\right| = \dfrac{|x' - x''|}{x'x''} \leqslant \dfrac{|x' - x''|}{c^2}$，满足利普希茨条件.

从上面的例子可以看出，无限区间和有限的开区间上的连续函数不一定一致连续，那么有限闭区间上的连续函数是否一定是一致连续的？下面给出康托尔定理.

定理 3.4.5 （康托尔定理）   若函数 $f(x)$ 在闭区间 $[a,b]$ 上连续，则 $f(x)$ 在闭区间 $[a,b]$ 上一致连续.

证明：采用反证法，假设函数 $f(x)$ 在闭区间 $[a,b]$ 上不一致连续. 则 $\exists \varepsilon_0 > 0$，$\{x_n^{(1)}\}$，$\{x_n^{(2)}\} \in [a,b]$，满足 $\lim\limits_{n \to \infty}(x_n^{(1)} - x_n^{(2)}) = 0$，且 $|f(x_n^{(1)}) - f(x_n^{(2)})| \geqslant \varepsilon_0$.

因为数列 $\{x_n^{(1)}\}$ 有界，由波尔查诺-魏尔斯特拉斯定理，存在收敛的子数列 $\{x_{n_k}^{(1)}\}$，$\lim\limits_{k \to \infty} x_{n_k}^{(1)} = x_0 \in [a,b]$，同样在点列 $\{x_n^{(2)}\}$ 中，也存在收敛的子数列 $\{x_{n_k}^{(2)}\}$，有 $\lim\limits_{k \to \infty} x_{n_k}^{(2)} = \lim\limits_{k \to \infty}[x_{n_k}^{(1)} - (x_{n_k}^{(1)} - x_{n_k}^{(2)})] = x_0 - 0 = x_0$. 由于 $f(x)$ 在点 $x_0 \in [a,b]$ 上连续，则 $\lim\limits_{k \to \infty} f(x_{n_k}^{(1)}) = f(x_0)$，且 $\lim\limits_{k \to \infty} f(x_{n_k}^{(2)}) = f(x_0)$，于是 $\lim\limits_{k \to \infty} |f(x_{n_k}^{(2)}) - f(x_{n_k}^{(1)})| = 0$，这与 $|f(x_n^{(1)}) - f(x_n^{(2)})| \geqslant \varepsilon_0$ 矛盾. 证毕.

既然有限开区间 (a,b) 上的连续函数不一定一致连续，那么要具备怎样的条件，才能保证它在开区间 (a,b) 上一致连续呢？

定理 3.4.6   函数 $f(x)$ 在有限开区间 (a,b) 内连续，则函数在 (a,b) 上一致连续的充分必要条件是：右极限 $\lim\limits_{x \to a^+} f(x)$ 和左极限 $\lim\limits_{x \to b^-} f(x)$ 都存在.

证明：充分性. 若右极限 $\lim\limits_{x \to a^+} f(x)$ 和左极限 $\lim\limits_{x \to b^-} f(x)$ 都存

在，令

$$F(x)=\begin{cases}\lim\limits_{x\to a^+}f(x), & x=a,\\ f(x), & a<x<b,\\ \lim\limits_{x\to b^-}f(x), & x=b,\end{cases}$$

则 $F(x)$ 在闭区间 $[a,b]$ 上连续，由康托尔定理，$F(x)$ 在闭区间 $[a,b]$ 上一致连续，由于 $(a,b)\subset[a,b]$，显然，定义域缩小时，其一致连续性仍然保持，所以 $f(x)$ 在有限开区间 (a,b) 上一致连续.

必要性. 设函数 $f(x)$ 在开区间 (a,b) 上一致连续，则 $\forall\varepsilon>0$，$\exists\delta>0$，$\forall x'$，$x''\in(a,b)$，当 $|x'-x''|<\delta$ 时，$|f(x')-f(x'')|<\varepsilon$. 由于当 x_1，$x_2\in(a,\delta)$ 或者 x_1，$x_2\in(\delta,b)$ 时，有 $|x_1-x_2|<\delta$，则 $|f(x_1)-f(x_2)|<\varepsilon$，根据函数极限的柯西收敛原理，可得右极限 $\lim\limits_{x\to a^+}f(x)$ 和左极限 $\lim\limits_{x\to b^-}f(x)$ 都存在.

注：此定理不适用于无限开区间的情况. 例如：$f(x)=\sin x$ 在 $(-\infty,+\infty)$ 上是一致连续的，但是 $f(+\infty)$ 和 $f(-\infty)$ 都不存在.

最后值得指出的是，本节中给出的闭区间上连续函数的重要的分析性质：有界性定理、最值定理、零点存在定理、介值定理、一致连续定理（康托尔定理）. 在证明这 5 个定理时，采用了确界存在定理、闭区间套定理、波尔查诺-魏尔斯特拉斯定理和柯西收敛原理. 事实上，由于实数集的 5 个基本定理是等价的，所以在理论上，可以采用从实数集的连续性中的任何一个定理来证明上述的闭区间上连续函数的任意一个性质.

历史注记

微积分创立初期，牛顿和莱布尼茨认为变量是在连续不断地变动着，他们通过"无穷小"或者"瞬"来描述变量变化的连续性. 这些观念是模糊的，一直到 19 世纪，连续性的严格性描述才通过实数的连续性（或者完备性）建立，在这个过程中，柯西、魏尔斯特拉斯、波尔查诺、戴德金、康托尔、达布等人做出了重要贡献. 总之，19 世纪数学家们关于实数集的连续性和连续函数的性质的研究，为分析学奠定了坚实的逻辑基础.

与气候一起变化：发展

习题 3.4

1. 设函数 $f(x)$ 在 $[a,+\infty)$ 上连续，且 $\lim\limits_{x\to+\infty}f(x)$ 存在（有限数），证明：$f(x)$ 在 $[a,+\infty)$ 上有界.

2. 设函数 $f(x)$ 在 $[0,2a]$ 上连续，且 $f(0)=f(2a)$. 证明：在 $[0,a]$ 上至少存在一点 ξ，使得

$f(\xi)=f(x+a)$.

3. 设 $f(x)$ 在 $[a,+\infty)$ 上连续, 且 $\lim\limits_{x\to+\infty} f(x)$ 存在. 证明: $f(x)$ 在 $[a,+\infty)$ 上一致连续.

4. 证明函数:

(1) $f(x)=x^2$ 在 $[a,b]$ 上一致连续, 但在 $(-\infty, +\infty)$ 上不一致连续;

(2) $f(x)=\ln x$ 在 $[1,+\infty)$ 上一致连续;

(3) $f(x)=\sin\dfrac{1}{x}$ 在 $(0,1)$ 上不一致连续, 但在 $(a,1)(a>0)$ 上一致连续.

5. 证明方程 $x^3+px+q=0\,(p>0)$ 有且仅有一个实根.

6. 利用区间套定理证明闭区间上连续函数的有界性定理.

7. 证明: 若函数 $f(x)$ 在有限开区间 (a,b) 上一致连续, 则 $f(x)$ 在 (a,b) 上有界.

8. 证明: 若函数 $f(x)$ 在 $[a,b]$ 上连续, 且无零点, 则 $f(x)$ 在 $[a,b]$ 上恒正或者恒负.

9. 设函数 $f(x)$ 在 $[a,b]$ 上连续, $a\leqslant x_1<x_2<\cdots< x_n\leqslant b$. 证明: 在 $[a,b]$ 中存在 ξ, 使得:

(1) $f(\xi)=\dfrac{f(x_1)+f(x_2)+\cdots+f(x_n)}{n}$;

(2) $f(\xi)=\lambda_1 f(x_1)+\lambda_2 f(x_2)+\cdots+\lambda_n f(x_n)$, 其中 $\lambda_i>0\,(i=1,2,\cdots,n)$, 且满足 $\lambda_1+\lambda_2+\cdots+\lambda_n=1$.

10. 设 $y=f(x)$ 在 $[a,+\infty)$ 上连续, 并且 $\lim\limits_{x\to+\infty} f(x)=l$, 且 $l>f(a)$. 证明: 对于任一数 $\eta:f(a)<\eta<l$, 一定存在一个点 $\xi\in(a,+\infty)$, 使得 $f(\xi)=\eta$.

11. 证明方程 $x=a\sin x+b$ (其中 $a>0$, $b>0$) 至少有一个正根, 并且它不超过 $a+b$.

12. 设函数 $f(x)$ 对于区间 $[a,b]$ 上的任意两点 x, y, 恒有

$$|f(x)-f(y)|\leqslant L|x-y|,$$

其中 L 为常数. 证明: $f(x)$ 在 $[a,b]$ 上连续.

第 4 章
导数与微分

4.1 导数的概念

位移函数 $s(t)$ 是现实生活中一个很重要的物理量，我们经常用一段时间 $[t, t+\Delta t]$ 内的位移改变量 $\Delta s = s(t+\Delta t) - s(t)$ 与时间改变量 Δt 的比表示这段时间内的平均速度

$$\bar{v} = \frac{\Delta s}{\Delta t}.$$

一个自然而然的问题就是如果在这段时间内能明显感觉到速度的差异或平均速度精度达不到我们需要的话，自然会有考虑更小时间段内平均速度的需求. 特别是在关键时间段内，例如在研究车辆加速性能或制动性能的过程中，我们就要求这个时间段越小越好，甚至希望得到所谓的瞬时速度 $v(t)$，即在充分小时间段内的平均速度. 而这个充分小时间段经常用时间段趋于 0 时的极限来代替

$$v(t) = \lim_{\Delta t \to 0} \frac{\Delta s}{\Delta t},$$

如果这个极限存在的话. 这种瞬时变化率在现实生活中非常常见，例如用加速度 $a(t)$ 表示单位时间内速度 $v(t)$ 的（瞬时）改变量，电流 $i(\iota)$ 表示单位时间内流过的电量 $q(t)$ 等. 这种用平均变化率的极限表示瞬时变化率的思想非常重要，这就是本章的导数研究的内容.

4.1.1 导数的定义

定义 4.1.1 设函数 $y = f(x)$ 在点 x_0 附近（某邻域内）有定义，考虑因变量的增量 $\Delta y = f(x_0 + \Delta x) - f(x_0)$ 与自变量的增量 Δx 之比的极限

$$\lim_{\Delta x \to 0} \frac{\Delta y}{\Delta x} = \lim_{\Delta x \to 0} \frac{f(x_0 + \Delta x) - f(x_0)}{\Delta x},$$

如果该极限存在，则称函数 $y=f(x)$ 在点 x_0 可导，称该极限为函数 $y=f(x)$ 在点 x_0 处的导数或微商，记作（拉格朗日导数记法）

$$y'(x_0), f'(x_0)$$

或（莱布尼茨微商记法）

$$\frac{\mathrm{d}y}{\mathrm{d}x}\bigg|_{x_0}, \quad \frac{\mathrm{d}f}{\mathrm{d}x}(x_0).$$

反之，如果该极限不存在，则称函数 $y=f(x)$ 在点 x_0 不可导.

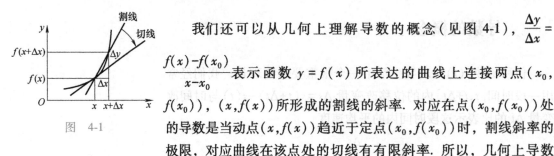

图 4-1

我们还可以从几何上理解导数的概念（见图 4-1），$\frac{\Delta y}{\Delta x} = \frac{f(x)-f(x_0)}{x-x_0}$ 表示函数 $y=f(x)$ 所表达的曲线上连接两点 $(x_0, f(x_0))$，$(x, f(x))$ 所形成的割线的斜率. 对应在点 $(x_0, f(x_0))$ 处的导数是当动点 $(x, f(x))$ 趋近于定点 $(x_0, f(x_0))$ 时，割线斜率的极限，对应曲线在该点处的切线有有限斜率. 所以，几何上导数表示曲线切线的斜率.

4.1.2 导函数与基本初等函数的导函数

设函数 $y=f(x)$ 在开区间 I 内每一点都可导，则称 f 在区间 I 上可导（区间 I 上的可导函数）. 对区间 I 上任一点 x，都对应函数 $f(x)$ 的导数值 $f'(x)$，这种对应关系构成了一个区间 I 上的函数关系，这个函数关系称为函数 $f(x)$ 在区间 I 上的导函数（或导数），记作

$$y', f' \text{ 或 } \frac{\mathrm{d}y}{\mathrm{d}x}, \frac{\mathrm{d}f}{\mathrm{d}x}.$$

基本初等函数是我们研究微积分的基础，下面从基本初等函数的导函数开始介绍. 研究函数 $y=f(x)$ 在点 x 处的导数，只需选取自变量的增量 Δx 以及由此产生的因变量的增量 $\Delta y = f(x+\Delta x) - f(x)$，计算比值并求 $\Delta x \to 0$ 时的极限即可.

例 4.1.1 给定常数 C，求函数 $y=C$，$x \in (-\infty, +\infty)$ 的导数.

解：给定点 $x_0 \in (-\infty, +\infty)$，对任意 $\Delta x \neq 0$，

$$\Delta y = y(x_0 + \Delta x) - y(x_0) = C - C = 0,$$

所以

$$\lim_{\Delta x \to 0} \frac{\Delta y}{\Delta x} = \lim_{\Delta x \to 0} \frac{0}{\Delta x} = 0,$$

故 $y'(x_0) = 0, \forall x_0 \in (-\infty, +\infty)$.

例 4.1.2　求函数 $y = x^2$，$x \in (-\infty, +\infty)$ 的导数.

解：给定点 $x_0 \in (-\infty, +\infty)$，对任意 $\Delta x \neq 0$，

$$\Delta y = (x_0 + \Delta x)^2 - x_0^2 = 2x_0 \Delta x + (\Delta x)^2,$$

所以

$$\lim_{\Delta x \to 0} \frac{\Delta y}{\Delta x} = \lim_{\Delta x \to 0} \frac{2x_0 \Delta x + (\Delta x)^2}{\Delta x} = \lim_{\Delta x \to 0} (2x_0 + \Delta x) = 2x_0,$$

故

$$y'(x_0) = 2x_0, \forall x_0 \in (-\infty, +\infty).$$

例 4.1.3　求函数 $y = \dfrac{1}{x}(x \neq 0)$ 的导数.

解：给定点 $x_0 \neq 0$，对任意 $\Delta x \neq 0$，有

$$\Delta y = \frac{1}{x_0 + \Delta x} - \frac{1}{x_0} = \frac{-\Delta x}{(x_0 + \Delta x)x_0},$$

所以

$$\lim_{\Delta x \to 0} \frac{\Delta y}{\Delta x} = \lim_{\Delta x \to 0} \frac{-1}{(x_0 + \Delta x)x_0} = -\frac{1}{x_0^2},$$

故

$$y'(x_0) = -\frac{1}{x_0^2}, \forall x_0 \in (-\infty, +\infty).$$

例 4.1.4　求函数 $y = x^\lambda(\lambda \neq 0)$，$x \in (0, +\infty)$ 的导数.

解：给定点 $x_0 > 0$，对任意 $\Delta x \neq 0$（满足 $x_0 + \Delta x > 0$），

$$\Delta y = (x_0 + \Delta x)^\lambda - x_0^\lambda = x_0^\lambda \left[\left(1 + \frac{\Delta x}{x_0} \right)^\lambda - 1 \right],$$

利用等价无穷小量：$(1 + t)^\lambda - 1 \sim \lambda t(t \to 0)$，

得

$$\lim_{\Delta x \to 0} \frac{\Delta y}{\Delta x} = \lim_{\Delta x \to 0} \frac{\lambda x_0^{\lambda-1} \Delta x}{\Delta x} = \lambda x_0^{\lambda-1},$$

故

$$y'(x_0) = \lambda x_0^{\lambda-1}, \forall x_0 \in (0, +\infty).$$

例 4.1.5　求函数 $y = e^x$，$x \in (-\infty, +\infty)$ 的导数.

解：给定点 $x_0 \in (-\infty, +\infty)$，对任意 $\Delta x \neq 0$

$$\Delta y = e^{x_0 + \Delta x} - e^{x_0} = e^{x_0}(e^{\Delta x} - 1),$$

利用等价无穷小量 $e^t - 1 \sim t(t \to 0)$，

得

$$\lim_{\Delta x \to 0} \frac{\Delta y}{\Delta x} = \lim_{\Delta x \to 0} \frac{e^{x_0}(e^{\Delta x} - 1)}{\Delta x} = e^{x_0},$$

故

$$y'(x_0) = e^{x_0}, \forall x_0 \in (-\infty, +\infty).$$

类似地，对任意 $a > 0$ 且 $a \neq 1$，利用 $a^t - 1 \sim t \ln a(t \to 0)$，可以得到

$$(a^x)' = a^x \ln a, x \in (-\infty, +\infty).$$

例 4.1.6　求函数 $y = \ln x(x > 0)$ 的导数.

解：给定点 $x_0 > 0$，对任意 $\Delta x \neq 0$（满足 $x_0 + \Delta x > 0$），

$$\Delta y = \ln(x_0 + \Delta x) - \ln x_0 = \ln\frac{x_0 + \Delta x}{x_0} = \ln\left(1 + \frac{\Delta x}{x_0}\right),$$

利用等价无穷小量 $\ln(1+t) \sim t(t \to 0)$,

得
$$\lim_{\Delta x \to 0}\frac{\Delta y}{\Delta x} = \lim_{\Delta x \to 0}\frac{\ln\left(1 + \dfrac{\Delta x}{x_0}\right)}{\Delta x} = \frac{1}{x_0},$$

故
$$y'(x_0) = \frac{1}{x_0}, \forall x_0 > 0.$$

类似地，对任意 $a > 0$ 且 $a \neq 1$，利用

$$\log_a x = \frac{\ln x}{\ln a} \text{ 及 } \log_a(1+t) \sim \frac{t}{\ln a}(t \to 0),$$

可以得到

$$(\log_a x)' = \frac{1}{x \ln a}(x > 0).$$

例 4.1.7　　求函数 $y = \sin x,\ x \in (-\infty, +\infty)$ 的导数.

解： 给定点 $x_0 \in (-\infty, +\infty)$，对任意 $\Delta x \neq 0$，

$$\Delta y = \sin(x_0 + \Delta x) - \sin x_0 = 2\cos\left(x_0 + \frac{\Delta x}{2}\right)\sin\frac{\Delta x}{2},$$

利用等价无穷小量　　　　$\sin t \sim t(t \to 0)$,

得
$$\lim_{\Delta x \to 0}\frac{\Delta y}{\Delta x} = \lim_{\Delta x \to 0}\frac{2\cos\left(x_0 + \dfrac{\Delta x}{2}\right)\sin\dfrac{\Delta x}{2}}{\Delta x} = \cos x_0,$$

故
$$y'(x_0) = \cos x_0, \forall x_0 \in (-\infty, +\infty).$$

类似地，可以得到

$$(\cos x)' = -\sin x, x \in (-\infty, +\infty).$$

综上，我们可以得到基本初等函数的导函数公式：

$$(C)' = 0, \quad (x^n)' = nx^{n-1}, \quad (x^\lambda)' = \lambda x^{\lambda - 1},$$

$$(e^x)' = e^x, \quad (a^x)' = a^x \ln a(a > 0, a \neq 1),$$

$$(\sin x)' = \cos x, \quad (\cos x)' = -\sin x,$$

$$(\ln x)' = \frac{1}{x}, \quad (\log_a x)' = \frac{1}{x \ln a}(a > 0, a \neq 1).$$

4.1.3　可导函数的性质

导数作为一个极限，我们可以运用极限的性质来研究导数的性质.

1. 可导与连续的关系

设函数 $y = f(x)$ 在点 x 可导，即存在极限

$$\lim_{\Delta x \to 0}\frac{\Delta y}{\Delta x} = \lim_{\Delta x \to 0}\frac{f(x + \Delta x) - f(x)}{\Delta x} = f'(x).$$

显然

$$\lim_{\Delta x \to 0} \Delta y = \lim_{\Delta x \to 0} \frac{\Delta y}{\Delta x} \Delta x = f'(x) \times 0 = 0,$$

得函数 $y=f(x)$ 在点 x 连续，即存在极限

$$\lim_{\Delta x \to 0} f(x+\Delta x) = f(x).$$

因此，可以得到可导与连续的关系.

定理 4.1.1　设函数 $y=f(x)$ 在点 x 可导，则函数 $y=f(x)$ 在点 x 连续.

例 4.1.8　研究函数

$$f(x) = \begin{cases} x\sin \dfrac{1}{x}, & x \neq 0, \\ 0, & x = 0 \end{cases}$$

在点 $x=0$ 处的连续性与可导性.

解：在点 $x=0$ 处，对任意 $\Delta x \neq 0$，

$$\Delta y = f(\Delta x) - f(0) = \Delta x \sin \frac{1}{\Delta x}.$$

注意到

$$\lim_{\Delta x \to 0} \Delta y = \lim_{\Delta x \to 0} \Delta x \sin \frac{1}{\Delta x} = 0.$$

故函数 $f(x)$ 在点 $x=0$ 处连续. 又

$$\lim_{\Delta x \to 0} \frac{\Delta y}{\Delta x} = \lim_{\Delta x \to 0} \frac{\Delta x \sin \dfrac{1}{\Delta x}}{\Delta x} = \lim_{\Delta x \to 0} \sin \frac{1}{\Delta x}$$

不存在，即函数在点 $x=0$ 处不可导.

如图 4-2 所示，函数图像上的动点 $(x,f(x))$ 在趋近于点 $(0,0)$ 时，与 $(0,0)$ 连接的割线没有一个稳定的极限状态，而是呈现一种剧烈摆动.

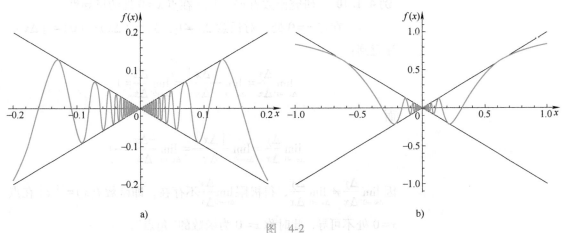

a)　　　　　　　　　　　b)

图　4-2

例 4.1.9　　研究函数 $y=x^{\frac{1}{3}}$ 在 $x=0$ 处的导数.

解：根据导数的定义，$\lim\limits_{\Delta x\to 0}\dfrac{f(\Delta x)-f(0)}{\Delta x-0}=\lim\limits_{\Delta x\to 0}\dfrac{1}{\sqrt[3]{(\Delta x)^2}}=\infty$，则

$y=x^{\frac{1}{3}}$ 在点 $x=0$ 不可导. 此时称函数在点 $x=0$ 处有"无穷导数".

注意，函数 $y=f(x)$ 在点 x_0 可导，则必在点 x_0 连续，反之未必. 同时也只能保证在点 x_0 处连续，其他点不能保证. 例如，函数 $f(x)=x^2 D(x)$，其中 $D(x)$ 为狄利克雷函数. 可以验证 $f(x)$ 在点 $x_0=0$ 可导，而在其他任何点处不连续.

另外，存在处处连续，但处处不可导的函数. 魏尔斯特拉斯曾利用级数理论给出过例子 $f(x)=\sum\limits_{n=0}^{\infty}a^n\sin(b^n x)\ (0<a<1<b,ab>1)$，其示意图如图 4-3 所示，关于魏尔斯特拉斯函数"处处连续处处不可导"的证明过程不再赘述.

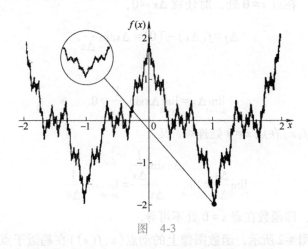

图　4-3

2. 单侧导数

例 4.1.10　　研究函数 $f(x)=|x|$ 在点 $x=0$ 处的可导性.

解：在点 $x=0$ 处，对任意 $\Delta x\neq 0$，$\Delta y=f(\Delta x)-f(0)=|\Delta x|$. 注意到：

$$\lim_{\Delta x\to 0^+}\frac{\Delta y}{\Delta x}=\lim_{\Delta x\to 0^+}\frac{|\Delta x|}{\Delta x}=\lim_{\Delta x\to 0^+}\frac{\Delta x}{\Delta x}=1,$$

而

$$\lim_{\Delta x\to 0^-}\frac{\Delta y}{\Delta x}=\lim_{\Delta x\to 0^-}\frac{|\Delta x|}{\Delta x}=\lim_{\Delta x\to 0^-}\frac{-\Delta x}{\Delta x}=-1,$$

因 $\lim\limits_{\Delta x\to 0^+}\dfrac{\Delta y}{\Delta x}\neq\lim\limits_{\Delta x\to 0^-}\dfrac{\Delta y}{\Delta x}$，得极限 $\lim\limits_{\Delta x\to 0}\dfrac{\Delta y}{\Delta x}$ 不存在，即函数 $f(x)=|x|$ 在点 $x=0$ 处不可导. 此时称 $x=0$ 为函数的"角点".

定义 4.1.2　（单侧导数）　设函数 $f(x)$ 在区间 $(a, x_0]$ 上有定义，有极限

$$\lim_{\Delta x \to 0^-} \frac{f(x_0 + \Delta x) - f(x_0)}{\Delta x}$$

存在，则称函数 $f(x)$ 在点 x_0 有左导数，该极限称为函数 $f(x)$ 在点 x_0 的左导数，记为

$$f'_-(x_0) = \lim_{\Delta x \to 0^-} \frac{f(x_0 + \Delta x) - f(x_0)}{\Delta x}.$$

设函数 $f(x)$ 在区间 $[x_0, b)$ 上有定义，有极限

$$\lim_{\Delta x \to 0^+} \frac{f(x_0 + \Delta x) - f(x_0)}{\Delta x}$$

存在，则称函数 $f(x)$ 在点 x_0 有右导数，该极限称为函数 $f(x)$ 在点 x_0 的右导数，记为

$$f'_+(x_0) = \lim_{\Delta x \to 0^+} \frac{f(x_0 + \Delta x) - f(x_0)}{\Delta x}.$$

定理 4.1.2　设函数 $f(x)$ 在点 x_0 附近有定义，则 $f(x)$ 在点 x_0 可导的充要条件是函数 $f(x)$ 在点 x_0 处有左、右导数，且 $f'_-(x_0) = f'_+(x_0)$.

例 4.1.11　研究函数

$$y = f(x) = \begin{cases} \pi(1 - \cos x), & x \geq 0, \\ x^2, & x < 0 \end{cases}$$

在点 $x = 0$ 处的可导性，如图 4-4 所示.

解：在点 $x = 0$ 处，任意 $\Delta x > 0$，$\Delta y = f(\Delta x) - f(0) = \pi(1 - \cos \Delta x)$，有

$$\lim_{\Delta x \to 0^+} \frac{\Delta y}{\Delta x} = \lim_{\Delta x \to 0^+} \frac{\pi(1 - \cos \Delta x)}{\Delta x} = \lim_{\Delta x \to 0^+} \frac{\pi \Delta x}{2} = 0.$$

对任意 $\Delta x < 0$，$\Delta y = f(\Delta x) - f(0) = (\Delta x)^2$，有

$$\lim_{\Delta x \to 0^-} \frac{\Delta y}{\Delta x} = \lim_{\Delta x \to 0^-} \frac{(\Delta x)^2}{\Delta x} = \lim_{\Delta x \to 0^-} \Delta x = 0.$$

故

$$\lim_{\Delta x \to 0^+} \frac{\Delta y}{\Delta x} = \lim_{\Delta x \to 0^-} \frac{\Delta y}{\Delta x} = 0 = f'(0).$$

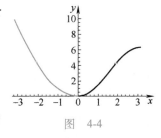

图　4-4

注：设函数 $y = f(x)$ 在闭区间 $[a, b]$ 内连续，如果在开区间 (a, b) 内每一点都可导，而在点 $x = a$ 有右导数，在点 $x = b$ 有左导数，则称函数 $f(x)$ 在闭区间 $[a, b]$ 上可导.

4.1.4   导数的几何意义

设函数 $y=f(x)$ 在点 $x=a$ 可导，曲线在该点处的切线斜率为 $f'(a)$，则切线方程为

$$y=f'(a)(x-a)+f(a).$$

也称该切线方程为函数 $y=f(x)$ 在点 $x=a$ 处的线性近似. 在曲线 $y=f(x)$ 上点 $(a,f(a))$ 外找一点 $(b,f(b))$，两点连线形成的割线方程

$$y=\frac{f(b)-f(a)}{b-a}(x-a)+f(a).$$

注意到，当 $b\to a$ 时，这条割线的斜率趋向于切线斜率

$$\frac{f(b)-f(a)}{b-a}\to f'(a),$$

即：切线的斜率是割线斜率的极限. 从直观上，可以把可导看作曲线有切线，且切线的斜率有限.

4.1.5   导数与数列极限的关系

根据函数极限的海涅定理，如果 $f(x)$ 在点 x_0 可导，则对任意的 $x_n\to x_0(x_n\neq x_0)$ 都有 $f'(x_0)=\lim\limits_{n\to\infty}\dfrac{f(x_n)-f(x_0)}{x_n-x_0}$，因此，可以利用导数求某些数列极限.

例 4.1.12   设曲线 $y=f(x)$ 在原点与 $y=\sin x$ 相切，求极限 $\lim\limits_{n\to\infty}nf\left(\dfrac{2}{n}\right)$.

解：根据曲线 $y=f(x)$ 在原点与 $y=\sin x$ 相切，则 $f(0)=0$，且

$$f'(0)=1.$$

由导数的定义，有

$$f'(0)=\lim\limits_{x\to 0}\frac{f(x)-f(0)}{x-0}=\lim\limits_{n\to\infty}\frac{f\left(\dfrac{2}{n}\right)-f(0)}{\dfrac{2}{n}-0}=1,$$

因此，有

$$\lim\limits_{n\to\infty}nf\left(\frac{2}{n}\right)=2.$$

历史注记

1. 早期导数概念

大约 1629 年，法国数学家费马研究了作曲线的切线和求函数

极值的方法. 1637 年他写了一篇手稿《求最大值与最小值的方法》，在该方法中考虑了比值 $\dfrac{f(x+\Delta x)-f(x)}{\Delta x}$，费马的方法已经接近导数的定义.

2. 广泛使用的"流数术"

17 世纪生产力的发展推动了自然科学和技术的发展，大数学家牛顿和莱布尼茨等从不同的角度系统研究了微积分. 牛顿的微积分理论被称为"流数术"，他称变量为流量，称变量的变化率为流数，相当于我们所说的导数.

3. 逐渐成熟的理论

1750 年达朗贝尔在为法国科学院出版的《百科全书》第 4 版写的"微分"条目中提出了关于导数的一种观点，可以用现代符号表示：$\dfrac{\mathrm{d}y}{\mathrm{d}x}=\lim\limits_{\Delta x\to 0}\dfrac{\Delta y}{\Delta x}$. 1823 年，柯西在他的《无穷小分析教程概论》中定义导数. 19 世纪 60 年代以后，魏尔斯特拉斯创造了"$\varepsilon\text{-}\delta$"语言，对微积分中出现的各种类型的极限重新表达，导数定义才有了如今教材里的形式.

习题 4.1

1. 用定义计算双曲正弦函数 $y=\sinh x=\dfrac{\mathrm{e}^x-\mathrm{e}^{-x}}{2}$ 和双曲余弦函数 $y=\cosh x=\dfrac{\mathrm{e}^x+\mathrm{e}^{-x}}{2}$ 的导数.

2. 求函数 $y=|x|^\alpha(\alpha\in\mathbf{R},\ \alpha\neq 0)$ 的导函数.

3. 求曲线 $y=\ln x$ 在点 $(1,0)$ 处的切线方程.

4. 设 $\alpha>0$，讨论函数 $y=\begin{cases}x^\alpha\sin\dfrac{1}{x}, & x\neq 0,\\ 0, & x=0\end{cases}$ 在点 $x=0$ 处的连续性和可导性.

5. 求曲线 $y=x^3$ 通过点 $(2,1)$ 的切线方程.

6. 求曲线 $y=\sqrt{x}$ 的一条切线，使该切线的斜率是其在 y 轴上截距的 2 倍.

7. 讨论下列函数在点 $x_0=0$ 处的可导性：

(1) $f(x)=\begin{cases}x^2, & x\geqslant 0,\\ x\mathrm{e}^x, & x<0;\end{cases}$

(2) $f(x)=\begin{cases}\ln(1+x), & x\geqslant 0,\\ x, & x<0.\end{cases}$

8. 设连续函数 $f(x)$ 满足 $\lim\limits_{x\to 2}\dfrac{f(x)}{x-2}=2$. 证明：$f(x)$ 在 $x=2$ 可导，并求 $f'(2)$.

9. 已知 $f'(0)=A$，求 $\lim\limits_{x\to 0}\dfrac{f(1-\cos 2x)-f(0)}{x^2}$.

10. 按定义证明：

(1) 可导偶函数的导函数是奇函数；

(2) 可导奇函数的导函数是偶函数；

(3) 可导周期函数的导函数是周期函数.

11. 设 $f(x)$ 在 x_0 可导，两趋于 0 的正数列 $\{\alpha_n\}$，$\{\beta_n\}$. 证明：
$$\lim_{n\to\infty}\frac{f(x_0+\alpha_n)-f(a-\beta_n)}{\alpha_n+\beta_n}=f'(x_0).$$

12. 求 a，b 的值，使函数
$$f(x)=\lim_{n\to\infty}\frac{x^2\mathrm{e}^{n(x-1)}+ax+b}{1+\mathrm{e}^{n(x-1)}}$$
在定义域内连续且可导.

13. 求 a，b 的值，使函数
$$f(x)=\begin{cases}a\arctan\dfrac{1}{x}, & x<0,\\ 1-\arcsin bx, & x\geqslant 0\end{cases}$$

在定义域内连续且可导.

14. 设函数 $f(x)$ 满足：

$$|f(x)-x| \leq 2x^2, \ \forall x \in [-1, \ 1].$$

证明：$f'(0)=1$.

15. 设 $f(x)$ 在点 x_0 处可导，讨论：$|f(x)|$ 在点 x_0 处的可导性.

16. 设 $f(x)$ 在点 x_0 处连续，讨论函数：$F(x)=|x-x_0|f(x)$ 在点 x_0 处的可导性.

17. 设 $f(x)$ 在点 x_0 处可导，$f(x_0) \neq 0$，求极限：

$$\lim_{x \to x_0} \left(\frac{f(x)}{f(x_0)} \right)^{\frac{1}{x-x_0}}.$$

18. 设函数 $f(x)$ 在 **R** 上有导函数 $f'(x)$，下面命题是否成立？

（1）若 $f(x)$ 是周期函数，则 $f'(x)$ 也是周期函数，并且与 $f(x)$ 有相同的周期. 其逆命题成立吗？

（2）若 $f(x)$ 是偶函数，则 $f'(x)$ 也是奇函数. 其逆命题成立吗？

4.2　导数的运算法则

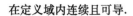

本节首先讨论导数的运算法则，主要包括导数的四则运算法则、复合函数求导法则，然后讨论反函数求导法则、隐函数求导法则以及参数方程决定的函数的求导法则.

4.2.1　导数的四则运算法则

定理 4.2.1 设函数 $f(x)$，$g(x)$ 在点 x 可导，则 $f(x)+g(x)$，$f(x)-g(x)$，$f(x)g(x)$ 也在点 x 可导；当 $g(x) \neq 0$ 时，$\dfrac{f(x)}{g(x)}$ 也在点 x 可导. 且

（1）$(f(x) \pm g(x))' = f'(x) \pm g'(x)$；

（2）$(f(x)g(x))' = f'(x)g(x) + f(x)g'(x)$；

（3）$\left(\dfrac{f(x)}{g(x)} \right)' = \dfrac{f'(x)g(x) - f(x)g'(x)}{g^2(x)}$.

证明：函数 $f(x)$，$g(x)$ 在点 x 可导，即有极限

$$\lim_{\Delta x \to 0} \frac{f(x+\Delta x)-f(x)}{\Delta x}=f'(x), \lim_{\Delta x \to 0} \frac{g(x+\Delta x)-g(x)}{\Delta x}=g'(x).$$

则（1）由极限的线性运算法则，可得

$$\lim_{\Delta x \to 0} \frac{(f \pm g)(x+\Delta x)-(f \pm g)(x)}{\Delta x}$$

$$=\lim_{\Delta x \to 0} \frac{[f(x+\Delta x)-f(x)] \pm [g(x+\Delta x)-g(x)]}{\Delta x}$$

$$=\lim_{\Delta x \to 0} \frac{f(x+\Delta x)-f(x)}{\Delta x} \pm \lim_{\Delta x \to 0} \frac{g(x+\Delta x)-g(x)}{\Delta x}$$

$$=f'(x) \pm g'(x),$$

即　　　　　　$(f(x) \pm g(x))' = f'(x) \pm g'(x)$.

（2）由 $g(x)$ 可导，则必连续，即存在极限 $\lim\limits_{\Delta x\to 0}g(x+\Delta x)=g(x)$.

$$\lim_{\Delta x\to 0}\frac{(f\cdot g)(x+\Delta x)-(f\cdot g)(x)}{\Delta x}=\lim_{\Delta x\to 0}\frac{f(x+\Delta x)g(x+\Delta x)-f(x)g(x)}{\Delta x}$$

$$=\lim_{\Delta x\to 0}\frac{f(x+\Delta x)g(x+\Delta x)-f(x)g(x+\Delta x)+f(x)g(x+\Delta x)-f(x)g(x)}{\Delta x}$$

$$=\lim_{\Delta x\to 0}\frac{f(x+\Delta x)-f(x)}{\Delta x}g(x+\Delta x)+\lim_{\Delta x\to 0}f(x)\frac{g(x+\Delta x)-g(x)}{\Delta x}$$

$$=f'(x)g(x)+f(x)g'(x),$$

即　　　　$(f(x)g(x))'=f'(x)g(x)+f(x)g'(x).$

（3）由 $g(x)$ 在点 x 可导，则必在点 x 连续，再由 $g(x)\neq 0$，可存在点 x 的小邻域 U，对任意 $x+\Delta x\in U$，都有 $g(x+\Delta x)\neq 0$.

$$\lim_{\Delta x\to 0}\frac{\left(\dfrac{f}{g}\right)(x+\Delta x)-\left(\dfrac{f}{g}\right)(x)}{\Delta x}$$

$$=\lim_{\Delta x\to 0}\frac{\dfrac{f(x+\Delta x)}{g(x+\Delta x)}-\dfrac{f(x)}{g(x)}}{\Delta x}$$

$$=\lim_{\Delta x\to 0}\frac{f(x+\Delta x)g(x)-f(x)g(x+\Delta x)}{g(x+\Delta x)g(x)\Delta x}$$

$$=\frac{1}{g^2(x)}\lim_{\Delta x\to 0}\frac{[f(x+\Delta x)g(x)-f(x)g(x)]-[f(x)g(x+\Delta x)-f(x)g(x)]}{\Delta x}$$

$$=\frac{1}{g^2(x)}\left[\lim_{\Delta x\to 0}\frac{f(x+\Delta x)-f(x)}{\Delta x}g(x)-\lim_{\Delta x\to 0}f(x)\frac{g(x+\Delta x)-g(x)}{\Delta x}\right]$$

$$=\frac{f'(x)g(x)-f(x)g'(x)}{g^2(x)},$$

即　　　　$\left(\dfrac{f(x)}{g(x)}\right)'=\dfrac{f'(x)g(x)-f(x)g'(x)}{g^2(x)}.$

由导数的四则运算法则可以直接得到以下推论：

推论 4.2.1　（导数的线性性质）　设函数 $f(x)$，$g(x)$ 在点 x 可导，α，β 为任意给定常数，则有

$$(\alpha f(x)\pm\beta g(x))'=\alpha f'(x)\pm\beta g'(x).$$

此推论可以推广到 n 个函数.

推论 4.2.2　设函数 $f(x)$ 在点 x 可导，且 $f(x)\neq 0$，则有

$$\left(\frac{1}{f(x)}\right)'=\frac{f'(x)}{f^2(x)}.$$

推论 4.2.3 设函数 $f(x)$，$g(x)$，$h(x)$ 在点 x 可导，则有
$$(fgh)' = f'gh + fg'h + fgh'.$$
此推论可以推广到任意有限个函数连乘的情形.

例 4.2.1 求函数 $y = a_0 x^n + a_1 x^{n-1} + \cdots + a_n$ 的导数.

解：由导数的线性性质，得
$$y'(x) = a_0(x^n)' + a_1(x^{n-1})' + \cdots + a_{n-1}(x)'$$
$$= a_0 n x^{n-1} + a_1(n-1)x^{n-2} + \cdots + a_{n-1}.$$

例 4.2.2 求初等函数 $y = \tan x$ 的导数.

解：由导数的除法法则，得
$$y' = \left(\frac{\sin x}{\cos x}\right)' = \frac{(\sin x)' \cdot \cos x - \sin x \cdot (\cos x)'}{\cos^2 x}$$
$$= \frac{\cos^2 x + \sin^2 x}{\cos^2 x} = \frac{1}{\cos^2 x} = \sec^2 x.$$

即得
$$(\tan x)' = \sec^2 x.$$

同理可得
$$(\cot x)' = -\csc^2 x.$$

例 4.2.3 求函数 $y = e^x \ln x$ 的导数.

解：由导数的乘法法则，得
$$y' = (e^x \ln x)' = (e^x)' \ln x + e^x (\ln x)' = e^x \ln x + \frac{e^x}{x}.$$

4.2.2 复合函数的链式求导法则

对复合函数的求导满足下面的链式法则.

定理 4.2.2 （链式法则） 设复合函数 $z = g(f(x))$ 在点 x_0 附近有定义，且 $y_0 = f(x_0)$，函数 $f(x)$ 在点 x_0 可导，函数 $g(y)$ 在点 y_0 可导. 则函数 $z = g(f(x))$ 在点 x_0 可导，且
$$\left.\frac{\mathrm{d}z}{\mathrm{d}x}\right|_{x=x_0} = g'(y_0) \cdot f'(x_0).$$

证明：设 $f'(x) = 0$. 由函数 $g(y)$ 在点 y_0 可导，即
$$\lim_{\Delta y \to 0} \frac{g(y_0 + \Delta y) - g(y_0)}{\Delta y} = g'(y_0).$$

则存在 $M > 0$ 及 $\mu > 0$，对 $\forall \Delta y: 0 < |\Delta y| < \mu$，恒有
$$|g(y_0 + \Delta y) - g(y_0)| < M|\Delta y|.$$

特别地，当 $\Delta y = 0$ 时，仍有 $|g(y_0 + \Delta y) - g(y_0)| = 0 \leqslant$

$M|\Delta y|$ 成立.

则 $\forall \varepsilon>0$(不妨设 $\varepsilon<1$)，$\exists \delta>0$(不妨设 $\delta<\mu$)，当 $0<|\Delta x|<\delta$ 时，有

$$|f(x_0+\Delta x)-f(x_0)|=|\Delta y|<\varepsilon|\Delta x|<\mu.$$

所以有 $|\Delta z|=|g(f(x_0+\Delta x))-g(f(x_0))|\leqslant M|\Delta y|<M\varepsilon|\Delta x|.$ 即得

$$\lim_{\Delta x\to 0}\frac{\Delta z}{\Delta x}=0=g'(y_0)f'(x_0).$$

设 $f'(x)\neq 0$. 因函数 $f(x)$ 在点 x_0 可导，即

$$\lim_{\Delta x\to 0}\frac{f(x_0+\Delta x)-f(x_0)}{\Delta x}=f'(x_0).$$

则 $\exists \delta>0$，当 $0<|\Delta x|<\delta$ 时，则有 $f(x_0+\Delta x)-f(x_0)=\Delta y\neq 0.$ 所以

$$\lim_{\Delta x\to 0}\frac{\Delta z}{\Delta x}=\lim_{\Delta x\to 0}\frac{g(f(x_0+\Delta x))-g(f(x_0))}{\Delta x}$$

$$=\lim_{\Delta x\to 0}\frac{g(y_0+\Delta y)-g(y_0)}{\Delta y}\cdot\lim_{\Delta x\to 0}\frac{\Delta y}{\Delta x}$$

$$=g'(y_0)f'(x_0).$$

综上，有 $\lim\limits_{\Delta x\to 0}\dfrac{\Delta z}{\Delta x}=g'(y_0)f'(x_0).$

例 4.2.4　求函数 $y=\ln|x|$，$x\neq 0$ 的导数.

解：当 $x>0$ 时，$y=\ln x$，故

$$y'=(\ln x)'=\frac{1}{x}.$$

当 $x<0$ 时，$y=\ln(-x)$，函数可以看作由 $y=\ln u$ 与 $u=-x$ 复合而成，由复合函数求导的链式法则，得

$$y'=(\ln u)'\cdot u'=\frac{1}{u}\cdot(-1)$$

$$=\frac{1}{-x}\cdot(-1)=\frac{1}{x}.$$

综上，得　　$(\ln|x|)'=\dfrac{1}{x}$，$x\neq 0$.

例 4.2.5　求函数 $y=\sin x^2$ 的导数.

解：由复合函数求导的链式法则，得

$$y'=(\sin x^2)'=\cos x^2\cdot(x^2)'=2x\cos x^2.$$

注：对复合函数求导可以按照物理上的伸缩比理解，函数 $y=f(x)$ 把变量 x 映成 y 时的导数可以看作把变量 x 的小段 $\mathrm{d}x$ 经过伸

缩比 $f'(x)$ 变成变量 y 的小段 dy. 函数 $z=g(y)$ 把变量 y 映成 z 时的导数可以看作把变量 y 的小段 dy 经过伸缩比 $g'(y)$ 变成变量 z 的小段 dz. 因此，复合函数 $z=g(f(x))$ 把变量 x 映成 z 时的伸缩比应为 $f'(x)g'(y)$.

4.2.3　隐函数的导数

设函数 $y=f(x)$ 的关系由一个关于 x，y 的方程 $F(x,y)=0$ 确定. 如果方程可以解出解 $y=f(x)$，称为隐函数的显化. 即使不容易解出来，也可以通过一定的条件判定函数关系的存在性. 这里我们假设存在这种函数关系，把这个关系 $y=f(x)$ 代入方程后，此时方程就成了一个恒等式，即相对于变量 x 的常值函数

$$G(x)=F(x,y(x))=0.$$

对该常值函数利用复合函数求导，$G'(x)=0$，可得到中间复合函数的导数 $y'(x)$，这就是隐函数 $y=f(x)$ 的导数.

例 4.2.6　设函数 $y=f(x)$ 由方程 $y-\varepsilon\sin y-x=0(0<\varepsilon<1)$ 确定. 求其导数 $y'(x)$，并求 $y'(0)$.

解：方程两边对自变量 x 求导，得

$$y'-\varepsilon\cos y\cdot y'-1=0,$$

整理，得

$$y'=\frac{1}{1-\varepsilon\cos y}.$$

特别地，当 $x=0$ 时，$y=0$，$y'(0)=\dfrac{1}{1-\varepsilon}$.

例 4.2.7　求由方程 $e^{xy}+x^2+y-2=0$ 所确定的曲线 $y=f(x)$ 在 $x=0$ 处的切线方程.

解：方程两边对自变量 x 求导，得

$$e^{xy}(xy'+y)+2x+y'=0,$$

整理，得

$$y'=-\frac{2x+ye^{xy}}{1+xe^{xy}}.$$

当 $x=0$ 时，$y=1$，$y'(0)=-1$，所以切线方程为

$$y=-x+1.$$

注：由于导数是一个局部性质，即只需要在研究的目标点 x_0 的局部有定义即可，故在研究隐函数导数的时候，只需要方程在目标点 x_0 对应方程曲线上的点 (x_0,y_0) 附近能确定函数关系即可. 例如由方程 $x^2+y^2=1$ 其实并不能确定整体上的函数关系，但我们

可以确定点 $(0,1)$ 附近(局部)的函数关系 $y=\sqrt{1-x^2}$ ，所以仍然可以研究方程所确定的曲线上点对应的切线斜率(导数).

对数求导法：对形式为 $f(x)^{g(x)}$ 的幂指函数，或多个函数相乘的函数，一般可以化为指数函数的复合来表示 $y=\mathrm{e}^{g(x)\ln f(x)}$ ，还可以通过对等式两边求对数，使函数变成基本初等函数的乘积，然后利用隐函数导数或复合函数链式求导法则可以得到相应的导数.

例 4.2.8　　求函数 $y=x^x$ ， $x>0$ 的导数.

解：方程两边取自然对数，得 $\ln y=x\ln x$ ，

两边对自变量求导，得

$$\frac{1}{y} \cdot y' = \ln x + 1,$$

整理，得

$$y' = y(\ln x + 1) = x^x(\ln x + 1).$$

例 4.2.9　　求函数 $y=\cos(x^{x^2}+x^{2^x})$ 的导数.

解：利用指数与对数的关系求导，得

$$
\begin{aligned}
y' &= -\sin(x^{x^2}+x^{2^x}) \cdot (x^{x^2}+x^{2^x})' \\
&= -\sin(x^{x^2}+x^{2^x})\left[(x^{x^2})'+(x^{2^x})' \right] \\
&= -\sin(x^{x^2}+x^{2^x})\left[(\mathrm{e}^{x^2\ln x})'+(\mathrm{e}^{2^x\ln x})' \right] \\
&= -\sin(x^{x^2}+x^{2^x})\left[\mathrm{e}^{x^2\ln x} \cdot (x^2\ln x)'+\mathrm{e}^{2^x\ln x} \cdot (2^x\ln x)' \right] \\
&= -\sin(x^{x^2}+x^{2^x})\left[x^{x^2}(2x\ln x+x)+x^{2^x}\left(2^x\ln 2\ln x+\frac{2^x}{x}\right) \right].
\end{aligned}
$$

4.2.4　反函数的导数

设函数 $y=f(x)$ 是函数 $x=g(y)$ 的反函数，其实这里只关心两个函数 f , g 的反关系对应，并不关心自变量的符号. 如果这里的反函数没有经过直接自变量和因变量符号的变化，那么可以看作函数 $y=f(x)$ 是由方程 $x=g(y)$ 确定的隐函数. 如果原函数 g 的导数 g' 已知，那么可以通过隐函数求导法，代入函数关系 $y=f(x)$ 后，把方程 $x=g(y)$ 变成恒等式 $x=g(f(x))$. 利用复合函数求导公式，两边对自变量 x 求导，可得

$$1 = g'(f(x)) \cdot f'(x).$$

如果 $g'(f(x))=g'(y)\neq 0$ ，即得

$$f'(x) = \frac{1}{g'(f(x))} = \frac{1}{g'(y)}.$$

注：如果 $g'(f(x))=g'(y)=0$ ，可以看作 $f'(x)=\infty$.

定理 4.2.3 函数 $y=f(x)$ 是函数 $x=g(y)$ 的反函数，$y_0=f(x_0)$. 设函数 $g(y)$ 在点 y_0 处可导，且 $g'(y_0)\neq 0$. 则函数 $y=f(x)$ 在点 x_0 处可导，且

$$f'(x_0)=\frac{1}{g'(y_0)}.$$

例 4.2.10 求函数 $y=\arcsin x$ 的导数.

解：作为函数 $x=\sin y$，$y\in\left[-\dfrac{\pi}{2},\dfrac{\pi}{2}\right]$ 的反函数，因

$$x'(y)=\cos y,$$

注意到，当 $y\in\left(-\dfrac{\pi}{2},\dfrac{\pi}{2}\right)$ 时，$x'(y)\neq 0$，有

$$y'(x)=\frac{1}{x'(y)}=\frac{1}{\cos y}$$

$$=\frac{1}{\sqrt{1-\sin^2 y}}$$

$$=\frac{1}{\sqrt{1-x^2}},x\in(-1,1).$$

同理可得

$$(\arccos x)'=-\frac{1}{\sqrt{1-x^2}},$$

$$(\arctan x)'=\frac{1}{1+x^2},$$

$$(\text{arccot} x)'=-\frac{1}{1+x^2}.$$

例 4.2.11 求函数 $y=\arcsin\dfrac{1}{x}$ 的导数.

解：注意到函数的定义域为 $D=(-\infty,-1]\cup[1,+\infty)$，得

$$y'=\frac{1}{\sqrt{1-\left(\dfrac{1}{x}\right)^2}}\cdot\left(\frac{1}{x}\right)'$$

$$=\frac{|x|}{\sqrt{x^2-1}}\cdot\left(-\frac{1}{x^2}\right)$$

$$=-\frac{1}{|x|\sqrt{x^2-1}}.$$

小结：常用的基本初等函数的导数有

$$(C)'=0, \quad (x^n)'=nx^{n-1},$$

$$(e^x)'=e^x, \quad (a^x)'=a^x\ln a, (a>0)$$

$$(\ln x)'=\frac{1}{x}, \quad (\log_a x)'=\frac{1}{x\ln a}, (a>0\ \text{且}\ a\neq 1)$$

$$(\sin x)'=\cos x, \quad (\cos x)'=-\sin x,$$

$$(\tan x)'=\sec^2 x, \quad (\cot x)'=-\csc^2 x,$$

$$(\sec x)'=\sec x\tan x, \quad (\cot x)'=-\csc x\cot x,$$

$$(\arcsin x)'=\frac{1}{\sqrt{1-x^2}}, \quad (\arccos x)'=-\frac{1}{\sqrt{1-x^2}},$$

$$(\arctan x)'=\frac{1}{1+x^2}, \quad (\text{arccot} x)'=-\frac{1}{1+x^2}.$$

4.2.5 参数方程确定的函数的导数

设参数方程

$$\begin{cases} x=x(t), \\ y=y(t), \end{cases} t\in(\alpha, \beta),$$

其中 $x(t)$，$y(t)$ 在 (α,β) 上可导，确定了函数关系 $y=y(x)$，则该函数的导数：

$$\frac{\mathrm{d}y}{\mathrm{d}x}=\lim_{\Delta x\to 0}\frac{\Delta y}{\Delta x}=\lim_{\Delta t\to 0}\frac{y(t+\Delta t)-y(t)}{x(t+\Delta t)-x(t)}=\frac{y'(t)}{x'(t)}.$$

由此可以得到下面参数方程求导定理.

定理 4.2.4 设 $y=y(x)$ 是由参数方程 $\begin{cases} x=x(t), \\ y=y(t), \end{cases} t\in(\alpha,\beta)$ 确定的

函数关系. 如果在点 $t=t_0$ 处 $x'(t_0)$，$y'(t_0)$ 存在，且 $x'(t_0)\neq 0$.
则 $y=y(x)$ 在点 $t=t_0$ 可导，且

$$\frac{\mathrm{d}y}{\mathrm{d}x}\bigg|_{t=t_0}=\frac{y'(t_0)}{x'(t_0)}.$$

例 4.2.12 求参数方程 $\begin{cases} x=\cos t, \\ y=\sin t, \end{cases} t\in(0,\pi)$ 所确定的函数 $y=y(x)$

的导数.

解：注意到 $x'(t)=-\sin t\neq 0$，$t\in(0,\pi)$，故

$$\frac{\mathrm{d}y}{\mathrm{d}x}=\frac{y'(t)}{x'(t)}=\frac{\cos t}{-\sin t}=-\cot t, \quad t\in(0,\pi).$$

例 4.2.13 求参数方程 $\begin{cases} x=\arctan t, \\ y=\sqrt{1+t^2} \end{cases}$ 所确定的曲线 $y=y(x)$ 在点

$t=1$ 处的切线方程.

解：注意到 $x'(t)=\dfrac{1}{1+t^2}\neq 0$，$\forall\,t$，故

$$\frac{\mathrm{d}y}{\mathrm{d}x}=\frac{y'(t)}{x'(t)}=\frac{\dfrac{t}{\sqrt{1+t^2}}}{\dfrac{1}{1+t^2}}=t\sqrt{1+t^2}.$$

当 $t=1$ 时，$x=\dfrac{\pi}{4}$，$y=\sqrt{2}$，$\dfrac{\mathrm{d}y}{\mathrm{d}x}\Big|_{t=0}=\sqrt{2}$，则切线方程为

$$y=\sqrt{2}\left(x-\frac{\pi}{4}\right)+\sqrt{2}.$$

例 4.2.14 设曲线 $y=y(x)$ 在极坐标下满足方程 $r(\theta)=1+\cos\theta$.
求曲线在 $\theta=\dfrac{\pi}{3}$ 处的切线方程.

解：注意到曲线 $y=y(x)$ 满足参数方程

$$\begin{cases} x=(1+\cos\theta)\cos\theta, \\ y=(1+\cos\theta)\sin\theta, \end{cases}$$

$$x'(\theta)=-\sin\theta-\sin2\theta,\quad y'(\theta)=\cos\theta+\cos2\theta,$$

当 $\theta=\dfrac{\pi}{3}$ 时，$x(\theta)=\dfrac{3}{4}$，$y(\theta)=\dfrac{3\sqrt{3}}{4}$，$x'(\theta)=-\sqrt{3}$，$y'(\theta)=0$，故

该点处导数值为 0，所以切线方程为 $y=\dfrac{3\sqrt{3}}{4}$.

习题 4.2

1. 求下列函数的导数：

(1) $y=2x^2+x-\dfrac{1}{x}$；　(2) $y=\mathrm{e}^x\sin x$；

(3) $y=\dfrac{x^2+1}{x^2-x}$；　(4) $y=\sec x\equiv\dfrac{1}{\cos x}$；

(5) $y=\csc x\equiv\dfrac{1}{\sin x}$；　(6) $y=\dfrac{\ln x+1}{\ln x-1}$；

(7) $y=\dfrac{\sqrt{x}}{\sqrt{x+1}-\sqrt{x}}$.

2. 求下列函数的导数：

(1) $y=\sqrt{x^2+1}$；　(2) $y=\ln(\sqrt{x^2+1}+x)$；

(3) $y=\arcsin(\ln x)$；　(4) $y=\ln(\ln x)$；

(5) $y=\sin(\ln^3 x)$；　(6) $y=\arcsin^2(\sin 2x)$；

(7) $y=\arctan x^2$；　(8) $y=\arctan\dfrac{x+1}{x-1}$；

(9) $y=x^{\sin x}$.

3. 已知双曲正切函数和双曲余切函数定义为

$$\tanh x=\frac{\sinh x}{\cosh x},\ \coth x=\frac{\cosh x}{\sinh x},$$

求出其导数公式，并求下面反双曲函数的导数：

$$y=\mathrm{arcsinh}x,\ y=\mathrm{arccosh}x,\ y=\mathrm{arctanh}x,\ y=\mathrm{arccoth}x.$$

4. 设 $\alpha>1$，讨论函数

$$y=\begin{cases} x^\alpha\sin\dfrac{1}{x}, & x\neq 0, \\ 0, & x=0 \end{cases}$$

的导函数在点 $x=0$ 处的连续性.

5. 求出函数

$$f(x)=\lim_{n\to\infty}\frac{x^2\mathrm{e}^{n(x-1)}+ax+b}{1+\mathrm{e}^{n(x-1)}}$$

的表达式，并确定 a，b 的值，使得 $f(x)$ 在定义域内可导.

6. 求 a，b 的值，使得 $f(x)=\begin{cases}a\arctan\dfrac{1}{x},&x<0,\\[2mm]1-\arcsin(bx),&x\geqslant0\end{cases}$ 在 $x=0$ 处连续且可导.

7. 设 $f(x)$ 在 $x=a$ 处连续，且

$$\lim_{x\to a}\frac{f(x)-b}{x-a}=A.$$

证明：

$$\lim_{x\to a}\frac{\mathrm{e}^{f(x)}-\mathrm{e}^{b}}{x-a}=\mathrm{e}^{b}A.$$

8. 求 λ 的值，使得

$$\frac{x^2}{a^2}+\frac{y^2}{b^2}=1$$

与 $xy=\lambda$ 相切，并求出切线方程.

9. 求出由方程 $x^3+y^3-3xy=0$ 所确定的曲线上有水平切线的点.

10. 设 $f(x)$ 在 $(-\infty,+\infty)$ 上可导. 求函数 $F(x)=f(x^2+f(xf(x)))$ 的导数.

11. 设 $f(x)$ 和 $g(x)$ 在 $(-\infty,+\infty)$ 上可导. 求函数

$$F(x)=\frac{f(x)g(x)}{1+f^2(x)+g^2(x)}$$

的导数.

12. 求下列函数的导数：

（1）$y=x^{\sin x}$；　　　　（2）$y=x^{2^{x}}$；

（3）$y=x^{x^2}$；　　　（4）$y=(1+x)^{\frac{1}{x}}$；

（5）$y=\left(1+\dfrac{1}{x}\right)^{x}$；　（6）$y=x^{x^x}+\sin^{x^2+x^2}x$；

（7）$y=\dfrac{\ln x+1}{\ln x-1}$；　（8）$y=\dfrac{\sqrt{x}}{\sqrt{x+1}-\sqrt{x}}$；

（9）$y=\dfrac{(1+x^2)\sin^2 x}{\sqrt{x^2+4}(x+1)^5}$.

13. 求由下列方程所确定的函数 $y=y(x)$ 的导数：

（1）$\arctan\dfrac{y}{x}=\ln\sqrt{x^2+y^2}$；

（2）$\arcsin x\ln y-\mathrm{e}^{x}+\tan y=0$；

（3）$x^3+y^3-xy=0$；　（4）$y\mathrm{e}^{x}+\ln y=1$；

（5）$xy-\mathrm{e}^{xy}+\mathrm{e}^{x}=0$；　（6）$y=1+x\mathrm{e}^{y}$；

（7）$x=\cos xy$；　　　（8）$x^{y}=y^{x}$.

14. 求由下列参数方程所确定的函数 $y=y(x)$ 的导数 $\dfrac{\mathrm{d}y}{\mathrm{d}x}$：

（1）$\begin{cases}x=t\cos t,\\y=t\sin t;\end{cases}$　（2）$\begin{cases}x=\mathrm{e}^{t}\cos2t,\\y=\mathrm{e}^{t}\sin2t;\end{cases}$

（3）$\begin{cases}x=a\cosh t,\\y=a\sinh t;\end{cases}$　（4）$\begin{cases}x=t\cosh t,\\y=t\sinh t;\end{cases}$

（5）$\begin{cases}x=\ln(1+t^2),\\y=\arctan t-t;\end{cases}$　（6）$\begin{cases}x=\cos\ln t,\\y=\sin\ln t;\end{cases}$

（7）$\begin{cases}x=\dfrac{t}{1+t^3},\\[2mm]y=\dfrac{t^2}{1+t^3};\end{cases}$　（8）$\begin{cases}x=\dfrac{1}{t}\cos t,\\[2mm]y=\dfrac{1}{t}\sin t.\end{cases}$

4.3　函数的微分

4.3.1　微分的定义和性质

设函数 $y=f(x)$ 在点 x_0 附近有定义，任意给定自变量在 x_0 附近的增量 Δx，对应因变量的增量 $\Delta y=f(x_0+\Delta x)-f(x_0)$. 我们知道，函数 $y=f(x)$ 在点 x_0 连续，等价于当增量 $\Delta x\to0$ 时，增量 $\Delta y\to0$. 进一步地，函数 $y=f(x)$ 在点 x_0 可导，等价于当增量 $\Delta x\to0$ 时，增量之比 $\dfrac{\Delta y}{\Delta x}$ 有极限. 这里我们引入一个新的概念来刻画函数的增量问题.

定义 4.3.1 〔函数的微分〕　设函数 $y=f(x)$ 在点 x_0 附近有定义，任意给定自变量在 x_0 附近的增量 Δx，对应因变量的增量 $\Delta y=f(x_0+\Delta x)-f(x_0)$. 如果存在常数 A，使得增量
$$\Delta y=A\Delta x+o(\Delta x),$$
则称函数 $y=f(x)$ 在点 x_0 可微，其中 $A\Delta x$ 称为函数 $y=f(x)$ 在点 x_0 处的微分，记为
$$dy=A\Delta x.$$

特别地，自变量函数 $y=x$ 在点 x_0 的增量 $\Delta y=\Delta x$，故有其微分 $dy=dx=\Delta x$. 因此，经常用符号 dx 代替自变量的微分函数的微分写成 $dy=Adx$.

定理 4.3.1　设函数 $y=f(x)$ 在点 x_0 附近有定义. 则函数 $y=f(x)$ 在点 x_0 可微的充要条件是函数 $y=f(x)$ 在点 x_0 可导，且有
$$dy=f'(x_0)dx.$$

证明：函数 $y=f(x)$ 在点 x_0 可微 $\Leftrightarrow$ 存在常数 A，使得增量
$$\Delta y=A\Delta x+o(\Delta x)$$
$$\Leftrightarrow\lim_{\Delta x\to 0}\frac{\Delta y-A\Delta x}{\Delta x}=0$$
$$\Leftrightarrow\lim_{\Delta x\to 0}\frac{\Delta y}{\Delta x}=A$$
$$\Leftrightarrow A=f'(x_0).$$

例 4.3.1　求函数 $y=e^x$ 在点 $x=0$ 的微分.

解：函数 $y=e^x$ 的导数为 $y'=e^x$，
在点 $x=0$ 的导数为 $y'(0)=1$，
函数的微分为 $dy=dx$.

例 4.3.2　求函数 $y=2\sqrt{x}+x^2$ 在点 $x=1$ 对增量 $\Delta x=0.1$ 的微分.

解：函数的导数为
$$y'=\frac{1}{\sqrt{x}}+2x,$$
在点 $x=1$ 的导数为 $y'(1)=3$，
函数对增量 $\Delta x=0.1$ 的微分为 $dy=3dx=0.3$.

4.3.2　微分的几何意义

设函数 $y=f(x)$ 在点 x_0 处可微，微分 $dy=f'(x_0)dx$. 如果记
$$dx=x-x_0,dy=y-f(x_0),$$
则函数的微分可以看作
$$y-f(x_0)=f'(x_0)(x-x_0).$$

这正是函数 $y=f(x)$ 在点 x_0 处的切线方程，即函数的微分表示函数在点 x_0 附近沿着切线的增量. 如图 4-5 所示. 同时，微分是增量的线性部分. 特别地，当 $f'(x_0) \neq 0$ 时，微分 $\mathrm{d}y$ 与增量 Δy 是等价无穷小，也就是说微分是增量的线性主要部分. 因此，当自变量增量 Δx 较小时，可以用微分近似代替增量，即

$$f(x)-f(x_0) \approx f'(x_0)(x-x_0)$$

或

$$f(x) \approx f(x_0)+f'(x_0)(x-x_0).$$

这种近似称为一阶线性近似.

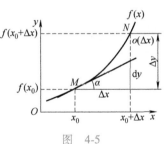

图 4-5

例 4.3.3 计算 $\sqrt[5]{32.16}$ 的近似值.

解：令 $y=\sqrt[5]{x}$，取 $x_0=32$，则 $y_0=\sqrt[5]{32}=2$. 由函数在点 x_0 处可微得，当 $\Delta x=0.16$ 时，

$$\Delta y = y-y_0 \approx \mathrm{d}y = f'(x_0)\Delta x = \frac{1}{5}x_0^{-\frac{4}{5}}\Delta x$$

$$= \frac{1}{5} \times 2^{-4} \times 0.16 = 0.002,$$

所以 $y \approx y_0 + \mathrm{d}y = 2.002$.

4.3.3 微分的运算法则

利用导数的运算法则，我们可以得到相应的微分运算法则，具体如下：

定理 4.3.2 设函数 $f(x)$，$g(x)$ 在点 x 可微，则 $f(x)+g(x)$，$f(x)-g(x)$，$f(x)g(x)$ 在点 x 可微；当 $g(x) \neq 0$ 时，$\dfrac{f(x)}{g(x)}$ 在点 x 可微. 且

(1) $\mathrm{d}(f(x) \pm g(x)) = \mathrm{d}f(x) \pm \mathrm{d}g(x)$；

(2) $\mathrm{d}(f(x)g(x)) = g(x)\mathrm{d}f(x) + f(x)\mathrm{d}g(x)$；

(3) $\mathrm{d}\left(\dfrac{f(x)}{g(x)}\right) = \dfrac{g(x)\mathrm{d}f(x) - f(x)\mathrm{d}g(x)}{g^2(x)}$.

例 4.3.4 求下列微分：

(1) $\mathrm{d}(\tan x + 2x)$；　　(2) $\mathrm{d}(x\arctan x)$.

解：(1) $\mathrm{d}(\tan x + 2x) = \mathrm{d}(\tan x) + \mathrm{d}(2x)$

$$= \sec^2 x \mathrm{d}x + 2\mathrm{d}x;$$

$$= (\sec^2 x + 2)\mathrm{d}x.$$

(2) $\mathrm{d}(x\arctan x) = x\mathrm{d}(\arctan x) + \arctan x \mathrm{d}x$

$$= \frac{x}{1+x^2}\mathrm{d}x + \arctan x \mathrm{d}x.$$

$$= \left(\frac{x}{1+x^2} + \arctan x\right)\mathrm{d}x.$$

4.3.4　一阶微分形式不变性

利用复合函数求导法则，可知其微分法则为：

定理 4.3.3 （复合函数微分法则） 设 $y=f(x)$，$z=g(y)$ 分别在点 x，$y=f(x)$ 处可微，则复合函数 $z=g(f(x))$ 在点 x 处可微，且

$$\mathrm{d}(g\circ f)=g'(y)f'(x)\mathrm{d}x=g'(y)\mathrm{d}y.$$

这里反映了一个函数的微分不但等于这个函数对自变量的导数乘以自变量的微分，还等于这个函数对中间变量的导数乘以中间变量的微分. 这个性质又叫作微分形式不变性.

例 4.3.5　求函数 $\mathrm{e}^{x\sin x}$ 的微分.

解：
$$
\begin{aligned}
\mathrm{d}(\mathrm{e}^{x\sin x}) &= \mathrm{e}^{x\sin x}\mathrm{d}(x\sin x)\\
&= \mathrm{e}^{x\sin x}(x\mathrm{d}(\sin x)+\sin x\mathrm{d}x)\\
&= \mathrm{e}^{x\sin x}(x\cos x\mathrm{d}x+\sin x\mathrm{d}x)\\
&= \mathrm{e}^{x\sin x}(x\cos x+\sin x)\mathrm{d}x.
\end{aligned}
$$

由参数方程

$$
\begin{cases}
x=x(t),\\
y=y(t),
\end{cases}
t\in(\alpha,\beta)
$$

所确定的函数 $y=y(x)$ 的微分为

$$\mathrm{d}x=x'(t)\mathrm{d}t,\mathrm{d}y=y'(t)\mathrm{d}t.$$

利用微分形式不变性，得

$$\frac{\mathrm{d}y}{\mathrm{d}x}=\frac{y'(t)\mathrm{d}t}{x'(t)\mathrm{d}t}=\frac{y'(t)}{x'(t)},$$

即参数方程确定的函数 $y=y(x)$ 的导数为

$$\frac{\mathrm{d}y}{\mathrm{d}x}=\frac{y'(t)}{x'(t)}.$$

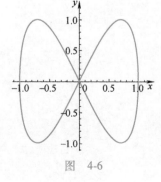
图　4-6

例 4.3.6　参数方程为

$$
\begin{cases}
x=\sin t,\\
y=\sin 2t,
\end{cases}
t\in[0,2\pi]
$$

其图形如图 4-6 所示，求由它确定的函数 $y=f(x)$ 的导数 $\dfrac{\mathrm{d}y}{\mathrm{d}x}$，并计算在 $t=\dfrac{\pi}{6}$ 时的导数值 $f'(x)$.

解：注意到 $\mathrm{d}x=\cos t\mathrm{d}t$，$\mathrm{d}y=2\cos 2t\mathrm{d}t$，
由微分形式不变性，得

$$\frac{\mathrm{d}y}{\mathrm{d}x} = \frac{2\cos 2t}{\cos t},$$

在 $t = \frac{\pi}{6}$ 时，导数 $\frac{\mathrm{d}y}{\mathrm{d}x} = \frac{2\sqrt{3}}{3}$.

习题 4.3

1. 设 $f(x)$ 在 $(-\infty, +\infty)$ 内可导，$f(1+\sin x) - 3f(1-\sin x) = 8x + o(x)(x \to 0)$. 求 $f(1)$，并求函数 $y = f(x)$ 在点 $x = 1$ 处的切线方程.

2. 证明方程 $1 + xy = k(x - y)$ 确定的函数关系 $y = y(x)$ 对任意常数 k，都满足微分关系式 $(1+y^2)\mathrm{d}x = (1+x^2)\mathrm{d}y$.

3. 利用微分法求由方程 $y = 1 - xe^y$ 确定的隐函数 $y = y(x)$ 的微分.

4. 求下列函数的微分：

(1) $y = x^x + \ln^x x$; (2) $y = \arctan\sqrt{x}$;

(3) $y = \cos\ln x + \sin\ln x$; (4) $y = \tan e^x$;

(5) $y = 2^x + x^2 + x^x$; (6) $y = \ln|\sin x|$;

(7) $y = \sqrt{1 + \sin^2 x}$; (8) $y = \ln(1 + \cos^2 x)$.

5. 设由参数方程 $\begin{cases} x = 3t - 2|t|, \\ y = 6t^2 - t|t| \end{cases}$ 所确定的函数

$y = y(x)$ 在点 $x = 0$ 处的导数.

6. 设 $f(x)$ 二阶可导，且 $f''(x) \neq 0$. 函数 $y = y(x)$ 由参数方程

$$\begin{cases} x = f'(t), \\ y = tf'(t) - f(t) \end{cases}$$

所确定. 求其导函数 $y'(x)$.

7. 求心形线 $r = a(1 + \cos\theta)$ 对应的平面直角坐标曲线方程 $y = y(x)$ 的导数.

8. 用变量 $x = e^t$ 代换欧拉方程

$$x^2 \frac{\mathrm{d}^2 y}{\mathrm{d}x^2} + 2x \frac{\mathrm{d}y}{\mathrm{d}x} + 2y = 0.$$

9. 求由方程组 $\begin{cases} x = t + e^t, \\ e^x \sin t = y - 1 \end{cases}$ 所确定的函数 $y = y(x)$ 在 $t = 0$ 处的导数.

4.4 高阶导数

4.4.1 高阶导数的定义

设函数 $y = f(x)$ 在区间 (a, b) 上可导，如果导函数 $y' = f'(x)$ 在点 x_0 可导，即存在极限

$$\lim_{\Delta x \to 0} \frac{f'(x_0 + \Delta x) - f'(x_0)}{\Delta x},$$

则称该极限为函数 $f(x)$ 在点 x_0 处的二阶导数，记为

$$y''(x_0), f''(x_0) \text{ 或} \frac{\mathrm{d}^2 y}{\mathrm{d}x^2}\bigg|_{x=x_0}, \frac{\mathrm{d}^2 f}{\mathrm{d}x^2}(x_0).$$

同时称函数 $f(x)$ 在点 x_0 处二阶可导.

如果函数 $y = f(x)$ 在任意点 $x \in (a, b)$ 处二阶可导，对应的二阶导数构成一个区间 (a, b) 上的函数关系，则称为函数 $y = f(x)$ 在

区间 (a,b) 上的二阶导函数, 记为

$$y'', f''(x) \text{ 或 } \frac{\mathrm{d}^2 y}{\mathrm{d} x^2}, \frac{\mathrm{d}^2 f}{\mathrm{d} x^2}.$$

进一步地, 如果函数 $y=f(x)$ 在区间 (a,b) 上的二阶导函数 $y''=f''(x)$ 在点 x_0 可导, 即存在极限

$$\lim_{\Delta x \to 0} \frac{f''(x_0 + \Delta x) - f''(x_0)}{\Delta x},$$

则称该极限为函数 $f(x)$ 在点 x_0 处的三阶导数, 同时称函数 $f(x)$ 在点 x_0 处三阶可导.

如果函数 $y=f(x)$ 在任意点 $x \in (a,b)$ 处三阶可导, 对应函数 $y=f(x)$ 在区间 (a,b) 上的三阶导函数, 记为

$$y''', f'''(x) \text{ 或 } \frac{\mathrm{d}^3 y}{\mathrm{d} x^3}, \frac{\mathrm{d}^3 f}{\mathrm{d} x^3}.$$

一般地, 如果函数 $y=f(x)$ 在区间 (a,b) 上的 $n-1$ 阶导函数 $y^{(n-1)}=f^{(n-1)}(x)$ 在点 x_0 可导, 即存在极限

$$\lim_{\Delta x \to 0} \frac{f^{(n-1)}(x_0 + \Delta x) - f^{(n-1)}(x_0)}{\Delta x},$$

则称该极限为函数 $f(x)$ 在点 x_0 处的 n 阶导数, 同时称函数 $f(x)$ 在点 x_0 处 n 阶可导.

如果函数 $y=f(x)$ 在任意点 $x \in (a,b)$ 处 n 阶可导, 对应函数 $y=f(x)$ 在区间 (a,b) 上的 n 阶导函数, 记为

$$y^{(n)}, f^{(n)}(x) \text{ 或 } \frac{\mathrm{d}^n y}{\mathrm{d} x^n}, \frac{\mathrm{d}^n f}{\mathrm{d} x^n}.$$

注: 函数 $y=f(x)$ 在点 x_0 处有一阶导数, 则函数在点 x_0 处连续, 而在点 x_0 外可能处处不连续; 函数 $y=f(x)$ 在点 x_0 处有二阶导数, 则必在点 x_0 附近(存在一个小邻域)有一阶导数, 由此可以得到函数 $y=f(x)$ 在点 x_0 附近连续.

例 4.4.1 求函数

$$y = \frac{2x+1}{x-2}$$

的二阶导数. 其图形如图 4-7 所示.

解: 注意到函数的定义域 $D = (-\infty, +\infty) \setminus \{2\}$, 对任意 $x \in D$, 有

$$y'(x) = \frac{2(x-2) - (2x+1)}{(x-2)^2} = \frac{-5}{(x-2)^2},$$

$$y''(x) = \frac{10}{(x-2)^3}.$$

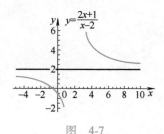

图 4-7

例 4.4.2　　求函数 $y = x^{\mu} (x > 0)$ 的 n 阶导数.

解：$y' = \mu x^{\mu - 1}$，$y'' = \mu(\mu - 1) x^{\mu - 2}$，

依次进行下去，得

$$(x^{\mu})^{(n)} = \mu(\mu - 1) \cdots (\mu - n + 1) x^{\mu - n}.$$

特别地，

$$(x^n)^{(n)} = n!,$$

$$(x^n)^{(n+1)} = 0,$$

$$(x^{-1})^{(n)} = (-1)^n n! x^{-n-1},$$

$$(x^{\frac{1}{2}})^{(n)} = \frac{(-1)^{n-1}(2n-3)!!}{2^n} x^{\frac{1}{2}-n},$$

$$(x^{-\frac{1}{2}})^{(n)} = \frac{(-1)^n(2n-1)!!}{2^n} x^{-\frac{1}{2}-n}.$$

例 4.4.3　　求函数 $y = \sin x$ 的 n 阶导数.

解：注意到

$$y' = \cos x = \sin\left(x + \frac{\pi}{2}\right),$$

$$y'' = -\sin x = \sin\left(x + 2 \cdot \frac{\pi}{2}\right),$$

$$y''' = -\cos x = \sin\left(x + 3 \cdot \frac{\pi}{2}\right),$$

$$y^{(4)} = \sin x = \sin\left(x + 4 \cdot \frac{\pi}{2}\right),$$

依次进行下去，得

$$\sin^{(n)} x = \sin\left(x + n \cdot \frac{\pi}{2}\right).$$

类似地，可得

$$\cos^{(n)} x = \cos\left(x + n \cdot \frac{\pi}{2}\right),$$

$$\sin^{(n)}(\lambda x + \beta) = \lambda^n \sin\left(\lambda x + \beta + n \cdot \frac{\pi}{2}\right),$$

$$\cos^{(n)}(\lambda x + \beta) = \lambda^n \cos\left(\lambda x + \beta + n \cdot \frac{\pi}{2}\right).$$

例 4.4.4　　求函数 $y = e^x$ 的 n 阶导数.

解：注意到 $y' = e^x$，可得 $(e^x)^{(n)} = e^x$.

类似地，可得

$$(e^{\lambda x})^{(n)} = \lambda^n e^{\lambda x},$$

$$(a^x)^{(n)} = \ln^n a \cdot a^x.$$

4.4.2　高阶导数的运算法则

高阶导数作为求导这种线性运算的复合，仍然具有线性性质，具体如下：

定理 4.4.1　设函数 $f(x)$，$g(x)$ 在点 x_0 处有直到 n 阶导数，α，β 为任意常数. 则 $\alpha f(x) + \beta g(x)$ 在点 x_0 处有直到 n 阶导数，且
$$(\alpha f(x) + \beta g(x))^{(n)} = \alpha f^{(n)}(x_0) + \beta g^{(n)}(x_0).$$

两个函数相乘的求导法则的推广，有下面的莱布尼茨公式：

定理 4.4.2　设函数 $f(x)$，$g(x)$ 在点 x_0 处有直到 n 阶的导数. 则 $f(x)g(x)$ 在点 x_0 处有直到 n 阶的导数，且
$$(f(x)g(x))^{(n)} = \sum_{i=0}^{n} C_n^i f^{(i)}(x_0) g^{(n-i)}(x_0).$$

其中，
$$C_n^i = \frac{n!}{i!(n-i)!}.$$

例 4.4.5　求函数 $y = (x^2 + 2x)e^x$ 的 n 阶导数.

解：注意到令 $f(x) = x^2 + 2x$，则 $f'(x) = 2x + 2$，$f''(x) = 2$，$f'''(x) = 0$，由莱布尼茨公式，可得

$((x^2+2x)e^x)^{(n)}$

$= (x^2+2x)(e^x)^{(n)} + n(x^2+2x)'(e^x)^{(n-1)} + \dfrac{n(n-1)}{2}(x^2+2x)''(e^x)^{(n-2)}$

$= (x^2+2x)e^x + n(2x+2)e^x + n(n-1)e^x$

$= [x^2 + (2n+2)x + n(n+1)]e^x.$

4.4.3　高阶微分的定义

如果函数 $y = f(x)$ 在点 x_0 处有直到 n 阶的导数，则称函数 n 次可微. 相应地，如果函数 $y = f(x)$ 在区间 (a,b) 中每一点处有直到 n 阶的导数，则称函数 $y = f(x)$ 在开区间 (a,b) 上 n 次可微. 并记
$$d(df) = d^2 f$$
$$= d(f'dx) = d(f')dx = f''dx^2$$

和
$$d(d^{n-1}f) = d^n f$$
$$= d(f^{(n-1)}dx^{n-1}) = d(f^{(n-1)})dx^{n-1} = f^{(n)}dx^n$$

为函数 $y = f(x)$ 的二次微分和 n 次微分. 即 $f''(x_0)dx^2$ 为函数 $y =$

$f(x)$ 在点 x_0 处的二次微分；$f^{(n)}(x_0)\mathrm{d}x^n$ 为函数 $y=f(x)$ 在点 x_0 处的 n 次微分.

注意到，高阶微分的计算中把 $\mathrm{d}x$ 当作自变量的最小增量看待，被看作一个常量，在很多数值算法中很常见. 但这个常量显然不能当作中间变量继续运算，也就是说高阶微分不具有形式不变性，下面以复合函数的二阶微分为例加以解释.

设复合函数 $z=f(g(x))$，其中 $y=g(x)$，$z=f(y)$ 分别在点 x_0，$y_0=g(x_0)$ 处有二阶导数，则附近的一阶导函数为

$$\frac{\mathrm{d}z}{\mathrm{d}x}=f'(y)g'(x)=f'(g(x))g'(x).$$

可见这个导函数在点 x_0 处可导，即复合函数 $z=f(g(x))$ 在点 x_0 处二阶可导，且

$$\frac{\mathrm{d}^2z}{\mathrm{d}x^2}=f''(g(x))g'^2(x)+f'(g(x))g''(x).$$

由此可得复合函数 $z=f(g(x))$ 在点 x_0 处的二次微分为

$$\mathrm{d}^2z=(f''(g(x))g'^2(x)+f'(g(x))g''(x))\mathrm{d}x^2.$$

而直接对变量 y 的二次微分应为

$$\mathrm{d}^2z=f''(y)\mathrm{d}y^2,$$

可见，代入中间变量 $y=g(x)$ 及微分

$$\mathrm{d}y=g'(x)\mathrm{d}x.$$

后不等于函数对自变量 x 的二次微分. 也就是说，函数对中间变量的二次微分，不等于对自变量的二次微分. 即二次微分不具有形式不变性.

注：注意到符号 $\mathrm{d}x^n$ 表示 $(\mathrm{d}x)^n$，并非指 x^n 的微分. 对 x^n 进行微分需带括号，记为 $\mathrm{d}(x^n)$.

中国创造：散裂中子源

习题 4.4

1. 求下列函数的二阶导数：

(1) $y=\mathrm{e}^{2x}\sin x$；　　　(2) $y=x\arctan x^2$；

(3) $y=\ln(x+\sqrt{x^2-1})$；　(4) $y=x^2\sqrt{a^2-x^2}$；

(5) $y=\arctan x^2$；　　　(6) $y=\mathrm{e}^{\sin x}$；

(7) $y=\ln|\sin x|$；　　　(8) $y=x^3\ln x$.

2. 给定 a，b 为常数，求下列函数的 n 阶导数：

(1) $y=\dfrac{1}{\sqrt{ax+b}}$；　　(2) $y=\dfrac{a+bx}{\sqrt{a-bx}}$；

(3) $y=\dfrac{x^2}{ax+b}$；　　　(4) $y=\ln\dfrac{a+bx}{a-bx}$.

(5) $y=\mathrm{e}^{ax+b}$；　　　　(6) $y=\sin(ax+b)$；

(7) $y=\mathrm{e}^x\cos(ax+b)$；　(8) $y=\sin^2(ax+b)$.

3. 设定义在 $(0,+\infty)$ 上的函数 $y(x)=x^{n-1}\mathrm{e}^{\frac{1}{x}}$. 证明：$y^{(n)}(x)=\dfrac{(-1)^n}{x^{n+1}}\mathrm{e}^{\frac{1}{x}}$.

4. 给定正整数 n，求函数 $y(x)=x^n\ln x$ 的 n 阶导函数 $y^{(n+1)}(x)$.

5. 求下列函数的 n 阶导数：

(1) $y=x^2\sin x$；　　　(2) $y=(x^2+2x+1)\mathrm{e}^x$；

(3) $y = \dfrac{x}{x^2 - x - 2}$;　　　　(4) $y = x^2 \ln x$.

6. 证明：函数 $y = \arcsin x$ 满足方程 $(1 - x^2) y'' - x y' = 0$，并求 $y^{(n)}(0)$，$n = 1, 2, \cdots$.

7. 设 $f(x)$ 在 $(-\infty, +\infty)$ 上有二阶导数，求下面函数的二阶导数：

(1) $y = f\left(\dfrac{1}{x^2}\right)$;　　　　(2) $y = \dfrac{1}{f(x^2)}$;

(3) $y = f(e^x)$;　　　　(4) $y = e^{f(x)}$;

(5) $y = f(\ln |x|)$;　　　　(6) $y = \ln |f(x)|$.

8. 设函数 $y = y(x)$ 为由下列方程给出的隐函数，求其二阶导数 $y''(x)$：

(1) $x^2 + 2y^2 = 1$;　　　　(2) $2(x + y) = y^2$;

(3) $\sqrt{x^2 + y^2} = \arctan \dfrac{y}{x}$;　　(4) $x = y + y^3$.

第 5 章
微分中值定理及其应用

上一章中我们介绍了导数的概念，导数是一个局部概念，即函数在一点是否可导，只与函数在该点充分小邻域的取值有关。在这一章中我们利用导数这样的局部信息来研究函数在一个区间上整体的性质。这一章主要介绍微分中值定理与泰勒（Taylor）公式，作为应用我们讨论函数的单调性、凹凸性等几何性质。

5.1 微分中值定理

这一节我们给出微分中值定理三个依次增强的表达形式：罗尔（Rolle）定理、拉格朗日（Lagrange）中值定理和柯西（Cauchy）中值定理。它们各自适用于不同的场合，是利用导数研究函数的强有力工具。

5.1.1 费马引理

对微分中值定理的研究要从费马（Fermat）研究函数的极值问题谈起。

定义 5.1.1 设函数 $y=f(x)$ 在点 x_0 附近有定义。如果存在 $\delta>0$，使得对任意 $x \in (x_0-\delta, x_0+\delta)$，有
$$f(x) \leqslant f(x_0),$$
则称 x_0 为 $f(x)$ 的极大值点，称 $f(x_0)$ 为 $f(x)$ 的极大值。

类似地，可以定义极小值点和极小值。极大值点和极小值点统称为极值点，极大值和极小值统称为极值。

需要指出的是，函数的极值只涉及函数的局部信息，一个函数的一个极小值可以大于它的一个极大值，如图 5-1 所示。

函数的极值点必须位于函数所定义区间的内部，区间的端点不谈论函数的极值问题。另外，极值点没有连续性的要求，例如函数

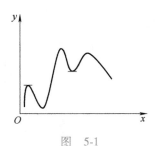

图 5-1

$$f(x) = \begin{cases} x+1, & x \in (-1, \, 0\,], \\ x, & x \in (0,1) \end{cases}$$

在点 $x=0$ 不连续，但 $x=0$ 为 $f(x)$ 的极大值点.

定理 5.1.1 （费马引理） 设点 x_0 为函数 $f(x)$ 的极值点，且函数 $f(x)$ 在点 x_0 可导，则 $f'(x_0) = 0$.

证明：函数 $f(x)$ 在点 x_0 可导，即有

$$f'(x_0) = \lim_{\Delta x \to 0} \frac{f(x_0 + \Delta x) - f(x_0)}{\Delta x}.$$

注意到点 x_0 为函数 $y = f(x)$ 的极值点，不妨设为极小值点，即：$\exists \delta > 0$，对 $\forall x \in (x_0 - \delta, x_0 + \delta)$，都有

$$f(x) \geqslant f(x_0).$$

对 $x \in (x_0, x_0 + \delta)$，有 $\Delta x > 0$，故 $\dfrac{f(x_0 + \Delta x) - f(x_0)}{\Delta x} \geqslant 0$. 由极限的保号性，可得

$$\lim_{\Delta x \to 0^+} \frac{f(x_0 + \Delta x) - f(x_0)}{\Delta x} \geqslant 0.$$

对 $x \in (x_0 - \delta, x_0)$，有 $\Delta x < 0$，故 $\dfrac{f(x_0 + \Delta x) - f(x_0)}{\Delta x} \leqslant 0$. 由极限的保号性，可得

$$\lim_{\Delta x \to 0^-} \frac{f(x_0 + \Delta x) - f(x_0)}{\Delta x} \leqslant 0.$$

所以 $f'(x_0) = 0$.

我们把导数为 0 的点称为函数的驻点（稳定点或临界点）. 费马引理告诉我们，若极值点处函数可导，则它必是驻点. 但驻点未必是极值点，例如 $x=0$ 为 $y=x^3$ 的驻点，但不是极值点.

例 5.1.1 ［达布（**Darboux**）定理］ 设 $f(x)$ 为 $[a,b]$ 上的可导函数，$f'(a) \neq f'(b)$. 则对介于 $f'(a)$，$f'(b)$ 之间的任一常数 λ，存在 $x_0 \in (a,b)$，使得

$$f'(x_0) = \lambda.$$

证明：不妨假设 $f'(a) < f'(b)$. 构造辅助函数

$$\varphi(x) = f(x) - \lambda x.$$

由于 $f'(a) < \lambda < f'(b)$，所以 $\varphi'(a) < 0$，$\varphi'(b) > 0$. 由导数定义

$$\varphi'(a) = \lim_{x \to a} \frac{\varphi(x) - \varphi(a)}{x - a} < 0,$$

根据极限的保号性，存在 $x_1 > a$，使得 $\varphi(x_1) < \varphi(a)$. 类似地，由

$\varphi'(b)>0$，存在 $x_2<b$，使得 $\varphi(x_2)<\varphi(b)$．于是 $\varphi(x)$ 在闭区间 $[a,b]$ 上的最小值点一定在开区间 (a,b) 内取到，记为 x_0．由费马引理，$\varphi'(x_0)=0$，由此得 $f'(x_0)=\lambda$．

达布定理告诉我们导函数具有介值性，但并没有说导函数是连续的．一般来说导函数并不一定是连续的，例如：函数

$$f(x)=\begin{cases}x^2\sin\dfrac{1}{x}, & x\neq0, \\[2mm] 0, & x=0\end{cases}$$

处处可导，但其导数

$$f'(x)=\begin{cases}2x\sin\dfrac{1}{x}-\cos\dfrac{1}{x}, & x\neq0, \\[2mm] 0, & x=0\end{cases}$$

在 $x=0$ 处并不连续.

5.1.2　罗尔定理

定理5.1.2　[罗尔(Rolle)定理]　设 $f(x)$ 在 $[a,b]$ 上连续，在 (a,b) 内可导，且 $f(a)=f(b)$，则至少存在一点 $\xi\in(a,b)$，使得 $f'(\xi)=0$．

证明：因为 $f(x)$ 在闭区间 $[a,b]$ 上连续，所以 $f(x)$ 在 $[a,b]$ 上有最大值、最小值，分别记为 M 与 m．

如果 $M=m$，则 $f(x)$ 在 $[a,b]$ 上为一常值函数，对任意 $x\in(a,b)$，都有 $f'(x)=0$．我们可取 (a,b) 中任意一点作为 ξ．

如果 $M\neq m$，则 M 与 m 至少有一个不等于端点值 $f(a)=f(b)$．不妨设最大值 M 不在端点处取到，则必在开区间 (a,b) 内取到．设函数 $y=f(x)$ 在点 $\xi\in(a,b)$ 取到最大值，则 ξ 为函数的极大值点，由费马引理，有 $f'(\xi)=0$．

综上，至少存在一点 $\xi\in(a,b)$，使得 $f'(\xi)=0$．

罗尔定理告诉我们，若光滑曲线在两个端点处的高度相同，则在其内部至少存在一点，曲线在该点处的切线是水平的(参见图5-2)．

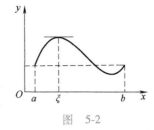

图　5-2

例5.1.2　设函数 $f(x)$，$g(x)$ 在 $[a,b]$ 上连续，在 (a,b) 内可导．证明：存在 $x_0\in(a,b)$，使得

$$(f(b)-f(a))g'(x_0)-(g(b)-g(a))f'(x_0)=0.$$

证明：构造辅助函数

$$\varphi(x)=(f(b)-f(a))g(x)-(g(b)-g(a))f(x).$$

函数 $\varphi(x)$ 在 $[a,b]$ 上连续，在开区间 (a,b) 内可导，且

$$\varphi(a) = \varphi(b) = f(b)g(a) - f(a)g(b).$$

由罗尔定理，存在 $x_0 \in (a, b)$，使得

$$\varphi'(x_0) = (f(b) - f(a))g'(x_0) - (g(b) - g(a))f'(x_0) = 0.$$

例 5.1.3　设函数 $f(x)$ 在 $[a, b]$ 上可导，且满足 $f(a) > f(b)$，$f'_+(a) > 0$. 证明：存在 $x_0 \in (a, b)$，使得 $f'(x_0) = 0$.

证明：由 $f'_+(a) > 0$，则

$$\lim_{\Delta x \to 0^+} \frac{f(a + \Delta x) - f(a)}{\Delta x} = f'_+(a) > 0.$$

由极限保号性，存在 $\delta > 0$，当 $0 < \Delta x < \delta$ 时，有

$$\frac{f(a + \Delta x) - f(a)}{\Delta x} > 0.$$

从而有 $f(a + \Delta x) > f(a)$. 取定一个 Δx，由于 $f(a + \Delta x) > f(a) > f(b)$，由连续函数的中间值定理，存在 $x_1 \in (a + \Delta x, b)$，使得 $f(x_1) = f(a)$. 在 $[a, x_1]$ 上考虑罗尔定理，存在 $x_0 \in (a, x_1)$，使得 $f'(x_0) = 0$.

例 5.1.4　设 $P(x)$ 为 n 次多项式，证明 $P(x)$ 至多有 n 个不同的零点.

证明：反证法. 假设 $P(x)$ 有 $n+1$ 个不同的零点，则由罗尔定理，每两个相邻零点之间必有 $P'(x)$ 的一个零点. 这样一共得到 $P'(x)$ 的 n 个不同的零点；然后再对 $P'(x)$ 应用罗尔定理，又得到 $P''(x)$ 的 $n-1$ 个不同的零点. 如此下去，即知 $P^{(n)}(x)$ 必有一个零点. 但 $P^{(n)}(x)$ 是非 0 的常值函数. 这一矛盾说明 n 次多项式 $P(x)$ 至多有 n 个不同的零点.

5.1.3　拉格朗日中值定理

罗尔定理要求函数在区间的两个端点有相同的函数值，这给它的应用带来很大的限制. 如果将罗尔定理中的条件"$f(a) = f(b)$"去掉，则有如下的定理：

定理 5.1.3　（拉格朗日中值定理）　若 $f(x)$ 在 $[a, b]$ 上连续，在 (a, b) 内可导，则在 (a, b) 内至少存在一点 ξ，使得

$$f'(\xi) = \frac{f(b) - f(a)}{b - a}.$$

证明：构造辅助函数

$$\varphi(x) = f(x) - \frac{f(b) - f(a)}{b - a}(x - a).$$

函数 $\varphi(x)$ 在 $[a, b]$ 上连续，在 (a, b) 内可导，且 $\varphi(a) = \varphi(b)$. 由罗尔定理，存在 $\xi \in (a, b)$，使得

$$\varphi'(\xi)=f'(\xi)-\frac{f(b)-f(a)}{b-a}=0,$$

即

$$f'(\xi)=\frac{f(b)-f(a)}{b-a}.$$

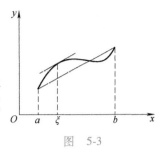

图　5-3

注　(1) 拉格朗日中值定理是罗尔定理的一般形式. 几何上看，如果一条曲线处处都有切线，则至少有一点的切线与两端点连线平行(见图 5-3).

(2) 拉格朗日中值定理有时也写成以下形式:

$$f(b)-f(a)=f'(a+\theta(b-a))(b-a),$$

其中 $\theta\in(0,1)$. 这个式子也被称为有限增量公式，反映了函数在 a,b 两点间的增量被某点的导数值控制.

由拉格朗日中值定理可以推出以下两个有用的结论:

推论 5.1.1　设函数 $f(x)$ 在 (a,b) 内可导，且 $f'(x)=0$，$\forall x\in(a,b)$. 则函数 $f(x)$ 为 (a,b) 上的常值函数.

证明: 反证法. 假设存在两点 x_1，$x_2\in(a,b)$，使得 $f(x_1)\neq f(x_2)$. 在闭区间 $[x_1,x_2]$ 上利用拉格朗日中值定理，存在 $x_0\in(x_1,x_2)$，使得

$$f'(x_0)=\frac{f(x_2)-f(x_1)}{x_2-x_1}\neq0,$$

与条件 $f'(x)=0$，$\forall x\in(a,b)$ 矛盾. 即函数 $y=f(x)$ 为区间 (a,b) 上的常值函数.

推论 5.1.2　设函数 $f(x)$，$g(x)$ 在 (a,b) 内可导，且 $f'(x)=g'(x)$，$\forall x\in(a,b)$. 则存在常数 C，使得
$$f(x)=g(x)+C,\qquad\forall x\in(a,b).$$

证明: 对 $f(x)-g(x)$ 应用推论 5.1.1 即得.

例 5.1.5　证明: 当 $x>0$ 时，有 $\dfrac{1}{1+x}<\ln\left(1+\dfrac{1}{x}\right)<\dfrac{1}{x}$.

证明: 函数 $\ln\left(1+\dfrac{1}{x}\right)$ 可改写为 $\ln(1+x)-\ln x$. 对 $\ln x$ 在 x 和 $1+x$ 之间应用拉格朗日中值定理，得

$$\ln(1+x)-\ln x=(\ln x)'\big|_{x=\xi}=\frac{1}{\xi},$$

其中 ξ 介于 x 和 $1+x$ 之间. 由此得到所证不等式.

例 5.1.6 证明极限 $\lim\limits_{n\to\infty}\left(1+\dfrac{1}{2}+\cdots+\dfrac{1}{n}-\ln n\right)$ 存在.

证明：由例 5.1.5，知

$$\frac{1}{n+1}<\ln\left(1+\frac{1}{n}\right)<\frac{1}{n}.$$

记 $a_n=1+\dfrac{1}{2}+\cdots+\dfrac{1}{n}-\ln n$，则有 $a_n>\ln(n+1)-\ln n>0$. 而

$$a_{n+1}-a_n=\frac{1}{n+1}-\ln(n+1)+\ln n<0.$$

所以 $\{a_n\}$ 单调减少有下界，由单调有界原理知 $\{a_n\}$ 收敛.

注 上述极限值即欧拉常数 $\gamma(=0.5772\cdots)$.

例 5.1.7 证明：$\arcsin x+\arccos x=\dfrac{\pi}{2}$，$x\in[-1,1]$.

证明：设 $f(x)=\arcsin x+\arccos x$. 由于

$$f'(x)=\frac{1}{\sqrt{1-x^2}}+\left(-\frac{1}{\sqrt{1-x^2}}\right)=0,$$

由推论 5.1.1，$f(x)$ 在 $[-1,1]$ 上为常值函数，设为 C. 直接计算

$$f(0)=\arcsin 0+\arccos 0=0+\frac{\pi}{2}=\frac{\pi}{2},$$

得 $C=\dfrac{\pi}{2}$. 因此 $\arcsin x+\arccos x=\dfrac{\pi}{2}$.

例 5.1.8 设函数 $f(x)$ 在 (a,b) 内可导，且在 a 处右连续. 证明：若导函数在 a 的右极限存在，则函数 $f(x)$ 在点 $x=a$ 的右导数存在，且 $f'_+(a)=\lim\limits_{x\to a^+}f'(x)$.

证明：由拉格朗日中值定理，对 $\forall x\in(a,b)$，存在点 $\xi_x\in(a,x)$，使得

$$\frac{f(x)-f(a)}{x-a}=f'(\xi_x).$$

注意到当 x 趋于 a 时，ξ_x 也趋于 a，所以

$$\lim_{x\to a^+}\frac{f(x)-f(a)}{x-a}=\lim_{x\to a^+}f'(\xi_x)=\lim_{x\to a^+}f'(x),$$

即 $f(x)$ 在点 $x=a$ 的右导数存在，且 $f'_+(a)=\lim\limits_{x\to a^+}f'(x)$.

注 若函数在一点处单侧导数存在，则导函数在该点的单侧极限未必存在. 例如，函数

$$f(x)=\begin{cases}x^2\sin\dfrac{1}{x}, & x\neq 0,\\[2mm] 0, & x=0\end{cases}$$

在 0 处右导数存在，但其导函数在 0 处的右极限不存在.

由例 5.1.8 可知，导函数的不连续点只能为第二类间断点.
事实上，假设 x_0 为 $f'(x)$ 的可去间断点或第一类间断点，则导函
数在 x_0 的单侧极限都存在. 由导函数在 x_0 的右侧极限存在，得右
导数 $f'_+(x_0)$ 存在，且

$$f'_+(x_0) = \lim_{x \to x_0^+} f'(x).$$

类似地，左导数 $f'_-(x_0)$ 存在，且

$$f'_-(x_0) = \lim_{x \to x_0^-} f'(x).$$

由于 $f(x)$ 在 x_0 可导，所以 $f'(x_0) = f'_-(x_0) = f'_+(x_0)$. 从而 $f'(x_0) = \lim_{x \to x_0} f'(x)$，这与 x_0 为 $f'(x)$ 的不连续点矛盾.

5.1.4　柯西中值定理

定理 5.1.4　（柯西中值定理）　设函数 $f(x)$ 和 $g(x)$ 在 $[a,b]$ 上连续，在 (a,b) 内可导，且 $g'(x) \neq 0$，则至少存在一点 $\xi \in (a,b)$，使得

$$\frac{f(b)-f(a)}{g(b)-g(a)} = \frac{f'(\xi)}{g'(\xi)}.$$

注　（1）当 $g(x) = x$ 时，柯西中值定理就退化成了拉格朗日中值定理，即拉格朗日中值定理可看作是柯西中值定理的特殊情形.

（2）如果考察参数方程

$$\begin{cases} X = g(x), \\ Y = f(x) \end{cases}$$

表示的曲线，由柯西中值定理，得

$$\frac{f(b)-f(a)}{g(b)-g(a)} = \frac{\mathrm{d}Y}{\mathrm{d}X}\Big|_{x=\xi}.$$

由此可知，柯西中值定理的几何含义是上述参数方程表示的曲线
上至少存在一点，该点处的切线平行于两端点的连线.

证明：构造辅助函数
$$F(x) = (f(b)-f(a))g(x) - (g(b)-g(a))f(x).$$

函数 $F(x)$ 在 $[a,b]$ 上连续，在 (a,b) 内可导，且
$$F(a) = F(b) = f(b)g(a) - g(b)f(a).$$

由罗尔定理，存在 $\xi \in (a,b)$，使得
$$F'(\xi) = (f(b)-f(a))g'(\xi) - (g(b)-g(a))f'(\xi) = 0.$$

由于 $g'(x) \neq 0$，由罗尔定理，$g(a) \neq g(b)$. 整理即可.

人物注记

费马(Fermat，1607—1665)，法国数学家. 大学毕业后担任律师及图卢斯议会议员，数学只是他的爱好而非职业. 费马对解析几何、概率、数论以及光学等领域都做出了开创性研究，是微积分学最杰出的先驱者之一. 在牛顿与莱布尼茨之前，他完整地给出了确定曲线切线的方法. 费马关于确定曲线切线的方法，包含了近乎完整的导数的概念及计算方法. 作为这种方法的应用，他给出函数极值的必要条件. 费马用不同于笛卡儿的方法研究了解析几何，并与笛卡儿齐名并列为解析几何的奠基人. 费马研究过几何光学，发现了光的最小时间原理，并研究了光的折射现象，为现代光学理论奠定了基础. 费马为人谦逊，淡泊名利. 许多研究成果生前并未公开发表. 逝世后，由儿子将他的著作、信件及各种注记整理出版. 著名的费马猜想就是他在读书时写在书页上的一条注记.

拉格朗日(Lagrange，1736—1813)，法国数学家和天文学家. 他是牛顿与莱布尼茨之后，对分析学有全面影响的大数学家. 他研究过"等周问题""月球的天平动问题""三体问题""六体问题"等，多次荣获法国科学院大奖. 此外，他还研究过数论、概率论及代数. 他的主要贡献是力学，代表作是《分析力学》. 这是继牛顿之后的又一部经典力学著作，其中用变分原理与分析方法，建立了完整优美的力学体系，奠定了现代力学的基础.

习题 5.1

1. 设 $f(x)$ 在 $(0,+\infty)$ 上可导，$\lim\limits_{x\to 0^+} f(x) = \lim\limits_{x\to +\infty} f(x)$，证明存在 $\xi \in (a,b)$，使得 $f'(\xi) = 0$.

2. 设 $f(x)$ 在 (a,b) 上可微. 证明 $f(x)$ 在 (a,b) 内的两个零点之间必有 $f(x) + f'(x)$ 的零点.

3. 设 $P_n(x)$ 为一 n 次多项式. 证明 $e^x - P_n(x) = 0$ 至多有 $n+1$ 个不同的根.

4. 设 $f(x)$ 在 $[0,1]$ 上连续，在 $(0,1)$ 内可导，且 $f(0) = f(1) = 0$. 再假设 $f(t_0) = \alpha$，其中 $t_0 \in (0,1)$. 证明存在 $\xi \in (0,1)$，使得 $f'(\xi) = \alpha$.

5. 证明对任意实数 x，有 $\arctan x = \arcsin \dfrac{x}{\sqrt{1+x^2}}$.

6. 设 $f(x)$ 在 $[0,1]$ 上可微，且 $0 < f(x) < 1$，$f'(x) \neq 1$，则在 $(0,1)$ 内存在唯一的一点 ξ，使得 $f(\xi) = \xi$.

7. 设可导函数 $f(x)$ 在 $[a, +\infty)$ 上有界，且 $\lim\limits_{x\to +\infty} f'(x) = b$. 证明：$b = 0$.

8. 证明：任给实数 x_1，x_2，有 $|\arctan x_1 - \arctan x_2| \leqslant |x_1 - x_2|$.

9. 求证：$4ax^3 + 3bx^2 + 2cx = a + b + c$ 在 $(0,1)$ 上至少有一个根.

10. 设 $f(x)$ 在 $[0,\pi]$ 上连续，在 $(0,\pi)$ 内可导，证明至少存在一点 $\xi \in (0,\pi)$，使 $f'(\xi) = -f(\xi)\cot\xi$.

11. 设 $f(x)$ 在 $[0,3]$ 上连续，在 $(0,3)$ 内可导，且 $f(0) + f(1) + f(2) = 3$，$f(3) = 1$. 证明存在 $\xi \in (0,3)$，使得 $f'(\xi) = 0$.

12. 设 $f(x)$ 为 $[-1,1]$ 上二阶可导的奇函数，且 $f(1) = 1$. 证明：

（1）存在 $\xi \in (0,1)$，使得 $f'(\xi)=1$；

（2）存在 $\eta \in (-1,1)$，使得 $f''(\eta)+f'(\eta)=1$.

13. 证明：若 $f(x)$ 在 (a,b) 上的导数有界，则 $f(x)$ 在 (a,b) 上一致连续.

14. 证明：$f(x)=x\ln x$ 在 $(0,+\infty)$ 上不一致连续.

15. 设 $f(x)$ 在 $[a,b]$ 上连续，在 (a,b) 内可导.

求证：存在 $\xi \in (a,b)$，使得

$$2\xi(f(b)-f(a))=(b^2-a^2)f'(\xi).$$

16. 设 $f(x)$ 在 $[a,b]$ 上连续，在 (a,b) 内可导.

求证：存在 $\xi \in (a,b)$，使得

$$f(b)-f(a)=\xi\ln\frac{b}{a}f'(\xi).$$

5.2　洛必达法则

设函数 $f(x)$，$g(x)$ 在点 a 的一个去心邻域内有定义，且 $g(x)\neq 0$. 设

$$\lim_{x \to a}f(x)=\lim_{x \to a}g(x)=0,$$

则商的极限

$$\lim_{x \to a}\frac{f(x)}{g(x)}$$

不能直接由极限的四则运算法则得到，这种极限称为 $\dfrac{0}{0}$ 型待定型.

类似地，如果

$$\lim_{x \to a}f(x)=\lim_{x \to a}g(x)=\infty,$$

则极限

$$\lim_{x \to a}\frac{f(x)}{g(x)}$$

称为 $\dfrac{\infty}{\infty}$ 型待定型. 这节我们利用函数的导数研究待定型的极限问题.

5.2.1　$\dfrac{0}{0}$ 型待定型

作为柯西中值定理的一个应用，我们可以证明以下的洛必达法则.

定理 5.2.1　设函数 $f(x)$ 和 $g(x)$ 在点 a 的某一去心邻域内可导，且满足：

（1）$\lim\limits_{x \to a}f(x)=\lim\limits_{x \to a}g(x)=0$；

（2）$g'(x)\neq 0$；

（3）$\lim\limits_{x \to a}\dfrac{f'(x)}{g'(x)}=l$（$l$ 为有限数或 $\pm\infty$，∞），

则极限 $\lim\limits_{x \to a}\dfrac{f(x)}{g(x)}$ 存在，等于 l.

证明:设 l 为有限数. 当 $l=+\infty$, $-\infty$ 或 ∞ 时证明类似,请读者自己给出.

我们先证左极限 $\lim\limits_{x\to a^-}\dfrac{f(x)}{g(x)}=l$. 由条件(1),补充定义 $f(a)=g(a)=0$,则 $f(x)$,$g(x)$ 在点 a 连续. 应用柯西中值定理,有

$$\frac{f(x)}{g(x)}=\frac{f(x)-f(a)}{g(x)-g(a)}=\frac{f'(\xi)}{g'(\xi)}, \qquad x<\xi<a.$$

由条件(3),可得

$$\lim_{x\to a^-}\frac{f'(\xi)}{g'(\xi)}=\lim_{x\to a^-}\frac{f'(x)}{g'(x)}=l.$$

所以 $\lim\limits_{x\to a^-}\dfrac{f(x)}{g(x)}=l$. 同理可证,$\lim\limits_{x\to a^+}\dfrac{f(x)}{g(x)}=l$. 综合起来,有

$$\lim_{x\to a}\frac{f(x)}{g(x)}=l.$$

注 极限过程 $x\to a$ 改为 $x\to a^-$ 或 $x\to a^+$,上述定理的结论仍然成立. 考虑变量替换 $x=\dfrac{1}{t}$,也容易证明当 $x\to\infty$ 或 $x\to+\infty$,$x\to-\infty$ 时,上述定理的结论仍然成立.

例 5.2.1 求极限 $\lim\limits_{x\to 0}\dfrac{\mathrm{e}^x-1-x}{x^2}$.

解:这是一个 $\dfrac{0}{0}$ 型待定型,应用洛必达法则,得

$$\lim_{x\to 0}\frac{\mathrm{e}^x-1-x}{x^2}=\lim_{x\to 0}\frac{\mathrm{e}^x-1}{2x}=\lim_{x\to 0}\frac{\mathrm{e}^x}{2}=\frac{1}{2}.$$

例 5.2.2 求 $\lim\limits_{x\to+\infty}\dfrac{\dfrac{\pi}{2}-\arctan x}{\dfrac{1}{x}}$.

解:这是一个 $\dfrac{0}{0}$ 型待定型,应用洛必达法则,得

$$\lim_{x\to+\infty}\frac{\dfrac{\pi}{2}-\arctan x}{\dfrac{1}{x}}=\lim_{x\to+\infty}\frac{-\dfrac{1}{1+x^2}}{-\dfrac{1}{x^2}}=1.$$

例 5.2.3 求极限 $\lim\limits_{x\to 0^+}x^2\mathrm{e}^{\frac{1}{x}}$.

解:进行变量代换 $\dfrac{1}{x}=t$,此时 $x\to 0^+$ 换成了 $t\to+\infty$,可得

$$\lim_{x\to0^+}x^2\mathrm{e}^{\frac{1}{x}}=\lim_{t\to+\infty}\frac{\mathrm{e}^t}{t^2}=\lim_{t\to+\infty}\frac{\mathrm{e}^t}{2t}=\lim_{t\to+\infty}\frac{\mathrm{e}^t}{2}.$$

5.2.2 $\dfrac{\infty}{\infty}$ 型待定型

$\dfrac{\infty}{\infty}$ 型待定型的计算也有类似的洛必达法则. 这种情形很难通过化为 $\dfrac{0}{0}$ 型来间接证明，需要新的证明.

定理 5.2.2　设 $f(x)$，$g(x)$ 在点 a 的某一去心邻域可导，满足：

(1) $\lim\limits_{x\to a}f(x)=\lim\limits_{x\to a}g(x)=\infty$；

(2) $g'(x)\neq0$；

(3) $\lim\limits_{x\to a}\dfrac{f'(x)}{g'(x)}=l$（$l$ 为有限数或 $\pm\infty$，∞），

则极限 $\lim\limits_{x\to a}\dfrac{f(x)}{g(x)}$ 存在，等于 l.

证明：只对 l 为有限数和 $x\to a^+$ 的情形证明，其他情形请读者自己给出证明.

任给 $\varepsilon>0$，由条件（3）知，$\exists\delta_0>0$，当 $a<x<a+\delta_0$ 时，有

$$\left|\frac{f'(x)}{g'(x)}-l\right|<\frac{\varepsilon}{2}.$$

取定 $x_0\in(a,a+\delta_0)$. 设 $x\in(a,x_0)$. 应用柯西中值定理，得

$$\frac{f(x)-f(x_0)}{g(x)-g(x_0)}=\frac{f'(\xi)}{g'(\xi)},$$

其中 ξ 介于 x 和 x_0 之间. 于是

$$\left|\frac{f(x)-f(x_0)}{g(x)-g(x_0)}-l\right|<\frac{\varepsilon}{2}.$$

考虑下面恒等式

$$\frac{f(x)}{g(x)}-\frac{f(x)-f(x_0)}{g(x)-g(x_0)}=\frac{f(x_0)}{g(x)}-\frac{f(x)-f(x_0)}{g(x)-g(x_0)}\cdot\frac{g(x_0)}{g(x)}.$$

右边第一项 $\dfrac{f(x_0)}{g(x)}$ 当 $x\to a$ 时趋于 0. 第二项中 $\dfrac{f(x)-f(x_0)}{g(x)-g(x_0)}$ 是有界的，而 $\dfrac{g(x_0)}{g(x)}$ 当 $x\to a$ 时趋于 0. 所以存在 $\delta_1>0$，当 $0<x-a<\delta_1$ 时，

$$\left|\frac{f(x)}{g(x)}-\frac{f(x)-f(x_0)}{g(x)-g(x_0)}\right|<\frac{\varepsilon}{2}.$$

取 $\delta = \min\{\delta_0, \delta_1\}$，则当 $0 < x - a < \delta$ 时，

$$\left|\frac{f(x)}{g(x)} - l\right| \leqslant \left|\frac{f(x)}{g(x)} - \frac{f(x) - f(x_0)}{g(x) - g(x_0)}\right| + \left|\frac{f(x) - f(x_0)}{g(x) - g(x_0)} - l\right| < \varepsilon,$$

所以右极限 $\lim\limits_{x \to a^+} \dfrac{f(x)}{g(x)} = l$.

注 （1）把 $x \to a$ 改为其他极限过程时，上述定理的结论仍然成立.

（2）使用洛必达法则需验证式子是 $\dfrac{0}{0}$ 或 $\dfrac{\infty}{\infty}$ 型. 例如，

$$\lim_{x \to 0} \frac{\cos x}{x + 1} \neq \lim_{x \to 0} \frac{-\sin x}{1}.$$

（3）若 $\lim \dfrac{f'(x)}{g'(x)}$ 不存在，不能说明 $\lim \dfrac{f(x)}{g(x)}$ 不存在. 例如极限

$$\lim_{x \to +\infty} \frac{x + \sin x}{x} = 1,$$

但极限 $\lim\limits_{x \to +\infty} \dfrac{(x + \sin x)'}{(x)'} = \lim\limits_{x \to +\infty} \dfrac{1 + \cos x}{1}$ 不存在.

例 5.2.4 求 $\lim\limits_{x \to +\infty} \dfrac{\ln x}{x^\alpha}$，其中 $\alpha > 0$.

解：这是一个 $\dfrac{\infty}{\infty}$ 型待定型，应用洛必达法则，有

$$\lim_{x \to +\infty} \frac{\ln x}{x^\alpha} = \lim_{x \to +\infty} \frac{\dfrac{1}{x}}{\alpha x^{\alpha-1}} = \lim_{x \to +\infty} \frac{1}{\alpha x^\alpha} = 0.$$

例 5.2.5 设 $P_n(x) = a_0 x^n + a_1 x^{n-1} + \cdots + a_n$，求 $\lim\limits_{x \to +\infty} \dfrac{P_n(x)}{e^x}$.

解：重复使用洛必达法则，得

$$\lim_{x \to +\infty} \frac{P_n(x)}{e^x} = \lim_{x \to +\infty} \frac{P_n'(x)}{e^x} = \cdots = \lim_{x \to +\infty} \frac{P_n^{(n)}(x)}{e^x} = \lim_{x \to +\infty} \frac{n! a_0}{e^x} = 0.$$

注 当 $x \to +\infty$ 时，对数函数、幂函数和指数函数的增长性依次升高.

例 5.2.6 证明函数 $f(x) = \begin{cases} e^{-\frac{1}{x}}, & x > 0, \\ 0, & x \leqslant 0 \end{cases}$，在 $\mathbf{R}$ 上无穷次可导，且在 $x = 0$ 处各阶导数均为 0.

证明：在 $x \neq 0$ 处，容易验证 $f(x)$ 的 n 阶导函数有以下形式：

$$f^{(n)}(x) = \begin{cases} P_{2n}\left(\dfrac{1}{x}\right) e^{-\frac{1}{x}}, & x>0, \\ 0, & x<0, \end{cases}$$

其中 $P_{2n}(u)$ 为 $2n$ 次多项式.

在 $x=0$ 处,

$$f'_-(0) = \lim_{x\to 0^-} \frac{f(x)-f(0)}{x} = 0,$$

$$f'_+(0) = \lim_{x\to 0^+} \frac{f(x)-f(0)}{x} = \lim_{x\to 0^+} \frac{e^{-\frac{1}{x}}}{x} = \lim_{t\to +\infty} \frac{t}{e^t} = 0.$$

所以 $f(x)$ 在 $x=0$ 处可导, 且 $f'(0)=0$.

下面用数学归纳法证明 $f(x)$ 在 $x=0$ 处无穷多次可导, 且在 $x=0$ 处各阶导数为 0. 假设 $f^{(n)}(0)=0$, 下面证明 $f(x)$ 在 $x=0$ 处 $n+1$ 阶可导, 且 $f^{(n+1)}(0)=0$.

$$f^{(n+1)}_-(0) = \lim_{x\to 0^-} \frac{f^{(n)}(x)-f^{(n)}(0)}{x} = \lim_{x\to 0^-} \frac{0-0}{x} = 0.$$

$$f^{(n+1)}_+(0) = \lim_{x\to 0^+} \frac{f^{(n)}(x)-f^{(n)}(0)}{x} \qquad (洛必达法则)$$

$$= \lim_{x\to 0^+} \frac{f^{(n+1)}(x)}{1} = \lim_{x\to 0^+} \frac{P_{2(n+1)}\left(\dfrac{1}{x}\right)}{e^{\frac{1}{x}}} = 0,$$

所以 $f(x)$ 在 $x=0$ 处 $n+1$ 阶可导, 且 $f^{(n+1)}(0)=0$.

5.2.3　可转化为 $\dfrac{0}{0}$ 型和 $\dfrac{\infty}{\infty}$ 型的待定型

通过适当的变形, 我们总可把其他形式的待定型转化为 $\dfrac{0}{0}$ 型和 $\dfrac{\infty}{\infty}$ 型. 下面来看一些具体的例子.

例 5.2.7　求 $\lim\limits_{x\to 0^+} x^\alpha \ln x\,(\alpha>0)$.

解: 这是一个 $0\cdot\infty$ 型, 我们有

$$\lim_{x\to 0^+} x^\alpha \ln x = \lim_{x\to 0^+} \frac{\ln x}{\dfrac{1}{x^\alpha}} = \lim_{x\to 0^+} \frac{\dfrac{1}{x}}{-\dfrac{\alpha}{x^{\alpha+1}}} = \lim_{x\to 0^+} -\frac{1}{\alpha} x^\alpha = 0.$$

例 5.2.8　求极限 $\lim\limits_{x\to 0}\left(\dfrac{1}{x}-\dfrac{1}{\ln(1+x)}\right)$.

解: 这是一个 $\infty-\infty$ 型, 我们有

$$\lim_{x\to 0}\left(\frac{1}{x}-\frac{1}{\ln(1+x)}\right) = \lim_{x\to 0} \frac{\ln(1+x)-x}{x\ln(1+x)}$$

$$= \lim_{x \to 0} \frac{\ln(1+x) - x}{x^2}$$

$$= \lim_{x \to 0} \frac{\dfrac{1}{1+x} - 1}{2x} = -\frac{1}{2}.$$

例 5.2.9　　求极限 $\lim\limits_{x \to 0^+} x^x$.

解：这是一个 0^0 型，先取自然对数

$$\lim_{x \to 0^+} x \ln x = \lim_{x \to 0^+} \frac{\ln x}{\dfrac{1}{x}} = \lim_{x \to 0^+} \frac{\dfrac{1}{x}}{-\dfrac{1}{x^2}} = \lim_{x \to 0^+} (-x) = 0.$$

指数函数取回，得极限 $\lim\limits_{x \to 0^+} x^x = e^0 = 1$.

例 5.2.10　　求极限 $\lim\limits_{x \to 0^+} (-\ln x)^x$.

解：这是一个 ∞^0 型，我们有

$$\lim_{x \to 0^+} (-\ln x)^x = \lim_{x \to 0^+} e^{x \ln(-\ln x)}$$

$$= e^{\lim\limits_{x \to 0^+} x \ln(-\ln x)}$$

$$= e^{\lim\limits_{x \to 0^+} \frac{\ln(-\ln x)}{\frac{1}{x}}}$$

$$= e^{\lim\limits_{x \to 0^+} \frac{-x}{\ln x}} = e^0 = 1.$$

例 5.2.11　　求极限 $\lim\limits_{x \to 0} (\cos x)^{\frac{1}{x^2}}$.

解：这是一个 1^∞ 型，我们有

$$\lim_{x \to 0} (\cos x)^{\frac{1}{x^2}} = \lim_{x \to 0} e^{\frac{\ln(\cos x)}{x^2}}$$

$$= e^{\lim\limits_{x \to 0} \frac{\ln(\cos x)}{x^2}}$$

$$= e^{\lim\limits_{x \to 0} \frac{-\sin x}{2x \cos x}} = e^{-\frac{1}{2}}.$$

习题 5.2

1. 求下列极限：

(1) $\lim\limits_{x \to 1} x^{\frac{1}{1-x}}$;　　　　(2) $\lim\limits_{x \to 0^+} \sin x \ln x$;

(3) $\lim\limits_{x \to 1} \left(\dfrac{1}{\ln x} - \dfrac{1}{x-1} \right)$;　　(4) $\lim\limits_{x \to 1} \dfrac{x-1}{\ln x}$;

(5) $\lim\limits_{x \to 0^+} x^{\sin x}$;　　　　(6) $\lim\limits_{x \to 0} \left(\dfrac{\ln(1+x)^{1+x}}{x^2} - \dfrac{1}{x} \right)$;

(7) $\lim\limits_{x \to 0} \left(\cot x - \dfrac{1}{x} \right)$;　　(8) $\lim\limits_{x \to 0} \dfrac{(1+x)^{\frac{1}{x}} - e}{x}$;

(9) $\lim\limits_{x \to +\infty} \left(\dfrac{\pi}{2} - \arctan x \right)^{\frac{1}{\ln x}}$;

(10) $\lim\limits_{x \to +\infty} (\pi - 2\arctan x) \ln x$;

(11) $\lim\limits_{x\to 0}(1-\cos x)^{\frac{x^2}{2}}$；　(12) $\lim\limits_{x\to 0}\dfrac{\tan x-\sin x}{\sin x-x\cos x}$；

(13) $\lim\limits_{x\to 1}\dfrac{\ln\cos(x-1)}{1-\sin\dfrac{\pi x}{2}}$；　(14) $\lim\limits_{x\to 0}\dfrac{xe^x-\ln(1+x)}{x^2}$.

2. 设 $f(x)$ 在 $(-\infty,+\infty)$ 上有二阶导数，且 $f(0)=f'(0)=0$. 求：

$$g(x)=\begin{cases}\dfrac{f(x)}{x}, & x\neq 0,\\[2mm] 0, & x=0,\end{cases}$$

在 $x=0$ 处的导数.

3. 设函数 $f(x)$ 满足 $f(0)=0$，且 $f'(0)$ 存在，证明 $\lim\limits_{x\to 0^+}x^{f(x)}=1$.

4. 求极限 $\lim\limits_{x\to a}\left(\dfrac{a_1^x+a_2^x+\cdots+a_n^x}{n}\right)^{\frac{1}{x}}$ $(a_i>0)$，这里 $a=0$ 或 $\pm\infty$.

5. 设 $x_0\in(0,1)$，定义 $x_n=\sin x_{n-1}$，$n=1,2,\cdots$. 证明：

(1) $\lim\limits_{n\to\infty}\left(\dfrac{1}{x_{n+1}^2}-\dfrac{1}{x_n^2}\right)=\dfrac{1}{3}$；

(2) $\lim\limits_{n\to\infty}\sqrt{n}\,x_n=\sqrt{3}$.

6. 设函数 $f(x)$ 可导，且 $\lim\limits_{x\to+\infty}[f(x)+f'(x)]=k$，证明：$\lim\limits_{x\to+\infty}f(x)=k$.

5.3 泰勒公式

微分中值定理用函数的一阶导数来刻画函数的性质，而泰勒公式用函数的高阶导数来刻画函数的性质. 在处理很多问题时，泰勒公式是比微分中值定理更精细、更强大的工具.

5.3.1 泰勒公式的概念

多项式函数是我们比较熟悉的一种函数，当我们研究复杂函数在一点处的性质时，我们可以在该点附近做多项式近似. 例如用 0 阶多项式近似函数 $f(x)$，即 $f(x)\approx f(x_0)$，可以理解为在点 x_0 附近用函数的极限值近似. 用一阶多项式近似，即 $f(x)\approx f(x_0)+f'(x_0)(x-x_0)$，可以理解为在点 x_0 附近用函数的微分近似. 当用更高阶的多项式来近似函数 $f(x)$，将得到更多关于 $f(x)$ 的信息. 那么应该取什么样的多项式来近似呢？

假设函数 $f(x)$ 本身就是一个关于 $x-x_0$ 的 n 次多项式，设为

$$f(x)=a_0+a_1(x-x_0)+\cdots+a_n(x-x_0)^n.$$

两边逐次求导，并代入 $x=x_0$，容易看出系数满足

$$a_k=\dfrac{f^{(k)}(x_0)}{k!}(k=0,1,\cdots,n).$$

受此启发，当对一个一般的函数 $f(x)$ 在点 x_0 处用一个 n 次多项式近似时，可以直接取为以上系数给出的多项式. 这样的多项式称为 $f(x)$ 在点 x_0 处的泰勒多项式，记为

$$T_n(x)=f(x_0)+f'(x_0)(x-x_0)+\dfrac{f''(x_0)}{2!}(x-x_0)^2+\cdots+\dfrac{f^{(n)}(x_0)}{n!}(x-x_0)^n.$$

函数 $f(x)$ 与泰勒多项式 $T_n(x)$ 的误差记为 $R_n(x)$，即
$$f(x) = T_n(x) + R_n(x).$$
上述表达式称为 $f(x)$ 在 x_0 处的泰勒公式，其中 $R_n(x)$ 称为泰勒公式的余项. 特别地，当 $x_0 = 0$ 时，称此时的泰勒公式为麦克劳林(Maclaurin)公式.

例 5.3.1　求 e^x 在点 $x = 0$ 的泰勒多项式.

解：记 $f(x) = e^x$. 由 $f^{(k)}(x) = e^x$，得
$$a_k = \frac{f^{(k)}(0)}{k!} = \frac{1}{k!}, \qquad k = 0, 1, \cdots, n,$$
所以 e^x 在点 $x = 0$ 的泰勒多项式为
$$T_n(x) = 1 + \frac{x^1}{1!} + \frac{x^2}{2!} + \cdots + \frac{x^n}{n!}.$$

为了研究函数 $f(x)$ 与泰勒多项式 $T_n(x)$ 的关系，我们需要刻画余项 $R_n(x)$ 满足的性质. 接下来我们将分别介绍带皮亚诺(Peano)余项和带拉格朗日余项的泰勒公式.

5.3.2　带皮亚诺余项的泰勒公式

当 $f(x)$ 在 x_0 处存在 n 阶导数时，泰勒公式的余项满足
$$R_n(x) = o((x - x_0)^n) \quad (x \to x_0).$$
这种余项称为皮亚诺余项.

定理 5.3.1　（带皮亚诺余项的泰勒公式）　设 $f(x)$ 在 x_0 处具有 $n(n \geq 1)$ 阶导数，则有
$$f(x) = f(x_0) + f'(x_0)(x - x_0) + \frac{f''(x_0)}{2!}(x - x_0)^2 + \cdots +$$
$$\frac{f^{(n)}(x_0)}{n!}(x - x_0)^n + o((x - x_0)^n) \quad (x \to x_0).$$

证明：只需证明余项 $R_n(x)$ 满足 $\lim\limits_{x \to x_0} \dfrac{R_n(x)}{(x - x_0)^n} = 0$. 由于
$$R_n(x) = f(x) - \sum_{k=0}^{n} \frac{f^{(k)}(x_0)}{k!}(x - x_0)^k,$$
所以 $R_n(x_0) = R'_n(x_0) = \cdots = R_n^{(n)}(x_0) = 0$. 既然 $f(x)$ 在 x_0 处有 n 阶导数，所以 $f(x)$ 在 x_0 的一个小邻域内有 $n-1$ 阶导函数，重复应用洛必达法则 $n-1$ 次，得
$$\lim_{x \to x_0} \frac{R_n(x)}{(x - x_0)^n} = \lim_{x \to x_0} \frac{R'_n(x)}{n(x - x_0)^{n-1}} = \cdots = \lim_{x \to x_0} \frac{R_n^{(n-1)}(x)}{n!(x - x_0)}.$$

由于没有已知 $f(x)$ 在 x_0 处附近别的点处有 n 阶导数，接下来不能继续使用洛必达法则. 取而代之，改用 x_0 处 n 阶导数的定义

$$\lim_{x\to x_0}\frac{R_n^{(n-1)}(x)}{n!(x-x_0)}=\frac{1}{n!}\lim_{x\to x_0}\frac{R_n^{(n-1)}(x)-R_n^{(n-1)}(x_0)}{x-x_0}=\frac{1}{n!}R_n^{(n)}(x_0)=0.$$

所以当 $x\to x_0$ 时，有 $R_n(x)=o((x-x_0)^n)$.

注　（1）当 $n=1$ 时，带皮亚诺余项的泰勒公式等价于函数可微性

$$f(x)=f(x_0)+f'(x_0)(x-x_0)+o(x-x_0).$$

（2）如果没有假定 $f(x)$ 在 x_0 处有 n 阶导数，即使函数 $f(x)$ 在 x_0 附近可以写成

$$f(x)=P_n(x)+o((x-x_0)^n)$$

的形式，其中 $P_n(x)$ 为 n 次多项式，这样的式子也不能称为 $f(x)$ 在 x_0 的泰勒公式. 例如函数 $f(x)=(x-x_0)^{n+1}D(x)$，这里 $D(x)$ 为狄利克雷函数，显然成立

$$f(x)=o((x-x_0)^n).$$

函数 $f(x)$ 只在点 x_0 处一阶可导，其余点处都不连续，因此 $f(x)$ 在点 x_0 没有二阶以上的导数. 此时这样的等式当 $n\geqslant2$ 时不能称为 $f(x)$ 在点 x_0 的泰勒公式.

由定义，容易得到基本初等函数的带皮亚诺余项的麦克劳林公式.

$$e^x=1+x+\frac{x^2}{2!}+\cdots+\frac{x^n}{n!}+o(x^n)\quad(x\to0);$$

$$\sin x=x-\frac{x^3}{3!}+\frac{x^5}{5!}-\cdots+(-1)^{n-1}\frac{x^{2n-1}}{(2n-1)!}+o(x^{2n})\quad(x\to0);$$

$$\cos x=1-\frac{x^2}{2!}+\frac{x^4}{4!}-\cdots+(-1)^n\frac{x^{2n}}{(2n)!}+o(x^{2n+1})\quad(x\to0);$$

$$\ln(1+x)=x-\frac{x^2}{2}+\frac{x^3}{3}-\cdots+(-1)^{n-1}\frac{x^n}{n}+o(x^n)\quad(x\to0);$$

$$(1+x)^\alpha=1+\alpha x+\frac{\alpha(\alpha-1)}{2!}x^2+\cdots+\frac{\alpha(\alpha-1)\cdots(\alpha-n+1)}{n!}x^n+o(x^n)\quad(x\to0),$$

其中，$\alpha\in\mathbf{R}$ 为常数. 特别地，

$$\frac{1}{1-x}=1+x+x^2+x^3+\cdots+x^n+o(x^n);$$

$$\sqrt{1+x}=1+\frac{1}{2}x+\cdots+\frac{(-1)^{n-1}(2n-3)!!}{(2n)!!}x^n+o(x^n);$$

$$\frac{1}{\sqrt{1+x}}=1-\frac{1}{2}x+\cdots+\frac{(-1)^n(2n-1)!!}{(2n)!!}x^n+o(x^n).$$

函数在一点处的泰勒公式具有唯一性. 设 $f(x)$ 在 x_0 处具有 n 阶导数，且

$$f(x)=a_0+a_1(x-x_0)+\cdots+a_n(x-x_0)^n+o((x-x_0)^n)\quad(x\to x_0),$$

则必有

$$a_k = \frac{f^{(k)}(x_0)}{k!} \quad (k=0,1,2,\cdots,n).$$

事实上，在上式中令 $x \to x_0$，即得 $a_0 = f(x_0)$. 可将上式改写为

$$f(x) - f(x_0) = a_1(x-x_0) + \cdots + a_n(x-x_0)^n + o((x-x_0)^n),$$

两边除以 $(x-x_0)$，并令 $x \to x_0$，即得 $a_1 = f'(x_0)$. 再将上式中 $f'(x_0)(x-x_0)$ 移到等式左边，两边除以 $(x-x_0)^2$，并令 $x \to x_0$，即可推出 $a_2 = \dfrac{f''(x_0)}{2!}$. 以此类推即可证明系数是唯一确定的.

泰勒公式的唯一性使得我们可以利用基本初等函数的泰勒公式间接求复杂函数的泰勒公式.

例 5.3.2 求函数 $f(x) = \sin x^2$ 带皮亚诺余项的麦克劳林公式.

解：由于

$$\sin x = x - \frac{x^3}{3!} + \cdots + (-1)^n \frac{x^{2n+1}}{(2n+1)!} + o(x^{2n+1}).$$

记 $T_{2n+1}(x) = x - \dfrac{x^3}{3!} + \cdots + (-1)^n \dfrac{x^{2n+1}}{(2n+1)!}$，即有

$$\lim_{x \to 0} \frac{\sin x - T_{2n+1}(x)}{x^{2n+1}} = 0.$$

极限中做变量代换，可得

$$\lim_{x \to 0} \frac{\sin x^2 - T_{2n+1}(x^2)}{x^{4n+2}} = 0.$$

于是得到

$$\sin x^2 = x^2 - \frac{x^6}{3!} + \cdots + (-1)^n \frac{x^{4n+2}}{(2n+1)!} + o(x^{4n+2}).$$

由上例可以看出，泰勒公式作为一个等式可以进行有限的变量代换. 另外，由于 $f'(x)$ 的 n 阶导数是 $f(x)$ 的 $n+1$ 阶导数，因此若

$$f'(x) = a_1 + a_2 x + a_3 x^2 + \cdots + a_n x^{n-1} + o(x^{n-1}) \quad (x \to 0),$$

则 $f(x)$ 具有如下的泰勒公式

$$f(x) = f(0) + a_1 x + \frac{a_2}{2}x^2 + \frac{a_3}{3}x^3 + \cdots + \frac{a_n}{n}x^n + o(x^n) \quad (x \to 0).$$

例 5.3.3 求 $\arctan x$ 的带皮亚诺余项的麦克劳林公式.

解：由于

$$(\arctan x)' = \frac{1}{1+x^2} = 1 - x^2 + x^4 - \cdots + (-1)^n x^{2n} + o(x^{2n+1}) \quad (x \to 0),$$

因此
$$\arctan x = x - \frac{1}{3}x^3 + \frac{1}{5}x^5 - \cdots + \frac{(-1)^n}{2n+1}x^{2n+1} + o(x^{2n+2}) \quad (x \to 0).$$

例 5.3.4　求函数 $f(x) = e^{\frac{x}{1+x}}$ 在点 $x=0$ 处的带皮亚诺余项的二阶泰勒展开式.

解：因函数 $f(x)$ 在 $x=0$ 附近有二阶导数，故有二阶泰勒公式展开. 又因
$$e^t = 1 + t + \frac{1}{2}t^2 + o(t^2),$$

注意到，当 $x \to 0$ 时，$\frac{x}{1+x} \to 0$，做变量代换，有
$$e^{\frac{x}{1+x}} = 1 + \frac{x}{1+x} + \frac{1}{2}\left(\frac{x}{1+x}\right)^2 + o\left(\left(\frac{x}{1+x}\right)^2\right)$$
$$= 1 + x(1 - x + o(x)) + \frac{1}{2}x^2(1 + o(1)) + o(x^2)$$
$$= 1 + x - \frac{1}{2}x^2 + o(x^2).$$

例 5.3.5　求极限 $\lim\limits_{x \to 0} \dfrac{e^{x^2} + 2\cos x - 3}{x^4}$.

解：由于
$$e^{x^2} = 1 + x^2 + \frac{1}{2}x^4 + o(x^4),$$
$$\cos x = 1 - \frac{1}{2}x^2 + \frac{1}{4!}x^4 + o(x^4),$$

所以
$$\lim_{x \to 0} \frac{e^{x^2} + 2\cos x - 3}{x^4}$$
$$= \lim_{x \to 0} \frac{1 + x^2 + \frac{1}{2}x^4 + o(x^4) + 2\left(1 - \frac{1}{2}x^2 + \frac{1}{4!}x^4 + o(x^4)\right) - 3}{x^4}$$
$$= \lim_{x \to 0} \left(\frac{1}{2} + 2 \cdot \frac{1}{4!} + o(1)\right) = \frac{7}{12}.$$

5.3.3　带拉格朗日余项的泰勒公式

带皮亚诺余项的泰勒公式只有当考虑函数在一点的极限行为的时候它才有用. 很多时候我们需要具体估计误差的大小，这个时候需要用到带拉格朗日余项的泰勒公式.

定理 5.3.2 （带拉格朗日余项的泰勒公式） 设 $f(x)$ 在 (a,b) 内有 $n+1$ 阶导数，则对任意 x，$x_0 \in (a,b)$ 有

$$f(x) = f(x_0) + \frac{f'(x_0)}{1!}(x-x_0) + \frac{f''(x_0)}{2!}(x-x_0)^2 + \cdots +$$

$$\frac{f^{(n)}(x_0)}{n!}(x-x_0)^n + \frac{f^{(n+1)}(\xi)}{(n+1)!}(x-x_0)^{(n+1)},$$

其中 ξ 介于 x 与 x_0 之间.

注 当 $n=0$ 时，上述公式为

$$f(x) = f(x_0) + f'(\xi)(x-x_0),$$

即拉格朗日中值定理.

证明：记 $s_n(x) = (x-x_0)^{n+1}$，记余项为

$$R_n(x) = f(x) - \sum_{k=0}^{n} \frac{f^{(k)}(x_0)}{k!}(x-x_0)^k.$$

容易验证

$$s_n(x_0) = s_n'(x_0) = \cdots = s_n^{(n)}(x_0) = 0,$$
$$R_n(x_0) = R_n'(x_0) = \cdots = R_n^{(n)}(x_0) = 0.$$

由柯西中值定理，得

$$\frac{R_n(x)}{s_n(x)} = \frac{R_n(x) - R_n(x_0)}{s_n(x) - s_n(x_0)} = \frac{R_n'(\xi_1)}{s_n'(\xi_1)} = \frac{R_n'(\xi_1) - R_n'(x_0)}{s_n'(\xi_1) - s_n'(x_0)} = \frac{R_n''(\xi_2)}{s_n''(\xi_2)}$$

继续使用柯西中值定理，得

$$\frac{R_n(x)}{s_n(x)} = \cdots = \frac{R_n^{(n+1)}(\xi_{n+1})}{s_n^{(n+1)}(\xi_{n+1})}.$$

由于 $R_n^{(n+1)}(x) = f^{(n+1)}(x)$，$s_n^{(n+1)}(x) = (n+1)!$，所以

$$R_n(x) = \frac{f_n^{(n+1)}(\xi)}{(n+1)!}(x-x_0)^{n+1},$$

其中 ξ 介于 x 与 x_0 之间.

下面列出几个基本初等函数的带拉格朗日余项的泰勒公式：

$$e^x = 1 + x + \frac{x^2}{2!} + \cdots + \frac{x^n}{n!} + \frac{e^{\theta x}}{(n+1)!}x^{n+1} \quad (x \in \mathbf{R}, 0 < \theta < 1);$$

$$\sin x = x - \frac{x^3}{3!} + \cdots + (-1)^{n-1}\frac{x^{2n-1}}{(2n-1)!} + \frac{\sin\left(\frac{2n+1}{2}\pi + \theta x\right)}{(2n+1)!}x^{2n+1} \quad (x \in \mathbf{R}, 0 < \theta < 1);$$

$$\cos x = 1 - \frac{x^2}{2!} + \frac{x^4}{4!} - \cdots + (-1)^n\frac{x^{2n}}{(2n)!} + \frac{\cos\left(\frac{2n+2}{2}\pi + \theta x\right)}{(2n+2)!}x^{2n+2} \quad (x \in \mathbf{R}, 0 < \theta < 1);$$

$$\ln(1+x) = x - \frac{x^2}{2} + \cdots + (-1)^{n-1}\frac{x^n}{n} + (-1)^n\frac{x^{n+1}}{(n+1)(1+\theta x)^{n+1}} \quad (x > -1, 0 < \theta < 1);$$

$$(1+x)^{\alpha}=1+\alpha x+\frac{\alpha(\alpha-1)}{2!}x^2+\cdots+\frac{\alpha(\alpha-1)\cdots(\alpha-n+1)}{n!}x^n+$$

$$\frac{\alpha(\alpha-1)\cdots(\alpha-n)}{(n+1)!}(1+\theta x)^{\alpha-n-1}x^{n+1}\quad(\mid x\mid<1,0<\theta<1).$$

例 5.3.6　试证 e 是无理数.

证明：考虑 e^x 的带拉格朗日余项的泰勒公式

$$e^x=1+x+\frac{x^2}{2!}+\cdots+\frac{x^n}{n!}+\frac{e^{\theta x}}{(n+1)!}x^{n+1},$$

其中 $0<\theta<1$. 令 $x=1$，得

$$e=1+1+\frac{1}{2!}+\cdots+\frac{1}{n!}+\frac{e^{\theta}}{(n+1)!}.$$

这里 $1<e^{\theta}<3$. 上式两边乘以 $n!$，得

$$n!e=整数+\frac{e^{\theta}}{n+1}.$$

假设 e 为有理数 $\dfrac{p}{q}$，其中 p，q 为互素整数，且 $q>0$. 取 $n\geqslant \max\{q,2\}$，则左边 $n!e$ 为整数，而右边不为整数. 这一矛盾说明 e 是无理数.

例 5.3.7　设 $f(x)$ 为 **R** 上的二阶可导函数，满足 $\mid f(x)\mid\leqslant M_0$，$\mid f''(x)\mid\leqslant M_2$，证明 $\mid f'(x)\mid\leqslant 2\sqrt{M_0M_2}$.

证明：考虑 $f(x)$ 在点 x 处的带拉格朗日余项的泰勒公式

$$f(x+h)=f(x)+f'(x)h+\frac{f''(\xi)}{2}h^2,$$

其中 ξ 介于 x 与 $x+h$ 之间. 由上式得

$$f'(x)=\frac{f(x+h)-f(x)}{h}-\frac{f''(\xi)}{2}h.$$

所以

$$\mid f'(x)\mid\leqslant\frac{2M_0}{h}+\frac{M_2h}{2}.$$

取 $h=2\sqrt{\dfrac{M_0}{M_2}}$，则有 $\mid f'(x)\mid\leqslant 2\sqrt{M_0M_2}$.

例 5.3.8　设 $f(x)$ 在 $[0,1]$ 上连续，在 $(0,1)$ 内二阶可导，$f(0)=f(1)$，且在 $(0,1)$ 上 $\mid f''(x)\mid\leqslant 2$，证明在 $(0,1)$ 上 $\mid f'(x)\mid\leqslant 1$.

证明：考虑 $f(x)$ 在 $x\in(0,1)$ 处的泰勒展开

$$f(y)=f(x)+f'(x)(y-x)+\frac{1}{2}f''(\xi)(y-x)^2,$$

其中 ξ 介于 x，y 之间. 若 x 是最值点，则 x 是驻点，结论成立.

若 x 不是最值点，由于 $f(0)=f(1)$，存在 $y \neq x$，使得 $f(y)=f(x)$，从而

$$|f'(x)| = \frac{1}{2}|f''(\xi)| \, |y-x| \leqslant 1.$$

例 5.3.9　设 $a_n = \dfrac{n!}{\sqrt{2\pi n}\left(\dfrac{n}{e}\right)^n}$，$n=1, 2, \cdots$，证明数列 $\{a_n\}$ 收敛，且极限为正数.

证明：首先，

$$\ln \frac{a_n}{a_{n+1}} = \left(n+\frac{1}{2}\right)\ln\left(1+\frac{1}{n}\right)-1.$$

考虑 $\ln(1+x)$ 的泰勒展开，则有

$$\left(\frac{1}{x}+\frac{1}{2}\right)\ln(1+x)-1 = \left(\frac{1}{x}+\frac{1}{2}\right)\left(x-\frac{x^2}{2}+\frac{x^3}{3}+o(x^3)\right)-1$$

$$= \frac{x^2}{12}+o(x^2) \quad (x\to 0).$$

所以

$$\lim_{n\to\infty}\frac{\ln\dfrac{a_n}{a_{n+1}}}{\dfrac{1}{12n^2}}=1.$$

于是存在正数 c 及正整数 N，当 $n>N$ 时，有

$$0<\ln\frac{a_n}{a_{n+1}}<c\,\frac{1}{n^2}.$$

由 $\ln\dfrac{a_n}{a_{n+1}}>0$，得 a_n 严格单减. 由于 $a_n>0$，因此 a_n 有极限，设为 $a\geqslant 0$. 由于

$$\sum_{k=N}^{n-1}\ln\frac{a_k}{a_{k+1}} \leqslant c\sum_{k=N}^{n-1}\frac{1}{k^2},$$

而

$$\frac{1}{1^2}+\frac{1}{2^2}+\cdots+\frac{1}{n^2}<1+\left(1-\frac{1}{2}\right)+\cdots+\left(\frac{1}{n-1}-\frac{1}{n}\right)<2,$$

所以 $\ln\dfrac{a_N}{a_n}<2c$，即 $a_n>\dfrac{a_N}{e^{2c}}$. 所以极限 $a>0$.

例 5.3.10　求 e 的近似值，使得其误差不超过 10^{-5}.

解：考虑 e^x 的带拉格朗日余项的泰勒公式

$$e^x = 1+x+\frac{x^2}{2!}+\cdots+\frac{x^n}{n!}+\frac{e^{\theta x}}{(n+1)!}x^{n+1},$$

其中 $0<\theta<1$. 令 $x=1$, 得

$$e=1+1+\frac{1}{2!}+\cdots+\frac{1}{n!}+\frac{e^{\theta}}{(n+1)!}.$$

为了使得

$$\frac{e^{\theta}}{(n+1)!}<\frac{3}{(n+1)!}<10^{-5},$$

只需取 $n=8$ 即可. 此时, 得近似值

$$e\approx 1+1+\frac{1}{2!}+\cdots+\frac{1}{8!}\approx 2.71828.$$

习题 5.3

1. 写出下列函数在 $x=0$ 处的带有皮亚诺余项的泰勒展式:

(1) $\cos x^2$;　　　　　(2) $\sin^3 x$;

(3) $\dfrac{1}{(1+x)^2}$;　　　(4) $\arcsin x$;

(5) $\dfrac{x^3+2x+1}{x-1}$.

2. 写出下列函数带有皮亚诺余项的四阶麦克劳林展式:

(1) $e^{\cos x}$;　　　　　(2) $e^x\ln(1+x)$;

(3) $\dfrac{x}{2x^2+x-1}$;　　(4) $\ln\dfrac{1+x}{1-2x}$;

(5) $\ln(1+x+x^2)$;　　(6) $\dfrac{1+x+x^2}{1-x+x^2}$.

3. 求下列极限:

(1) $\lim\limits_{n\to\infty} n^2\left(1-n\sin\dfrac{1}{n}\right)$;　(2) $\lim\limits_{x\to 0}\dfrac{e^{x^3}-1-x^3}{\sin^6 2x}$;

(3) $\lim\limits_{x\to+\infty}\left(\sqrt[3]{x^3-3x}-\sqrt{x^2-2x}\right)$;

(4) $\lim\limits_{x\to\infty}\left(x+\dfrac{1}{2}\right)\ln\left(1+\dfrac{1}{x}\right)$;

(5) $\lim\limits_{x\to 0}\left(\dfrac{\tan x}{x}\right)^{\frac{1}{x^2}}$;　　(6) $\lim\limits_{x\to\infty}x^2\ln\left(x\sin\dfrac{1}{x}\right)$.

4. 设 $f(x)$ 在 $x=0$ 处二阶可导, 且 $f(0)=f'(0)=0$, $f''(0)=6$, 求 $\lim\limits_{x\to 0}\dfrac{f(\sin^2 x)}{x^4}$.

5. 设 $f(x)$ 在 $x=0$ 的邻域二次可导, 且 $\lim\limits_{x\to 0}\left(\dfrac{\sin 3x}{x^3}+\dfrac{f(x)}{x^2}\right)=0$. 求 $f(0),f'(0),f''(0)$.

6. 设 $p(x)$ 为一 n 次多项式, 证明 $x=a$ 是 $p(x)=0$ 的 k 重根的充要条件是

$$p^{(j)}(a)=0, j=0, 1, \cdots, k-1, \quad p^{(k)}(a)\neq 0.$$

7. 设函数 $f(x)$ 在点 a 二阶可导, 求证:

$$\lim\limits_{h\to 0}\dfrac{f(a+h)+f(a-h)-2f(a)}{h^2}=f''(a).$$

8. 设 $f(x)$ 在 **R** 上任意次可导, 令 $F(x)=f(x^2)$, 求证:

$$F^{(2n+1)}(0)=0, \quad \dfrac{F^{(2n)}(0)}{(2n)!}=\dfrac{f^{(n)}(0)}{n!}.$$

9. 确定常数 a,b, 使当 $x\to 0$ 时,

(1) $f(x)=(a+b\cos x)\sin x-x$ 为 x 的五阶无穷小量;

(2) $f(x)=e^x-\dfrac{1+ax}{1-bx}$ 是 x 的三阶无穷小量.

10. 设 $p(x)$ 为一 n 次多项式, 证明:

(1) 若 $p(a)$, $p'(a)$, $\cdots$, $p^{(n)}(a)$ 皆为正数, 则 $p(x)$ 在 $(a,+\infty)$ 上无根;

(2) 若 $p(a)$, $p'(a)$, $\cdots$, $p^{(n)}(a)$ 正负号相间, 则 $p(x)$ 在 $(-\infty,a)$ 上无根.

11. 设 $f(x)$ 在 $x=a$ 的邻域二阶导数连续, 且 $f''(a)\neq 0$, 由微分中值定理有

$$f(a+h)-f(a)=f'(a+\theta h)h \quad (0<\theta<1).$$

证明: $\lim\limits_{h\to 0}\theta=\dfrac{1}{2}$.

12. 设函数 $f(x)$ 在 $(0,+\infty)$ 上三阶可导, 且 $f(x)$ 和 $f'''(x)$ 在 $(0,+\infty)$ 上有界. 证明: $f'(x)$ 和 $f''(x)$ 在 $(0,+\infty)$ 上也有界.

13. 设 $-\dfrac{\pi}{4}<x<\dfrac{\pi}{4}$. 在使用泰勒公式计算 $\sin x$ 时, 为使误差小于 5×10^{-7}, 应取多少项?

5.4 函数的单调性和极值问题

本节我们利用函数的导数来研究函数的单调性与极值问题. 由费马引理我们知道可导函数的极值点必是稳定点, 故极值点必是稳定点或不可导点. 如果在稳定点或不可导点两侧的邻域内导数不为零, 则可由拉格朗日中值定理得到函数在两侧的单调性, 然后由单调性可研究函数的极值问题.

5.4.1 函数的单调性

定理 5.4.1 设 $f(x)$ 在开区间 (a,b) 内可导, 则有:

(1) $f(x)$ 在 (a,b) 内单调增加的充要条件是 $f'(x) \geq 0$, $\forall x \in (a,b)$;

(2) $f(x)$ 在 (a,b) 内单调减少的充要条件是 $f'(x) \leq 0$, $\forall x \in (a,b)$.

证明: 只证(1). (2)的证明是类似的.

必要性. 当 $f(x)$ 单调增加时, 对任意的 x, $x+\Delta x \in (a,b)$, 若 $\Delta x > 0$, 则有 $f(x+\Delta x) \geq f(x)$, 从而 $f(x)$ 在区间 (a,b) 内可导蕴涵着

$$f'(x) = f'_+(x) = \lim_{\Delta x \to 0^+} \frac{f(x+\Delta x)-f(x)}{\Delta x} \geq 0.$$

充分性. 任取 x_1, $x_2 \in (a,b)$, 并且 $x_1 < x_2$, 在 $[x_1, x_2]$ 上应用拉格朗日中值定理, 知存在 $\xi \in (x_1, x_2)$, 使得

$$f(x_2) - f(x_1) = f'(\xi)(x_2 - x_1) \geq 0.$$

因此 $f(x_1) \leq f(x_2)$, 即 $f(x)$ 在 (a,b) 内单调增加.

注 设函数 $f(x)$ 在区间 (a,b) 内可导. 若 $f'(x) > 0$, $\forall x \in (a,b)$, 由上述定理的证明可知函数 $f(x)$ 在区间 (a,b) 上严格单调增加; 但反之不成立, 即若函数 $f(x)$ 在区间 (a,b) 上严格单调增加, 不一定有 $f'(x) > 0$, $\forall x \in (a,b)$. 例如, 函数 $f(x) = x^3$ 在 $x=0$ 的邻域严格单调增加, 但 $f'(0) = 0$.

例 5.4.1 证明 $e^x > 1 + x + \dfrac{x^2}{2}$ $(x > 0)$.

证明: 设 $f(x) = e^x - 1 - x - \dfrac{x^2}{2}$, 有 $f(0) = 0$. 为证 $f(x) > 0$, 可转化为证明 $f(x)$ 在 $(0, +\infty)$ 上严格单调增加. 为此, 考察 $f(x)$ 的导函数

$$f'(x) = e^x - 1 - x.$$

注意到 $f'(0) = 0$，为证 $f'(x) > 0$，可转化为证明 $f'(x)$ 在 $(0, +\infty)$ 上严格单调增加. 而 $f'(x)$ 的导函数满足 $f''(x) = e^x - 1 > 0$，所以 $f'(x)$ 在 $(0, +\infty)$ 上严格单调增加. 从而证明了所证不等式.

5.4.2　极值问题

设函数 $f(x)$ 在开区间 (a, b) 内连续. 任给一点 x_0，如果存在 $\delta > 0$，使得函数 $f(x)$ 在左右两侧 $(x_0 - \delta, x_0)$，$(x_0, x_0 + \delta)$ 的单调性不同，则 x_0 为函数 $f(x)$ 的极值点. 若单调性相同则不是.

> **定理 5.4.2**　设函数 $f(x)$ 在点 x_0 的一个邻域 $(x_0 - \delta, x_0 + \delta)$ 内可导.
>
> （1）若在 $(x_0 - \delta, x_0)$ 上 $f'(x) > 0$，在 $(x_0, x_0 + \delta)$ 上 $f'(x) < 0$，则 $f(x)$ 在点 x_0 取得极大值；
>
> （2）若在 $(x_0 - \delta, x_0)$ 上 $f'(x) < 0$，在 $(x_0, x_0 + \delta)$ 上 $f'(x) > 0$，则 $f(x)$ 在点 x_0 取得极小值.

注　单调性相反是有极值的充分条件，但极值点的两边未必有单调区间. 例如函数

$$f(x) = \begin{cases} x^2 \left(2 + \sin \dfrac{1}{x}\right), & x \neq 0, \\ 0, & x = 0 \end{cases}$$

在 $x = 0$ 取到极小值. 而导函数

$$f'(x) = \begin{cases} 2x \left(2 + \sin \dfrac{1}{x}\right) - \cos \dfrac{1}{x}, & x \neq 0, \\ 0, & x = 0 \end{cases}$$

在 $x = 0$ 的两侧没有符号相反的小邻域.

我们也可以根据函数在驻点的二阶导数的正负号来判定驻点是否是极值点.

> **定理 5.4.3**　设函数 $f(x)$ 在 x_0 处二阶可导，$f'(x_0) = 0$，则：
>
> （1）当 $f''(x_0) > 0$ 时，$f(x)$ 在 x_0 取极小值；
>
> （2）当 $f''(x_0) < 0$ 时，$f(x)$ 在 x_0 取极大值；
>
> （3）当 $f''(x_0) = 0$ 时，不能判断 $f(x)$ 在 x_0 是否取到极值.

证明：（1）当 $f''(x_0) > 0$ 时，即

$$f''(x_0) = \lim_{x \to x_0} \frac{f'(x) - f'(x_0)}{x - x_0} > 0.$$

由极限的保号性，存在 $\delta>0$，$\forall x\in(x_0-\delta,x_0+\delta)\backslash\{x_0\}$，都有

$$\frac{f'(x)-f'(x_0)}{x-x_0}>0.$$

特别地，当 $x\in(x_0-\delta,x_0)$ 时，有 $f'(x)<f'(x_0)=0$. 当 $x\in(x_0,x_0+\delta)$ 时，有 $f'(x)>f'(x_0)=0$，故 x_0 为 $f(x)$ 的极小值点.

（2）类似地可以证明当 $f''(x_0)<0$ 时，x_0 为 $f(x)$ 的极大值点.

（3）函数 $y=x^3$，$y=x^4$ 在点 $x=0$ 处一阶导、二阶导均为 0. 但点 $x=0$ 为 $y=x^4$ 的极小值点，而点 $x=0$ 不是 $y=x^3$ 的极值点.

最后我们来讨论连续函数 $f(x)$ 在闭区间 $[a,b]$ 上的最值问题. 最值点如果出现在区间的内部，则一定是极值点，从而为驻点或不可导点. 因此我们只需要比较函数 $f(x)$ 在 $[a,b]$ 上所有的驻点、不可导点和端点的函数值的大小，就可以得到它的最大值和最小值. 另外如果区间内只有唯一极值点，则该极值点必是函数在区间内的最值点.

例 5.4.2　　求函数 $y=2x^3+3x^2-12x+14$ 在 $[-3,4]$ 上的最大值与最小值.

解：直接计算，得

$$f'(x)=6x^2+6x-12=6(x+2)(x-1).$$

令 $f'(x)=0$，得驻点 $x_1=-2$，$x_2=1$. 计算

$$f(-3)=23,f(-2)=34,f(1)=7,f(4)=142.$$

比较大小，得最大值为 $f(4)=142$，最小值为 $f(1)=7$.

例 5.4.3　　设 α，$\beta>0$，$\alpha+\beta=1$. 证明：$x^\alpha\leqslant\alpha x+\beta$，$\forall x>0$.

证明：构造辅助函数 $f(x)=x^\alpha-\alpha x-\beta$. 显然，$f(x)$ 在 $[0,+\infty)$ 上连续. 令

$$f'(x)=\alpha x^{\alpha-1}-\alpha=0,$$

得稳定点 $x=1$. 当 $x>1$ 时，$f'(x)<0$；当 $0<x<1$ 时，$f'(x)>0$，故 $f(x)$ 在 $x=1$ 取到最大值，于是

$$f(x)\leqslant f(1)=0,\quad\forall x\in[0,+\infty).$$

习题 5.4

1. 证明下列不等式：

（1）$x-\dfrac{x^3}{6}<\sin x<x$　$(x>0)$；

（2）$x-\dfrac{x^2}{2}<\ln(1+x)<x$　$(x>0)$；

（3）$2\sqrt{x}>3-\dfrac{1}{x}$　$(x>1)$；

（4）$\tan x>x+\dfrac{1}{3}x^3\left(0<x<\dfrac{\pi}{2}\right)$；

（5）$\ln(1+x)>\dfrac{\arctan x}{1+x}$　$(x>0)$.

2. 设在 $(-\infty,+\infty)$ 上有 $f'(x)>g'(x)$，且 $f(a)=g(a)$. 证明：当 $x>a$ 时有 $f(x)>g(x)$，而当 $x<a$ 时

有 $f(x) < g(x)$.

3. 证明：

(1) 函数 $y = \left(1 + \dfrac{1}{x}\right)^x$ 当 $x \in (0, +\infty)$ 时严格递增；

(2) 函数 $y = \left(1 + \dfrac{1}{x}\right)^{x+1}$ 当 $x \in (0, +\infty)$ 时严格递减；

(3) $\left(1 + \dfrac{1}{x}\right)^x < \mathrm{e} < \left(1 + \dfrac{1}{x}\right)^{x+1}$，$x \in (0, +\infty)$.

4. 设

$$f(x) = \begin{cases} x + 2x^2 \sin \dfrac{1}{x}, & x \neq 0, \\ 0, & x = 0. \end{cases}$$

证明：$f'(0) > 0$，且 $f(x)$ 在 $x = 0$ 的任何邻域内不单调增加.

5. 设函数 $f(x)$ 在 $[0, +\infty)$ 上可导，且有
$$0 \leqslant f'(x) \leqslant f(x), f(0) = 0.$$
证明：在 $[0, +\infty)$ 上，$f(x) = 0$.

6. 判断 e^π 与 π^e 的大小关系.

7. 求下列函数的极值：

(1) $f(x) = 2x^3 - x^4$；

(2) $f(x) = \dfrac{2x}{1 + x^2}$；

(3) $f(x) = \dfrac{(\ln x)^2}{x}$；

(4) $f(x) = |x(x^2 - 1)|$.

8. 求下列函数在指定区间上的最值：

(1) $y = x^5 - 5x^4 + 5x^3 + 1$，$[-1, 2]$；

(2) $y = 2\tan x - \tan^2 x$，$\left[0, \dfrac{\pi}{2}\right)$；

(3) $y = \sqrt{x} \ln x$，$(0, +\infty)$.

9. 设椭圆 $\dfrac{x^2}{a^2} + \dfrac{y^2}{b^2} = 1$ 的切线分别与 x 轴和 y 轴交于 A 和 B 两点.

(1) 求线段 AB 的最小长度；

(2) 求线段 AB 与坐标轴所围三角形的最小面积.

10. 设 $f(x)$ 在 $[a, b]$ 上二阶可导，且满足
$$f''(x) + b(x)f'(x) + c(x)f(x) = 0, \quad x \in [a, b],$$
其中 $c(x) < 0$，$x \in [a, b]$. 证明：f 不能在 (a, b) 内取得正的最大值或负的最小值.

11. 设 $f(x)$ 有连续的一阶导数，且 $\lim\limits_{x \to 0} \dfrac{f(x) + f'(x)}{\mathrm{e}^x - 1} = 2$，$f(0) = 0$，证明 $x = 0$ 是为 $f(x)$ 的极小值点.

12. 讨论方程 $x^3 - px + q = 0$ 有三个不同实根的条件.

13. 设 $f(x)$ 在 $[a, b]$ 上连续，$f(a) = f(b) = 0$，且
$$\lim\limits_{h \to 0} \dfrac{f(x+h) + f(x-h) - 2f(x)}{h^2} = 0, \quad \forall x \in (a, b),$$
则 $f(x) \equiv 0$.

5.5 函数的凹凸性及函数作图

5.5.1 函数的凹凸性

考虑函数 $y = x^2$ 和 $y = \sqrt{x}$，它们在 $(0, +\infty)$ 上都是单调增加的，但它们的弯曲方向并不一样. 为了区分曲线的弯曲方向，引入凹凸性的概念. 一般地，若 $y = f(x)$ 的图像上任意两点之间的曲线总位于连接这两点的线段的下方，则称该函数是凸的(见图 5-4). 若 $y = f(x)$ 的图像上任意两点之间的曲线总位于连接这两点的线段的上方，称函数是凹的(见图 5-5).

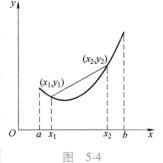

图 5-4

定义 5.5.1 设 $f(x)$ 在区间 I 内有定义. 对 $\forall x_1, x_2 \in I$，$\forall t \in (0, 1)$，若

$$f(tx_1+(1-t)x_2) \leqslant tf(x_1)+(1-t)f(x_2),$$

则称 $f(x)$ 为 I 上的凸(convex)函数；若

$$f(tx_1+(1-t)x_2) \geqslant tf(x_1)+(1-t)f(x_2),$$

则称 $f(x)$ 为 I 上的凹(concave)函数.

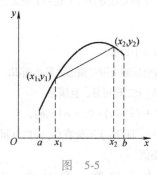

图　5-5

由于 $f(x)$ 为凸函数等价于 $-f(x)$ 为凹函数，一般地我们只讨论凸函数的性质，凹函数的性质可类似给出.

设函数 $f(x)$ 为区间 I 上的凸函数，考虑 I 上任意三点 $x_1<x_2<x_3$. 记

$$\lambda = \frac{x_3-x_2}{x_3-x_1},$$

则有 $x_2=\lambda x_1+(1-\lambda)x_3$. 由凸函数的定义，$f(x_2) \leqslant \lambda f(x_1)+(1-\lambda)f(x_3)$. 代入 λ 即得

$$\frac{f(x_2)-f(x_1)}{x_2-x_1} \leqslant \frac{f(x_3)-f(x_2)}{x_3-x_2}.$$

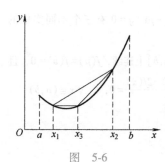

图　5-6

注意到对于 b，$d>0$，不等式 $\dfrac{a}{b} \leqslant \dfrac{c}{d}$ 可推出 $\dfrac{a}{b} \leqslant \dfrac{a+c}{b+d} \leqslant \dfrac{c}{d}$，即得

$$\frac{f(x_2)-f(x_1)}{x_2-x_1} \leqslant \frac{f(x_3)-f(x_1)}{x_3-x_1} \leqslant \frac{f(x_3)-f(x_2)}{x_3-x_2}.$$

上述"三点不等式"给出了凸曲线上三条割线的斜率大小关系(见图5-6). 相邻割线斜率的单调性确保了开区间上的凸函数在任一点处左导数、右导数存在. 作为推论，开区间上的凸函数必为连续函数.

下面我们研究可导函数的凸凹性.

定理 5.5.1　设 $f(x)$ 在 (a,b) 上可导，则下列命题等价：

(1) $f(x)$ 为凸函数；

(2) $f'(x)$ 单调增加；

(3) 曲线在切线上方，即 $f(x) \geqslant f(x_0)+f'(x_0)(x-x_0)$，$\forall x \in (a,b)$.

证明：$(1) \Rightarrow (2)$：任给 $x_1<x_2$ 及 $h>0$. 由以上"三点不等式"，得

$$\frac{f(x_1)-f(x_1-h)}{h} \leqslant \frac{f(x_2)-f(x_1)}{x_2-x_1} \leqslant \frac{f(x_2+h)-f(x_2)}{h}.$$

令 $h \to 0$，即得

$$f'(x_1) \leqslant \frac{f(x_2) - f(x_1)}{x_2 - x_1} \leqslant f'(x_2),$$

即 $f'(x)$ 单调增加.

(2)$\Rightarrow$(3)：设 $x > x_0$. 考虑拉格朗日中值定理及 $f'(x)$ 的单调性，得

$$f(x) - f(x_0) = f'(\xi)(x - x_0) \geqslant f'(x_0)(x - x_0).$$

当 $x < x_0$ 时，类似可证.

(3)$\Rightarrow$(1)：记 $x_t = tx_1 + (1-t)x_2$. 由假设，得

$$f(x) \geqslant f(x_t) + f'(x_t)(x - x_t).$$

所以

$$\begin{aligned}
& tf(x_1) + (1-t)f(x_2) \\
\geqslant{} & t[f(x_t) + f'(x_t)(x_1 - x_t)] + (1-t)[f(x_t) + f'(x_t)(x_2 - x_t)] \\
\geqslant{} & f(x_t) + f'(x_t)[t(x_1 - x_t) + (1-t)(x_2 - x_t)] \\
={} & f(x_t).
\end{aligned}$$

因此 $f(x)$ 是凸函数.

推论 设 $f(x)$ 在 (a,b) 上二阶可导，则 $f(x)$ 为凸函数的充要条件为 $f''(x) \geqslant 0$.

左右两侧凹凸性发生变化的点称为拐点.

定义 5.5.2 设函数 $f(x)$ 在点 x_0 的一个邻域连续. 如果 $f(x)$ 在 x_0 两侧的凹凸性发生变化，则称 x_0 为 $f(x)$ 的一个拐点.

设 $f(x)$ 在点 x_0 二阶可导，则在点 x_0 附近有一阶导函数 $f'(x)$. 若 x_0 是 $f(x)$ 的拐点，由于 $f(x)$ 在点 x_0 的左右凹凸性相反，所以 $f'(x)$ 在点 x_0 的左右单调性相反，于是 x_0 是 $f'(x)$ 的一个极值点，即有 $f''(x_0) = 0$.

例 5.5.1 [杨氏(Young)不等式] 证明对任意正数 a,b，以下不等式成立：

$$ab \leqslant \frac{1}{p}a^p + \frac{1}{q}b^q,$$

其中 p, $q > 1$ 且 $\frac{1}{p} + \frac{1}{q} = 1$.

证明：两边取自然对数，即证

$$\frac{1}{p}(\ln a^p) + \frac{1}{q}(\ln b^q) \leqslant \ln\left(\frac{1}{p}a^p + \frac{1}{q}b^q\right).$$

设 $t = \frac{1}{p}$, $1 - t = \frac{1}{q}$, $x_1 = a^p$, $x_2 = b^q$，上式化为

$$t\ln x_1 + (1-t)\ln x_2 \le \ln(tx_1 + (1-t)x_2).$$

由于 $\ln x$ 是凹函数，上式成立.

例 5.5.2 ［**詹森 (Jensen) 不等式**］ 设 $f(x)$ 是 (a,b) 上的凸函数. 证明：对任意的 $x_i \in (a,b)$，$i = 1$，2，$\cdots$，n，有

$$f(t_1 x_1 + t_2 x_2 + \cdots + t_n x_n) \le \sum_{i=1}^{n} t_i f(x_i),$$

其中 $\sum_{i=1}^{n} t_i = 1$，$t_i > 0$.

证明：用数学归纳法证明. 当 $n = 2$ 时，就是凸函数的定义. 现假定该命题对 $n = k$ 成立，证明 $n = k+1$ 也成立.

由凸函数的定义，得

$$f\left(\sum_{i=1}^{k+1} t_i x_i\right) = f\left[(1 - t_{k+1})\left(\sum_{i=1}^{k} \frac{t_i}{1 - t_{k+1}} x_i\right) + t_{k+1} x_{k+1}\right]$$

$$\le (1 - t_{k+1}) f\left(\sum_{i=1}^{k} \frac{t_i}{1 - t_{k+1}} x_i\right) + t_{k+1} f(x_{k+1}).$$

由于 $\frac{t_i}{1 - t_{k+1}} > 0$，且 $\sum_{i=1}^{k} \frac{t_i}{1 - t_{k+1}} = 1$，由归纳法假设，得

$$f\left(\sum_{i=1}^{k} \frac{t_i}{1 - t_{k+1}} x_i\right) \le \sum_{i=1}^{k} \frac{t_i}{1 - t_{k+1}} f(x_i),$$

所以有

$$f\left(\sum_{i=1}^{k+1} t_i x_i\right) \le (1 - t_{k+1}) \sum_{i=1}^{k} \frac{t_i}{1 - t_{k+1}} f(x_i) + t_{k+1} f(x_{k+1})$$

$$= \sum_{i=1}^{k+1} t_i f(x_i).$$

由归纳法原理知，所证不等式对一切正整数 n 成立.

例 5.5.3 证明：对正数 $a_i > 0$，$i = 1$，2，$\cdots$，n，成立

$$\sqrt[n]{a_1 a_2 \cdots a_n} \le \frac{a_1 + a_2 + \cdots + a_n}{n}.$$

证明：两边取自然对数，等价于证明

$$\frac{\ln a_1 + \ln a_2 + \cdots + \ln a_n}{n} \le \ln \frac{a_1 + a_2 + \cdots + a_n}{n}.$$

由于 $\ln x$ 是凹函数，由詹森不等式即证.

例 5.5.4 （**柯西-施瓦茨不等式**） 证明：对正数 a_i，b_i，$i = 1$，2，$\cdots$，n，成立

$$\left(\sum_{i=1}^{n} a_i b_i\right)^2 \le \sum_{i=1}^{n} a_i^2 \cdot \sum_{i=1}^{n} b_i^2.$$

证明：上式可转化为

$$\frac{\sum\limits_{i=1}^{n} a_i b_i}{\sum\limits_{i=1}^{n} a_i^2} \leqslant \sqrt{\frac{\sum\limits_{i=1}^{n} b_i^2}{\sum\limits_{i=1}^{n} a_i^2}},$$

即

$$\sum_{i=1}^{n}\left(\frac{a_i^2}{\sum\limits_{i=1}^{n} a_i^2}\sqrt{\frac{b_i^2}{a_i^2}}\right) \leqslant \sqrt{\sum_{i=1}^{n}\frac{a_i^2}{\sum\limits_{i=1}^{n} a_i^2}\cdot\frac{b_i^2}{a_i^2}}.$$

记

$$t_i = \frac{a_i^2}{\sum\limits_{i=1}^{n} a_i^2}, \quad x_i = \frac{b_i^2}{a_i^2},$$

上式为

$$\sum_{i=1}^{n} t_i \sqrt{x_i} \leqslant \sqrt{\sum_{i=1}^{n} t_i x_i},$$

其中 $\sum\limits_{i=1}^{n} t_i = 1$，$t_i > 0$，$i = 1, 2, \cdots, n$. 注意到 $\sqrt{x}$ 是凹函数，由詹森不等式，上式成立.

　　注　柯西-施瓦茨不等式也可以通过杨氏不等式（$p = q = 2$ 的情形）证明. 柯西-施瓦茨不等式可进一步推广为赫尔德（Hölder）不等式，这里不再叙述.

5.5.2　渐近线与函数作图

　　通过函数的一阶导数、二阶导数，我们可以确定相应曲线在某个区间的单调性和凹凸性. 再结合一些特殊的信息，例如定义域、有界性、奇偶性、周期性，以及一些关键的点，例如极值点、拐点、不可导点、与坐标轴交点等，我们可以得到相对精确的曲线草图. 关于函数的作图这里我们不再仔细讨论. 在确定曲线形状时，还涉及一个重要的信息，即曲线在某个过程的变化趋势，这一点可以通过曲线的渐近线来讨论.

　　如果当 x 从一侧趋于点 x_0 时，函数 $f(x)$ 为正无穷大量或负无穷大量，则称 $x = x_0$ 是 $f(x)$ 在点 x_0 的一条垂直渐近线.

　　定义 5.5.3　如果当 $x \to +\infty$ 时，点 $(x, f(x))$ 到某条直线 $y = ax + b$ 的距离趋于 0，称直线 $y = ax + b$ 是函数 $y = f(x)$ 当 $x \to +\infty$ 时的一条斜渐近线. 类似地可以定义 $x \to -\infty$ 时函数 $y = f(x)$ 的渐近线.

上述定义等价于

$$\lim_{x\to+\infty}(f(x)-ax-b)=0.$$

因此，若 $y=ax+b$ 是 $f(x)$ 当 $x\to+\infty$ 时的渐近线，则必有

$$a=\lim_{x\to+\infty}\frac{f(x)}{x},\qquad b=\lim_{x\to+\infty}(f(x)-ax).$$

这也给出了求斜渐近线的方法.

例 5.5.5 画出函数 $\dfrac{\ln x}{x}$ 在 $(0,+\infty)$ 上的草图.

解： 首先注意到

$$\lim_{x\to0^+}\frac{\ln x}{x}=-\infty.$$

中国创造：大跨
径拱桥技术

所以 $x=0$ 为垂直渐近线. 又由于

$$\lim_{x\to+\infty}\frac{\ln x}{x}=0.$$

所以 $y=0$ 为水平渐近线. 由于

$$\left(\frac{\ln x}{x}\right)'=\frac{1-\ln x}{x^2},$$

所以当 $0<x<\mathrm{e}$ 时，$\dfrac{\ln x}{x}$ 单调增加. 当 $x>\mathrm{e}$ 时，$\dfrac{\ln x}{x}$ 单调减少. 因此 $x=\mathrm{e}$ 为最大值点，取值为 $\dfrac{1}{\mathrm{e}}$. 由于

$$\left(\frac{\ln x}{x}\right)''=\frac{-3+2\ln x}{x^3},$$

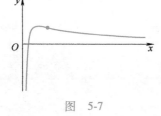

图 5-7

所以当 $0<x<\mathrm{e}^{\frac{3}{2}}$ 时，$\dfrac{\ln x}{x}$ 为凹函数. 当 $x>\mathrm{e}^{\frac{3}{2}}$ 时，$\dfrac{\ln x}{x}$ 为凸函数. 点 $x=\mathrm{e}^{\frac{3}{2}}$ 为拐点.

综合以上信息，可得 $\dfrac{\ln x}{x}$ 在 $(0,+\infty)$ 上的草图（见图 5-7）.

习题 5.5

1. 设 $f(x)$ 是 (a,b) 上的凸函数，证明：$f(x)$ 在任一点 $x_0\in(a,b)$ 处的单侧导数存在，从而 $f(x)$ 在点 x_0 连续.

2. 证明：若 $f(x)$ 和 $g(x)$ 均为 $[a,b]$ 上的凸函数，则 $\max\{f(x),g(x)\}$，$x\in[a,b]$ 也为 $[a,b]$ 上的凸函数.

3. 证明：开区间上的凸函数 $f(x)$ 在任一闭子区间满足利普希茨（Lipschitz）条件，即在闭子区间上，存在常数 $L>0$，使得对任意两点 x_1，x_2，下式成立：

$$|f(x_1)-f(x_2)|\leqslant L|x_1-x_2|.$$

4. 设 $f(x)$ 是 (c,d) 上单调增加的凸函数，$g(x)$

是 (a,b) 上的凸函数，且 $g(x)$ 的值域包含在 (c,d) 内. 证明：$f(g(x))$ 是 (a,b) 上的凸函数.

5. 设 $f(x)$ 在 (a,b) 上 $n(>2)$ 次可微，且存在 $x_0 \in (a,b)$，使得

$$f'(x_0) = f''(x_0) = \cdots = f^{(n-1)}(x_0) = 0,$$

而 $f^{(n)}(x) > 0$ 对一切的 $x \in (a,b)$ 成立. 证明：

(1) 当 n 为奇数时，$f(x)$ 在 (a,b) 上严格单调增加；

(2) 当 n 为偶数时，$f(x)$ 在 (a,b) 上为凸函数.

6. 证明：$a\ln a + b\ln b \geqslant (a+b)\left[\ln(a+b) - \ln 2\right]$ $(a,b>0)$.

7. 设 $a_i > 0 (i=1,2,\cdots,n)$ 不全相等. 证明：当 $x \neq 0$ 时，有

$$x \frac{a_1^x \ln a_1 + a_2^x \ln a_2 + \cdots + a_n^x \ln a_n}{a_1^x + a_2^x + \cdots + a_n^x} - \ln \frac{a_1^x + a_2^x + \cdots + a_n^x}{n} > 0.$$

8. 设 $f(x)$ 是 (a,b) 上的有界函数，对任给的点 $x,y \in (a,b)$，有

$$f\left(\frac{x+y}{2}\right) \leqslant \frac{f(x)+f(y)}{2}.$$

证明：

(1) $f(x)$ 为 (a,b) 上的连续函数；

(2) $f(x)$ 为 (a,b) 上的凸函数.

9. 试画出下列函数的草图：

(1) $y = 3x^5 - 5x^3$；

(2) $y = e^{-x^2}(1+x^2)$.

前面我们介绍了微分的概念，这一章我们来介绍积分的概念．简单来说，积分是求和概念的推广，是某种无穷小的求和．积分的思想在 17 世纪已经逐渐形成，牛顿和莱布尼茨分别独立地给出了积分的理论．到 19 世纪柯西和黎曼等数学家进一步完善发展了积分的概念，形成了古典的积分理论——黎曼积分理论．这一章我们给出黎曼积分的定义，讨论可积函数类、积分中值定理以及积分的计算与应用．本章最后还将讨论广义积分以及微分与积分的数值计算．

6.1 黎曼积分与牛顿-莱布尼茨公式

6.1.1 积分概念的引出

用分割、近似、求和与求极限的方法计算不规则几何图形面积的想法可以追溯到古希腊阿基米德的"穷竭法"．许多数学家在他的思想的启发下，对"穷竭法"做了重大的完善和发展工作，逐渐形成了积分的理论．为了引出黎曼积分的定义，我们先来看两个实际的问题．

首先是关于曲边梯形的面积．设 $f(x)$ 为区间 $[a,b]$ 上的非负连续函数．考虑 $f(x)$ 的曲线与 x 轴及直线 $x=a$，$x=b$ 所围的平面图形（称为曲边梯形）．当所围图形为矩形时，它的面积定义为边长的乘积．当所围图形为一般的曲边梯形（见图 6-1），实际上它的面积并没有定义过，那我们该如何给出它的面积呢？下面给出一种方法．

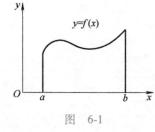

图 6-1

首先，我们将 $[a,b]$ 分割成有限多个小的区间，设分割点为
$$a=x_0<x_1<x_2<\cdots<x_n=b.$$
第 i 个小区间 $[x_{i-1},x_i]$ 的长度记为 $\Delta x_i=x_i-x_{i-1}$．大的曲边梯形相应地分割成了有限多个小的曲边梯形．在每个小区间 $[x_{i-1},x_i]$ 上任取一点 ξ_i，考虑以 $[x_{i-1},x_i]$ 为底，$f(\xi_i)$ 为高的小矩形．对每个小

曲边梯形用这样的小矩形来近似(见图 6-2),则得到大曲边梯形面积的一个近似:

$$\sum_{i=1}^{n} f(\xi_i) \Delta x_i.$$

当对 $[a,b]$ 的分割越来越细时,如果不论 ξ_i 怎么选取,上述和式总趋于一个确定的数值,则我们将这个数值定义为曲边梯形的面积,记为 S:

$$S = \lim \sum_{i=1}^{n} f(\xi_i) \Delta x_i.$$

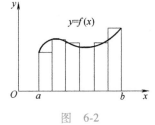

图 6-2

再来考虑一个变速直线运动的例子. 假定质点的速度函数为 $v = v(t)$. 现在我们要求质点在时间段 $[a,b]$ 内走过的路程 S. 首先将时间段 $[a,b]$ 作分割:

$$a = t_0 < t_1 < \cdots < t_n = b,$$

在小的时间段 $[t_{i-1}, t_i]$ 内,我们用某个时刻 $\xi_i \in [t_{i-1}, t_i]$ 的瞬时速度来近似为小时间段的平均速度. 则质点在小时间段 $[t_{i-1}, t_i]$ 内走过的路程可近似为 $S_i \approx v(\xi_i)(t_i - t_{i-1})$. 因此,总的路程 S 近似为

$$S = \sum_{i=1}^{n} S_i \approx \sum_{i=1}^{n} v(\xi_i)(t_i - t_{i-1}).$$

取 $\lambda = \max\limits_{1 \leqslant i \leqslant n} \{t_i - t_{i-1}\}$,当 λ 越来越小时,如果上述近似值趋于一个确定的数值,则此极限值便是我们要求的路程,即总路程可表示为

$$S = \lim_{\lambda \to 0} \sum_{i=1}^{n} v(\xi_i) \Delta t_i.$$

上面两个例子,一个是几何问题,另一个是物理问题,虽然问题不同,但是它们最终都归结为一个和式的极限,并且两个和式的极限的形式是完全相同的. 在其他领域中还有许多同样类型的数学问题,可以归结为求一个和的极限问题. 解决这类问题的方法概括起来就是四步"分割,近似,求和,求极限". 为了研究这类问题并寻找求这个极限值的有效方法,我们在数学上将它抽象出来,形成积分的概念.

6.1.2 黎曼积分的定义

设函数 $f(x)$ 在 $[a,b]$ 上有定义. 考虑区间 $[a,b]$ 的一个分割

$$T: a = x_0 < x_1 < \cdots < x_n = b,$$

记 $\Delta x_i = x_i - x_{i-1} (i = 1, 2, \cdots, n)$,定义 $\lambda(T) = \max\limits_{1 \leqslant i \leqslant n} \{\Delta x_i\}$. 在每个小区间 $[x_{i-1}, x_i]$ 上任取一点 ξ_i,构造如下的黎曼和式

$$\sum_{i=1}^{n} f(\xi_i)\,\Delta x_i.$$

定义 6.1.1 如果存在常数 $I \in \mathbf{R}$，对于任意的 $\varepsilon > 0$，存在 $\delta > 0$，只要 $[a,b]$ 的分割 T 满足 $\lambda(T) < \delta$，则

$$\left|\sum_{i=1}^{n} f(\xi_i)\,\Delta x_i - I\right| < \varepsilon$$

对任意 $\xi_i \in [x_{i-1}, x_i]$ 成立，则称 $f(x)$ 在 $[a,b]$ 上是（黎曼）可积的，并称 I 为 $f(x)$ 在 $[a,b]$ 上的黎曼积分. 记为

$$I = \int_a^b f(x)\,\mathrm{d}x,$$

其中 a 与 b 分别称为黎曼积分的下限和上限，$f(x)$ 称为被积函数，x 称为积分变量.

由定义，黎曼积分可以看作是当分割越来越细时，黎曼和的极限

$$\int_a^b f(x)\,\mathrm{d}x = \lim_{\lambda(T)\to 0} \sum_{i=1}^{n} f(\xi_i)\,\Delta x_i.$$

需要注意的是，这里的极限并不是前面常见的数列的极限，而是一个复杂的过程. 它涉及任意的有限分割，在小区间上的任意取点，以及任意一列越来越细的分割序列. 黎曼可积要求不论是什么样的分割，不论小区间上什么样的取点，也不论什么样一个越来越细的过程，黎曼和都趋于同一个值. 从定义上看，黎曼可积是一个比较强的要求. 不过在后面的讨论中我们将看到，为了保证一个函数黎曼可积，我们只需要考虑一个特殊的越来越细的分割序列，观察这个极限过程黎曼和是否趋于确定的数即可. 这里比较重要的是小区间上取点的任意性，这个任意性是黎曼积分定义的关键. 相较于早期的积分概念，黎曼积分将积分的讨论从连续函数扩展到了更一般的函数. 而关于可积性的讨论也导致了 20 世纪初勒贝格（Lebesgue）测度和勒贝格积分的形成.

上述定义中要求积分下限小于积分上限，这里补充规定：

(1) $\int_a^a f(x)\,\mathrm{d}x = 0$；

(2) 当 $f(x)$ 在 $[a,b]$ 上可积时，$\int_b^a f(x)\,\mathrm{d}x = -\int_a^b f(x)\,\mathrm{d}x$.

由积分的定义容易看出，常值函数总是黎曼可积的.

例 6.1.1 证明常值函数 $f(x)$ 在任一闭区间 $[a,b]$ 上可积.

证明：设 $f(x) = C$. 任取 $[a,b]$ 的分割

$$T: x_0 = a < x_1 < \cdots < x_{n-1} < x_n = b.$$

任取 $\xi_i \in [x_{i-1}, x_i]$，得到黎曼和

$$\sum_{i=1}^{n} f(\xi_i) \Delta x_i = \sum_{i=1}^{n} C \Delta x_i = C \sum_{i=1}^{n} \Delta x_i = C(b-a),$$

从而

$$\lim_{\lambda(T) \to 0} \sum_{i=1}^{n} f(\xi_i) \Delta x_i = C(b-a).$$

所以 $f(x) = C$ 在 $[a,b]$ 上可积，且 $\int_a^b C \mathrm{d}x = C(b-a)$.

例 6.1.2　已知 x^2 在 $[0,1]$ 上可积，计算积分值 $\int_0^1 x^2 \mathrm{d}x$.

解：由于已经已知了 x^2 在 $[0,1]$ 上可积，由积分的定义，为得到积分值，我们只需要考虑特殊的分割及特殊的取点. 将 $[0,1]$ 等分为 n 段，分点为 $x_i = \dfrac{i}{n}$，在第 i 个小区间取 ξ_i 为 x_i. 则黎曼和为

$$\sum_{i=1}^{n} f(\xi_i) \Delta x_i = \sum_{i=1}^{n} x_i^2 \Delta x_i = \sum_{i=1}^{n} \left(\frac{i}{n}\right)^2 \frac{1}{n}$$

$$= \frac{1}{n^3} \sum_{i=1}^{n} i^2 = \frac{1}{n^3} \frac{n(n+1)(2n+1)}{6}.$$

令 $n \to \infty$，分割越来越细，得积分值

$$\int_0^1 x^2 \mathrm{d}x = \lim_{n \to \infty} \sum_{i=1}^{n} f(\xi_i) \Delta x_i = \frac{1}{3}.$$

最后我们讨论积分的几何意义. 设 $f(x)$ 为 $[a,b]$ 上的连续函数. 当 $f(x) \geqslant 0$ 时，积分 $\int_a^b f(x) \mathrm{d}x$ 表示由直线 $x=a$，$x=b$，$y=0$ 与曲线 $y=f(x)$ 所围的曲边梯形的面积. 而当 $f(x) \leqslant 0$ 时，积分 $\int_a^b f(x) \mathrm{d}x$ 表示由直线 $x=a$，$x=b$，$y=0$ 与曲线 $y=f(x)$ 所围的曲边梯形的面积的负值. 一般地，当 $f(x)$ 有正有负时，$\int_a^b f(x) \mathrm{d}x$ 表示由 $x=a$，$x=b$，$y=0$ 与 $y=f(x)$ 所围的图形中，位于 x 轴上方的图形的总面积减去位于 x 轴下方的图形的总面积(参考图 6-3).

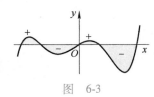

图 6-3

6.1.3　可积的必要条件

由黎曼积分的定义很难直接判断什么样的函数是可积的. 在讨论可积函数类之前，我们先给出函数可积的一个必要条件.

定理 6.1.1 若函数 $f(x)$ 在 $[a,b]$ 上可积，则 $f(x)$ 在 $[a,b]$ 上有界.

证明：反证法. 假设函数 $f(x)$ 在 $[a,b]$ 上无界，不妨设无上界. 则对于任意的分割

$$T: a=x_0<x_1<\cdots<x_n=b,$$

总存在 $1\leqslant i_0\leqslant n$，使得 $f(x)$ 在 $[x_{i_0-1},x_{i_0}]$ 上无上界. 在每个 $i\neq i_0$ 的区间上取定一点 ξ_i，得到固定的值 $\sum\limits_{i=1,\ i\neq i_0}^{n} f(\xi_i)\Delta x_i$. 对任意的 $M>0$，由于 $f(x)$ 在 $[x_{i_0-1},x_{i_0}]$ 上无上界，因此在 $[x_{i_0-1},x_{i_0}]$ 上可取 ξ_{i_0}，使得 $f(\xi_{i_0})$ 足够大，使得黎曼和

$$\sum_{i=1}^{n} f(\xi_i)\Delta x_i>M.$$

由于 M 是任意给定的正数，因此当分割越来越细时，$\sum\limits_{i=1}^{n} f(\xi_i)\Delta x_i$ 不可能有极限. 由此我们证明了 $f(x)$ 在 $[a,b]$ 上必有界.

可积函数一定有界，但有界函数不一定可积，例如下面的狄利克雷函数.

例 6.1.3   证明狄利克雷函数

$$D(x)=\begin{cases}1, & x\in\mathbf{Q}, \\ 0, & x\in\mathbf{R}\backslash\mathbf{Q}\end{cases}$$

在 $[0,1]$ 上不可积.

证明：考虑 $[0,1]$ 的任一分割 T，如果在每个小区间 $[x_{i-1},x_i]$ 上取点 ξ_i 总是有理数，则

$$\sum_{i=1}^{n} D(\xi_i)\Delta x_i=1.$$

若取 ξ_i 总是无理数，则

$$\sum_{i=1}^{n} D(\xi_i)\Delta x_i=0.$$

因此当 $\lambda(T)\to0$ 时，$\sum\limits_{i=1}^{n} D(\xi_i)\Delta x_i$ 不存在极限，从而 $D(x)$ 在 $[0,1]$ 上不可积.

有界函数不一定可积，那么什么样的函数是可积的呢，这一问题留到下一节再来讨论. 下面先来讨论积分的计算问题.

6.1.4   牛顿-莱布尼茨公式

对很多的初等函数，积分的计算是一件相对容易的事情. 这

是由于我们有著名的牛顿-莱布尼茨公式. 在给出牛顿-莱布尼茨公式之前, 我们先来讨论可积函数的原函数的性质. 如果满足 $F'(x)=f(x)$, 则函数 $F(x)$ 称为函数 $f(x)$ 的原函数.

定理 6.1.2　设函数 $f(x)$ 在 $[a,b]$ 上可积, 且在 (a,b) 上有原函数 $F(x)$, 则 $F(x)$ 在 (a,b) 上一致连续.

证明: 由于 $f(x)$ 可积, 从而有界, 设 $|f(x)| \leq M$. 任取 x_1, $x_2 \in (a,b)$, 由拉格朗日中值定理, 存在介于 x_1, x_2 之间的点 ξ, 使得

$$F(x_1)-F(x_2)=f(\xi)(x_1-x_2).$$

于是

$$|F(x_1)-F(x_2)| \leq M|x_1-x_2|,$$

所以 $F(x)$ 在 (a,b) 上一致连续.

由一致连续性, 原函数 $F(x)$ 在端点 a,b 的单侧极限存在. 可补充定义 $F(a)$, $F(b)$ 为 $F(x)$ 在 a,b 的单侧极限, 从而 $F(x)$ 在 $[a,b]$ 上连续.

做了上述准备后, 我们来给出牛顿-莱布尼茨公式. 牛顿-莱布尼茨公式也称为微积分基本定理, 是一元函数微积分中最核心的一个公式, 它给出了微分与积分之间的联系.

定理 6.1.3　（牛顿-莱布尼茨公式）　设函数 $f(x)$ 在 $[a,b]$ 上可积, 在 (a,b) 上存在原函数 $F(x)$, 则

$$\int_a^b f(x)\,\mathrm{d}x=F(b)-F(a).$$

这里 $F(x)$ 在端点 a,b 的取值为 $F(x)$ 在 a,b 的单侧极限.

通常, 式子右端 $F(b)-F(a)$ 简记为 $F(x)\big|_a^b$.

证明: 由上述定理, $F(x)$ 在 (a,b) 上一致连续, 从而 $F(x)$ 在端点 a,b 的单侧极限存在. 补充定义 $F(a)$, $F(b)$ 为 $F(x)$ 在 a,b 的单侧极限, 则 $F(x)$ 在 $[a,b]$ 上连续.

考虑 $[a,b]$ 的任一分割 T: $a=x_0<x_1<\cdots<x_n=b$. 我们有

$$F(b)-F(a)=\sum_{i=1}^n (F(x_i)-F(x_{i-1})).$$

在每个小区间 $[x_{i-1},x_i]$ 上应用拉格朗日中值定理, 存在 $\xi_i \in (x_{i-1},x_i)$, 使得

$$F(x_i)-F(x_{i-1})=f(\xi_i)\Delta x_i.$$

由于 $f(x)$ 在 $[a,b]$ 上可积, $\int_a^b f(x)\,\mathrm{d}x=\lim_{\lambda(T)\to 0}\sum_{i=1}^n f(\xi_i)\Delta x_i$. 因此我

们有

$$F(b) - F(a) = \lim_{\lambda(T) \to 0} \sum_{i=1}^{n} \left(F(x_i) - F(x_{i-1}) \right)$$

$$= \lim_{\lambda(T) \to 0} \sum_{i=1}^{n} f(\xi_i) \Delta x_i$$

$$= \int_a^b f(x) \, dx.$$

证毕.

由牛顿-莱布尼茨公式, 要求一个函数的积分, 只要先来求它的原函数就可以了. 而求原函数是求导运算的逆运算, 因此牛顿-莱布尼茨公式给出了计算积分非常有效的一个方法.

例 6.1.4　求极限 $\lim\limits_{n \to \infty} \dfrac{1^p + 2^p + \cdots + n^p}{n^{p+1}}$ $(p > 0)$.

解: 注意到

$$\lim_{n \to \infty} \frac{1^p + 2^p + \cdots + n^p}{n^{p+1}} = \lim_{n \to \infty} \sum_{i=1}^{n} \left(\frac{i}{n} \right)^p \frac{1}{n}.$$

考虑函数 $f(x) = x^p$, 将 $[0,1]$ 区间 n 等分, 则分点坐标为 $x_i = \dfrac{i}{n}$, 小区间的长度 $\Delta x_i = \dfrac{1}{n}$ $(i = 1, 2, \cdots, n)$, 取 $\xi_i = x_i$. 则

$$\lim_{n \to \infty} \sum_{i=1}^{n} \left(\frac{i}{n} \right)^p \frac{1}{n} = \lim_{n \to \infty} \sum_{i=1}^{n} f(\xi_i) \Delta x_i.$$

函数 $f(x) = x^p$ 在 $[0,1]$ 上连续, 下节我们将证明闭区间上的连续函数是可积的. 由积分的定义, 对上述特殊分割, 特殊取点得到的黎曼和, 当分割越来越细时, 极限为函数 $f(x) = x^p$ 在 $[0,1]$ 上的积分值. 由牛顿-莱布尼茨公式, 得

$$\lim_{n \to \infty} \sum_{i=1}^{n} f(\xi_i) \Delta x_i = \int_0^1 x^p \, dx = \frac{x^{p+1}}{p+1} \Big|_0^1 = \frac{1}{p+1}.$$

最后我们指出, 上述微积分基本定理中的两个条件: $f(x)$ 可积和 $f(x)$ 存在原函数, 二者有细微的差别. 存在函数 $f(x)$ 有原函数, 但 $f(x)$ 不可积, 参考习题 6.1 第 6 题. 同时存在函数 $f(x)$ 可积, 但没有原函数. 例如分段单调函数, 它是可积的(由定理 6.2.3), 但它整体上是没有原函数的. 这是因为导函数的不连续点只能是第二类的.

历史注记

在牛顿与莱布尼茨时代, 积分并没有严格的定义. 牛顿把积

分运算作为求导运算的逆运算, 称作"反流数术". 莱布尼茨则把积分视作无限个无穷小量之和. 关于积分的明确定义, 首先是由柯西给出的. 柯西证明了闭区间上的连续函数的积分是存在的, 并在此基础上给予了牛顿-莱布尼茨公式严格的表述与证明. 黎曼为讨论三角级数问题而研究了一般函数的可积性问题, 扩展了可积函数的范围. 20 世纪初, 法国数学家勒贝格引入了点集测度的概念, 并在此基础上建立了新的积分——勒贝格积分. 勒贝格积分克服了黎曼积分的某些局限性, 成为近代分析学乃至其他数学领域的基础.

习题 6.1

1. 设有一直的金属丝位于 x 轴上从 $x=0$ 到 $x=20$ 处, 其上各点的线密度与 x 成正比, 比例系数为 k, 用积分表示此金属丝的质量.

2. 把积分 $\int_0^{\frac{\pi}{2}} \sin x \mathrm{d}x$ 写成积分和式的极限形式.

3. 把下列极限表达成积分的形式:

(1) $\lim\limits_{n \to \infty} \left(\dfrac{1}{n+1} + \dfrac{1}{n+2} + \cdots + \dfrac{1}{n+n} \right)$;

(2) $\lim\limits_{n \to \infty} \dfrac{\sqrt[n]{n!}}{n}$;

(3) $\lim\limits_{n \to \infty} \dfrac{2\pi}{n} \sum\limits_{k=1}^{n} \left(2 + \sin \dfrac{2k\pi}{n} \right)$;

(4) $\lim\limits_{n \to \infty} \left(\dfrac{1}{n^2} + \dfrac{2}{n^2} + \cdots + \dfrac{n-1}{n^2} \right)$.

4. 利用积分的几何意义计算下列积分:

(1) $\int_0^a \sqrt{a^2 - x^2} \, \mathrm{d}x \, (a > 0)$; (2) $\int_a^b x \mathrm{d}x$;

(3) $\int_{-2}^2 |x| \mathrm{d}x$.

5. 利用牛顿-莱布尼茨公式求下列积分的值:

(1) $\int_0^1 x \mathrm{d}x$; (2) $\int_0^1 e^x \mathrm{d}x$;

(3) $\int_0^{2\pi} \sin x \mathrm{d}x$; (4) $\int_{-a}^a 5x^3 \mathrm{d}x$.

6. 证明: 函数

$$F(x) = \begin{cases} x^2 \sin \dfrac{1}{x^2}, & x \neq 0, \\ 0, & x = 0 \end{cases}$$

在 $[-1, 1]$ 上可导, 但导函数 $F'(x)$ 在 $[-1, 1]$ 上不可积.

7. 设数列 $\{a_n\}$ 满足 $\lim\limits_{n \to \infty} \dfrac{a_n}{n^\alpha} = 1 \, (\alpha > 0)$, 用积分定义求下列极限:

$$\lim\limits_{n \to \infty} \dfrac{1}{n^{1+\alpha}} (a_1 + a_2 + \cdots + a_n).$$

8. 设 $P_n(x)$ 为 $n \geqslant 1$ 次多项式. 证明: $\int_a^b |P_n'(x)| \mathrm{d}x \leqslant 2n \max\limits_{x \in [a,b]} |P_n(x)|$.

6.2 可积性问题

6.2.1 可积性的判定

设 $f(x)$ 为 $[a, b]$ 上的有界函数. 给定 $[a, b]$ 的一个分割

$$T: a = x_0 < x_1 < \cdots < x_n = b.$$

考虑 $f(x)$ 在小区间 $[x_{i-1}, x_i]$ 上的上确界、下确界:

$$M_i = \sup_{x \in [x_{i-1}, x_i]} \{f(x)\}, \qquad m_i = \inf_{x \in [x_{i-1}, x_i]} \{f(x)\}.$$

函数 $f(x)$ 关于分割 T 的达布大和与达布小和分别定义为

$$D(T) = \sum_{i=1}^n M_i \Delta x_i, \qquad d(T) = \sum_{i=1}^n m_i \Delta x_i.$$

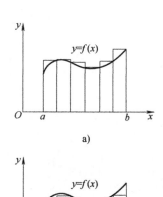

图 6-4

达布大和与达布小和的几何含义如图 6-4a、b 所示. 任一黎曼和总是介于达布大和与达布小和之间, 于是可积性问题可以转化为当分割越来越细时达布大和与达布小和的极限问题.

当 $f(x)$ 为连续函数时, 达布大和与达布小和分别对应特定的黎曼和. 当 $f(x)$ 不是连续函数时, 上下确界不一定能够被 $f(x)$ 在某个点处的函数值取到, 从而达布大和与达布小和并不一定是某个特定的黎曼和.

为了方便讨论达布大和、达布小和的极限, 我们转而讨论所有分割对应的达布大和、小和分别构成集合的上下确界问题. 为此, 我们需要做些准备工作.

引理 6.2.1 设 T' 是分割 T 增加有限个分点得到的分割, 则相应的达布小和、大和满足

$$d(T) \leqslant d(T'), \qquad D(T') \leqslant D(T).$$

通常称分割 T' 是分割 T 的加细分割, 引理 6.2.1 告诉我们, 当分割加细时, 大和不增, 小和不减.

证明: 只考虑小和的情形. 假设小区间 $[x_{i-1}, x_i]$ 中只加入了一个分点 c. 设 $f(x)$ 在 $[x_{i-1}, x_i]$ 的下确界为 m_i, 在 $[x_{i-1}, c]$ 和 $[c, x_i]$ 的下确界分别为 m_{i1} 和 m_{i2}. 由于

$$m_i \leqslant m_{i1}, \qquad m_i \leqslant m_{i2},$$

所以 $m_i(x_i - x_{i-1}) \leqslant m_{i1}(x_i - c) + m_{i2}(c - x_{i-1})$. 小区间加入多个分点的情形可类似考虑. 于是得到 $d(T) \leqslant d(T')$.

即使对于不同的分割, 达布小和也总是不超过达布大和.

引理 6.2.2 设 T_1, T_2 是 $[a, b]$ 的任意两个分割, 则 $d(T_1) \leqslant D(T_2)$.

证明: 将 T_1, T_2 的分点合并得到一个新的分割, 记作 T. 由引理 6.2.1, 得

$$d(T_1) \leqslant d(T) \leqslant D(T) \leqslant D(T_2).$$

设 M 和 m 分别为 $f(x)$ 在 $[a, b]$ 的上、下确界, 则对任意的分割 T, 有

$$m(b-a) \leqslant d(T) \leqslant D(T) \leqslant M(b-a).$$

函数 $f(x)$ 在 $[a,b]$ 的下积分和上积分分别定义为

$$\underline{I}(f) = \sup_T \{d(T)\}, \qquad \overline{I}(f) = \inf_T \{D(T)\},$$

这里取遍所有的分割 T.

> **引理 6.2.3** 设函数 $f(x)$ 在 $[a,b]$ 上有界，则
> $$\lim_{\lambda(T) \to 0} D(T) = \overline{I}(f), \qquad \lim_{\lambda(T) \to 0} d(T) = \underline{I}(f).$$

引理 6.2.3 说明，任给一个越来越细的分割序列，达布大和的极限都是相同的. 达布小和的情形也是类似的.

证明：下面只证达布大和的情形. 我们需要证明 $\forall \varepsilon > 0$，存在 $\delta > 0$，当 $\lambda(T) < \delta$ 时，有 $|D(T) - \overline{I}(f)| < \varepsilon$.

由于上积分为大和的下确界，任给 $\varepsilon > 0$，存在分割 T_0，使得

$$\overline{I}(f) \leqslant D(T_0) < \overline{I}(f) + \frac{\varepsilon}{2}.$$

考虑一个分割 T，设 T 和 T_0 合并分点得到的分割为 T'，则

$$\overline{I}(f) \leqslant D(T') \leqslant D(T_0).$$

于是得到 $|D(T') - \overline{I}(f)| < \frac{\varepsilon}{2}$.

设 T_0 的分点有 k 个，则分割 T 对应的小区间中至多有 k 个小区间被加入了分点，大和 $D(T)$ 和 $D(T')$ 的各项只在这些区间不同，所以

$$|D(T) - D(T')| \leqslant k \cdot 2M \cdot \lambda(T),$$

其中，M 为 $|f(x)|$ 的上界. 取 $\delta = \frac{\varepsilon}{2 \cdot k \cdot 2M}$，则当 $\lambda(T) < \delta$ 时，有

$$|D(T) - D(T')| < \frac{\varepsilon}{2}.$$

因此当 $\lambda(T) < \delta$ 时，有

$$|D(T) - \overline{I}(f)| \leqslant |D(T) - D(T')| + |D(T') - \overline{I}(f)| < \varepsilon.$$

下面通过上、下积分给出可积性的判别.

> **定理 6.2.1** 设函数 $f(x)$ 在 $[a,b]$ 上有界，则 $f(x)$ 在 $[a,b]$ 上可积的充分必要条件是
> $$\underline{I}(f) = \overline{I}(f).$$

证明：先证充分性. 任给 $[a,b]$ 的一个分割 T 及小区间上的任意取点 ξ_i，相应的黎曼和总满足

$$d(T) \leqslant \sum_{k=1}^{n} f(\xi_k) \Delta x_k \leqslant D(T).$$

由引理 6.2.3，$\lim\limits_{\lambda(T) \to 0} d(T) = \underline{I}(f)$，$\lim\limits_{\lambda(T) \to 0} D(T) = \overline{I}(f)$. 由于 $\underline{I}(f) = \overline{I}(f)$，从而当分割越来越细时，$\sum\limits_{k=1}^{n} f(\xi_k) \Delta x_k$ 存在极限，所以 $f(x)$ 在 $[a,b]$ 上可积.

再证必要性. 设 $f(x)$ 在 $[a,b]$ 上的积分为 I，下面证明 $\overline{I}(f) = I$. 类似可证 $\underline{I}(f) = I$，从而 $\underline{I}(f) = \overline{I}(f)$.

任给 $[a,b]$ 的一个分割 T，对于任意的 $\varepsilon > 0$，可以选取 ξ_k，使得 $\left| M_k - f(\xi_k) \right| < \dfrac{\varepsilon}{2(b-a)}$，从而

$$\left| D(T) - \sum_{k=1}^{n} f(\xi_k) \Delta x_k \right| < \frac{\varepsilon}{2}.$$

由于 $f(x)$ 可积，存在 $\delta > 0$，当 $\lambda(T) < \delta$ 时，有

$$\left| \sum_{k=1}^{n} f(\xi_k) \Delta x_k - I \right| < \frac{\varepsilon}{2}.$$

注意到

$$\left| D(T) - I \right| \leqslant \left| D(T) - \sum_{k=1}^{n} f(\xi_k) \Delta x_k \right| + \left| \sum_{k=1}^{n} f(\xi_k) \Delta x_k - I \right|,$$

因此，任给 $\varepsilon > 0$，存在 $\delta > 0$，当 $\lambda(T) < \delta$ 时，有

$$\left| D(T) - I \right| < \varepsilon.$$

所以，$\lim\limits_{\lambda(T) \to 0} D(T) = I$，即 $\overline{I}(f) = I$. 必要性得证.

由引理 6.2.3，对于任意一列越来越细的分割 $T_1, T_2, \cdots, T_n, \cdots$，都有

$$\lim_{n \to \infty} D(T_n) = \overline{I}(f), \qquad \lim_{n \to \infty} d(T_n) = \underline{I}(f).$$

上述定理说明：判断 $f(x)$ 是否可积，只需考察一个特殊的越来越细的分割序列，观察大和序列与小和序列是否趋于同一个值即可.

由引理 6.2.3 及上述定理，函数 $f(x)$ 在 $[a,b]$ 上可积等价于

$$\lim_{\lambda(T) \to 0} D(T) - d(T) = 0.$$

根据达布大和、小和的定义，上式可写为

$$\lim_{\lambda(T) \to 0} \sum_{i=1}^{n} \omega_i \Delta x_i = 0,$$

其中 $\omega_i = M_i - m_i (i = 1, 2, \cdots, n)$ 为 $f(x)$ 在小区间 $[x_{i-1}, x_i]$ 上的振幅.

推论 6.2.1　设函数 $f(x)$ 在 $[a,b]$ 上有界. 函数 $f(x)$ 在 $[a,b]$ 上可积的充分必要条件是 $\lim\limits_{\lambda(T) \to 0} \sum\limits_{i=1}^{n} \omega_i \Delta x_i = 0$.

实际上推论 6.2.1 的判别条件可以减弱.

> **推论 6.2.2**　设函数 $f(x)$ 在 $[a,b]$ 上有界. 函数 $f(x)$ 在 $[a,b]$ 上可积的充分必要条件是任给正数 $\varepsilon>0$, 存在 $[a,b]$ 的一个分割 T, 使得 $\sum_{i=1}^{n}\omega_i\Delta x_i<\varepsilon$.

证明: 由推论 6.2.1, 只需证明充分性. 由上、下积分的定义, 得

$$d(T)\leqslant \underline{I}(f)\leqslant \overline{I}(f)\leqslant D(T).$$

由于

$$D(T)-d(T)=\sum_{i=1}^{n}\omega_i\Delta x_i<\varepsilon,$$

所以 $\overline{I}(f)-\underline{I}(f)\leqslant\varepsilon$. 由 ε 的任意性, 得到 $\overline{I}(f)=\underline{I}(f)$. 从而 $f(x)$ 在 $[a,b]$ 上可积.

由以上推论, 我们可以证明可积函数必有连续点.

例 6.2.1　可积函数必有连续点.

证明: 设函数 $f(x)$ 在 $[a,b]$ 上可积. 则任给 $\varepsilon>0$, 当分割 T 足够细时, 有

$$\sum_{i=1}^{n}\omega_i\Delta x_i<(b-a)\frac{\varepsilon}{2}.$$

取定这样一个分割 T, 在分割 T 得到的子区间中必存在一个子区间, 设为 $[a_1,b_1]$, 使得 $f(x)$ 在 $[a_1,b_1]$ 上的振幅满足

$$\omega_f([a_1,\ b_1])<\frac{\varepsilon}{2}.$$

由 $f(x)$ 在 $[a_1,b_1]$ 上可积, 重复这个过程, 得 $[a_2,b_2]\subset[a_1,b_1]$, 满足

$$\omega_f([a_2,\ b_2])<\frac{\varepsilon}{2^2}.$$

一直重复这个过程, 得一系列闭区间 $[a_n,b_n]$, 满足

$$\omega_f([a_n,\ b_n])<\frac{\varepsilon}{2^n}.$$

当区间变小时, 函数的振幅也变小. 因此, 可选取 $[a_{n+1},b_{n+1}]$ 包含在 (a_n,b_n) 中, 且区间长度趋于 0. 由闭区间套定理, 存在点 $c\in[a_n,b_n]$, $n=1,2,3,\cdots$. 在点 c 处, 振幅 $\omega_f(c)=0$, 即 c 为函数 $f(x)$ 的连续点.

由以上例子可知, 可积函数的连续点在积分区间上是稠密的.

6.2.2　可积函数类

由以上可积性的判别方法，我们可以得到几类常见的可积函数. 首先是闭区间上的连续函数.

定理 6.2.2　设 $f(x)$ 为 $[a,b]$ 上的连续函数，则 $f(x)$ 在 $[a,b]$ 上可积.

证明：由于 $f(x)$ 在 $[a,b]$ 上连续，所以 $f(x)$ 在 $[a,b]$ 上一致连续. 对于 $\forall \varepsilon > 0$，$\exists \delta > 0$，当 $x_1, x_2 \in [a,b]$ 且 $|x_1 - x_2| < \delta$ 时，有

$$|f(x_1) - f(x_2)| < \varepsilon.$$

即当 $\lambda(T) < \delta$ 时，振幅 $\omega_i \le \varepsilon$. 从而 $\sum_{i=1}^{n} \omega_i \Delta x_i \le \varepsilon(b-a)$，所以

$$\lim_{\lambda(T) \to 0} \sum_{i=1}^{n} \omega_i \Delta x_i = 0.$$

由推论 6.2.1，$f(x)$ 在 $[a,b]$ 可积.

闭区间上的单调函数也是可积的.

定理 6.2.3　设函数 $f(x)$ 在 $[a,b]$ 上单调，则 $f(x)$ 在 $[a,b]$ 上可积.

证明：不妨设 $f(x)$ 在 $[a,b]$ 上单调增加. 设 T 是 $[a,b]$ 上的一个分割. 由于

$$\sum_{i=1}^{n} \omega_i \Delta x_i \le \lambda(T) \sum_{i=1}^{n} \omega_i$$

$$= \lambda(T) \sum_{i=1}^{n} [f(x_i) - f(x_{i-1})]$$

$$= \lambda(T)(f(b) - f(a)),$$

所以，任给 $\varepsilon > 0$，取 $\delta = \dfrac{\varepsilon}{f(b) - f(a)}$，则当 $\lambda(T) < \delta$ 时，有

$$\sum_{i=1}^{n} \omega_i \Delta x_i < \varepsilon.$$

即 $\lim\limits_{\lambda(T) \to 0} \sum_{i=1}^{n} \omega_i \Delta x_i = 0$. 由推论 6.2.1，$f(x)$ 在 $[a,b]$ 上可积.

注意，闭区间上的单调函数也可以很复杂，例如有无穷多间断点.

例 6.2.2　考虑下面分段定义的函数

$$f(x)=\begin{cases} \dfrac{1}{2}, & \left[\dfrac{1}{2},\ 1\right], \\[2mm] \dfrac{1}{3}, & \left[\dfrac{1}{3},\ \dfrac{1}{2}\right), \\[1mm] \vdots & \vdots \\[1mm] \dfrac{1}{n+1}, & \left[\dfrac{1}{n+1},\ \dfrac{1}{n}\right), \\[1mm] \vdots & \vdots \\[1mm] 0 & x=0. \end{cases}$$

函数 $f(x)$ 在 $[0,1]$ 上单调增加, 从而在 $[0,1]$ 上可积.

下面的定理给出了更一般的可积函数类.

定理 6.2.4 设函数 $f(x)$ 在 $[a,b]$ 上有界, 且只有有限个间断点, 则 $f(x)$ 在 $[a,b]$ 上可积.

证明: 任给 $\varepsilon>0$. 为了证明 $f(x)$ 在 $[a,b]$ 上可积, 由推论 6.2.2, 只需证明存在 $[a,b]$ 的一个分割 T, 满足 $\sum\limits_{i=1}^{n}\omega_i\Delta x_i<\varepsilon$.

设 $|f(x)|\leqslant M$, 并设 $f(x)$ 在 $[a,b]$ 上共有 m 个间断点, 记为 $x_1,\ x_2,\ \cdots,\ x_m$. 若间断点 $x_k\in(a,b)$, 取以 x_k 为中心, 长度小于 $\dfrac{\varepsilon}{4mM}$ 的开区间, 记为 U_k. 若间断点 x_k 为 $[a,b]$ 的端点, 则取 U_k 为包含端点的半闭半开, 或半开半闭区间, 长度也小于 $\dfrac{\varepsilon}{4mM}$. 取这 m 个区间 $U_k(k=1,2,\cdots,m)$ 足够小, 使得它们互不相交. 在这些区间上, $f(x)$ 的振幅满足

$$\sum_{k=1}^{m}\omega_{U_k}\,|\,U_k\,| < m\cdot 2M\cdot\frac{\varepsilon}{4mM}=\frac{\varepsilon}{2}.$$

在 $[a,b]$ 上挖去上述 m 个区间后, 得到有限个小的闭区间, 设一共 n 个. 这 n 个小闭区间记为 I_k, $k=1$, 2, $\cdots$, n. 在每个区间 I_k 上, $f(x)$ 连续, 从而可积. 由推论 6.2.2, 存在 I_k 上的分割 T_k, 使得 $\sum\limits_{I_k}\omega_i\Delta x_i<\dfrac{\varepsilon}{2n}$.

将分割 T_k 的分点合并, 得到 $[a,b]$ 的一个分割 T. 对这个分割, 有

$$\sum\omega_i\Delta x_i<\frac{\varepsilon}{2}+n\cdot\frac{\varepsilon}{2n}=\varepsilon.$$

于是证明了 $f(x)$ 在 $[a,b]$ 上可积.

从以上证明可以看出, 一个有界函数即使有无穷多间断点,

如果间断点的聚点只有有限多个，它仍然是可积的.

例 6.2.3　考虑下面的函数

$$f(x) = \begin{cases} \sin \dfrac{1}{x}, & x \neq 0, \\ 0, & x = 0. \end{cases}$$

函数 $f(x)$ 在 $[-1,1]$ 上有界，且只有一个间断点，所以 $f(x)$ 在 $[-1,1]$ 上可积.

最后我们讨论黎曼函数的可积性.

例 6.2.4　证明黎曼函数

$$R(x) = \begin{cases} 1, & x \in \mathbf{Z}, \\ \dfrac{1}{p}, & x \in \mathbf{Q} \backslash \mathbf{Z}, x = \dfrac{q}{p} (p, q \text{ 为互素整数，且 } p > 0) \\ 0, & x \notin \mathbf{Q}, \end{cases}$$

在 $[0,1]$ 上可积，且 $\displaystyle\int_0^1 R(x) \mathrm{d}x = 0$.

证明：对于任给的 $\varepsilon > 0$，在 $[0,1]$ 中只有有限个点 α_1，α_2，$\cdots$，α_m，满足 $R(\alpha_i) > \varepsilon$，$i = 1$，$2$，$\cdots$，$m$. 考虑 $[a,b]$ 的一个分割 T，分割 T 将 $[a,b]$ 分割为若干个小的区间. 设 A 为包含上述点 $\alpha_i (i = 1, 2, \cdots, m)$ 的小区间构成的集合，这样的区间最多 m 个. 设 B 为其余小区间构成的集合. 在这些小区间上黎曼函数的振幅不超过 ε. 于是

$$\sum_{i=1}^n \omega_i \Delta x_i = \sum_A \omega_i \Delta x_i + \sum_B \omega_i \Delta x_i \leqslant m \cdot 1 \cdot \lambda(T) + \varepsilon \cdot 1.$$

取分割 T 满足 $\lambda(T) < \dfrac{\varepsilon}{m}$，则有

$$\sum_{i=1}^n \omega_i \Delta x_i < 2\varepsilon.$$

由推论 6.2.2，$f(x)$ 在 $[a,b]$ 上可积.

下面求 $R(x)$ 在 $[0,1]$ 上的积分值. 对任一分割，在每个 $[x_{i-1}, x_i]$ 中取 ξ_i 为无理数，则黎曼和为 $\displaystyle\sum_{i=1}^n R(\xi_i) \Delta x_i = 0$，因此 $\displaystyle\int_0^1 R(x) \mathrm{d}x = 0$.

黎曼函数在有理点处都不连续，所以黎曼函数有无穷多间断点. 上述例子说明一个函数即使有无穷多个间断点，仍然有可能是黎曼可积的. 为了能够讨论这种有无穷多间断点函数的可积性，黎曼给出了黎曼积分的定义，使得可积函数从连续函数扩展到了更一般的函数. 那么到底可积函数的范围有多大呢？关于可积函数类的完全刻画，有下面著名的勒贝格定理.

勒贝格定理　设函数 $f(x)$ 在 $[a,b]$ 上有界，则函数 $f(x)$ 在 $[a,b]$

上(黎曼)可积的充分必要条件是 $f(x)$ 在 $[a,b]$ 上的不连续点集的勒贝格测度为 0.

这里不再给出勒贝格定理的证明. 仅举一个例子, 说明一列黎曼可积函数的极限函数有可能是不可积的.

例 6.2.5 设

$$f_n(x)=\begin{cases} 1, & \text{当 } x=\dfrac{k}{n!}, \text{ 其中 } k\in\mathbf{Z}, \\ 0, & \text{其他情形.} \end{cases}$$

函数 $f_n(x)$ 在 $[0,1]$ 上只有有限个间断点, 所以在 $[0,1]$ 上可积.

当 n 趋于无穷时, 考虑 $f_n(x)$ 的极限构成的函数

$$f(x)=\begin{cases} 1, & x\in\mathbf{Q}, \\ 0, & x\notin\mathbf{Q}. \end{cases}$$

极限函数 $f(x)$ 为狄利克雷函数, 在 $[0,1]$ 上不可积.

从上述例子可以看出, 黎曼可积的函数类还是不够广, 不能保证这种关于极限函数的"完备性". 以后我们还将看到黎曼积分更多的缺陷, 为了改进黎曼积分的性质, 20 世纪初勒贝格引入了勒贝格积分的概念. 勒贝格积分进一步扩大了可积函数的范围, 使得积分具有了更加良好的性质.

历史注记

黎曼(Riemann, 1826—1866), 19 世纪极富创造力的德国著名数学家、数学物理学家. 他在分析、数论、微分几何等方面都做出了划时代的革命性贡献, 对偏微分方程及其在物理中的应用、热学、电磁非超距作用和激波理论也有着重要的贡献. 黎曼的工作直接影响了 19 世纪后半期的数学发展, 在黎曼思想的影响下数学的许多分支取得了辉煌的成就, 其学术影响力一直持续到今天. 时至今日, 黎曼几何、黎曼曲面、黎曼积分、黎曼流形、黎曼 ζ 函数等已经成为了耳熟能详的重要数学概念.

黎曼是有史以来最伟大的数学家之一. 他英年早逝, 一生中只发表了 9 篇论文. 但是自他的博士论文"单复变量函数一般理论基础"起, 他的工作对许多数学分支产生了巨大的影响. 1854 年, 他在哥廷根大学任教就职演讲中, 提出了全新的几何观念, 成为现代黎曼几何的发端. 1858 年他关于素数分布的论文, 研究了黎曼 ζ 函数, 为解析数论奠定了基础. 他所提出的关于黎曼 ζ 函数零点分布的猜想, 至今尚未解决. 黎曼的数学具有惊人的永恒魅力. 他的工作在许多领域中, 被人们从各种角度加以分析、加强和推广, 但是他的大部分成果经受住了岁月的洗礼和新观点的审视.

习题 6.2

1. 证明函数 $f(x)$ 在 $[a,b]$ 上可积的充分必要条件是：存在实数 I，对于 $\forall \varepsilon > 0$，存在 $[a,b]$ 的一个分割 T，对于任取的 $\xi_i \in [x_{i-1}, x_i]$ $(i=1,2,\cdots,n)$，有

$$\left| \sum_{i=1}^{n} f(\xi_i) \Delta x_i - I \right| < \varepsilon.$$

2. 设函数 $f(x)$ 在 $[a,b]$ 上有定义，记 $f^+(x) = \max\{f(x), 0\}$，$f^-(x) = -\min\{f(x), 0\}$。证明：$f(x)$ 在 $[a,b]$ 上可积的充分必要条件是 $f^+(x)$ 和 $f^-(x)$ 在 $[a,b]$ 上可积。

3. 设函数 $f(x)$ 在 $[a,b]$ 上可积，且存在 $\alpha > 0$，使得对 $\forall x \in [a,b]$，有 $f(x) \geq \alpha$。证明：

(1) $\dfrac{1}{f(x)}$ 在 $[a,b]$ 上可积；

(2) $\ln f(x)$ 在 $[a,b]$ 上可积。

4. 设函数 $f(x)$ 在 $[a,b]$ 上有界，并且它在 $[a,b]$ 上的不连续点集只有有限多个聚点。证明 $f(x)$ 在 $[a,b]$ 上可积。

5. 证明 $y = \mathrm{sgn}\left(\sin\dfrac{1}{x}\right)$ 在 $[0,1]$ 上可积。

6. 设函数 $f(x)$ 在 $[a,b]$ 上可积，证明：对于 $\forall \varepsilon > 0$，有

(1) 存在 $[a,b]$ 上的阶梯函数 $h(x)$，使得 $\displaystyle\int_a^b |f(x) - h(x)| \, \mathrm{d}x < \varepsilon$；

(2) 存在 $[a,b]$ 上的连续函数 $g(x)$，使得 $\displaystyle\int_a^b |f(x) - g(x)| \, \mathrm{d}x < \varepsilon$。

7. 设 $f(x)$ 在 $(-\infty, +\infty)$ 上有定义，且在任何有限区间可积。证明：$\displaystyle\lim_{h \to 0} \int_a^b |f(x+h) - f(x)| \, \mathrm{d}x = 0$。

8. 设函数 $f(x)$ 在 $[a,b]$ 上有界，证明：$f(x)$ 在 $[a,b]$ 上可积的充分必要条件是对于 $\forall \varepsilon > 0$，$\forall \sigma > 0$，存在 $[a,b]$ 的一个分割 T，使得 $\omega_i > \varepsilon$ 的小区间 $[x_{i-1}, x_i]$ 的长度总和小于 σ。

6.3 黎曼积分的性质

这一节介绍黎曼积分常见的一些性质。首先是积分关于被积函数的线性性质。

> **性质 6.3.1** 设函数 $f(x)$，$g(x)$ 在 $[a,b]$ 上可积，α，$\beta \in \mathbf{R}$，则 $\alpha f(x) + \beta g(x)$ 在 $[a,b]$ 上可积，并且有
>
> $$\int_a^b [\alpha f(x) + \beta g(x)] \, \mathrm{d}x = \alpha \int_a^b f(x) \, \mathrm{d}x + \beta \int_a^b g(x) \, \mathrm{d}x.$$

证明：由定义，积分为黎曼和的极限，而黎曼和关于函数 $f(x)$，$g(x)$ 有线性性质，由此得证。

同样由积分的定义可得比较性质。

> **性质 6.3.2** 设函数 $f(x)$，$g(x)$ 在 $[a,b]$ 上可积，且 $f(x) \geq g(x)$，$\forall x \in [a,b]$，则
>
> $$\int_a^b f(x) \, \mathrm{d}x \geq \int_a^b g(x) \, \mathrm{d}x.$$

性质 6.3.3　设函数 $f(x)$ 在 $[a,b]$ 上可积，则 $f(x)$ 在 $[a,b]$ 的任一闭子区间上可积.

证明：设 $[a_1,b_1]$ 为 $[a,b]$ 的一个闭子区间. 由于 $f(x)$ 在 $[a,b]$ 上可积，对于 $\forall\varepsilon>0$，存在 $[a,b]$ 的分割 T，使得

$$\sum_{i=1}^{n}\omega_i\Delta x_i<\varepsilon,$$

其中 ω_i 为 $f(x)$ 在小区间上的振幅. 考虑由分割 T 在 $[a_1,b_1]$ 中的分点给出的子区间 $[a_1,b_1]$ 的分割 T'，对此分割显然有

$$\sum_{i=1}^{m}\omega_i'\Delta x_i'<\varepsilon,$$

由推论 6.2.2，$f(x)$ 在 $[a_1,b_1]$ 上可积.

下面考虑关于积分区间的可加性.

性质 6.3.4　设函数 $f(x)$ 在 $[a,c]$ 和 $[c,b]$ 上可积，$c\in[a,b]$，则 $f(x)$ 在 $[a,b]$ 上可积，且

$$\int_a^b f(x)\,\mathrm{d}x=\int_a^c f(x)\,\mathrm{d}x+\int_c^b f(x)\,\mathrm{d}x.$$

证明：任给 $\varepsilon>0$. 由于 $f(x)$ 在 $[a,c]$ 上可积，存在 $[a,c]$ 的分割 T_1：$a=x_0<x_1<\cdots<x_n=c$，满足

$$\sum_{i=1}^{n}\omega_i\Delta x_i<\frac{\varepsilon}{2}.$$

同样地，由于 $f(x)$ 在 $[c,b]$ 上可积，存在 $[c,b]$ 的分割 T_2：$c=x_0'<x_1'<\cdots<x_m'=b$，满足

$$\sum_{i=1}^{m}\omega_i'\Delta x_i'<\frac{\varepsilon}{2}.$$

合并 T_1，T_2 的分点，得到是 $[a,b]$ 的一个分割 T，并且

$$\sum_{i=1}^{n}\omega_i\Delta x_i+\sum_{i=1}^{m}\omega_i'\Delta x_i'<\varepsilon.$$

由推论 6.2.2，$f(x)$ 在 $[a,b]$ 上可积.

对上述分割 T_1，T_2，在小区间取点 ξ_i，ξ_i'，得到 $[a,c]$ 上的黎曼和 $\sum_{i=1}^{n}f(\xi_i)\Delta x_i$ 及 $[c,b]$ 上的黎曼和 $\sum_{i=1}^{m}f(\xi_i')\Delta x_i'$，则

$$\sum_{i=1}^{n}f(\xi_i)\Delta x_i+\sum_{i=1}^{m}f(\xi_i')\Delta x_i'$$

给出了 $f(x)$ 在 $[a,b]$ 上的黎曼和. 当分割越来越细时取极限，即得作证等式.

在上述性质中，假定了 $a<c<b$，实际上不论 a,b,c 的相对位置如何，上述积分等式都是成立的. 例如，当 $a<b<c$，仍然成立：

$$\int_a^b f(x)\,\mathrm{d}x = \int_a^c f(x)\,\mathrm{d}x + \int_c^b f(x)\,\mathrm{d}x.$$

事实上，由于 $\int_a^c f(x)\,\mathrm{d}x = \int_a^b f(x)\,\mathrm{d}x + \int_b^c f(x)\,\mathrm{d}x$，所以

$$\int_a^b f(x)\,\mathrm{d}x = \int_a^c f(x)\,\mathrm{d}x - \int_b^c f(x)\,\mathrm{d}x = \int_a^c f(x)\,\mathrm{d}x + \int_c^b f(x)\,\mathrm{d}x.$$

改变有限个点的值，不改变函数的可积性与积分值.

性质 6.3.5 设 $f(x)$ 与 $g(x)$ 在 $[a,b]$ 上除有限个点外彼此相等. 若 $f(x)$ 在 $[a,b]$ 上可积，则 $g(x)$ 在 $[a,b]$ 上也可积，且

$$\int_a^b f(x)\,\mathrm{d}x = \int_a^b g(x)\,\mathrm{d}x.$$

证明：设 $f(x)$ 与 $g(x)$ 在 $[a,b]$ 上除 k 个点外彼此相等. 由于 $f(x)$ 在 $[a,b]$ 上可积，对于 $\forall\, \varepsilon>0$，存在 $\delta>0$（不妨设 $\delta<\varepsilon$），只要 $\lambda(T)<\delta$，就有

$$\left| \sum_{i=1}^n f(\xi_i)\Delta x_i - \int_a^b f(x)\,\mathrm{d}x \right| < \varepsilon.$$

于是

$$\left| \sum_{i=1}^n g(\xi_i)\Delta x_i - \int_a^b f(x)\,\mathrm{d}x \right|$$

$$\leqslant \left| \sum_{i=1}^n g(\xi_i)\Delta x_i - \sum_{i=1}^n f(\xi_i)\Delta x_i \right| + \left| \sum_{i=1}^n f(\xi_i)\Delta x_i - \int_a^b f(x)\,\mathrm{d}x \right|$$

$$\leqslant k \cdot C\lambda(T) + \varepsilon$$

$$\leqslant (kC+1)\varepsilon,$$

其中 $C = \max\limits_{x\in[a,b]}\{|f(x)-g(x)|\}$. 因此函数 $g(x)$ 在 $[a,b]$ 上也可积，并且积分值等于 $f(x)$ 的积分值.

下面考虑绝对值函数的可积性.

性质 6.3.6 设函数 $f(x)$ 在 $[a,b]$ 上可积，则绝对值函数 $|f(x)|$ 在 $[a,b]$ 上可积，并且有

$$\left| \int_a^b f(x)\,\mathrm{d}x \right| \leqslant \int_a^b |f(x)|\,\mathrm{d}x.$$

证明：任给 $\varepsilon>0$. 由于 $f(x)$ 在 $[a,b]$ 上可积，存在 $[a,b]$ 的分割 T，使得

$$\sum_{i=1}^{n} \omega_i \Delta x_i < \varepsilon,$$

其中 ω_i 为 $f(x)$ 在 $[x_{i-1}, x_i]$ $(i=1, 2, \cdots, n)$ 上的振幅. 记 ω_i^* 为 $|f(x)|$ 在 $[x_{i-1}, x_i]$ 上的振幅. 由于当 x', $x'' \in [x_{i-1}, x_i]$ 时, 有

$$||f(x')| - |f(x'')|| \leqslant |f(x') - f(x'')|,$$

因此有 $\omega_i^* \leqslant \omega_i$. 从而有 $\sum_{i=1}^{n} \omega_i^* \Delta x_i < \varepsilon$. 所以 $|f(x)|$ 在 $[a, b]$ 上可积.

对 $[a, b]$ 的分割 T 及 $[x_{i-1}, x_i]$ $(i=1, 2, \cdots, n)$ 上点的 ξ_i, 总有

$$\left| \sum_{i=1}^{n} f(\xi_i) \Delta x_i \right| \leqslant \sum_{i=1}^{n} |f(\xi_i)| \Delta x_i.$$

当 $\lambda(T) \to 0$ 时, 有 $\left| \int_a^b f(x) \, dx \right| \leqslant \int_a^b |f(x)| \, dx$.

上述命题的逆命题一般来说不成立. 存在函数 $f(x)$, 绝对值函数 $|f(x)|$ 可积, 而本身 $f(x)$ 不可积. 例如:

$$f(x) = \begin{cases} 1, & x \in \mathbf{Q}, \\ -1, & x \notin \mathbf{Q} \end{cases}$$

在 $[0, 1]$ 上不可积, 而 $|f(x)| = 1$ 在 $[0, 1]$ 上可积.

例 6.3.1　设函数 $f(x)$ 在 $[0, 1]$ 上可导, 且 $|f'(x)| \leqslant M$. 将区间 $[0, 1]$ 等分为 n 段, 分点为 $x_k = \dfrac{k}{n}$, 小区间长度为 $\Delta x_k = \dfrac{1}{n}$.

证明:

$$\left| \int_0^1 f(x) \, dx - \sum_{k=1}^{n} f(x_k) \Delta x_k \right| \leqslant \frac{M}{2n}.$$

证明: 记

$$I_n = \sum_{k=1}^{n} \int_{x_{k-1}}^{x_k} f(x) \, dx - \sum_{k=1}^{n} f(x_h) \Delta x_k = \sum_{k=1}^{n} \int_{x_{k-1}}^{x_k} (f(x) - f(x_k)) \, dx.$$

由积分的绝对值不等式, 得

$$|I_n| \leqslant \sum_{k=1}^{n} \int_{x_{k-1}}^{x_k} |f(x) - f(x_k)| \, dx.$$

应用拉格朗日中值定理, 存在 $\xi_k \in (x, x_k)$, 使得

$$f(x) - f(x_k) = f'(\xi_k)(x_k - x),$$

从而

$$|I_n| \leqslant \sum_{k=1}^{n} \int_{x_{k-1}}^{x_k} |f'(\xi_k)(x_k - x)| \, dx$$

$$\leqslant \sum_{k=1}^{n} \int_{x_{k-1}}^{x_k} M(x_k - x) \, dx$$

$$= M \sum_{k=1}^{n} \left[\frac{k}{n^2} - \frac{1}{2} \left(\frac{k^2}{n^2} - \frac{(k-1)^2}{n^2} \right) \right] = \frac{M}{2n}.$$

下面继续讨论黎曼积分的性质.

性质 6.3.7　设函数 $f(x)$，$g(x)$ 在 $[a,b]$ 上可积，则 $f(x)g(x)$ 在 $[a,b]$ 上也可积.

证明：首先 $f(x)$ 与 $g(x)$ 是有界函数. 设当 $x \in [a,b]$ 时，有 $|f(x)| \leqslant M$，$|g(x)| \leqslant M$. 任给 x'，$x'' \in [x_{i-1}, x_i]$，有

$$|f(x'')g(x'') - f(x')g(x')|$$
$$\leqslant |f(x'')g(x'') - f(x'')g(x')| + |f(x'')g(x') - f(x')g(x')|$$
$$\leqslant |f(x'')| \cdot |g(x'') - g(x')| + |g(x')| \cdot |f(x'') - f(x')|.$$

所以对于任一分割 T，总有 $\omega_i(fg) \leqslant M[\omega_i(f) + \omega_i(g)]$，$i = 1$，$2$，$\cdots$，$n$. 因此，

$$\sum_{i=1}^{n} \omega_i(f \cdot g) \Delta x_i \leqslant M \left[\sum_{i=1}^{n} \omega_i(f) \Delta x_i + \sum_{i=1}^{n} \omega_i(g) \Delta x_i \right].$$

由于 $f(x)$，$g(x)$ 在 $[a,b]$ 上可积，所以当分割越来越细时，

$$\lim_{\lambda(T) \to 0} \sum_{i=1}^{n} \omega_i(f) \Delta x_i = 0, \qquad \lim_{\lambda(T) \to 0} \sum_{i=1}^{n} \omega_i(g) \Delta x_i = 0.$$

因此 $\lim\limits_{\lambda(T) \to 0} \sum\limits_{i=1}^{n} \omega_i(fg) \Delta x_i = 0$. 所以 $f(x)g(x)$ 在 $[a,b]$ 上也可积.

一般地，两个可积函数复合不一定可积. 例如，取 $g(x)$ 是 $[0,1]$ 区间上的黎曼函数，而取

$$f(x) = \begin{cases} 1, & x \neq 0, \\ 0, & x = 0, \end{cases}$$

则 $f(g(x))$ 为 $[0,1]$ 上的狄利克雷函数. 因此 $f(g(x))$ 不可积. 但当 $f(x)$ 为闭区间上的连续函数，$g(x)$ 为 $[a,b]$ 上的可积函数，则复合函数 $f(g(x))$ 在 $[a,b]$ 上可积（见本节习题第 8 题）.

例 6.3.2　（积分形式的詹森不等式）　设 $f(x)$ 是 $[a,b]$ 上的可积函数，$\varphi(x)$ 是 $\mathbf{R}$ 上的凸函数，则

$$\varphi\left(\frac{1}{b-a} \int_a^b f(x) \, \mathrm{d}x \right) \leqslant \frac{1}{b-a} \int_a^b \varphi(f(x)) \, \mathrm{d}x.$$

证明：由函数 $f(x)$ 在 $[a,b]$ 上可积的定义，设 T 为 $[a,b]$ 上的分割，任取 $\xi_i \in [x_{i-1}, x_i]$，则

$$\int_a^b f(x) \, \mathrm{d}x = \lim_{\lambda(T) \to 0} \sum_{i=1}^{n} f(\xi_i) \Delta x_i = (b-a) \lim_{\lambda(T) \to 0} \sum_{i=1}^{n} f(\xi_i) \frac{\Delta x_i}{b-a}.$$

注意到 $\sum\limits_{i=1}^{n} \dfrac{\Delta x_i}{b-a} = 1$. 由离散形式的詹森不等式，有

$$\varphi\left(\sum_{i=1}^{n} f(\xi_i)\frac{\Delta x_i}{b-a}\right) \leqslant \sum_{i=1}^{n} \varphi(f(\xi_i))\frac{\Delta x_i}{b-a}.$$

令 $\lambda(T)\to 0$，两边取极限，由于开区间上的凸函数总是连续的，所以

$$\varphi\left(\lim_{\lambda(T)\to 0}\sum_{i=1}^{n} f(\xi_i)\frac{\Delta x_i}{b-a}\right) \leqslant \lim_{\lambda(T)\to 0}\sum_{i=1}^{n} \varphi(f(\xi_i))\frac{\Delta x_i}{b-a}.$$

即

$$\varphi\left(\frac{1}{b-a}\int_a^b f(x)\,\mathrm{d}x\right) \leqslant \frac{1}{b-a}\int_a^b \varphi(f(x))\,\mathrm{d}x.$$

注 类似地，利用离散形式的柯西-施瓦茨不等式可以得到以下积分形式的柯西-施瓦茨不等式：

$$\int_a^b |f(x)g(x)|\,\mathrm{d}x \leqslant \left(\int_a^b f^2(x)\,\mathrm{d}x\right)^{\frac{1}{2}}\left(\int_a^b g^2(x)\,\mathrm{d}x\right)^{\frac{1}{2}}.$$

其中 $f(x)$，$g(x)$ 为 $[a,b]$ 上的可积函数.

习题 6.3

1. 设 $f(x)$ 在 $[a,b]$ 上连续，$f(x)\geqslant 0$，且不恒为零，证明 $\int_a^b f(x)\,\mathrm{d}x > 0$.

2. 设 $f(x)$ 和 $g(x)$ 在 $[a,b]$ 上连续，$f(x)\geqslant g(x)$，且 $\int_a^b f(x)\,\mathrm{d}x = \int_a^b g(x)\,\mathrm{d}x$，证明在 $[a,b]$ 上 $f(x)\equiv g(x)$.

3. 设 $f(x)$，$g(x)$ 在 $[a,b]$ 上可积，证明 $\max\{f(x),g(x)\}$ 及 $\min\{f(x),g(x)\}$ 在 $[a,b]$ 上也可积.

4. 证明下列不等式：

(1) $\dfrac{\pi}{2} < \displaystyle\int_0^{\frac{\pi}{2}} \dfrac{\mathrm{d}x}{\sqrt{1-\dfrac{1}{2}\sin^2 x}} < \dfrac{\pi}{\sqrt{2}}$；

(2) $1 < \displaystyle\int_0^1 \mathrm{e}^{x^2}\,\mathrm{d}x < \mathrm{e}$；　(3) $1 < \displaystyle\int_0^1 \dfrac{\sin x}{x}\,\mathrm{d}x < \dfrac{\pi}{2}$；

(4) $3\sqrt{\mathrm{e}} < \displaystyle\int_e^{4e} \dfrac{\ln x}{\sqrt{x}}\,\mathrm{d}x < 6$.

5. 设非负函数 $f(x)$ 在 $[a,b]$ 上连续，$M = \sup\limits_{a\leqslant x\leqslant b} f(x)$，则

$$\lim_{n\to\infty}\left(\int_a^b f^n(x)\,\mathrm{d}x\right)^{\frac{1}{n}} = M.$$

6. 设函数 $f(x)$，$g(x)$ 在 $[a,b]$ 上可积. 记 T 为 $[a,b]$ 的分割，任取 ξ_i，$\eta_i \in [x_{i-1},x_i]$，$i = 1,2,\cdots,n$. 证明：

$$\lim_{\lambda\to 0}\sum_{i=1}^{n} f(\xi_i)g(\eta_i)\Delta x_i = \int_a^b f(x)g(x)\,\mathrm{d}x.$$

7. 设有 $[0,1]$ 中的 n 个闭子区间，且 $[0,1]$ 中的每个点 x 至少属于这些区间中的 q 个. 证明：这些区间中至少有一个区间长度不小于 $\dfrac{q}{n}$.

8. 设函数 $g(x)$ 在 $[a,b]$ 上可积，$f(x)$ 在包含 $g(x)$ 的值域的闭区间上连续，证明复合函数 $f(g(x))$ 在 $[a,b]$ 上可积.

6.4　变上限积分与积分中值定理

这一节介绍变上限积分与积分中值定理. 我们考虑积分问题的时候，经常会碰上一些难以处理的积分，这时积分中值定理

是一个有用的工具. 这里我们分别给出积分第一中值定理和第二中值定理.

6.4.1 变上限积分

设 $f(t)$ 为 $[a,b]$ 上的可积函数, 则对于 $\forall x \in [a,b]$, 函数 $f(t)$ 在 $[a,x]$ 上可积. 于是

$$F(x) = \int_a^x f(t)\,dt,$$

定义了 $[a,b]$ 上的一个函数. 称 $F(x)$ 为 $f(t)$ 的一个变上限积分. 类似地可以定义变下限积分.

对一个变速直线运动, 速度函数 $v(t)$ 的变上限积分 $s(t) = \int_a^t v(t)\,dt$ 给出了位移函数, 而速度函数是位移函数的导函数. 由此我们猜想变上限积分给出了被积函数的原函数. 下面我们来研究变上限积分与被积函数的关系.

定理 6.4.1 设 $f(x)$ 在 $[a,b]$ 上可积, 则 $F(x) = \int_a^x f(t)\,dt$ 是 $[a,b]$ 上的连续函数.

证明: 首先 $f(x)$ 有界, 设 $|f(x)| \leq M$. 任取 $x_0 \in (a,b)$. 由于

$$F(x) - F(x_0) = \int_a^x f(t)\,dt - \int_a^{x_0} f(t)\,dt = \int_{x_0}^x f(t)\,dt,$$

得到

$$|F(x) - F(x_0)| \leq M|x - x_0|.$$

所以 $F(x)$ 在 $x_0 \in (a,b)$ 处连续. 类似可证 $F(x)$ 在端点处的单侧连续性. 从而 $F(x)$ 是 $[a,b]$ 上的连续函数.

进一步有以下定理.

定理 6.4.2 设 $f(x)$ 在 $[a,b]$ 上可积, 在 $x_0 \in (a,b)$ 上连续. 则 $F(x) = \int_a^x f(t)\,dt$ 在 x_0 处可导, 并且有 $F'(x_0) = f(x_0)$.

证明: 由 $f(x)$ 在 x_0 连续, 对 $\forall \varepsilon > 0$, $\exists \delta > 0$, 当 $|x - x_0| < \delta$ 时, 有

$$|f(x) - f(x_0)| < \varepsilon.$$

由于

$$\left| \frac{F(x) - F(x_0)}{x - x_0} - f(x_0) \right| = \left| \frac{\int_a^x f(t)\,dt - \int_a^{x_0} f(t)\,dt}{x - x_0} - \frac{\int_{x_0}^x f(x_0)\,dt}{x - x_0} \right|$$

$$= \left| \frac{\displaystyle\int_{x_0}^{x} [f(t)-f(x_0)]\,\mathrm{d}t}{x-x_0} \right|$$

$$\leqslant \frac{\displaystyle\int_{x_0}^{x} |f(t)-f(x_0)|\,\mathrm{d}t}{|x-x_0|} < \varepsilon.$$

所以

$$F'(x_0) = \lim_{x\to x_0} \frac{F(x)-F(x_0)}{x-x_0} = f(x_0).$$

注　(1) 特别地，如果 $f(x)$ 在 $[a,b]$ 上连续，则 $F(x)=\displaystyle\int_a^x f(t)\,\mathrm{d}t$ 在 (a,b) 内可导，且 $F'(x)=f(x)$.

(2) 由复合函数求导的链式法则，我们有以下求导公式：

$$\frac{\mathrm{d}}{\mathrm{d}x}\int_a^{\beta(x)} f(t)\,\mathrm{d}t = f(\beta(x))\beta'(x).$$

更一般地，

$$\frac{\mathrm{d}}{\mathrm{d}x}\int_{\alpha(x)}^{\beta(x)} f(t)\,\mathrm{d}t = f(\beta(x))\beta'(x) - f(\alpha(x))\alpha'(x).$$

上述定理告诉我们，连续函数总存在原函数，且变上限积分给出了它的一个原函数. 因此若 $f(x)$ 在 $[a,b]$ 上连续，则上述定理直接给出了牛顿-莱布尼茨公式. 事实上，设 $F(x)$ 是 $f(x)$ 的任一原函数，则 $F(x)$ 与 $\displaystyle\int_a^x f(t)\,\mathrm{d}t$ 同为 $f(x)$ 的原函数，因此存在常数 C，使得 $F(x)=\displaystyle\int_a^x f(t)\,\mathrm{d}t+C$. 由于 $F(a)=C$，所以

$$\int_a^b f(t)\,\mathrm{d}t = F(b)-F(a).$$

例 6.4.1　求极限 $\displaystyle\lim_{x\to 0}\frac{\displaystyle\int_{x^2}^{x}\cos t^2\,\mathrm{d}t}{x}$.

解：由洛必达法则及变上限积分求导，得

$$\lim_{x\to 0}\frac{\displaystyle\int_{x^2}^{x}\cos t^2\,\mathrm{d}t}{x} = \lim_{x\to 0}\frac{\cos x^2 - 2x\cos x^4}{1} = 1.$$

6.4.2　积分第一中值定理

定理 6.4.3　（积分第一中值定理）　设函数 $f(x)$ 在 $[a,b]$ 上连续，函数 $g(x)$ 在 $[a,b]$ 上可积且不变号，则存在 $\xi\in[a,b]$，使得

$$\int_a^b f(x)g(x)\,\mathrm{d}x = f(\xi)\int_a^b g(x)\,\mathrm{d}x.$$

证明：不妨设 $g(x) \geqslant 0$. 令 m，M 分别是 $f(x)$ 在 $[a,b]$ 上的最小值和最大值，则

$$m\int_a^b g(x)\,\mathrm{d}x \leqslant \int_a^b f(x)g(x)\,\mathrm{d}x \leqslant M\int_a^b g(x)\,\mathrm{d}x.$$

若 $\int_a^b g(x)\,\mathrm{d}x = 0$，由上式得 $\int_a^b f(x)g(x)\,\mathrm{d}x = 0$，此时任取 $\xi \in [a,b]$ 即得上述等式.

若 $\int_a^b g(x)\,\mathrm{d}x \neq 0$，则 $\dfrac{\displaystyle\int_a^b f(x)g(x)\,\mathrm{d}x}{\displaystyle\int_a^b g(x)\,\mathrm{d}x}$ 为介于 m，M 之间的一个

值. 由连续函数的中间值定理，存在 $\xi \in [a,b]$，使得

$$f(\xi) = \frac{\displaystyle\int_a^b f(x)g(x)\,\mathrm{d}x}{\displaystyle\int_a^b g(x)\,\mathrm{d}x}.$$

即得所证等式.

在积分第一中值定理中，取 $g(x) \equiv 1$，则有以下简单形式的积分中值定理.

> **推论 （积分中值定理）** 设函数 $f(x)$ 为 $[a,b]$ 上的连续函数，则存在 $\xi \in [a,b]$，使得
>
> $$\int_a^b f(x)\,\mathrm{d}x = f(\xi)(b-a).$$

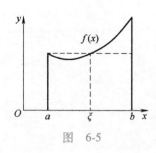

图 6-5

推论中的 $\xi \in [a,b]$ 可以改进为 $\xi \in (a,b)$，证明不再给出. 我们称 $\dfrac{1}{b-a}\int_a^b f(x)\,\mathrm{d}x$ 为函数 $f(x)$ 在 $[a,b]$ 上的积分平均值. 积分中值定理告诉我们，当被积函数连续时，积分平均值总能在某个点处取到. 当 $f(x) > 0$ 时，函数 $f(x)$ 在 $[a,b]$ 上的积分平均值可以看作曲边梯形的平均高（见图 6-5）.

例 6.4.2 设函数 $f(x)$ 在 $[a,b]$ 上单调增加，且连续. 证明

$$\int_a^b xf(x)\,\mathrm{d}x \geqslant \frac{a+b}{2}\int_a^b f(x)\,\mathrm{d}x.$$

证明：构造函数

$$F(t) = \int_a^t xf(x)\,\mathrm{d}x - \frac{a+t}{2}\int_a^t f(x)\,\mathrm{d}x, \quad t \in [a,b].$$

由于被积函数 $f(x)$ 连续,所以函数 $F(t)$ 在 (a,b) 内可导,且有

$$F'(t) = tf(t) - \left(\frac{1}{2}\int_a^t f(x)\,\mathrm{d}x + \frac{a+t}{2}f(t)\right)$$

$$= \frac{t-a}{2}f(t) - \frac{1}{2}\int_a^t f(x)\,\mathrm{d}x.$$

由积分中值定理,存在 $\xi \in [a,t]$,使得 $\int_a^t f(x)\,\mathrm{d}x = f(\xi)(t-a)$.
所以

$$F'(t) = \frac{t-a}{2}(f(t) - f(\xi)) \geqslant 0.$$

于是函数 $F(t)$ 在 $[a,b]$ 上单调增加,从而 $F(b) \geqslant F(a) = 0$,即证所求不等式.

6.4.3 积分第二中值定理

定理 6.4.4 (积分第二中值定理) 设函数 $f(x)$ 在 $[a,b]$ 上单调,函数 $g(x)$ 在 $[a,b]$ 上可积,则存在 $\xi \in [a,b]$,使得

$$\int_a^b f(x)g(x)\,\mathrm{d}x = f(a)\int_a^\xi g(x)\,\mathrm{d}x + f(b)\int_\xi^b g(x)\,\mathrm{d}x.$$

证明:不妨设函数 $f(x)$ 单调减少,若 $f(x)$ 单调增加,考虑 $-f(x)$ 即可. 先考虑 $f(x) \geqslant 0$ 的情形,最后再考虑一般的情形.

给定 $[a,b]$ 的一个分割 T: $a = x_0 < x_1 < \cdots < x_n = b$,则

$$\int_a^b f(x)g(x)\,\mathrm{d}x = \sum_{i=1}^n \int_{x_{i-1}}^{x_i} f(x)g(x)\,\mathrm{d}x$$

$$= \sum_{i=1}^n \int_{x_{i-1}}^{x_i} [f(x) - f(x_i)]g(x)\,\mathrm{d}x + \sum_{i=1}^n f(x_i)\int_{x_{i-1}}^{x_i} g(x)\,\mathrm{d}x.$$

函数 $g(x)$ 可积,从而有界,设 $|g(x)| \leqslant M_1$. 上式第一项满足

$$\sum_{i=1}^n \int_{x_{i-1}}^{x_i} [f(x) - f(x_i)]g(x)\,\mathrm{d}x \leqslant M_1 \sum_{i=1}^n \omega_i(f)\Delta x_i,$$

其中 $\omega_i(f)$ 为 $f(x)$ 在小区间 $[x_{i-1}, x_i]$ 上的振幅. 由于 $f(x)$ 单调,所以可积,从而当分割越来越细时,$\sum_{i=1}^n \omega_i(f)\Delta x_i$ 趋于 0,即

$$\lim_{\lambda(T) \to 0} \sum_{i=1}^n \int_{x_{i-1}}^{x_i} [f(x) - f(x_i)]g(x)\,\mathrm{d}x = 0.$$

于是有

$$\int_a^b f(x)g(x)\,\mathrm{d}x = \lim_{\lambda(T) \to 0} \sum_{i=1}^n f(x_i)\int_{x_{i-1}}^{x_i} g(x)\,\mathrm{d}x.$$

设 $h(x) = \int_a^x g(t)\,\mathrm{d}t$,则

$$\sum_{i=1}^{n} f(x_i) \int_{x_{i-1}}^{x_i} g(x) \, dx$$

$$= \sum_{i=1}^{n} f(x_i) \left[h(x_i) - h(x_{i-1}) \right]$$

$$= \sum_{i=1}^{n} \left[f(x_{i-1}) - f(x_i) \right] h(x_{i-1}) + f(b) h(b) \quad (阿贝尔变换).$$

由于 $f(x)$ 单调减少, 所以 $f(x_{i-1}) - f(x_i) \geqslant 0$. 又 $f(b) \geqslant 0$, 所以

$$mf(a) \leqslant \sum_{i=1}^{n} \left[f(x_{i-1}) - f(x_i) \right] h(x_i) + f(b) h(b) \leqslant Mf(a),$$

其中 m, M 分别为 $h(x)$ 在 $[a, b]$ 上的最小值和最大值. 取极限, 得到

$$mf(a) \leqslant \int_a^b f(x) g(x) \, dx \leqslant Mf(a).$$

由 $h(x)$ 的连续性, $\exists \xi \in [a, b]$, 使得 $\int_a^b f(x) g(x) \, dx = h(\xi) f(a)$, 即

$$\int_a^b f(x) g(x) \, dx = f(a) \int_a^\xi g(x) \, dx.$$

最后, 考虑一般的情形, 即只假定 $f(x)$ 单调减少. 此时考虑函数 $f(x) - f(b)$, 函数 $f(x) - f(b)$ 单调减少, 且 $f(x) - f(b) \geqslant 0$. 由以上证明, 存在 $\xi \in [a, b]$, 使得

$$\int_a^b (f(x) - f(b)) g(x) \, dx = (f(a) - f(b)) \int_a^\xi g(x) \, dx.$$

整理即得

$$\int_a^b f(x) g(x) \, dx = f(a) \int_a^\xi g(x) \, dx + f(b) \int_\xi^b g(x) \, dx.$$

注 从上述证明可以看出, 若函数 $f(x)$ 在 $[a, b]$ 上单调减少, 且 $f(x) \geqslant 0$, 则存在 $\xi \in [a, b]$, 使得

$$\int_a^b f(x) g(x) \, dx = f(a) \int_a^\xi g(x) \, dx.$$

类似地, 若函数 $f(x)$ 在 $[a, b]$ 上单调增加, 且 $f(x) \geqslant 0$, 则存在 $\xi \in [a, b]$, 使得

$$\int_a^b f(x) g(x) \, dx = f(b) \int_\xi^b g(x) \, dx.$$

例 6.4.3 设函数 $f(x)$ 在 $[a, b]$ 单调增加, 证明:

$$\int_a^b x f(x) \, dx \geqslant \frac{a+b}{2} \int_a^b f(x) \, dx.$$

证明: 等价地, 只需证明

$$\int_a^b f(x)\left(x-\frac{a+b}{2}\right)dx \geqslant 0.$$

由于函数 $f(x)$ 在 $[a,b]$ 上单调，应用积分第二中值定理，存在 $\xi \in [a,b]$，使得

$$\int_a^b f(x)\left(x-\frac{a+b}{2}\right)dx$$

$$=f(a)\int_a^{\xi}\left(x-\frac{a+b}{2}\right)dx+f(b)\int_{\xi}^b\left(x-\frac{a+b}{2}\right)dx$$

$$=(f(b)-f(a))\frac{(b-\xi)(\xi-a)}{2}.$$

由 $f(x)$ 在 $[a,b]$ 上单调增加，得 $\int_a^b f(x)\left(x-\frac{a+b}{2}\right)dx \geqslant 0.$

习题 6.4

1. 求下列函数的导数：

(1) $f(x)=\int_0^x\dfrac{1-t+t^2}{1+t+t^2}dt$；

(2) $f(x)=\int_2^{e^x}\dfrac{\ln t}{t}dt$；

(3) $f(x)=\int_{x^2}^1\dfrac{\sin\sqrt{u}}{u}du\,(x>0)$；

(4) $f(x)=\int_{\sqrt{x}}^{\sqrt[3]{x}}\ln(1+t^6)dt$.

2. 设 $\begin{cases}x=\displaystyle\int_1^t u\ln u\,du,\\[2mm] y=\displaystyle\int_t^1 u^2\ln u\,du\end{cases}(t>0)$，求 $\dfrac{dy}{dx}$.

3. 设 $\displaystyle\int_0^y e^t dt+3\int_0^x\cos t\,dt=0$，求 $\dfrac{dy}{dx}$.

4. 求下列极限：

(1) $\lim\limits_{x\to\infty}\dfrac{\displaystyle\int_0^x e^{t^3}dt}{e^{x^2}}$；

(2) $\lim\limits_{x\to0}\dfrac{\displaystyle\int_0^{\sin x}\sqrt{\tan t}\,dt}{\displaystyle\int_0^{\tan x}\sqrt{\sin t}\,dt}$；

(3) $\lim\limits_{x\to0}\dfrac{\left(\displaystyle\int_0^x e^{t^2}dt\right)^2}{\displaystyle\int_0^x t e^{2t^2}dt}$；

(4) $\lim\limits_{x\to0^+}\dfrac{\displaystyle\int_0^{x^2}t^{\frac{3}{2}}dt}{\displaystyle\int_0^x t(t-\sin t)dt}$.

5. 设 $f(x)=\begin{cases}x^2, & 0\leqslant x<1,\\ 1+x, & 1\leqslant x\leqslant2,\end{cases}$ 求 $\int_0^x f(t)dt$ 的表达式.

6. 设 $f(x)=\displaystyle\int_0^{g(x)}\dfrac{1}{\sqrt{1+t^3}}dt$，其中 $g(x)=\displaystyle\int_0^{\cos x}(1+\sin t^2)dt$，求 $f'\left(\dfrac{\pi}{2}\right)$.

7. 设 $f(x)$ 在 $[a,b]$ 上连续，在 (a,b) 内可导，且 $f'(x)\leqslant0$. 设

$$F(x)=\frac{1}{x-a}\int_a^x f(t)dt$$

证明在 (a,b) 内有 $F'(x)\leqslant0$.

8. 证明以下不等式：

(1) $\dfrac{1}{\sqrt{2}(1+\alpha)}\leqslant\displaystyle\int_0^1\dfrac{x^{\alpha}}{\sqrt{1+x}}dx\leqslant\dfrac{1}{(1+\alpha)}\quad(\alpha>0)$；

(2) $0\leqslant\displaystyle\int_0^{2\pi}\dfrac{\sin x}{4\pi^2+x^2}dx\leqslant\dfrac{1}{8}$.

9. 证明当 $x\in\left(0,\dfrac{\pi}{2}\right)$，

$$\int_0^{\sin^2 x}\arcsin\sqrt{t}\,dt+\int_0^{\cos^2 x}\arccos\sqrt{t}\,dt=\frac{\pi}{4}.$$

10. 设 $f(x)$ 在 $[a,b]$ 上连续，且 $f(x)>0$，设

$$F(x)=\int_a^x f(t)dt+\int_b^x\frac{1}{f(t)}dt,\quad x\in[a,b].$$

证明：

(1) $F'(x)\geqslant2$；

(2) 方程 $F(x)=0$ 在区间 (a,b) 内有且仅有一个根.

11. 设 $f(x)$ 在 $(-\infty,+\infty)$ 上连续，证明：

$$\lim_{h\to 0}\int_a^b \frac{f(x+h)-f(x)}{h}dx = f(b)-f(a).$$

12. 设 $f(x)$ 在 $[a,b]$ 上连续，$g(x)$ 在 $[a,b]$ 上连续且不变号，证明存在 $\xi\in(a,b)$，使得

$$\int_a^b f(x)g(x)dx = f(\xi)\int_a^b g(x)dx.$$

13. 证明对 $\forall x>0$，存在唯一的 $\xi>0$ 使得 $\int_0^x e^{t^2}dt = xe^{\xi^2}$ 成立，并求 $\lim_{x\to +\infty}\dfrac{\xi}{x}$.

14. 设 $f(x)$ 是 $[0,1]$ 上的连续函数，$0\leqslant f(x)\leqslant x$. 证明：

$$\int_0^1 x^2 f(x)dx \geqslant \left(\int_0^1 f(x)dx\right)^2.$$

6.5　原函数的计算

由牛顿-莱布尼茨公式，黎曼积分的计算转化为了求被积函数的原函数. 接下来我们讨论求原函数的方法，即不定积分的计算.

6.5.1　不定积分的概念

定义 6.5.1　设函数 $f(x)$ 定义在 (a,b) 上，若存在函数 $F(x)$，使得

$$F'(x)=f(x),\qquad \forall x\in(a,b),$$

则称 $F(x)$ 是 $f(x)$ 的一个原函数.

如果 $F(x)$ 是 $f(x)$ 的一个原函数，则对任意的常数 C，函数 $F(x)+C$ 也是 $f(x)$ 的一个原函数. 反之，若 $F(x)$ 和 $G(x)$ 是 $f(x)$ 的两个原函数，它们之间只能相差一个常数. 所以函数族 $F(x)+C$ 给出了 $f(x)$ 的所有原函数.

当被积函数为连续函数时，变上限积分给出了被积函数的一个原函数，因此函数 $f(x)$ 的全体原函数可以表示为

$$\int_a^x f(t)dt + C.$$

为方便起见，下面引入不定积分的记号.

定义 6.5.2　函数 $f(x)$ 的全体原函数称为 $f(x)$ 的**不定积分**，记为

$$\int f(x)dx.$$

即若 $F(x)$ 是 $f(x)$ 的一个原函数，则 $\int f(x)dx = F(x)+C$，其中 C 为任意常数.

对应于求导运算的线性性质，不定积分也满足线性性质：

性质 6.5.1　设 $f(x)$，$g(x)$ 有原函数，α，$\beta \in \mathbf{R}$，则 $\alpha f(x) + \beta g(x)$ 也有原函数，且

$$\int [\alpha f(x) + \beta g(x)] \,\mathrm{d}x = \alpha \int f(x) \,\mathrm{d}x + \beta \int g(x) \,\mathrm{d}x.$$

例 6.5.1　求不定积分 $\int (3x^2 + 4\mathrm{e}^x + 5\cos x) \,\mathrm{d}x$.

解：由线性性质，得

$$\int (3x^2 + 4\mathrm{e}^x + 5\cos x) \,\mathrm{d}x = \int 3x^2 \,\mathrm{d}x + \int 4\mathrm{e}^x \,\mathrm{d}x + \int 5\cos x \,\mathrm{d}x$$
$$= x^3 + 4\mathrm{e}^x + 5\sin x + C.$$

在允许相差一个常数的意义下，求不定积分可以看作是求导运算的逆运算，由求导表可得以下积分表.

$$\int k \,\mathrm{d}x = kx + C, \qquad\qquad \int \frac{\mathrm{d}x}{\sqrt{x}} = 2\sqrt{x} + C,$$

$$\int x^\alpha \,\mathrm{d}x = \frac{x^{\alpha+1}}{\alpha+1} + C \,(\alpha \neq -1), \qquad \int \sec^2 x \,\mathrm{d}x = \tan x + C,$$

$$\int \frac{\mathrm{d}x}{x} = \ln |x| + C, \qquad\qquad \int \csc^2 x \,\mathrm{d}x = -\cot x + C,$$

$$\int \mathrm{e}^x \,\mathrm{d}x = \mathrm{e}^x + C, \qquad\qquad \int \frac{\mathrm{d}x}{1+x^2} = \arctan x + C,$$

$$\int a^x \,\mathrm{d}x = \frac{a^x}{\ln a} + C, \qquad\qquad \int \frac{\mathrm{d}x}{\sqrt{1-x^2}} = \arcsin x + C,$$

$$\int \cos x \,\mathrm{d}x = \sin x + C, \qquad\qquad \int \sinh x \,\mathrm{d}x = \cosh x + C,$$

$$\int \sin x \,\mathrm{d}x = -\cos x + C, \qquad\qquad \int \cosh x \,\mathrm{d}x = \sinh x + C.$$

在计算不定积分的时候，有时候会发现不同的计算过程得到的结果形式不一样. 例如下面的例子：

$$\int \frac{1}{1+x^2} \,\mathrm{d}x = \arctan x + C,$$

$$\int \frac{1}{1+x^2} \,\mathrm{d}x = -\int \left(-\frac{1}{1+x^2} \right) \mathrm{d}x = -\mathrm{arccot}\,x + C.$$

两个不同的做法看起来得到了不同的结果，但实际上它们是一致的. 这是因为有恒等式 $\arctan x + \mathrm{arccot}\,x = \dfrac{\pi}{2}$.

6.5.2　第一换元法

下面讨论求原函数的方法，主要是换元法和分部积分法. 其

中换元法分为第一换元法和第二换元法，首先来介绍第一换元法.

> **定理 6.5.1** 如果 $\int f(u)\,\mathrm{d}u = F(u)+C$，则有
>
> $$\int f(u(x))u'(x)\,\mathrm{d}x = F(u(x))+C,$$
>
> 其中 $u=u(x)$ 是可导函数.

第一换元法需要将被积函数写成两个函数的乘积，前一个形如 $g(u(x))$，后一个形如 $u'(x)$. 而 $u'(x)\,\mathrm{d}x$ 可以写为微分的形式 $\mathrm{d}u(x)$，所以上述公式也写成以下形式

$$\int f(u(x))\,\mathrm{d}u(x) = F(u(x))+C.$$

因此第一换元法也称为凑微分法.

例 6.5.2 求 $\int \sin^2 x \cdot \cos^5 x\,\mathrm{d}x$.

解:

$$
\begin{aligned}
\int \sin^2 x \cdot \cos^5 x\,\mathrm{d}x &= \int \sin^2 x \cdot \cos^4 x\,\mathrm{d}(\sin x) \\
&= \int \sin^2 x \cdot (1-\sin^2 x)^2\,\mathrm{d}(\sin x) \\
&= \int (\sin^2 x - 2\sin^4 x + \sin^6 x)\,\mathrm{d}(\sin x) \\
&= \frac{1}{3}\sin^3 x - \frac{2}{5}\sin^5 x + \frac{1}{7}\sin^7 x + C.
\end{aligned}
$$

例 6.5.3 求 $\int \dfrac{\mathrm{d}x}{\sin x}$.

解法 1:

$$
\begin{aligned}
\int \frac{\mathrm{d}x}{\sin x} &= \int \frac{1}{2\sin\dfrac{x}{2}\cos\dfrac{x}{2}}\,\mathrm{d}x \\
&= \int \frac{1}{2\tan\dfrac{x}{2}\cos^2\dfrac{x}{2}}\,\mathrm{d}x \\
&= \int \frac{\mathrm{d}\tan\dfrac{x}{2}}{\tan\dfrac{x}{2}} = \int \frac{\mathrm{d}u}{u} \\
&= \int \ln|u| = \ln\left|\tan\frac{x}{2}\right| + C.
\end{aligned}
$$

解法 2:

$$\int \frac{\mathrm{d}x}{\sin x} = \int \frac{\sin x}{\sin^2 x} \mathrm{d}x = -\int \frac{\mathrm{d}\cos x}{1-\cos^2 x}$$

$$= -\int \frac{\mathrm{d}u}{1-u^2} = -\frac{1}{2} \int \left(\frac{1}{1-u} + \frac{1}{1+u} \right) \mathrm{d}u$$

$$= -\frac{1}{2} \ln \left| \frac{1+u}{1-u} \right| + C = -\frac{1}{2} \ln \left| \frac{1+\cos x}{1-\cos x} \right| + C$$

$$= -\frac{1}{2} \ln \left(\frac{(1+\cos x)^2}{1-\cos^2 x} \right) + C = -\ln \left| \frac{1+\cos x}{\sin x} \right| + C$$

$$= -\ln | \csc x + \cot x | + C.$$

例 6.5.4　求积分 $I_n = \int \tan^n x \mathrm{d}x$.

解:

$$I_n = \int \tan^{n-2} x (\sec^2 x - 1) \mathrm{d}x$$

$$= \int \tan^{n-2} x \mathrm{d}\tan x - \int \tan^{n-2} x \mathrm{d}x$$

$$= \frac{1}{n-1} \tan^{n-1} x - I_{n-2}.$$

这是一个递推公式. 利用这一公式，我们可以归纳地求出 I_n. 例如，

$$I_3 = \frac{1}{2} \tan^2 x - \int \tan x \mathrm{d}x = \frac{1}{2} \tan^2 x + \ln | \cos x | + C.$$

6.5.3　第二换元法

下面介绍第二换元法.

定理 6.5.2　设 $x = x(t)$ 为严格单调的可导函数. 如果

$$\int f(x(t)) x'(t) \mathrm{d}t = F(t) + C,$$

则有

$$\int f(x) \mathrm{d}x = F(t(x)) + C,$$

其中 $t = t(x)$ 为 $x = x(t)$ 的反函数.

证明: 由不定积分的定义，$F'(t) = f(x(t)) x'(t)$. 由反函数求导公式，

$$t'(x) = \frac{1}{x'(t(x))},$$

于是 $(F(t(x)))' = F'(t(x)) t'(x) = f(x) x'(t(x)) t'(x) = f(x)$,

所以

$$\int f(x)\,\mathrm{d}x = F(t(x)) + C.$$

在使用第二换元法计算不定积分的时候，通常是下面的过程：

$$\int f(x)\,\mathrm{d}x = \int f(x(t))\,\mathrm{d}x(t) = F(t) + C = F(t(x)) + C.$$

简单来说，第一换元法是将一个函数换成一个变量，而第二换元法是将一个变量换成一个函数. 第二换元法经常用来求含有根式的积分，将某个变量换成适当的三角函数.

例 6.5.5   求 $\int \sqrt{a^2 - x^2}\,\mathrm{d}x$ $(a>0)$.

解：令 $x = a\sin t$, $|t| \leqslant \dfrac{\pi}{2}$，则

$$\int \sqrt{a^2 - x^2}\,\mathrm{d}x = \int a^2 \cos^2 t\,\mathrm{d}t = \frac{a^2}{2}t + \frac{a^2}{4}\sin 2t + C$$

$$= \frac{a^2}{2}\arcsin \frac{x}{a} + \frac{1}{2}x\sqrt{a^2 - x^2} + C.$$

例 6.5.6   求 $\int \dfrac{1}{\sqrt{x^2 - a^2}}\,\mathrm{d}x$ $(a>0)$.

解：令 $x = a\sec t$, $t \in \left(0, \dfrac{\pi}{2}\right) \cup \left(\pi, \dfrac{3\pi}{2}\right)$，则

$$\int \frac{1}{\sqrt{x^2 - a^2}}\,\mathrm{d}x = \int \frac{a\sec t\tan t}{a\tan t}\,\mathrm{d}t = \int \frac{\mathrm{d}t}{\cos t} = \ln|\sec t + \tan t| + C$$

$$= \ln\left|\frac{x}{a} + \frac{\sqrt{x^2 - a^2}}{a}\right| + C = \ln|x + \sqrt{x^2 - a^2}| + C.$$

例 6.5.7   求 $\int \dfrac{1}{\sqrt{x^2 + a^2}}\,\mathrm{d}x$ $(a>0)$.

解：令 $x = a\sinh t$,

$$\int \frac{1}{\sqrt{x^2 + a^2}}\,\mathrm{d}x = t + C = \operatorname{arcsinh} \frac{x}{a} + C = \ln(x + \sqrt{x^2 + a^2}) + C.$$

例 6.5.8   求 $\int \dfrac{1}{\sqrt{x} + \sqrt[3]{x}}\,\mathrm{d}x$.

解：令 $\sqrt[6]{x} = t$, 则有

$$\int \frac{1}{\sqrt{x} + \sqrt[3]{x}}\,\mathrm{d}x = \int \frac{6t^5\,\mathrm{d}t}{t^3 + t^2} = 6\int \frac{t^3}{1+t}\,\mathrm{d}t$$

$$= 6\int \left[t^2 - t + 1 - \frac{1}{1+t}\right]\mathrm{d}t$$

$$= 2t^3 - 3t^2 + 6t - 6\ln|1+t| + C$$

$$= 2\sqrt{x} - 3\sqrt[3]{x} + 6\sqrt[6]{x} - 6\ln|1+\sqrt[6]{x}| + C.$$

6.5.4 分部积分法

对应于乘积函数的分部求导法则：

$$(u(x)v(x))' = u'(x)v(x) + u(x)v'(x),$$

不定积分有如下的分部积分法：

定理 6.5.3 设 $u(x)$，$v(x)$ 可导，若 $\int u'(x)v(x)\mathrm{d}x$ 存在，则

$$\int u(x)v'(x)\mathrm{d}x = u(x)v(x) - \int u'(x)v(x)\mathrm{d}x.$$

证明：由 $(uv)' = u'v + uv'$，我们有 $uv' = (uv)' - u'v$. 而该等式的右端两项的原函数都存在，故其左端项的原函数也存在，且有

$$\int uv'\mathrm{d}x = uv - \int u'v\mathrm{d}x.$$

分部积分公式也经常写成以下形式：$\int u\mathrm{d}v = uv - \int v\mathrm{d}u.$

例 6.5.9 求 $\int x^2 \mathrm{e}^x \mathrm{d}x$.

解：使用分部积分法，得

$$\int x^2 \mathrm{e}^x \mathrm{d}x = \int x^2 \mathrm{d}\mathrm{e}^x = x^2 \mathrm{e}^x - 2\int x\mathrm{e}^x \mathrm{d}x,$$

再次使用分部积分法，得

$$\int x^2 \mathrm{e}^x \mathrm{d}x = x^2 \mathrm{e}^x - 2\int x\mathrm{d}\mathrm{e}^x = x^2 \mathrm{e}^x - 2(x\mathrm{e}^x - \mathrm{e}^x) + C.$$

例 6.5.10 求 $\int \arctan x\,\mathrm{d}x$.

解：使用分部积分法，得

$$\int \arctan x\,\mathrm{d}x = x\arctan x - \int x\mathrm{d}(\arctan x) = x\arctan x - \int \frac{x\mathrm{d}x}{1+x^2}$$

$$= x\arctan x - \frac{1}{2}\ln(1+x^2) + C.$$

例 6.5.11 求 $I = \int \mathrm{e}^x \sin x\,\mathrm{d}x$.

解：利用分部积分公式，可得

$$I = \int \sin x\mathrm{d}(\mathrm{e}^x) = \mathrm{e}^x \sin x - \int \mathrm{e}^x \mathrm{d}(\sin x)$$

$$= \mathrm{e}^x \sin x - \int \mathrm{e}^x \cos x\,\mathrm{d}x$$

$$= e^x \sin x - \int \cos x d(e^x)$$

$$= e^x \sin x - \left(e^x \cos x + \int e^x \sin x dx \right)$$

$$= e^x \sin x - e^x \cos x - I.$$

所以 $I = \dfrac{e^x(\sin x - \cos x)}{2} + C.$

例 6.5.12　求 $I_n = \displaystyle\int \dfrac{dx}{(x^2 + a^2)^n}.$

解：由于

$$I_n = \frac{x}{(x^2 + a^2)^n} + 2n \int \frac{x^2}{(x^2 + a^2)^{n+1}} dx$$

$$= \frac{x}{(x^2 + a^2)^n} + 2n I_n - 2n a^2 I_{n+1},$$

所以

$$I_{n+1} = \frac{x}{2n a^2 (x^2 + a^2)^n} + \frac{2n-1}{2n a^2} I_n.$$

特别地，我们有

$$I_2 = \int \frac{dx}{(x^2 + a^2)^2} = \frac{x}{2a^2(x^2 + a^2)} + \frac{1}{2a^3} \arctan \frac{x}{a} + C.$$

需要指出的是，并非所有初等函数的原函数都是初等函数.
例如，以下常见的积分就已经证明不能表成初等函数：

$$\int e^{-x^2} dx, \qquad \int \frac{\sin x}{x} dx, \qquad \int \sin x^2 dx.$$

证明方法参考 Liouville(刘维尔)关于微分域的工作.

6.5.5　其他类型的积分

1. 有理函数的积分

设

$$R(x) = \frac{P(x)}{Q(x)}$$

为一个有理函数，即两个多项式的商，其中 $P(x)$，$Q(x)$ 为多项式.

有理函数分为真分式和假分式：真分式是指分子次数小于分母次数的有理函数；假分式是指分子次数大于或等于分母次数的有理函数. 通过多项式除法，一个假分式总可以写成一个多项式与一个真分式之和. 因此我们只需讨论真分式的积分即可.

对于实系数的多项式，不可分解多项式只有两种，即 $x - a$ 和

$x^2+px+q(p^2-4q<0)$. 将分母分解为不可分解多项式的乘积，根据分母的分解情况，一个真分式总可以写成以下部分分式之和(证明略去)：

$$\frac{A}{(x-\alpha)^m}(m\geqslant 1),\qquad \frac{Bx+C}{(x^2+\beta x+\gamma)^n}(n\geqslant 1).$$

根据前面所介绍的积分方法和相关例子，以上部分分式总可以求出原函数.

具体来说，给定一个真分式 $\dfrac{P(x)}{Q(x)}$，首先将分母 $Q(x)$ 做因式分解，得

$$Q(x)=a_0(x-\alpha_1)^{m_1}\cdots(x-\alpha_p)^{m_p}\cdot(x^2+\beta_1 x+\gamma_1)^{n_1}\cdots(x^2+\beta_q x+\gamma_q)^{n_q}.$$

然后将 $\dfrac{P(x)}{Q(x)}$ 拆成下列部分分式的求和：

$$\frac{A_{ik}}{(x-\alpha_i)^k}\quad(k=1,2,\cdots,m_i),\qquad \frac{B_{ik}x+C_{ik}}{(x^2+\beta_i x+\gamma_i)^k}\quad(k=1,2,\cdots,n_i).$$

即设

$$\begin{aligned}
\frac{P(x)}{Q(x)}=&\frac{A_{11}}{x-\alpha_1}+\frac{A_{12}}{(x-\alpha_1)^2}+\cdots+\frac{A_{1m_1}}{(x-\alpha_1)^{m_1}}+\cdots+\\
&\frac{A_{p1}}{x-\alpha_p}+\frac{A_{p2}}{(x-\alpha_p)^2}+\cdots+\frac{A_{pm_p}}{(x-\alpha_p)^{m_p}}+\\
&\frac{B_{11}x+C_{11}}{x^2+\beta_1 x+\gamma_1}+\frac{B_{12}x+C_{12}}{(x^2+\beta_1 x+\gamma_1)^2}+\cdots+\frac{B_{1n_1}x+C_{1n_1}}{(x^2+\beta_1 x+\gamma_1)^{n_1}}+\cdots+\\
&\frac{B_{q1}x+C_{q1}}{x^2+\beta_q x+\gamma_q}+\frac{B_{q2}x+C_{q2}}{(x^2+\beta_q x+\gamma_q)^2}+\cdots+\frac{B_{qn_q}x+C_{qn_q}}{(x^2+\beta_q x+\gamma_q)^{n_q}}.
\end{aligned}$$

再通过待定系数法确定相关的系数. 最终我们将真分式 $\dfrac{P(x)}{Q(x)}$ 分解成了部分分式之和，从而可以计算出它的原函数.

例 6.5.13　求 $\displaystyle\int\frac{4}{x^3+x}\mathrm{d}x$.

解：先将分母因式分解 $x^3+x=x(x^2+1)$. 设

$$\frac{4}{x(x^2+1)}=\frac{A}{x}+\frac{Bx+C}{x^2+1}.$$

通分之后比较分子，可解得系数 A，B，C. 也可以按下面方法确定 A，B，C. 两端同乘 x，再令 $x=0$，得到

$$A=\frac{4}{x^2+1}\bigg|_{x=0}=4.$$

两端同乘 x^2+1，再令 $x=i$，得到

$$\left.\frac{4}{x}\right|_{x=i}=(Bx+C)\mid_{x=i},$$

所以 $B=-4$，$C=0$. 因此

$$\int\frac{4}{x^3+x}\mathrm{d}x=\int\left(\frac{4}{x}+\frac{-4x}{x^2+1}\right)\mathrm{d}x=4\ln\mid x\mid-2\ln(x^2+1)+C.$$

例 6.5.14　求 $\displaystyle\int\frac{x^3+1}{x(x-1)^3}\mathrm{d}x.$

解：设

$$\frac{x^3+1}{x(x-1)^3}=\frac{A}{x}+\frac{B}{x-1}+\frac{C}{(x-1)^2}+\frac{D}{(x-1)^3}.$$

两端同乘 x，得

$$\frac{x^3+1}{(x-1)^3}=A+\frac{Bx}{x-1}+\frac{Cx}{(x-1)^2}+\frac{Dx}{(x-1)^3}.$$

令 $x=0$，得到 $A=\left.\dfrac{x^3+1}{(x-1)^3}\right|_{x=0}=-1$. 令 $x\to\infty$，得到 $B=1-A=2$. 两

端同乘 $(x-1)^3$，令 $x=1$，得到 $D=\left.\dfrac{x^3+1}{x}\right|_{x=1}=2$. 再通分比较，得

$C=1$. 所以

$$\frac{x^3+1}{x(x-1)^3}=\frac{-1}{x}+\frac{2}{x-1}+\frac{1}{(x-1)^2}+\frac{2}{(x-1)^3},$$

从而积分

$$\int\frac{x^3+1}{x(x-1)^3}\mathrm{d}x=-\ln\mid x\mid+2\ln\mid x-1\mid-\frac{1}{x-1}-\frac{1}{(x-1)^2}+C.$$

2. 三角函数有理式的积分

设

$$R(u,\ v)=\frac{P(u,\ v)}{Q(u,\ v)}$$

是一个二元有理函数，即两个二元多项式的商. 三角函数有理式
是指形如 $R(\sin x,\ \cos x)$ 的函数，它是由三角函数 $\sin x$、$\cos x$ 经有
限次四则运算所得的函数.

做换元（通常称为万能变换），

$$t=\tan\frac{x}{2},\qquad\text{即 } x=2\mathrm{arctan}t,$$

并且注意到

$$\sin x=2\sin\frac{x}{2}\cos\frac{x}{2}=\frac{2\tan\dfrac{x}{2}}{\sec^2\dfrac{x}{2}}=\frac{2\tan\dfrac{x}{2}}{1+\tan^2\dfrac{x}{2}}=\frac{2t}{1+t^2},$$

$$\cos x = \cos^2 \frac{x}{2} - \sin^2 \frac{x}{2} = \frac{1 - \tan^2 \dfrac{x}{2}}{1 + \tan^2 \dfrac{x}{2}} = \frac{1 - t^2}{1 + t^2},$$

$$dx = \frac{2dt}{1 + t^2},$$

即有

$$I = \int R\left(\frac{2t}{1 + t^2}, \frac{1 - t^2}{1 + t^2}\right) \frac{2dt}{1 + t^2}.$$

这样，我们就将三角函数有理式的积分变成了有理函数的积分.

例 6.5.15　求 $\displaystyle\int \frac{dx}{\sin x(1 + \cos x)}$.

解：令 $t = \tan \dfrac{x}{2}$，则 $dx = \dfrac{2}{1 + t^2}dt$，$\sin x = \dfrac{2t}{1 + t^2}$，$\cos x = \dfrac{1 - t^2}{1 + t^2}$.

所以

$$\begin{aligned}
\int \frac{dx}{\sin x(1 + \cos x)} &= \int \frac{\dfrac{2}{1 + t^2}dt}{\dfrac{2t}{1 + t^2}\left(1 + \dfrac{1 - t^2}{1 + t^2}\right)} \\
&= \int \frac{1 + t^2}{2t}dt \\
&= \frac{1}{2}\int t\,dt + \frac{1}{2}\int \frac{1}{t}dt \\
&= \frac{1}{4}t^2 + \frac{1}{2}\ln |t| + C \\
&= \frac{1}{4}\tan^2 \frac{x}{2} + \frac{1}{2}\ln \left|\tan \frac{x}{2}\right| + C.
\end{aligned}$$

3. 无理函数的积分

这里我们考虑如下形式的无理函数的积分：

$$I = \int R\left(x, \sqrt[m]{\frac{ax + b}{cx + d}}\right) dx,$$

其中 $R(u, v)$ 是 u，v 的二元函数，m 为正整数，$ad - bc \neq 0$. 令

$$t = \sqrt[m]{\frac{ax + b}{cx + d}},$$

则有

$$x = \frac{dt^m - b}{a - ct^m}, \qquad dx = \frac{m(ad - bc)t^{m-1}}{(a - ct^m)^2}dt.$$

于是，我们有

$$I = \int R\left(\frac{dt^m - b}{a - ct^m}, t\right) \frac{m(ad - bc)t^{m-1}}{(a - ct^m)^2} dt.$$

这样原积分就转化成了有理函数积分.

例 6.5.16 求 $\int \dfrac{\mathrm{d}x}{3 + \sqrt{x+2}}$.

解：令 $t = \sqrt{x+2}$，则 $x = t^2 - 2$，$\mathrm{d}x = 2t\mathrm{d}t$，于是

$$\int \frac{\mathrm{d}x}{3 + \sqrt{x+2}} = \int \frac{2t\mathrm{d}t}{3 + t}$$

$$= 2\int \frac{t + 3 - 3}{3 + t} \mathrm{d}t$$

$$= 2\int \left(1 - \frac{3}{3+t}\right) \mathrm{d}t$$

$$= 2t - 6\ln|3 + t| + C$$

$$= 2\sqrt{x+2} - 6\ln|3 + \sqrt{x+2}| + C.$$

习题 6.5

1. 求下列不定积分：

(1) $\int \left(3^{x+1} + 3^{-x} + \dfrac{1}{3}e^x\right)\mathrm{d}x$； (2) $\int (x + |x|)\mathrm{d}x$；

(3) $\int \left(1 + \dfrac{1}{x^2}\sqrt{x\sqrt{x}}\right)\mathrm{d}x$； (4) $\int \dfrac{2 - \sin^2 x}{\cos^2 x}\mathrm{d}x$；

(5) $\int \mathrm{sgn}(\sin x)\mathrm{d}x$； (6) $\int \dfrac{\cos 2x}{\cos^2 x \sin^2 x}\mathrm{d}x$；

(7) $\int \sqrt{1 - \sin 2x}\,\mathrm{d}x$； (8) $\int [x]\mathrm{d}x$.

2. 用换元法求下列不定积分：

(1) $\int \dfrac{2\mathrm{d}x}{3 - 5x}$； (2) $\int \dfrac{\mathrm{d}x}{\sqrt{2 - x^2}}$；

(3) $\int x\sqrt[3]{1 - 3x}\,\mathrm{d}x$； (4) $\int \dfrac{\mathrm{d}x}{1 + \sin x}$；

(5) $\int x(1 + x^2)^5\mathrm{d}x$； (6) $\int \dfrac{x\mathrm{d}x}{\sqrt{1 - x^2}}$；

(7) $\int \dfrac{x\mathrm{d}x}{4 + x^4}$； (8) $\int \dfrac{e^x}{1 + e^x}\mathrm{d}x$；

(9) $\int \dfrac{\mathrm{d}x}{\sqrt{x}(1 + x)}$； (10) $\int \dfrac{\mathrm{d}x}{x\sqrt{x^2 - 1}}$；

(11) $\int \sin x \sin 3x\,\mathrm{d}x$； (12) $\int \sin^2 x \cos^2 x\,\mathrm{d}x$；

(13) $\int \dfrac{\sin 2x}{\sqrt{1 + \sin^2 x}}\mathrm{d}x$； (14) $\int \dfrac{\mathrm{d}x}{x^2\sqrt{1 + x^2}}$；

(15) $\int \dfrac{\sqrt{a^2 - x^2}}{x}\mathrm{d}x$； (16) $\int \dfrac{x}{1 + \sqrt{x}}\mathrm{d}x$；

(17) $\int \dfrac{\mathrm{d}x}{\sqrt{(a^2 + x^2)^3}}$； (18) $\int \dfrac{\mathrm{d}x}{x\sqrt{4 - x^2}}$.

3. 用分部积分法求下列不定积分：

(1) $\int \ln(1 + x^2)\mathrm{d}x$； (2) $\int xe^{-3x}\mathrm{d}x$；

(3) $\int x\cos nx\,\mathrm{d}x$； (4) $\int \arcsin x\,\mathrm{d}x$；

(5) $\int \dfrac{x}{\sin^2 x}\mathrm{d}x$； (6) $\int \dfrac{\arctan x}{x^2(1 + x^2)}\mathrm{d}x$；

(7) $\int \dfrac{e^{\arctan x}}{(1 + x^2)^{3/2}}\mathrm{d}x$； (8) $\int \dfrac{x^2}{(1 + x^2)^2}\mathrm{d}x$；

(9) $\int \sin(\ln x)\mathrm{d}x$； (10) $\int e^x\cos^2 x\,\mathrm{d}x$.

4. 求下列有理函数的不定积分：

(1) $\int \dfrac{2x}{(x-1)(x+1)^2}\mathrm{d}x$；

(2) $\int \dfrac{2x^2 + 2x + 13}{(x-2)(1 + x^2)^2}\mathrm{d}x$；

(3) $\int \dfrac{x^2 - x + 1}{2x + 1}\mathrm{d}x$； (4) $\int \dfrac{3x + 5}{(x^2 + 2x + 2)^2}\mathrm{d}x$；

(5) $\int \dfrac{x + 1}{x^3 + 2x^2 - x - 2}\mathrm{d}x$； (6) $\int \dfrac{\mathrm{d}x}{x(x^3 + 2)}$；

(7) $\displaystyle\int\frac{\mathrm{d}x}{(x-2)^2(x+3)^3}$;　(8) $\displaystyle\int\frac{x\mathrm{d}x}{x^3-1}$.

5. 求下列三角函数的有理式的不定积分:

(1) $\displaystyle\int\frac{\mathrm{d}x}{\sin^2 x\cos x}$;

(2) $\displaystyle\int\frac{\mathrm{d}x}{\cos^2 x\sin x}$;

(3) $\displaystyle\int\frac{\sin 2x}{1+\cos^2 x}\mathrm{d}x$;

(4) $\displaystyle\int\sin 5x\sin 3x\mathrm{d}x$;

(5) $\displaystyle\int\frac{\sin^2 x}{1+\cos^2 x}\mathrm{d}x$;

(6) $\displaystyle\int\frac{\sin^5 x\mathrm{d}x}{\cos^4 x}$;

(7) $\displaystyle\int\frac{1}{1+\cos x}\mathrm{d}x$;

(8) $\displaystyle\int\frac{1+\sin x}{1-\sin x}\mathrm{d}x$.

6. 求下列无理函数的不定积分:

(1) $\displaystyle\int\frac{\sqrt{x}}{\sqrt[4]{x^3}+1}\mathrm{d}x$;

(2) $\displaystyle\int\frac{\mathrm{d}x}{1+\sqrt{x}+\sqrt{x+1}}$;

(3) $\displaystyle\int\sqrt{x+\frac{1}{x}}\mathrm{d}x$;

(4) $\displaystyle\int\frac{\mathrm{d}x}{x\sqrt{x^2+x+1}}$;

(5) $\displaystyle\int\frac{\mathrm{d}x}{(x+1)\sqrt{x^2+4x+5}}$;

(6) $\displaystyle\int\frac{\mathrm{d}x}{x+\sqrt{x^2+x+1}}$;

(7) $\displaystyle\int\sqrt{\frac{1-x}{1+x}}\mathrm{d}x$;

(8) $\displaystyle\int\frac{\mathrm{d}x}{x\sqrt{4-x^2}}$.

7. 设 $f(x)$ 是单调连续函数, $f^{-1}(x)$ 是它的反函数, 且 $\int f(x)\mathrm{d}x=F(x)+C$, 证明

$$\int f^{-1}(x)\mathrm{d}x=xf^{-1}(x)-F(f^{-1}(x))+C.$$

6.6 黎曼积分的计算

这一节我们讨论积分的计算. 由牛顿-莱布尼茨公式, 要求一个函数的积分, 关键是求被积函数的原函数. 原函数的计算我们已经比较熟悉了. 计算一个函数的积分, 常用的方法也是换元法和分部积分法.

6.6.1 换元法和分部积分法

定理 6.6.1 (**换元法**) 设函数 $f(x)$ 在 $[a,b]$ 上连续, 函数 $\varphi(t)$ 在 $[\alpha,\beta]$ 上具有连续导数, $a\leqslant\varphi(t)\leqslant b$, $t\in[\alpha,\beta]$, 且 $\varphi(\alpha)=a$, $\varphi(\beta)=b$. 则有

$$\int_a^b f(x)\mathrm{d}x=\int_\alpha^\beta f(\varphi(t))\varphi'(t)\mathrm{d}t.$$

证明: 由于 $f(x)$ 在 $[a,b]$ 上连续, 因此它在 $[a,b]$ 上存在原函数 $F(x)$. 由牛顿-莱布尼茨公式, 我们有

$$\int_a^b f(x)\mathrm{d}x=F(b)-F(a).$$

另一方面, $F(\varphi(t))$ 是 $f(\varphi(t))\varphi'(t)$ 在 $[\alpha,\beta]$ 上的一个原函数, 因此也有

$$\int_\alpha^\beta f(\varphi(t))\varphi'(t)\mathrm{d}t=F(\varphi(t))\Big|_\alpha^\beta=F(\varphi(\beta))-F(\varphi(\alpha))=F(b)-F(a).$$

即得所证.

例 6.6.1　求椭圆 $\dfrac{x^2}{a^2}+\dfrac{y^2}{b^2}=1$ 所围区域的面积.

解：考虑椭圆区域在第一象限的部分，可看作椭圆曲线 $y=b$
$\sqrt{1-\dfrac{x^2}{a^2}}$, $x\in[0,a]$ 与 x 轴所围的曲边梯形. 由对称性，得

$$S=4\int_0^a b\sqrt{1-\dfrac{x^2}{a^2}}\,\mathrm{d}x.$$

令 $x=a\sin t$, $t\in\left[0,\dfrac{\pi}{2}\right]$，则

$$S=4\int_0^{\frac{\pi}{2}} b\cos t\cdot a\cos t\,\mathrm{d}t$$

$$=4ab\int_0^{\frac{\pi}{2}}\cos^2 t\,\mathrm{d}t$$

$$=4ab\int_0^{\frac{\pi}{2}}\dfrac{1+\cos 2t}{2}\,\mathrm{d}t$$

$$=2ab\left(\dfrac{\pi}{2}+\dfrac{\sin 2t}{2}\bigg|_0^{\frac{\pi}{2}}\right)=\pi ab.$$

例 6.6.2　求积分 $\displaystyle\int_0^1\sqrt{1+x^2}\,\mathrm{d}x$.

解：令 $x=\tan t$，则 $x=0$ 对应 $t=0$, $x=1$ 对应 $t=\dfrac{\pi}{4}$. 由此得

$$\int_0^1\sqrt{1+x^2}\,\mathrm{d}x=\int_0^{\frac{\pi}{4}}\sqrt{1+\tan^2 t}\,\sec^2 t\,\mathrm{d}t$$

$$=\int_0^{\frac{\pi}{4}}\dfrac{1}{\cos^3 t}\,\mathrm{d}t=\int_0^{\frac{\pi}{4}}\dfrac{1}{(1-\sin^2 t)^2}\,\mathrm{d}(\sin t)$$

$$=\int_0^{\frac{\sqrt{2}}{2}}\dfrac{1}{(1-u^2)^2}\,\mathrm{d}u$$

$$=\int_0^{\frac{\sqrt{2}}{2}}\dfrac{1}{4}\left[\dfrac{1}{(1-u)^2}+\dfrac{1}{(1+u)^2}+\dfrac{1}{1-u}+\dfrac{1}{1+u}\right]\mathrm{d}u$$

$$=\dfrac{2\sqrt{2}+\ln(3+2\sqrt{2})}{4}.$$

例 6.6.3　计算积分 $I=\displaystyle\int_0^1\dfrac{\arctan x}{1+x}\,\mathrm{d}x$.

解：设 $\theta=\arctan x$，换元

$$I=\int_0^{\frac{\pi}{4}}\dfrac{\theta}{1+\tan\theta}\sec^2\theta\,\mathrm{d}\theta=\int_0^{\frac{\pi}{4}}\dfrac{\theta}{\cos^2\theta+\sin\theta\cos\theta}\,\mathrm{d}\theta.$$

令 $t=2\theta$，则

$$I = \frac{1}{2} \int_0^{\frac{\pi}{2}} \frac{t}{1 + \cos t + \sin t} \mathrm{d}t.$$

设 $u = \frac{\pi}{2} - t$，则

$$I = \frac{1}{2} \int_0^{\frac{\pi}{2}} \frac{\frac{\pi}{2} - u}{1 + \cos u + \sin u} \mathrm{d}u = \frac{1}{2} \int_0^{\frac{\pi}{2}} \frac{\frac{\pi}{2}}{1 + \cos u + \sin u} \mathrm{d}u - I.$$

所以

$$\begin{aligned}
I &= \frac{\pi}{8} \int_0^{\frac{\pi}{2}} \frac{1}{1 + \cos u + \sin u} \mathrm{d}u \\
&= \frac{\pi}{8} \int_0^{\frac{\pi}{4}} \frac{1}{\cos^2 \theta + \sin \theta \cos \theta} \mathrm{d}\theta \quad (\diamondsuit\ u = 2\theta) \\
&= \frac{\pi}{8} \int_0^{\frac{\pi}{4}} \frac{1}{1 + \tan \theta} \sec^2 \theta \mathrm{d}\theta \\
&= \frac{\pi}{8} \ln(1 + \tan \theta) \Big|_0^{\frac{\pi}{4}} = \frac{\pi}{8} \ln 2.
\end{aligned}$$

定理 6.6.2 （分部积分法） 设函数 $u(x)$，$v(x)$ 在 $[a, b]$ 上具有连续导数，则

$$\int_a^b u(x) v'(x) \mathrm{d}x = u(x) v(x) \Big|_a^b - \int_a^b u'(x) v(x) \mathrm{d}x.$$

证明：对式子

$$(u(x)v(x))' = u'(x)v(x) + u(x)v'(x)$$

两边从 a 到 b 积分，并利用牛顿-莱布尼茨公式得

$$u(x)v(x) \Big|_a^b = \int_a^b [u(x)v(x)]' \mathrm{d}x = \int_a^b u(x)v'(x) \mathrm{d}x + \int_a^b u'(x)v(x) \mathrm{d}x.$$

即得所证.

例 6.6.4 证明：对任意的 $n \in \mathbf{N}$，有

$$\int_0^{\frac{\pi}{2}} \sin^n x \mathrm{d}x = \int_0^{\frac{\pi}{2}} \cos^n x \mathrm{d}x,$$

并计算积分值.

证明：记 $I_n = \int_0^{\frac{\pi}{2}} \sin^n x \mathrm{d}x$，做变换 $x = \frac{\pi}{2} - t$，得

$$\int_0^{\frac{\pi}{2}} \sin^n x \mathrm{d}x = -\int_{\frac{\pi}{2}}^0 \cos^n t \mathrm{d}t = \int_0^{\frac{\pi}{2}} \cos^n x \mathrm{d}x.$$

对于 $n = 0$，1 我们有

$$I_0 = \int_0^{\frac{\pi}{2}} \mathrm{d}x = \frac{\pi}{2}, \qquad I_1 = \int_0^{\frac{\pi}{2}} \sin x \mathrm{d}x = 1.$$

当 $n>1$ 时，有

$$
\begin{aligned}
I_n &= \int_0^{\frac{\pi}{2}} \sin^{n-1}x \,\mathrm{d}(-\cos x) \\
&= -\sin^{n-1}x\cos x \Big|_0^{\frac{\pi}{2}} + \int_0^{\frac{\pi}{2}}\cos x\,\mathrm{d}(\sin^{n-1}x) \\
&= (n-1)\int_0^{\frac{\pi}{2}}\sin^{n-2}x(1-\sin^2 x)\,\mathrm{d}x \\
&= (n-1)I_{n-2}-(n-1)I_n,
\end{aligned}
$$

即 $I_n = \dfrac{n-1}{n}I_{n-2}$. 因此得

$$
I_{2k}=\frac{(2k-1)!!}{(2k)!!}\frac{\pi}{2}, \qquad I_{2k+1}=\frac{(2k)!!}{(2k+1)!!} \qquad (k=1,2,\cdots).
$$

例 6.6.5　[瓦利斯(**Wallis**)公式]　证明：

$$
\lim_{n\to\infty}\left[\frac{(2n)!!}{(2n-1)!!}\right]^2\frac{1}{2n+1}=\frac{\pi}{2}.
$$

证明：由于对任意 $n\in\mathbf{N}$，有

$$
\int_0^{\frac{\pi}{2}}\sin^{2n+1}x\,\mathrm{d}x < \int_0^{\frac{\pi}{2}}\sin^{2n}x\,\mathrm{d}x < \int_0^{\frac{\pi}{2}}\sin^{2n-1}x\,\mathrm{d}x.
$$

由例 6.6.4，

$$
\frac{(2n)!!}{(2n+1)!!} < \frac{(2n-1)!!}{(2n)!!}\frac{\pi}{2} < \frac{(2n-2)!!}{(2n-1)!!}.
$$

整理得

$$
\frac{\pi}{2}\frac{2n}{2n+1} < \left[\frac{(2n)!!}{(2n-1)!!}\right]^2\frac{1}{2n+1} < \frac{\pi}{2}.
$$

由夹逼定理即得所证极限式.

利用瓦利斯公式，可以得到斯特林(Stirling)公式.

例 6.6.6　(**Stirling 公式**)　证明 $\lim\limits_{n\to\infty}\dfrac{n!}{\sqrt{2\pi n}\left(\dfrac{n}{\mathrm{e}}\right)^n}=1.$

证明：设 $a_n=\dfrac{n!}{\sqrt{2\pi n}\left(\dfrac{n}{\mathrm{e}}\right)^n}$，由例 5.3.9，数列 a_n 收敛，且极

限为正数，设为 $a>0$. 由瓦利斯公式，

$$
\begin{aligned}
\frac{\pi}{2} &= \lim_{n\to\infty}\left[\frac{((2n)!!)^2}{(2n)!}\right]^2\frac{1}{2n+1}=\lim_{n\to\infty}\left[\frac{(2^n n!)^2}{(2n)!}\right]^2\frac{1}{2n+1} \\
&= \lim_{n\to\infty}\left[\frac{\left(2^n a\sqrt{2\pi\cdot n}\left(\dfrac{n}{\mathrm{e}}\right)^n\right)^2}{a\sqrt{2\pi\cdot 2n}\left(\dfrac{2n}{\mathrm{e}}\right)^{2n}}\right]^2\frac{1}{2n+1}
\end{aligned}
$$

$$= \lim_{n \to \infty} \left[\frac{\sqrt{2\pi}\, an}{\sqrt{2n}} \right]^2 \frac{1}{2n+1} = \frac{\pi a^2}{2}.$$

所以 $a=1$.

例 6.6.7 设 $u(x)$ 为 $[0, +\infty)$ 上严格单增的可导函数，$u(0)=0$. 证明：对任意 $a>0$, $b>0$, 有

$$ab \leqslant \int_0^a u(x)\,\mathrm{d}x + \int_0^b u^{-1}(y)\,\mathrm{d}y.$$

证明：由换元法，设 $y=u(x)$, 则

$$\int_0^b u^{-1}(y)\,\mathrm{d}y = \int_0^{u^{-1}(b)} x\,\mathrm{d}u(x) = bu^{-1}(b) - \int_0^{u^{-1}(b)} u(x)\,\mathrm{d}x.$$

所以

$$\int_0^a u(x)\,\mathrm{d}x + \int_0^b u^{-1}(y)\,\mathrm{d}y = bu^{-1}(b) + \int_{u^{-1}(b)}^a u(x)\,\mathrm{d}x.$$

若 $u^{-1}(b) \leqslant a$, 则

$$\int_{u^{-1}(b)}^a u(x)\,\mathrm{d}x \geqslant \int_{u^{-1}(b)}^a u(u^{-1}(b))\,\mathrm{d}x = b(a - u^{-1}(b)).$$

若 $u^{-1}(b) > a$, 则

$$\int_{u^{-1}(b)}^a u(x)\,\mathrm{d}x = -\int_a^{u^{-1}(b)} u(x)\,\mathrm{d}x \geqslant -\int_a^{u^{-1}(b)} u(u^{-1}(b))\,\mathrm{d}x = b(a - u^{-1}(b)).$$

从而不论哪种情形，总有 $\int_0^a u(x)\,\mathrm{d}x + \int_0^b u^{-1}(y)\,\mathrm{d}y \geqslant ab$.

例 6.6.8 设函数 $f(x)$ 在 x_0 的邻域 U 内具有 $n+1$ 阶连续导数，证明：

$$f(x) = \sum_{k=0}^n \frac{f^{(k)}(x_0)}{k!}(x-x_0)^k + \frac{1}{n!}\int_{x_0}^x f^{(n+1)}(t)(x-t)^n\,\mathrm{d}t, \qquad \forall x \in U.$$

上述公式称为带积分余项的泰勒公式.

证明：当 $n=0$ 时，由牛顿-莱布尼茨公式有

$$f(x) = f(x_0) + \int_{x_0}^x f'(t)\,\mathrm{d}t = f(x_0) + \int_{x_0}^x (x-t)^0 f'(t)\,\mathrm{d}t.$$

即 $n=0$ 时，公式成立. 利用分部积分公式有

$$\int_{x_0}^x (x-t)^0 f'(t)\,\mathrm{d}t = -\int_{x_0}^x f'(t)\,\mathrm{d}(x-t)$$

$$= -f'(t)(x-t)\Big|_{x_0}^x + \int_{x_0}^x (x-t)f''(t)\,\mathrm{d}t$$

$$= f'(x_0)(x-x_0) + \int_{x_0}^x (x-t)f''(t)\,\mathrm{d}t.$$

即 $n=1$ 时，公式成立. 继续分部积分，得

$$\int_{x_0}^x (x-t)f''(t)\,\mathrm{d}t = -\frac{1}{2}\int_{x_0}^x f''(t)\,\mathrm{d}(x-t)^2$$

$$= \frac{f''(t)}{2}(x-t)^2 \Big|_{x_0}^{x} + \frac{1}{2}\int_{x_0}^{x}(x-t)^2 f'''(t)\,\mathrm{d}t$$

$$= \frac{f''(x_0)}{2}(x-x_0)^2 + \frac{1}{2}\int_{x_0}^{x}(x-t)^2 f'''(t)\,\mathrm{d}t.$$

即 $n=2$ 时，公式成立. 继续分部积分，以此类推可得到所要结论.

6.6.2 奇偶函数和周期函数的积分

下面通过两个例子来讨论奇偶函数和周期函数的积分.

例 6.6.9 设函数 $f(x)$ 为 $[-a,a]$ 上的可积函数，证明：

(1) 若 $f(x)$ 为偶函数，则 $\int_{-a}^{a} f(x)\,\mathrm{d}x = 2\int_{0}^{a} f(x)\,\mathrm{d}x$；

(2) 若 $f(x)$ 为奇函数，则 $\int_{-a}^{a} f(x)\,\mathrm{d}x = 0$.

证明：令 $x=-t$，则

$$\int_{-a}^{0} f(x)\,\mathrm{d}x = -\int_{a}^{0} f(-t)\,\mathrm{d}t = \int_{0}^{a} f(-x)\,\mathrm{d}x.$$

当 $f(x)$ 是偶函数时，有 $f(-x)=f(x)$. 因此

$$\int_{-a}^{a} f(x)\,\mathrm{d}x = \int_{-a}^{0} f(x)\,\mathrm{d}x + \int_{0}^{a} f(x)\,\mathrm{d}x$$

$$= \int_{0}^{a} f(-x)\,\mathrm{d}x + \int_{0}^{a} f(x)\,\mathrm{d}x = 2\int_{0}^{a} f(x)\,\mathrm{d}x.$$

当 $f(x)$ 是奇函数时，有 $f(-x)=-f(x)$. 因此

$$\int_{-a}^{a} f(x)\,\mathrm{d}x = \int_{-a}^{0} f(x)\,\mathrm{d}x + \int_{0}^{a} f(x)\,\mathrm{d}x$$

$$= \int_{0}^{a} f(-x)\,\mathrm{d}x + \int_{0}^{a} f(x)\,\mathrm{d}x = 0.$$

例 6.6.10 设 $f(x)$ 是以 T 为周期的连续函数，证明：对于任意的 $a\in\mathbf{R}$，有

$$\int_{a}^{a+T} f(x)\,\mathrm{d}x = \int_{0}^{T} f(x)\,\mathrm{d}x.$$

证明：由积分关于区间的可加性，得

$$\int_{a}^{a+T} f(x)\,\mathrm{d}x = \int_{a}^{0} f(x)\,\mathrm{d}x + \int_{0}^{T} f(x)\,\mathrm{d}x + \int_{T}^{a+T} f(x)\,\mathrm{d}x,$$

令 $x=t+T$，则有

$$\int_{T}^{a+T} f(x)\,\mathrm{d}x = \int_{0}^{a} f(t+T)\,\mathrm{d}t = \int_{0}^{a} f(t)\,\mathrm{d}t = -\int_{a}^{0} f(t)\,\mathrm{d}t.$$

代回上式即得所证等式.

习题 6.6

1. 计算下列积分：

(1) $\int_{-1}^{1}\dfrac{dx}{1+x^2}$;　　(2) $\int_{\frac{\pi}{4}}^{\frac{\pi}{3}}\dfrac{x}{\sin^2 x}dx$;

(3) $\int_0^{\frac{\pi}{2}}\cos^5 x\sin^2 x\,dx$;　(4) $\int_0^{\pi}\sqrt[3]{x}\,dx$;

(5) $\int_0^a\sqrt{\dfrac{a-x}{a+x}}\,dx$;　(6) $\int_0^1 x\sqrt{1-x}\,dx$;

(7) $\int_0^a x^2\sqrt{a^2-x^2}\,dx$;　(8) $\int_{\frac{1}{4}}^{\frac{1}{2}}\dfrac{\arcsin\sqrt{x}}{\sqrt{x(1-x)}}dx$;

(9) $\int_0^1\ln(x+\sqrt{1+x^2})\,dx$;　(10) $\int_0^1 x^2 e^{\sqrt{x}}\,dx$;

(11) $\int_0^{\pi}(x\sin x)^2 dx$;　(12) $\int_1^{e^2}\dfrac{dx}{x\sqrt{1+\ln x}}$;

(13) $\int_{-\infty}^{-\ln 2}\sqrt{1-e^{2x}}\,dx$;　(14) $\int_0^{\frac{\pi}{2}}\cos^7 x\,dx$;

(15) $\int_0^{\pi}\sqrt{1+\cos 2x}\,dx$;　(16) $\int_1^e\sin\ln x\,dx$.

2. 计算下列积分：

(1) $\int_{-\pi}^{\pi}x^4\sin x\,dx$;　(2) $\int_{-\frac{\pi}{2}}^{\frac{\pi}{2}}4\cos^4\theta\,d\theta$;

(3) $\int_{-\frac{1}{2}}^{\frac{1}{2}}\dfrac{(\arcsin x)^2}{\sqrt{1-x^2}}dx$;　(4) $\int_{-5}^{5}\dfrac{x^3\sin^2 x}{x^4+2x^2+1}dx$;

(5) $\int_0^{\pi}\cos^5 x\,dx$;　(6) $\int_0^{2\pi}\sin^3 x\cos^{10}x\,dx$.

3. 求下列积分值：

(1) $\int_{-1}^1 f(x)\,dx$, 这里 $f(x)=\begin{cases}x, & 0\le x\le 1,\\ 2x, & -1\le x<0;\end{cases}$

(2) $\int_0^{8\pi}|\sin x|\,dx$.

4. 设 $f(x)$ 在 $[-1,1]$ 上可积. 证明

(1) $\int_0^{2\pi}f(\sin x)\,dx=\int_0^{2\pi}f(\cos x)\,dx$;

(2) $\int_0^{\pi}xf(\sin x)\,dx=\dfrac{\pi}{2}\int_0^{\pi}f(\sin x)\,dx$.

5. 若 $f(t)$ 是连续函数且为奇函数，证明 $\int_0^x f(t)\,dt$ 是偶函数；若 $f(t)$ 是连续函数且为偶函数，证明

$\int_0^x f(t)\,dt$ 是奇函数.

6. 设 $f(x)$ 是周期为 2π 的函数，并且在 $[0,2\pi]$ 上可积. 证明：

$$\lim_{T\to\infty}\frac{1}{T}\int_0^T f(x)\,dx=\frac{1}{2\pi}\int_0^{2\pi}f(x)\,dx.$$

7. 设 $f(x)$ 在 $[a,b]$ 上有连续导数，且 $f(a)=f(b)=0$. 证明

$$\int_a^b xf(x)f'(x)\,dx=-\frac{1}{2}\int_a^b f^2(x)\,dx.$$

8. 证明 $\int_x^1\dfrac{dt}{1+t^2}=\int_1^{\frac{1}{x}}\dfrac{dt}{1+t^2}$ $(x>0)$.

9. 证明：

$$\int_0^1 x^m(1-x)^n dx=\int_0^1 x^n(1-x)^m dx,$$

其中 m, n 为正整数，并计算 $\int_0^1 x^2(1-x)^{20}dx$.

10. 设 m 是正整数，证明：

$$\int_0^{\frac{\pi}{2}}\cos^m x\sin^m x\,dx=\frac{1}{2^m}\int_0^{\frac{\pi}{2}}\cos^m x\,dx.$$

11. 设 $f'(x)$ 在 $[0,a]$ 上连续，$f(a)=0$，$M=\max_{0\le x\le a}|f'(x)|$. 证明：

$$\left|\int_0^a f(x)\,dx\right|\le\frac{Ma^2}{2}.$$

12. 设函数 $f(x)$ 在 $[a,b]$ 上具有连续导数. 证明：对任意的 $x\in[a,b]$, 有

$$|f(x)|\le\left|\frac{1}{b-a}\int_a^b f(x)\,dx\right|+\int_a^b|f'(x)|\,dx.$$

13. 设 $f(x)$ 在 $[0,1]$ 上非负连续可微，$f(0)=f(1)=0$, 且 $|f'(x)|\le 1$, 证明：$\int_0^1 f(x)\,dx\le\dfrac{1}{4}$.

14. 设 $f(x)$ 在 $[-\pi,\pi]$ 上单调下降. 证明：对正整数 n, 有

(1) $\int_{-\pi}^{\pi}f(x)\sin 2nx\,dx\ge 0$;

(2) $\int_{-\pi}^{\pi}f(x)\sin(2n+1)x\,dx\le 0$.

6.7　几何问题及实际问题中的应用

　　这一节讨论积分在几何问题及实际问题中的应用，主要是微元法的使用．当我们考虑一个具有可加性且比较复杂的量时，通常会用到微元法．简单来说，为求总量，我们先取一个微元，对微元做某种近似计算，然后对总量中的所有微元求和，再取极限来得到所关心的总量．当这个量表达成黎曼和的极限的形式时，实际问题转化为了积分问题．下面我们通过弧长、曲率、面积、旋转体体积等的计算以及一些实际问题来阐述微元法的使用，具体的推导细节略去．

6.7.1　曲线的弧长

　　设平面曲线 γ 由以下参数方程

$$\begin{cases} x=x(t), \\ y=y(t) \end{cases} \quad (\alpha \leqslant t \leqslant \beta)$$

给出．若 $x(t)$ 与 $y(t)$ 是 $[\alpha,\beta]$ 上的连续函数，则称 γ 是一条连续曲线．如果 $x'(t)$，$y'(t)$ 连续且不同时为 0，则称 γ 是一条光滑曲线．

　　这里假定 $x'(t)$，$y'(t)$ 不同时为 0 是为了保证在任一点附近曲线可以表达成 $y=y(x)$ 或 $x=x(y)$ 的形式．作为反例，曲线 $\begin{cases} x=t^3, \\ y=t^2 \end{cases}$ 在 $t=0$ 处 $x'(t)$，$y'(t)$ 同时为 0，在 $t=0$ 处曲线并不"光滑"．

　　设曲线 γ 的两个端点为 A 和 B．在 γ 上从 A 到 B 依次取 $n+1$ 个点

$$A=M_0, \ M_1, \ M_2, \ \cdots, \ M_{n-1}, \ M_n=B.$$

这 $n+1$ 个点将 γ 分成了 n 个小弧段（见图 6-6）．记 $L_i(i=1,2,\cdots,n)$ 为以 M_{i-1}，M_i 为端点的线段的长度．考虑分割越来越细，如果当 $\lambda = \max\limits_{1 \leqslant i \leqslant n}(L_i) \to 0$ 时，折线的总长度 $\sum\limits_{i=0}^{n} L_i$ 有极限 L，则称 γ 为可求长曲线，并定义 γ 的长度为 L．

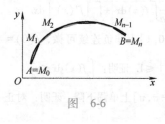

图 6-6

　　为推导光滑曲线的弧长公式，我们考虑元素法．在曲线上取一小段 $\overset{\frown}{M_{i-1}M_i}$ 作为微元，弧长用直线段 $\overline{M_{i-1}M_i}$ 的长度近似，得

$$|\overline{M_{i-1}M_i}|$$

$$= \sqrt{(x(t_i)-x(t_{i-1}))^2+(y(t_i)-y(t_{i-1}))^2}$$

$$= \sqrt{(x'(\xi_i))^2+(y'(\eta_i))^2}\Delta t_i$$

$$\approx \sqrt{\left(x'(\xi_i)\right)^2 + \left(y'(\xi_i)\right)^2}\,\Delta t_i,$$

因此，当 Δt_i 很小时，两点间的弧长 Δl 可以近似为

$$\Delta l \approx \sqrt{\left(x'(t)\right)^2 + \left(y'(t)\right)^2}\,\mathrm{d}t.$$

这样我们得到了弧长的微分 $\mathrm{d}l = \sqrt{\left(x'(t)\right)^2 + \left(y'(t)\right)^2}\,\mathrm{d}t$. 因此 γ 的弧长为

$$L = \int_{\alpha}^{\beta} \sqrt{\left(x'(t)\right)^2 + \left(y'(t)\right)^2}\,\mathrm{d}t.$$

特别地，当曲线 γ 为可导函数 $y = f(x)$，$x \in [a, b]$ 的图像时，有

$$L = \int_{a}^{b} \sqrt{1 + \left(f'(x)\right)^2}\,\mathrm{d}x.$$

如果曲线 γ 由极坐标 $r = r(\theta)$，$\alpha \leqslant \theta \leqslant \beta$ 方程给出，其中 $r'(\theta)$ 连续，则可将其写成参数方程

$$\begin{cases} x = r(\theta)\cos\theta, \\ y = r(\theta)\sin\theta \end{cases} (\alpha \leqslant \theta \leqslant \beta).$$

因此 γ 的弧长为 $L = \displaystyle\int_{\alpha}^{\beta} \sqrt{\left(r(\theta)\right)^2 + \left(r'(\theta)\right)^2}\,\mathrm{d}\theta.$

如果 γ 是空间曲线，γ 由参数方程

$$\begin{cases} x = x(t), \\ y = y(t), (\alpha \leqslant t \leqslant \beta) \\ z = z(t) \end{cases}$$

给出，并且 $x'(t)$，$y'(t)$，$z'(t)$ 在 $[\alpha, \beta]$ 上连续且不同时为零，则 γ 的弧长 L 用下面的计算公式

$$L = \int_{\alpha}^{\beta} \sqrt{\left(x'(t)\right)^2 + \left(y'(t)\right)^2 + \left(z'(t)\right)^2}\,\mathrm{d}t.$$

例 6.7.1　证明正弦线 $y = \sin x\,(0 \leqslant x \leqslant 2\pi)$ 的弧长等于椭圆

$$\begin{cases} x = \cos t, \\ y = \sqrt{2}\sin t \end{cases} (0 \leqslant t \leqslant 2\pi)$$

的周长.

证明：正弦线的弧长为

$$s_1 = \int_{0}^{2\pi} \sqrt{1 + y'^2}\,\mathrm{d}x = \int_{0}^{2\pi} \sqrt{1 + \cos^2 x}\,\mathrm{d}x.$$

椭圆的周长为

$$s_2 = \int_{0}^{2\pi} \sqrt{\left(x'(t)\right)^2 + \left(y'(t)\right)^2}\,\mathrm{d}t$$

$$= \int_{0}^{2\pi} \sqrt{(-\sin t)^2 + (\sqrt{2}\cos t)^2}\,\mathrm{d}t = \int_{0}^{2\pi} \sqrt{1 + \cos^2 t}\,\mathrm{d}t.$$

即得所证.

例 6.7.2 计算旋轮线 $\begin{cases} x=R(\theta-\sin\theta), \\ y=R(1-\cos\theta) \end{cases}$ $(0\leqslant\theta\leqslant2\pi)$ 的弧长.

解:

$$s = \int_0^{2\pi}\sqrt{[x'(\theta)]^2+[y'(\theta)]^2}\,d\theta$$

$$= \int_0^{2\pi}\sqrt{R^2(1-\cos\theta)^2+R^2\sin^2\theta}\,d\theta$$

$$= R\int_0^{2\pi}\sqrt{2(1-\cos\theta)}\,d\theta$$

$$= 2R\int_0^{2\pi}\sin\frac{\theta}{2}\,d\theta$$

$$= 4R\left(-\cos\frac{\theta}{2}\right)\Big|_0^{2\pi} = 8R.$$

6.7.2 曲率

曲线在一点处的曲率刻画曲线在该点的弯曲程度. 观察图 6-7 可以发现, 当弧长相等的时候, 转角越大, 弯曲程度越大; 而当转角相同的时候, 弧长越小, 弯曲程度越大. 由此, 我们给出曲线在一点处曲率的定义.

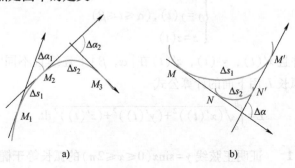

图 6-7

设曲线 γ 的方程为 $y=f(x)$, 其中 $f(x)$ 二阶可导. 曲线 γ 上取定一点 $M(x,y)$, 点 M 处切线与 x 轴正向的夹角记为 $\alpha(x)$. 在点 M 附近, 取 γ 上另外一点 M'. 曲线段 $\overset{\frown}{MM'}$ 的弧长记为 Δs, 切线的转角记为 $\Delta\alpha$, 如图 6-8 所示. 曲线 γ 在点 M 处的曲率 K 定义为当 M' 越来越接近 M 时, 弧长关于转角的变化率, 即

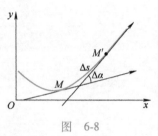

图 6-8

$$K = \lim_{M'\to M}\left|\frac{\Delta\alpha}{\Delta s}\right|.$$

由曲率的定义可以看出: 直线上任一点的曲率为零, 圆周上任一点的曲率为半径的倒数. 由于圆周的曲率有这样一个特点,

我们定义曲线在一点 M 处的曲率半径为 $\dfrac{1}{K}$，而曲率圆定义为与曲线在点 M 处相切，半径为 $\dfrac{1}{K}$，并且位于曲线凹的一侧的圆周，如图 6-9 所示.

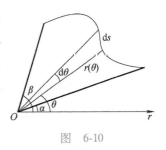

图　6-9

由定义，曲线 γ 在点 M 处的曲率为 $K=\left|\dfrac{\mathrm{d}\alpha}{\mathrm{d}s}\right|$. 由于 $\alpha(x)$ 为切线与 x 轴正向的夹角，所以 $\tan\alpha(x)=y'(x)$，从而 $\alpha(x)=\arctan y'(x)$，于是

$$\mathrm{d}\alpha=\frac{y''}{1+y'^2}\mathrm{d}x.$$

而弧微分可表示为 $\mathrm{d}s=\sqrt{1+y'^2}\,\mathrm{d}x$，于是曲率有以下计算公式：

$$K=\left|\frac{\mathrm{d}\alpha}{\mathrm{d}s}\right|=\frac{|y''|}{(1+y'^2)^{\frac{3}{2}}}.$$

例 6.7.3　抛物线 $y=ax^2+bx+c$ 上哪一点的曲率最大？

解：计算 $y'=2ax+b$，$y''=2a$，由曲率的计算公式，得

$$K=\frac{|y''|}{(1+y'^2)^{\frac{3}{2}}}=\frac{|2a|}{\left[1+(2ax+b)^2\right]^{\frac{3}{2}}}.$$

于是当 $x=-\dfrac{b}{2a}$ 时，曲率 K 最大. 又 $x=-\dfrac{b}{2a}$ 为抛物线的顶点的横坐标，因此抛物线在顶点处的曲率最大.

6.7.3　极坐标系下平面曲线所围图形的面积

设极坐标系下的曲线 γ 的方程为 $r=r(\theta)$，$\alpha\leqslant\theta\leqslant\beta$，其中 $r(\theta)$ 是 θ 的连续函数. 现在我们来求曲线 γ 与射线 $\theta=\alpha$，$\theta=\beta$ 所围区域 S 的面积 A（见图 6-10）.

我们用元素法来推导其面积公式. 任取 $\theta\in[\alpha,\beta]$，给 θ 的一增量 $\mathrm{d}\theta$，得 $[\theta,\theta+\mathrm{d}\theta]$. 由曲线 $r=r(\theta)$ 及向径 $\theta_1=\theta$，$\theta_2=\theta+\mathrm{d}\theta$ 所围的图形近似为一个三角形，其高近似为 $r(\theta)$，而底边长近似为 $r(\theta)\mathrm{d}\theta$. 因此其面积元素为

$$\mathrm{d}A=\frac{1}{2}r^2(\theta)\mathrm{d}\theta.$$

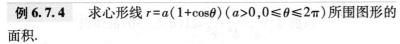

图　6-10

从 α 到 β 将其面积元素积分得 $A=\dfrac{1}{2}\displaystyle\int_\alpha^\beta r^2(\theta)\mathrm{d}\theta$.

例 6.7.4　求心形线 $r=a(1+\cos\theta)$（$a>0,0\leqslant\theta\leqslant2\pi$）所围图形的面积.

解：由以上的面积公式，得

$$A = \frac{1}{2}\int_0^{2\pi} a^2(1+\cos\theta)^2 d\theta = \frac{3}{2}\pi a^2.$$

最后我们考虑由参数方程给出的曲线 γ:

$$\begin{cases} x = x(t), \\ y = y(t) \end{cases} \quad (\alpha \leqslant t \leqslant \beta),$$

其中 $x(t)$ 严格单增且可导，$y(t) \geqslant 0$. 记 $a = x(\alpha)$，$b = x(\beta)$. 由积分的定义，曲线 γ 与 $x = a$，$x = b$，$y = 0$ 所围的曲边梯形的面积为

$$S = \int_a^b y \mathrm{d}x = \int_\alpha^\beta y(t) x'(t) \mathrm{d}t.$$

例 6.7.5　求椭圆 $\dfrac{x^2}{a^2} + \dfrac{y^2}{b^2} = 1$ 所围区域的面积.

解：将上半椭圆的方程写成参数式

$$\begin{cases} x = a\cos t, \\ y = b\sin t, \end{cases} \quad t \in [0, \pi],$$

则

$$A = 2\int_{-a}^a y \mathrm{d}x = 2\int_\pi^0 b\sin t \cdot (-a\sin t) \mathrm{d}t$$

$$= 2ab\int_0^\pi \frac{1-\cos 2t}{2} \mathrm{d}t = \pi ab.$$

6.7.4　旋转体的体积和侧面积

设空间某立体 Ω 介于平面 $z = a$ 和 $z = b$ 之间，假定过 $z \in [a,b]$ 的水平平面与 Ω 的截面面积为 $A(z)$. 现在我们来求 Ω 的体积. 考虑微元法，给 z 一个增量 $\mathrm{d}z$. 立体位于高度为 z 和 $z+\mathrm{d}z$ 之间的部分近似为一个柱体，体积元素 $\mathrm{d}V = A(z)\mathrm{d}z$. 由此得立体 Ω 的体积为

$$V = \int_a^b A(z) \mathrm{d}z.$$

特别地，若立体 Ω 的边界曲面是由 yOz 面上一条曲线 $y = f(z)$，$z \in [a,b]$，$y > 0$ 绕 z 轴旋转而成，此时立体为旋转体. 高度为 z 的水平平面与旋转体的截面为圆盘，面积为 $A(z) = \pi f^2(z)$. 因此 Ω 的体积由以下积分给出：

$$V = \pi \int_a^b f^2(z) \mathrm{d}z.$$

例 6.7.6　求椭球体 $\dfrac{x^2}{a^2} + \dfrac{y^2}{b^2} + \dfrac{z^2}{c^2} \leqslant 1 (a,b,c > 0)$ 的体积.

解：高度为 $z \in [-c, c]$ 的平面与椭球体的截面为椭圆区域：

$$\frac{x^2}{a^2\left(1-\dfrac{z^2}{c^2}\right)}+\frac{y^2}{b^2\left(1-\dfrac{z^2}{c^2}\right)}\leqslant 1.$$

该椭圆区域的面积为 $\pi ab\left(1-\dfrac{z^2}{c^2}\right)$，因此椭球体的体积

$$V=\int_{-c}^{c}\pi ab\left(1-\frac{z^2}{c^2}\right)\mathrm{d}z=\pi ab\left(z-\frac{z^3}{3c^2}\right)\Big|_{-c}^{c}=\frac{4}{3}\pi abc.$$

下面我们来讨论旋转体的侧面积问题. 设旋转体的侧面是由曲线 $y=f(z)>0(z\in[a,b])$ 绕 z 轴旋转一周而成的. 为求面积仍然考虑元素法. 对 $[a,b]$ 做分割 T，介于 z_{i-1}，z_i 之间的带形曲面可近似为标准环面. 环面的高度取为 z_{i-1}，z_i 之间曲线的弧长，环面的周长取为 $2\pi f(z_i)$.

$$\begin{aligned}
S&=\lim_{\lambda(T)\to 0}\sum_{i=1}^{n}\Delta S_i\\
&=\lim_{\lambda(T)\to 0}\sum_{i=1}^{n}2\pi f(z_i)\cdot\sqrt{1+(f'(z_i))^2}\cdot\Delta z_i\\
&=\int_{a}^{b}2\pi f(z)\sqrt{1+(f'(z))^2}\,\mathrm{d}z.
\end{aligned}$$

例 6.7.7　求圆周 $x^2+y^2=R^2$ 上介于 $a\leqslant x\leqslant a+h$ 的部分绕 x 轴旋转所得曲面的面积，其中 $-R\leqslant a<a+h\leqslant R$.

解：所求曲面为旋转体的侧面，由上述面积公式

$$\begin{aligned}
S&=2\pi\int_{a}^{a+h}\sqrt{R^2-x^2}\sqrt{1+(f'(x))^2}\,\mathrm{d}x\\
&=2\pi\int_{a}^{a+h}\sqrt{R^2-x^2}\frac{R}{\sqrt{R^2-x^2}}\,\mathrm{d}x\\
&=2\pi hR.
\end{aligned}$$

积分的思想和方法在实际问题中应用十分广泛，下面举几个例子.

首先考虑物体沿直线运动力的做功问题. 假设力 F 的方向与物体运动方向一致，当力的大小不变的时候，所做的功为 $W=F\cdot s$，其中 s 为物体的位移. 在实际问题中，物体在运动过程中所受到的力经常是变化的，下面通过一个例子讨论变力作用下直线运动的做功问题.

例 6.7.8　设坐标原点处有一个带 q 电量的正电荷，在 r 轴上距离原点为 r 的地方有一个单位正电荷，求这个单位正电荷在电场力作用下从 $r=a$ 处移动到 $r=b(a<b)$ 处时电场力对它所做的功.

解：由物理学定律知，两电荷之间的作用力为

$$f = k\frac{1 \cdot q}{r^2},$$

其中 k 为常数. 下面考虑元素法. 取积分变量为 r, 积分区间为 $[a,b]$; 在区间 $[a,b]$ 上取一小区间 $[r, r+dr]$, 电场力在这个小区间所做的功近似于把力作为常力所做的功, 从而得到功的元素为

$$dW = k\frac{1 \cdot q}{r^2}dr.$$

功的元素求和, 然后再考虑对 $[a,b]$ 的分割越来越细, 则得到所求的电场力做的功为

$$W = kq\int_a^b \frac{dr}{r^2} = kq\left(\frac{1}{a} - \frac{1}{b}\right).$$

下面考虑液体的静压力问题. 一面积为 A 的平板水平地放置在液体深度为 h 处, 平板一侧所受的液体压力为 $F = \rho gh \cdot A$, 其中 ρ 为液体的密度. 如果平板不是水平放置, 而是垂直放置于液体中, 则不同深度所受的压强是不一样的, 这时要计算平板的一侧所受的液体压力就要复杂一些了.

例 6.7.9　求洒水车水箱装了一半水时, 水箱一侧面的所受的压力. 其中水的密度为 ρ, 水箱的侧面为椭圆区域, 以椭圆中心为原点建立坐标系, 边界曲线方程为

$$\frac{x^2}{a^2} + \frac{y^2}{b^2} = 1, \quad (a > b > 0).$$

解: 取积分变量为 y, 积分区间为 $[-b,0]$; 在区间 $[-b,0]$ 上取一小区间 $[y, y+dy]$, 对应水箱侧面高度为 y 到 $y+dy$ 的部分. 将这部分近似为一个矩形, 宽为 $2x$, 高为 dy, 对应面积

$$dA = 2xdy = 2a\sqrt{1 - \frac{y^2}{b^2}}dy,$$

所受的压力元素为

$$dF = \rho g(-y) \cdot dA = \rho g(-y)2a\sqrt{1 - \frac{y^2}{b^2}}dy.$$

由此得到水箱的一个侧面所受的总压力为

$$F = \int_{-b}^0 \rho g(-y)2a\sqrt{1 - \frac{y^2}{b^2}}dy = \frac{2}{3}ab^2\rho g.$$

最后考虑一个经济方面的问题. 设某产品的总成本为 $C(Q)$, 总收益为 $R(Q)$, 其中 Q 为该产品的产量. 该产品的边际成本为 $C'(Q)$, 边际收益为 $R'(Q)$. 于是当该产品产量为 Q 时, 总成本为

$$C(Q) = \int_0^Q C'(Q)\mathrm{d}Q + C_0,$$

其中 C_0 为固定成本；总收益为

$$R(Q) = \int_0^Q R'(Q)\mathrm{d}Q.$$

在此基础上，可以再讨论总利润、边际利润和平均成本等.

例 6.7.10　某工厂生产一种产品，每天生产 $Q\mathrm{t}$ 时的总成本为 $C(Q)$（元），已知边际成本为 $1000 + 60Q - 6Q^2$，求产品从 $2\mathrm{t}$ 增加到 $4\mathrm{t}$ 时的总成本改变量及平均成本.

解：当产量从 $2\mathrm{t}$ 增加到 $4\mathrm{t}$ 时，总成本改变量为

$$\Delta C = \int_2^4 (1000 + 60Q - 6Q^2)\mathrm{d}Q$$

$$= (1000Q + 30Q^2 - 2Q^3)\Big|_2^4 = 2248(元)$$

此时的平均成本为 $\dfrac{\Delta C}{\Delta Q} = \dfrac{2248}{2} = 1124(元/\mathrm{t})$.

习题 6.7

1. 求下列曲线的弧长：

(1) 星形线 $x = a\cos^3 t$，$y = a\sin^3 t$，$0 \leqslant t \leqslant 2\pi$；

(2) 悬链线 $y = \mathrm{ch}x$，$x \in [-1, 1]$；

(3) 抛物线 $y = ax^2$，$-1 \leqslant x \leqslant 1$；

(4) 曲线 $x = \dfrac{y^2}{4} - \dfrac{1}{2}\ln y$，$y \in [1, \mathrm{e}]$；

(5) 曲线 $y = \ln x$，$\sqrt{3} \leqslant x \leqslant \sqrt{8}$；

(6) 曲线 $\begin{cases} x = a(\cos t + t\sin t), \\ y = a(\sin t - t\cos t), \end{cases}$ $0 \leqslant t \leqslant 2\pi$；

(7) 阿基米德螺线 $r = a\varphi$，$0 \leqslant \varphi \leqslant 2\pi$.

2. 求下列曲线的曲率和曲率半径：

(1) 抛物线 $y^2 = 2px(p > 0)$；

(2) 双曲线 $\dfrac{x^2}{a^2} - \dfrac{y^2}{b^2} = 1$；

(3) 圆的渐开线 $x = a(\cos t + t\sin t)$，$y = a(\sin t - t\cos t)(a > 0)$.

3. 求曲线 $y = \ln x$ 在点 $(1, 0)$ 处的曲率圆方程.

4. 求由下列极坐标方程所表示曲线围成图形的面积（其中 $a > 0$）：

(1) 双纽线 $r^2 = a\cos 2\varphi$；

(2) 三叶线 $r = a\sin 3\varphi$；

(3) 笛卡儿叶形线 $r = \dfrac{3a\sin\varphi\cos\varphi}{\sin^3\varphi + \cos^3\varphi}$.

5. 求由下列方程所表示的曲线围成图形的面积：

(1) $x^{\frac{2}{3}} + y^{\frac{2}{3}} = 1$；

(2) $x^4 + y^4 = x^2 + y^2$；

(3) $(x^2 + y^2)^2 = 2xy$；

(4) 旋轮线 $\begin{cases} x = a(t - \sin t), \\ y = a(1 - \cos t), \end{cases}$ 与 x 轴，其中 $0 \leqslant t \leqslant 2\pi$，$a > 0$.

6. 求下列旋转体的体积：

(1) 双曲线 $xy = 9$ 与直线 $x + y = 10$ 所围成的图形绕 y 轴旋转；

(2) 抛物线 $y^2 = 4x$ 与 $y^2 = 8x - 4$ 所围成的图形绕 x 轴旋转；

(3) 曲线 $x^2 + y^2 = 25(x \geqslant 0)$ 与 $16x = 3y^2$ 所围成的图形绕 x 轴旋转；

(4) 曲线 $y = \sin x(x \in [0, \pi])$ 与 x 轴围成的图形分别绕 x 轴、y 轴旋转；

(5) 星形线 $x^{\frac{2}{3}} + y^{\frac{2}{3}} = a^{\frac{2}{3}}$ 所围成的图形绕 x 轴旋转；

(6) $x^2+(y-5)^2=16$ 所围图形绕 x 轴旋转.

7. 求下列曲线绕 x 轴旋转一周所成旋转体的侧面积：

(1) $y^2=2px$, $0 \leqslant x \leqslant 1$；

(2) $\dfrac{x^2}{a^2}+\dfrac{y^2}{b^2}=1$；

(3) $x^{\frac{2}{3}}+y^{\frac{2}{3}}=a^{\frac{2}{3}}$；

(4) $y=\sin x$, $0 \leqslant x \leqslant \pi$.

8. 分别求出抛物线 $y=x^2(0 \leqslant x \leqslant h)$ 绕 x 轴和 y 轴旋转而得到旋转体的体积.

9. 求旋轮线 $\begin{cases} x=a(t-\sin t), \\ y=a(1-\cos t) \end{cases}$ 的一拱与 x 轴围成的图形绕直线 $y=2a$ 旋转所得旋转体的体积.

10. 求心形线的一段 $r=a(1+\cos\varphi)$ $\left(0 \leqslant \varphi \leqslant \dfrac{\pi}{2}\right)$ 绕极轴旋转所得立体的体积.

11. 在旋轮线 $\begin{cases} x=a(t-\sin t), \\ y=a(1-\cos t) \end{cases}$ 上求分摆线第一拱的长成 $1:3$ 的点的坐标.

12. 求心形线 $\rho=a(1+\cos\theta)$ 的全长.

6.8 广义积分

一个函数如果黎曼可积，它首先需要的是闭区间上的有界函数. 当被积函数 $f(x)$ 大于 0 时，黎曼积分 $\displaystyle\int_a^b f(x)\,\mathrm{d}x$ 表示曲线 $y=f(x)$ 下方曲边梯形的面积. 有些时候我们还会考虑无穷区间上的函数，或者有限区间上的无界函数，关心它们对应的曲线与 x 轴所围图形的面积. 例如定义在无穷区间 $[1,+\infty)$ 的函数 $\dfrac{1}{x^2}$，或者定义在有限区间 $(0,1]$ 上的无界函数 $\dfrac{1}{\sqrt{x}}$（见图 6-11）.

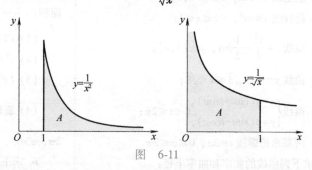

图 6-11

这些函数下方图形的"面积"仍然可能是有限的，我们可以通过黎曼积分的极限来研究它. 为此将黎曼积分做两个方向的推广：无穷区间上函数的积分——无穷积分；无界函数在有限区间上的积分——瑕积分. 这样的积分统称为广义积分.

6.8.1 无穷积分

定义 6.8.1 设函数 $f(x)$ 在 $[a,+\infty)$ 上有定义，且对任意 $A \in (a,+\infty)$, $f(x)$ 在 $[a,A]$ 上可积. 如果 $\displaystyle\lim_{A \to +\infty}\int_a^A f(x)\,\mathrm{d}x$ 存在，则

称无穷积分 $\int_a^{+\infty} f(x)\mathrm{d}x$ 收敛，并记

$$\int_a^{+\infty} f(x)\mathrm{d}x = \lim_{A\to+\infty}\int_a^A f(x)\mathrm{d}x.$$

如果 $\lim\limits_{A\to+\infty}\int_a^A f(x)\mathrm{d}x$ 不存在，则称无穷积分 $\int_a^{+\infty} f(x)\mathrm{d}x$ 发散.

　　类似地，可以定义函数在 $(-\infty,b]$ 上的无穷积分的敛散性.

　　若函数 $f(x)$ 定义在 $(-\infty,+\infty)$ 上，任取实数 c，若 $\int_{-\infty}^c f(x)\mathrm{d}x$

与 $\int_c^{+\infty} f(x)\mathrm{d}x$ 都收敛，则称无穷积分 $\int_{-\infty}^{+\infty} f(x)\mathrm{d}x$ 收敛，并且记

$$\int_{-\infty}^{+\infty} f(x)\mathrm{d}x = \int_{-\infty}^c f(x)\mathrm{d}x + \int_c^{+\infty} f(x)\mathrm{d}x.$$

从定义可以看出，积分 $\int_{-\infty}^{+\infty} f(x)\mathrm{d}x$ 收敛与否以及它的积分值均与 c

的选取无关. 若 $\int_{-\infty}^c f(x)\mathrm{d}x$ 和 $\int_c^{+\infty} f(x)\mathrm{d}x$ 中至少有一个发散，则称

无穷积分 $\int_{-\infty}^{+\infty} f(x)\mathrm{d}x$ 发散.

　　类似于黎曼积分，无穷积分也有相应的牛顿-莱布尼茨公式、换元公式与分部积分公式.

例 6.8.1　　讨论无穷积分 $\int_1^{+\infty}\dfrac{1}{x^p}\mathrm{d}x$ 的敛散性，其中 p 为实数.

　　解：当 $p=1$ 时，

$$\int_1^{+\infty}\frac{\mathrm{d}x}{x} = \lim_{A\to+\infty}\int_1^A\frac{\mathrm{d}x}{x} = \lim_{A\to+\infty}\ln A = +\infty.$$

当 $p\neq 1$ 时，

$$\int_1^{+\infty}\frac{\mathrm{d}x}{x^p} = \lim_{A\to+\infty}\int_1^A\frac{\mathrm{d}x}{x^p} = \lim_{A\to+\infty}\frac{x^{-p+1}}{1-p}\bigg|_1^A$$

$$= \lim_{A\to+\infty}\frac{A^{-p+1}-1}{1-p} = \begin{cases}\dfrac{1}{p-1}, & p>1, \\[2mm] +\infty, & p<1.\end{cases}$$

因此无穷积分 $\int_1^{+\infty}\dfrac{\mathrm{d}x}{x^p}$ 当 $p>1$ 时收敛，当 $p\leqslant 1$ 时发散.

　　下面我们考虑无穷积分敛散性的判别法，主要讨论 $\int_a^{+\infty} f(x)\mathrm{d}x$
的情形，其余情形可类似给出.

　　首先考虑非负函数的无穷积分.

定理 6.8.1 设 $f(x)$ 为 $[a, +\infty)$ 上的非负函数，无穷积分 $\int_a^{+\infty} f(x)\,dx$ 收敛的充分必要条件是存在常数 $M>0$，使得对一切 $A \geq a$ 有

$$\int_a^A f(x)\,dx \leq M.$$

证明：由于 $F(A) = \int_a^A f(x)\,dx$ 在 $[a, +\infty)$ 上是 A 的单调增加函数．因此由单调有界原理即可推出定理．

由以上定理，我们立即得到下面的比较判别法．

定理 6.8.2 （比较判别法） 设非负函数 $f(x)$，$g(x)$ 在 $[a, +\infty)$ 上有定义，对任意 $A > a$，在 $[a, A]$ 上可积．若存在 $X \geq a$ 使得当 $x \geq X$ 时，成立

$$f(x) \leq g(x),$$

则：

(1) 若 $\int_a^{+\infty} g(x)\,dx$ 收敛，则 $\int_a^{+\infty} f(x)\,dx$ 也收敛；

(2) 若 $\int_a^{+\infty} f(x)\,dx$ 发散，则 $\int_a^{+\infty} g(x)\,dx$ 也发散．

例 6.8.2 讨论无穷积分 $\int_0^{+\infty} e^{-x^2}\,dx$ 的敛散性．

解：当 $x \geq 1$ 时，

$$e^{-x^2} \leq e^{-x}.$$

由于无穷积分 $\int_0^{+\infty} e^{-x}\,dx$ 收敛（可由定义判定），故 $\int_0^{+\infty} e^{-x^2}\,dx$ 收敛．

例 6.8.3 讨论无穷积分

$$\int_1^{+\infty} \frac{e^{\sin x} + 8\cos^2 x}{x + \sqrt{x}}\,dx$$

的敛散性．

解：由于

$$\frac{e^{\sin x} + 8\cos^2 x}{x + \sqrt{x}} \geq \frac{e^{\sin x}}{2x} \geq \frac{e^{-1}}{2x}, \qquad \forall x > 1,$$

由于 $\int_1^{+\infty} \frac{e^{-1}}{2x}\,dx$ 发散，由比较判别法，积分 $\int_1^{+\infty} \frac{e^{\sin x} + 8\cos^2 x}{x + \sqrt{x}}\,dx$ 发散．

对于非负函数的无穷积分，也有极限形式的比较判别法．

推论 6.8.1　（极限形式的比较判别法） 设非负函数 $f(x)$，$g(x)$ 在 $[a,+\infty)$ 上有定义，对任给 $A>a$，在 $[a,A]$ 上可积. 若
$$\lim_{x\to+\infty}\frac{f(x)}{g(x)}=l,\ \ 则$$

(1) 当 $0<l<+\infty$ 时，$\displaystyle\int_a^{+\infty}g(x)\mathrm{d}x$ 与 $\displaystyle\int_a^{+\infty}f(x)\mathrm{d}x$ 敛散性相同；

(2) 当 $l=0$ 时，若 $\displaystyle\int_a^{+\infty}g(x)\mathrm{d}x$ 收敛，则 $\displaystyle\int_a^{+\infty}f(x)\mathrm{d}x$ 收敛；

(3) 当 $l=+\infty$ 时，若 $\displaystyle\int_a^{+\infty}g(x)\mathrm{d}x$ 发散，则 $\displaystyle\int_a^{+\infty}f(x)\mathrm{d}x$ 发散.

例 6.8.4　讨论无穷积分 $\displaystyle\int_2^{+\infty}\frac{3}{e^x-5}\mathrm{d}x$ 的敛散性.

解：由于
$$\lim_{x\to+\infty}\frac{\dfrac{3}{e^x-5}}{\dfrac{1}{e^x}}=3,$$

而 $\displaystyle\int_2^{+\infty}\frac{1}{e^x}\mathrm{d}x$ 收敛，由极限形式的比较判别法，$\displaystyle\int_2^{+\infty}\frac{3}{e^x-5}\mathrm{d}x$ 收敛.

例 6.8.5　讨论无穷积分
$$\int_2^{+\infty}\frac{\mathrm{d}x}{x^p\ln x}$$
的敛散性.

解：当 $p>1$ 时，
$$\lim_{x\to+\infty}\frac{\dfrac{1}{x^p\ln x}}{\dfrac{1}{x^p}}=0.$$

故当 $p>1$ 时，原无穷积分收敛；当 $p<1$ 时，取 $\varepsilon_0>0$，使得 $p+\varepsilon_0<1$. 由于
$$\lim_{x\to+\infty}\frac{\dfrac{1}{x^p\ln x}}{\dfrac{1}{x^{p+\varepsilon_0}}}=+\infty,$$

故原无穷积分发散.

当 $p=1$ 时，
$$\int_2^A\frac{\mathrm{d}x}{x\ln x}=\ln(\ln A)-\ln(\ln 2)\to+\infty\quad(A\to+\infty),$$

此时原无穷积分发散.

下面考虑一般函数的无穷积分，首先是柯西收敛原理.

定理 6.8.3 （柯西收敛原理） 设函数 $f(x)$ 在 $[a,+\infty)$ 上有定义，对任给 $A>a$，在 $[a,A]$ 上可积. 无穷积分 $\int_a^{+\infty} f(x)\,\mathrm{d}x$ 收敛的充分必要条件是对于任给的 $\varepsilon>0$，存在 $X>a$，当 $A''>A'>X$ 时，有

$$\left| \int_{A'}^{A''} f(x)\,\mathrm{d}x \right| < \varepsilon.$$

定义 6.8.2 设函数 $f(x)$ 在 $[a,+\infty)$ 上有定义，对于 $\forall A>a$，在 $[a,A]$ 上可积. 若 $\int_a^{+\infty} |f(x)|\,\mathrm{d}x$ 收敛，则称 $\int_a^{+\infty} f(x)\,\mathrm{d}x$ 绝对收敛；若 $\int_a^{+\infty} f(x)\,\mathrm{d}x$ 收敛，但 $\int_a^{+\infty} |f(x)|\,\mathrm{d}x$ 发散，则称 $\int_a^{+\infty} f(x)\,\mathrm{d}x$ 条件收敛.

定理 6.8.4 设函数 $f(x)$ 在 $[a,+\infty)$ 上有定义，对任给 $A>a$，在 $[a,A]$ 上可积. 若 $\int_a^{+\infty} f(x)\,\mathrm{d}x$ 绝对收敛，则 $\int_a^{+\infty} f(x)\,\mathrm{d}x$ 必收敛.

证明：假设 $\int_a^{+\infty} |f(x)|\,\mathrm{d}x$ 收敛，由柯西收敛原理，对任给 $\varepsilon>0$，存在 $X>a$，当 $A''>A'>X$ 时，有

$$\int_{A'}^{A''} |f(x)|\,\mathrm{d}x < \varepsilon.$$

因此，有

$$\left| \int_{A'}^{A''} f(x)\,\mathrm{d}x \right| \leqslant \int_{A'}^{A''} |f(x)|\,\mathrm{d}x < \varepsilon.$$

再由柯西收敛原理知 $\int_a^{+\infty} f(x)\,\mathrm{d}x$ 收敛.

例 6.8.6   证明：当 $\alpha>0$ 时，积分

$$\int_1^{+\infty} \frac{\sin x}{x^{1+\alpha}}\,\mathrm{d}x$$

绝对收敛.

证明：由于

$$\left| \frac{\sin x}{x^{1+\alpha}} \right| \leqslant \frac{1}{x^{1+\alpha}}, \quad \forall x \geqslant 1,$$

而 $\int_1^{+\infty} \dfrac{\mathrm{d}x}{x^{1+\alpha}}$ 在 $\alpha>0$ 时收敛. 由比较判别法, 积分 $\int_1^{+\infty} \dfrac{\sin x}{x^{1+\alpha}} \mathrm{d}x$ 绝对收敛.

当被积函数为两个函数相乘的形式时, 有阿贝尔-狄利克雷判别法.

定理 6.8.5 （阿贝尔-狄利克雷判别法） 设函数 $f(x)$, $g(x)$ 在 $[a,+\infty)$ 上有定义. 若下列两组条件之一成立时, 无穷积分 $\int_a^{+\infty} f(x)g(x)\mathrm{d}x$ 收敛:

阿贝尔判别条件:

(1) $f(x)$ 在 $[a,+\infty)$ 上单调且有界;

(2) 积分 $\int_a^{+\infty} g(x)\mathrm{d}x$ 收敛;

狄利克雷判别条件:

(1) $f(x)$ 在 $[a,+\infty)$ 上单调且 $\lim\limits_{x\to+\infty} f(x)=0$;

(2) 存在 $M>0$, 使得对于任意 $A>a$, 有 $\left|\int_a^A g(x)\mathrm{d}x\right| \leqslant M$.

证明: 先证明阿贝尔判别条件满足的情形.

任给 $\varepsilon>0$. 由于积分 $\int_a^{+\infty} g(x)\mathrm{d}x$ 收敛, 由柯西收敛原理, 存在 $X>0$, 当 $A''>A'>X$ 时,

$$\left|\int_{A'}^{A''} g(x)\mathrm{d}x\right| < \varepsilon.$$

函数 $f(x)$ 有界, 设 $|f(x)| \leqslant M$. 函数 $f(x)$ 单调, 考虑积分第二中值定理, 存在 $\xi \in (A',A'')$, 使得

$$\left|\int_{A'}^{A''} f(x)g(x)\mathrm{d}x\right| = \left|f(A')\int_{A'}^{\xi} g(x)\mathrm{d}x + f(A'')\int_{\xi}^{A''} g(x)\mathrm{d}x\right|$$

$$< M\left|\int_{A'}^{\xi} g(x)\mathrm{d}x\right| + M\left|\int_{\xi}^{A''} g(x)\mathrm{d}x\right|$$

$$\leqslant 2M\varepsilon.$$

由柯西收敛原理, 无穷积分 $\int_a^{+\infty} f(x)g(x)\mathrm{d}x$ 收敛.

再证明狄利克雷判别条件满足的情形. 任给 $\varepsilon>0$, 由 $\lim\limits_{x\to+\infty} f(x)=0$, 存在 $X>0$, 当 $x>X$ 时, 有 $|f(x)|<\varepsilon$. 对于任意的 $A''>A'>X$, 应用积分第二中值定理, 存在 $\xi \in (A',A'')$, 使得

$$\left|\int_{A'}^{A''} f(x)g(x)\mathrm{d}x\right|$$

$$= \left|f(A')\int_{A'}^{\xi} g(x)\mathrm{d}x + f(A'')\int_{\xi}^{A''} g(x)\mathrm{d}x\right|$$

$$< \varepsilon \left| \int_a^\xi g(x)\,\mathrm{d}x - \int_a^{A'} g(x)\,\mathrm{d}x \right| + \varepsilon \left| \int_a^{A''} g(x)\,\mathrm{d}x - \int_a^\xi g(x)\,\mathrm{d}x \right|$$

$$\leqslant \varepsilon \cdot 2M + \varepsilon \cdot 2M = 4M\varepsilon.$$

由柯西收敛原理,无穷积分 $\displaystyle\int_a^{+\infty} f(x)g(x)\,\mathrm{d}x$ 收敛.

例 6.8.7 证明无穷积分 $\displaystyle\int_1^{+\infty} \frac{\sin x}{x}\,\mathrm{d}x$ 条件收敛.

解:由于

$$\left| \int_1^A \sin x\,\mathrm{d}x \right| = |\cos 1 - \cos A| < 2,$$

且 $\dfrac{1}{x}$ 在 $[1, +\infty)$ 上单调减少趋于 0. 由狄利克雷判别法,知 $\displaystyle\int_1^{+\infty} \frac{\sin x}{x}\,\mathrm{d}x$

收敛.

由于

$$\frac{|\sin x|}{x} \geqslant \frac{\sin^2 x}{x} = \frac{1}{2x} - \frac{\cos 2x}{2x},$$

类似上面讨论,可证 $\displaystyle\int_1^{+\infty} \frac{\cos 2x}{2x}\,\mathrm{d}x$ 收敛. 由于 $\displaystyle\int_1^{+\infty} \frac{\mathrm{d}x}{2x}$ 发散,因此

$\displaystyle\int_1^{+\infty} \frac{\sin^2 x}{x}\,\mathrm{d}x$ 发散. 由比较判别法知

$$\int_1^{+\infty} \frac{|\sin x|}{x}\,\mathrm{d}x$$

发散,从而无穷积分 $\displaystyle\int_1^{+\infty} \frac{\sin x}{x}\,\mathrm{d}x$ 条件收敛.

6.8.2 瑕积分

如果 $f(x)$ 在 x_0 的左侧或右侧无界,则称 x_0 是 $f(x)$ 的一个瑕点.

定义 6.8.3 设函数 $f(x)$ 在 $[a, b)$ 上有定义,b 是 $f(x)$ 的唯一瑕点,若对于 $\forall \delta > 0$,$f(x)$ 在 $[a, b-\delta]$ 上可积,且极限

$$\lim_{\delta \to 0^+} \int_a^{b-\delta} f(x)\,\mathrm{d}x$$

存在,则称瑕积分 $\displaystyle\int_a^b f(x)\,\mathrm{d}x$ 收敛,并且记

$$\int_a^b f(x)\,\mathrm{d}x = \lim_{\delta \to 0^+} \int_a^{b-\delta} f(x)\,\mathrm{d}x.$$

若极限不存在,则称瑕积分 $\displaystyle\int_a^b f(x)\,\mathrm{d}x$ 发散.

如果 a 为 $f(x)$ 的唯一瑕点，可类似定义瑕积分 $\int_a^b f(x)\mathrm{d}x$ 的敛散性. 当 $c\in(a,b)$ 为 $f(x)$ 在 $[a,b]$ 上的唯一瑕点时，我们称 $\int_a^b f(x)\mathrm{d}x$ 收敛是指瑕积分 $\int_a^c f(x)\mathrm{d}x$ 与 $\int_c^b f(x)\mathrm{d}x$ 同时收敛.

一个无穷积分 $\int_a^{+\infty}f(x)\mathrm{d}x(a>0)$ 通过变换 $x=\dfrac{1}{t}$ 可以化为

$$\int_a^{+\infty}f(x)\mathrm{d}x=\int_0^{\frac{1}{a}}\frac{1}{t^2}f\left(\frac{1}{t}\right)\mathrm{d}t.$$

这样一个无穷积分就化成了一个黎曼积分或者瑕积分. 类似地，通过适当的换元，一个瑕积分也可以转化成一个无穷积分.

当 b 是 $f(x)$ 在 $[a,b)$ 上的唯一瑕点时，若 $F(x)$ 是 $f(x)$ 的一个原函数，则瑕积分可由下式计算出：

$$\int_a^b f(x)\mathrm{d}x=\lim_{\delta\to0^+}\int_a^{b-\delta}f(x)\mathrm{d}x=\lim_{\delta\to0^+}F(b-\delta)-F(a).$$

对于瑕积分，也有相应的换元公式与分部积分公式. 同样地，也有绝对收敛、条件收敛等概念和相应的结论，这里不再给出.

例 6.8.8 计算瑕积分 $\int_0^1\ln x\mathrm{d}x$.

解：容易看出 $x=0$ 是瑕点. 利用分部积分得

$$\int_0^1\ln x\mathrm{d}x=x\ln x\Big|_0^1-\int_0^1\mathrm{d}x=-1.$$

这里 $x\ln x$ 在 $x=0$ 处的取值指的是在 $x=0$ 处的右侧极限.

例 6.8.9 讨论 $\int_a^b\dfrac{\mathrm{d}x}{(b-x)^p}$ 的敛散性.

解法1：$x=b$ 为瑕点. 当 $p=1$ 时，

$$\int_a^b\frac{\mathrm{d}x}{b-x}=\lim_{\delta\to0^+}\int_a^{b-\delta}\frac{\mathrm{d}x}{b-x}$$
$$=\lim_{\delta\to0^+}(-\ln(b-x))\Big|_a^{b-\delta}$$
$$=\lim_{\delta\to0^+}(\ln(b-a)-\ln\delta)=+\infty.$$

当 $p\neq1$ 时，

$$\int_a^b\frac{\mathrm{d}x}{(b-x)^p}=\lim_{\delta\to0^+}\int_a^{b-\delta}\frac{\mathrm{d}x}{(b-x)^p}$$
$$=\lim_{\delta\to0^+}\left[-\frac{1}{1-p}(b-x)^{1-p}\Big|_a^{b-\delta}\right]=\begin{cases}\dfrac{(b-a)^{1-p}}{1-p},&p<1,\\+\infty,&p>1.\end{cases}$$

因此，$\int_a^b\dfrac{\mathrm{d}x}{(b-x)^p}$ 当 $p<1$ 时收敛，当 $p\geq1$ 时发散.

解法 2：也可以用以下办法来讨论 $\int_a^b \dfrac{\mathrm{d}x}{(b-x)^p}$ 的敛散性. 做变换

$t=\dfrac{1}{b-x}$，则当 $x=a$ 时，有 $t=\dfrac{1}{b-a}$；当 $x\rightarrow b^-$ 时，有 $t\rightarrow+\infty$ 并且

$$\mathrm{d}t=\frac{\mathrm{d}x}{(b-x)^2}=\frac{\mathrm{d}x}{t^2},\qquad \mathrm{d}x=t^{-2}\mathrm{d}t.$$

将它们代入 $\int_a^b \dfrac{\mathrm{d}x}{(b-x)^p}$ 得

$$\int_a^b \frac{\mathrm{d}x}{(b-x)^p}=\int_{\frac{1}{b-a}}^{+\infty} t^{-2}t^p\mathrm{d}t=\int_{\frac{1}{b-a}}^{+\infty} t^{p-2}\mathrm{d}t.$$

由无穷积分的结果知，当 $2-p>1$，即 $p<1$ 时收敛，当 $2-p\leqslant 1$，即 $p\geqslant 1$ 时发散.

下面考虑瑕积分敛散性的判别法，主要讨论以 b 为唯一瑕点的瑕积分的情形，其余情形可以类似给出.

首先考虑非负函数的瑕积分. 类似地有比较判别法和极限形式的比较判别法.

定理 6.8.6 （比较判别法） 设 $f(x)$，$g(x)$ 为 $[a,b)$ 上的非负函数，b 是 $f(x)$，$g(x)$ 的瑕点. 若存在 $\delta_0>0$，使得当 $x\in[b-\delta_0,b)$ 时有

$$f(x)\leqslant g(x),$$

则

(1) 如果 $\int_a^b g(x)\mathrm{d}x$ 收敛，则 $\int_a^b f(x)\mathrm{d}x$ 也收敛；

(2) 如果 $\int_a^b f(x)\mathrm{d}x$ 发散，则 $\int_a^b g(x)\mathrm{d}x$ 也发散.

推论 6.8.2 （极限形式的比较判别法） 设 $f(x)$，$g(x)$ 为 $[a,b)$ 上的非负函数，b 是 $f(x)$，$g(x)$ 的瑕点. 若 $\lim\limits_{x\rightarrow b^-}\dfrac{f(x)}{g(x)}=l$，则

(1) 当 $0<l<+\infty$ 时，$\int_a^b g(x)\mathrm{d}x$ 与 $\int_a^b f(x)\mathrm{d}x$ 同时收敛或同时发散；

(2) 当 $l=0$ 时，若 $\int_a^b g(x)\mathrm{d}x$ 收敛，则 $\int_a^b f(x)\mathrm{d}x$ 收敛；

(3) 当 $l=+\infty$ 时，若 $\int_a^b g(x)\mathrm{d}x$ 发散，则 $\int_a^b f(x)\mathrm{d}x$ 发散.

对于一般的被积函数，瑕积分也有柯西收敛原理.

定理 6.8.7　（柯西收敛原理）　设函数 $f(x)$ 在 $[a,b)$ 上有定义，b 是 $f(x)$ 的瑕点．瑕积分 $\int_a^b f(x)\mathrm{d}x$ 收敛的充要条件是对任给 $\varepsilon>0$，存在 $\delta>0$，使得当 $0<\delta'<\delta''<\delta$ 时，有

$$\left|\int_{b-\delta'}^{b-\delta''} f(x)\mathrm{d}x\right|<\varepsilon.$$

例 6.8.10　讨论 $\displaystyle\int_{-1}^{1}\frac{\mathrm{d}x}{(1-x^2)^p}$ 的敛散性．

解：非负被积函数有两个瑕点 $x=\pm 1$，由

$$\lim_{x\to 1^-}\frac{\dfrac{1}{(1-x^2)^p}}{\dfrac{1}{(1-x)^p}}=\frac{1}{2^p},$$

$$\lim_{x\to -1^+}\frac{\dfrac{1}{(1-x^2)^p}}{\dfrac{1}{(1+x)^p}}=\frac{1}{2^p}.$$

因此可知，当 $p<1$ 时瑕积分收敛，当 $p\geqslant 1$ 时发散．

与无穷积分类似，瑕积分也有阿贝尔-狄利克雷判别法．

定理 6.8.8　（阿贝尔-狄利克雷判别法）　设函数 $f(x)$，$g(x)$ 在 $[a,b)$ 上有定义，b 是 $g(x)$ 的瑕点．若下列两组条件之一成立时，则瑕积分 $\int_a^b f(x)g(x)\mathrm{d}x$ 收敛：

阿贝尔判别条件：

(1) $f(x)$ 在 $[a,b)$ 上单调且有界；

(2) 瑕积分 $\int_a^b g(x)\mathrm{d}x$ 收敛；

狄利克雷判别条件：

(1) $f(x)$ 在 $[a,b)$ 上单调且 $\lim\limits_{x\to b^-}f(x)=0$；

(2) 存在 $M>0$，使得对于 $\forall\,\delta>0$，有 $\left|\int_a^{b-\delta} g(x)\mathrm{d}x\right|\leqslant M$．

例 6.8.11　证明瑕积分 $\displaystyle\int_0^1\frac{1}{x^p}\sin\frac{1}{x}\mathrm{d}x$ 当 $0<p<2$ 时收敛．

证明：设

$$f(x)=\frac{1}{x^2}\sin\frac{1}{x},\qquad g(x)=x^{2-p}.$$

对于 $0 < \delta < 1$，有

$$\int_{\delta}^{1} f(x)\, dx = \int_{\delta}^{1} \frac{1}{x^2} \sin \frac{1}{x}\, dx = \cos \frac{1}{x}\Big|_{\delta}^{1} \leqslant 2,$$

所以 $\int_{\delta}^{1} f(x)\, dx$ 有界，而函数 $g(x)$ 在 $(0,1)$ 上单调，且 $\lim\limits_{x \to 0^-} g(x) = 0$.

由狄利克雷判别法，瑕积分 $\int_{0}^{1} \frac{1}{x^p} \sin \frac{1}{x}\, dx$ 收敛.

最后，将数项级数 $\sum\limits_{n=1}^{\infty} a_n$、无穷积分 $\int_{a}^{+\infty} f(x)\, dx$ 和瑕积分

$\int_{a}^{b} f(x)\, dx$（b 为瑕点）的敛散性做类比：

$$\sum_{n=1}^{\infty} a_n \text{ 收敛} \Leftrightarrow \lim_{N \to \infty} \sum_{n=1}^{N} a_n \text{ 存在有限};$$

$$\int_{a}^{+\infty} f(x)\, dx \text{ 收敛} \Leftrightarrow \lim_{A \to +\infty} \int_{a}^{A} f(x)\, dx \text{ 存在有限};$$

$$\int_{a}^{b} f(x)\, dx \text{ 收敛} \Leftrightarrow \lim_{\eta \to 0^+} \int_{a}^{b-\eta} f(x)\, dx \text{ 存在有限}.$$

从类比中，我们发现它们的敛散性之间有以下联系.

定理 6.8.9 设 $f(x) \geqslant 0$ 是定义在 $[1, +\infty)$ 上的函数. 记 $u_n = \int_{n}^{n+1} f(x)\, dx$，则无穷积分 $\int_{1}^{+\infty} f(x)\, dx$ 与数项级数 $\sum\limits_{n=1}^{\infty} u_n$ 具有相同的敛散性，并且若收敛时，有

$$\int_{1}^{+\infty} f(x)\, dx = \sum_{n=1}^{\infty} u_n.$$

证明：因为

$$\sum_{n=1}^{N} u_n = \sum_{n=1}^{N} \int_{n}^{n+1} f(x)\, dx = \int_{1}^{N+1} f(x)\, dx,$$

注意到 $f(x) \geqslant 0$，以及数项级数收敛和无穷积分收敛的定义，定理成立.

推论 6.8.3 （正项级数收敛的"积分判别法"） 设 $f(x) \geqslant 0$ 是定义在 $[1, +\infty)$ 上单调减少的函数，则数项级数 $\sum\limits_{n=1}^{\infty} f(n)$ 和无穷积分 $\int_{1}^{+\infty} f(x)\, dx$ 具有相同的敛散性.

证明：记 $u_n = \int_{n}^{n+1} f(x)\, dx$. 由于函数 $f(x)$ 单调减少，

$$f(n+1) \leqslant u_n \leqslant f(n),$$

由正项级数的比较判别法，可得 $\sum\limits_{n=1}^{\infty} f(n)$ 与 $\sum\limits_{n=1}^{\infty} u_n$ 具有相同的敛散

性. 由定理 6.8.9，$\sum\limits_{n=1}^{\infty} u_n$ 与 $\int_1^{+\infty} f(x)\,\mathrm{d}x$ 具有相同的敛散性，因此

无穷积分 $\int_1^{+\infty} f(x)\,\mathrm{d}x$ 和数项级数 $\sum\limits_{n=1}^{\infty} f(n)$ 具有相同的敛散性.

　　注　由例 6.8.1 和例 6.8.5 的结论，再根据以上推论，可

以知道数项级数 $\sum\limits_{n=1}^{\infty} \dfrac{1}{n^p}$ 和 $\sum\limits_{n=1}^{\infty} \dfrac{1}{n^p \ln n}$ 都是当 $p>1$ 时收敛，$p \leqslant 1$ 时

发散.

　　类似地，我们可以建立瑕积分与无穷级数敛散性的关系.

定理 6.8.10　设 $f(x) \geqslant 0$ 是 (a,b) 上的函数，b 为瑕点. 设 $\{a_n\}$
是严格单调增加趋于 b 的数列，且 $a_1 = a$. 记

$$u_n = \int_{a_n}^{a_{n+1}} f(x)\,\mathrm{d}x,$$

则瑕积分 $\int_a^b f(x)\,\mathrm{d}x$ 与数项级数 $\sum\limits_{n=1}^{\infty} u_n$ 具有相同的敛散性，并且

若收敛时，有

$$\int_a^b f(x)\,\mathrm{d}x = \sum\limits_{n=1}^{\infty} u_n.$$

习题 6.8

1. 计算下列无穷积分：

（1）$\int_1^{+\infty} \dfrac{\ln x}{(1+x)^2}\mathrm{d}x$；

（2）$\int_1^{+\infty} \dfrac{x\,\mathrm{d}x}{(x^2+a^2)^{\frac{3}{2}}}$　$(a \neq 0)$；

（3）$\int_1^{+\infty} \dfrac{\mathrm{d}x}{x\sqrt{x^2+x+1}}$；（4）$\int_1^{+\infty} \dfrac{\arctan x}{x^2}\mathrm{d}x$.

2. 判别下列无穷积分是否收敛：

（1）$\int_0^{+\infty} \dfrac{\sin x}{1+\mathrm{e}^{-x}}\mathrm{d}x$；　　（2）$\int_0^{+\infty} \dfrac{x^2+100x+1000}{x^4-x^3+1}\mathrm{d}x$；

（3）$\int_1^{+\infty} \dfrac{\ln^6 x}{x^p}\mathrm{d}x$　$(p>0)$；

（4）$\int_0^{+\infty} \dfrac{x^p}{1+x^q}\mathrm{d}x$　$(p>0,q>0)$；

（5）$\int_0^{+\infty} x^{\alpha}\mathrm{e}^{-\beta x}\mathrm{d}x$　$(\alpha \geqslant 0, \beta>0)$；

（6）$\int_0^{+\infty} \dfrac{\arctan x}{(1+x^2)^{3/2}}\mathrm{d}x$.

3. 讨论下列无穷积分的绝对收敛性与条件收敛性：

（1）$\int_1^{+\infty} \dfrac{\sin x}{x^p}\mathrm{d}x$；　　　（2）$\int_2^{+\infty} \dfrac{\sin x}{x\ln x}\mathrm{d}x$；

（3）$\int_1^{+\infty} \dfrac{\sqrt{x}\cos x}{x+3}\mathrm{d}x$；

（4）$\int_1^{+\infty} \dfrac{\cos(3x+2)}{\sqrt{x^3+1}\cdot\sqrt[3]{x^2+1}}\mathrm{d}x$；

（5）$\int_0^{+\infty} \sin x^2\,\mathrm{d}x$；　　（6）$\int_1^{+\infty} \dfrac{\sin x \arctan x}{x^p}\mathrm{d}x$.

4. 判断下列瑕积分的收敛性，如果收敛求其值：

(1) $\int_0^1 \dfrac{\mathrm{d}x}{\sqrt[3]{1-x}}$;　　　(2) $\int_{-1}^1 \dfrac{\mathrm{d}x}{\sqrt{1-x^2}}$;

(3) $\int_0^1 \dfrac{\mathrm{d}x}{x\ln x}$;　　　(4) $\int_0^1 \dfrac{\mathrm{d}x}{x\ln^2 x}$.

5. 讨论下列广义积分的收敛性:

(1) $\int_0^{+\infty} \dfrac{\mathrm{d}x}{\sqrt{x}\,(1+x)}$;　　　(2) $\int_2^{+\infty} \dfrac{\mathrm{d}x}{x\sqrt{x^2-4}}$;

(3) $\int_0^{+\infty} \dfrac{\mathrm{d}x}{x^p+x^q}$;　　　(4) $\int_0^{+\infty} \dfrac{\mathrm{e}^{-x}}{\sqrt{x}}\mathrm{d}x$;

(5) $\int_0^{\frac{\pi}{2}} \dfrac{\mathrm{d}x}{\sin^2 x\cos^2 x}$;　　　(6) $\int_0^1 \dfrac{\ln x}{x^2-1}\mathrm{d}x$.

6. 证明下面两积分收敛并且积分值相等:

$$\int_0^{+\infty} \frac{\cos x}{1+x}\mathrm{d}x = \int_0^{+\infty} \frac{\sin x}{(1+x)^2}\mathrm{d}x,$$

并判断它们是否绝对收敛.

7. 试构造 $[1,+\infty)$ 上的一个连续函数 $f(x)$, 使得积分 $\int_1^{+\infty} f(x)\mathrm{d}x$ 收敛, 但当 x 趋于 $+\infty$ 时, $f(x)$ 不趋于 0.

8. 设无穷积分 $\int_a^{+\infty} f(x)\mathrm{d}x$ 收敛. 证明: 如果 $f(x)$ 在 $[a,+\infty)$ 上单调, 则 $\lim\limits_{x\to+\infty} xf(x)=0$.

9. 设 $f(x)$ 在 $[1,+\infty)$ 上有定义, $\lim\limits_{x\to+\infty} f(x)=0$, 并在任意闭子区间可积. 令

$$a_n = \int_n^{n+1} f(x)\mathrm{d}x,\ n=1,\ 2,\ \cdots.$$

证明: $\int_1^{+\infty} f(x)\mathrm{d}x$ 收敛的充要条件是 $\sum\limits_{n=1}^{\infty} a_n$ 收敛.

10. 设 $f(x)$ 是 $[0,+\infty)$ 上周期为 2π 的连续函数并且 $\int_0^{2\pi} f(x)\mathrm{d}x=0$. 证明积分

$$\int_1^{+\infty} x^{-p}f(x)\mathrm{d}x\quad (p>0)$$

收敛.

11. 计算积分值 $\int_0^{\frac{\pi}{2}} \ln\sin x\mathrm{d}x$.

6.9　微积分的数值计算

这一节介绍微分和积分的数值计算, 简要起见, 只给出方法和结论, 证明过程略去.

6.9.1　数值微分

在实际问题中, 一个函数经常是以离散的形式给出的, 即数据表格形式给出的. 要求函数在某点的导数值, 只用其附近点上的函数值做某种运算近似地表示, 这属于微分的数值计算, 或称为数值微分.

1. 差商型求导公式

由导数定义, $f'(x)=\lim\limits_{h\to 0}\dfrac{f(x+h)-f(x)}{h}$, 容易想到当 h 充分小时, 可用差商近似导数. 数值微分就是用函数值的线性组合近似函数在某点的导数值.

由泰勒公式得到它们的余项公式:

$$f(x\pm h)=f(x)\pm hf'(x)+\frac{h^2}{2!}f''(x)\pm\frac{h^3}{3!}f'''(x)+\cdots+\frac{(\pm h)^n}{n!}f^{(n)}(\xi).$$

根据不同的组合方式可以得到精度不同的差商公式, 以函数的一阶导数为例:

微分公式	差商表达式	截断误差
两点前向	$f'(x)\approx\dfrac{f(x+h)-f(x)}{h}$	$o(h)$
两点后向	$f'(x)\approx\dfrac{f(x)-f(x-h)}{h}$,	$o(h)$
三点中心	$f'(x)\approx\dfrac{f(x+h)-f(x-h)}{2h}$	$o(h^2)$
三点前向	$f'(x)\approx\dfrac{4f(x+h)-f(x+2h)-3f(x)}{2h}$	$o(h^2)$
三点后向	$f'(x)\approx\dfrac{f(x-h)-4f(x-2h)+3f(x)}{2h}$	$o(h^2)$
五点中心	$f'(x)\approx\dfrac{8f(x+h)-8f(x-h)-f(x+2h)+f(x-2h)}{12h}$	$o(h^4)$
⋮	⋮	⋮

精度为 $o(h^2)$ 的高阶中心差分表达式为

$$f''(x)\approx\frac{f(x+h)-2f(x)+f(x-h)}{h^2};$$

$$f'''(x)\approx\frac{f(x+2h)-2f(x+h)+2f(x-h)-f(x-2h)}{2h^3};$$

$$f^{(4)}(x)\approx\frac{f(x+2h)-4f(x+h)+6f(x)-4f(x-h)+f(x-2h)}{h^4}.$$

精度为 $o(h^4)$ 的高阶中心差分表达式为

$$f'(x)\approx\frac{-f(x+2h)+8f(x+h)-8f(x-h)+f(x-2h)}{12h};$$

$$f''(x)\approx\frac{-f(x+2h)+16f(x+h)-30f(x)+16f(x-h)-f(x-2h)}{12h^2};$$

$$f'''(x)\approx\frac{-f(x+3h)+8f(x+2h)-13f(x+h)+13f(x-h)-8f(x-2h)+f(x-3h)}{8h^3};$$

$$f^{(4)}(x)\approx\frac{-f(x+3h)+12f(x+2h)-39f(x+h)+56f(x)-39f(x-h)+12f(x-2h)-f(x-3h)}{6h^4}.$$

可以看出，用差商近似导数，其精确度与步长 h 有关，h 越小近
似程度越高.

差商的几何意义

微积分中的极限定义为

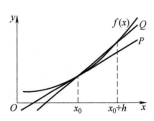

$$f'(x_0)=\lim_{h\to0}\frac{f(x_0+h)-f(x_0)}{h},$$

表示 $f(x)$ 在 $x=x_0$ 处切线的斜率，即图 6-12 中直线 P 的斜率. 差

商 $\dfrac{f(x_0+h)-f(x_0)}{h}$ 表示过 $(x_0,f(x_0))$ 和 $(x_0+h,f(x_0+h))$ 两点的割

图 6-12　微商与差商示意图

线 Q 的斜率. 可见数值微分是用近似值内接弦的斜率代替准确值切线的斜率.

例 6.9.1 给出下列数据, 计算 $f'(0.06)$, $f''(0.08)$.

x	0.02	0.04	0.06	0.08	0.10
$f(x)$	5.06	5.07	5.065	5.05	5.055

解:

$$f'(0.06) \approx \frac{5.05 - 5.07}{0.08 - 0.04} = -0.5,$$

$$f''(0.08) \approx \frac{(f'(0.10) - f'(0.06))}{0.10 - 0.06} = 18.75.$$

需要注意: 在计算数值导数时, 它的误差由截断误差和舍入误差两部分组成. 用差商近似导数产生截断误差, 由原始值 y_i 的数值近似产生舍入误差. 在差商计算中, 从截断误差的逼近值的角度看, h 越小, 则误差也越小; 但是太小的 h 会带来较大的舍入误差. 怎样选择最佳步长, 使得截断误差与舍入误差之和最小呢? 通常采用事后估计方法选取合适的步长. 这里不再详细讨论.

2. 插值型求导公式

如果一个多项式与给定的函数在某些指定的点上有相同的函数值, 这样的多项式称为给定函数的插值多项式.

> **定义** 已知函数 $f(x)$ 在 $[a,b]$ 上的 $n+1$ 个点 $x_k (k=0,1,2,\cdots,n)$ 处的函数值. 若存在一个 n 次多项式 $p_n(x)$ 满足以下条件:
> $$p_n(x_k) = f(x_k) \quad (k=0,1,2,\cdots,n),$$
> 则称 $p_n(x)$ 是 $f(x)$ 在 $[a,b]$ 上关于节点 $x_k (k=0,1,\cdots,n)$ 的 n 次插值多项式, 而 $R_n(x) = f(x) - p_n(x)$ 称为插值余项(截断误差).

对于给定的插值点 x, 插值余项满足

$$R_n(x) = \frac{f^{(n+1)}(\xi)}{(n+1)!} \prod_{k=0}^{n} (x - x_k),$$

其中 ξ 与 x 有关, 介于 x_0, x_1, $\cdots$, x_n, x 的最小值与最大值之间.

以上用插值多项式 $p_n(x)$ 来近似函数 $f(x)$, 如果用插值多项式的导数作为函数导数的近似值:

$$f'(x) \approx p_n'(x),$$

则称之为插值求导公式. 插值型求导公式通常用于求节点处导数的近似值. 当 $f(x)$ 在 $[a,b]$ 内 $n+1$ 阶可导, 插值余项在 $x_k (k=0,1,$

$2, \cdots, n$）处的导数为

$$R_n'(x_k) = \frac{f^{(n+1)}(\xi)}{(n+1)!} \prod_{\substack{j=0 \\ j \neq k}}^{n} (x_k - x_j) \quad (k = 0, 1, 2, \cdots, n).$$

常用的插值多项式有多种类型，这里介绍拉格朗日插值多项式. 函数 $f(x)$ 的 n 次拉格朗日插值多项式为

$$p_n(x) = \sum_{k=0}^{n} \left[f(x_k) \prod_{\substack{j=0 \\ j \neq k}}^{n} \frac{(x - x_j)}{(x_k - x_j)} \right].$$

拉格朗日插值多项式一阶导数的几个常用公式：

（1）两点公式（$n=1$）

过节点 x_0，$x_1 = x_0 + h$ 的拉格朗日插值多项式为

$$L_1(x) = \frac{x - x_1}{-h} f(x_0) + \frac{x - x_0}{h} f(x_1).$$

所以

$$\begin{cases} f'(x_0) \approx L_1'(x_0) = \dfrac{f(x_1) - f(x_0)}{h}, \\[2mm] f'(x_1) \approx L_1'(x_1) = \dfrac{f(x_1) - f(x_0)}{h}, \end{cases}$$

截断误差为

$$\begin{cases} R_1'(x_0) = -\dfrac{h}{2} f''(\xi_0), \\[2mm] R_1'(x_1) = \dfrac{h}{2} f'(\xi_1), \end{cases} \quad \xi_0, \xi_1 \in (x_0, x_1).$$

（2）三点公式（$n=2$）

过节点 x_0，$x_1 = x_0 + h$，$x_2 = x_0 + 2h$ 的拉格朗日插值多项式为

$$L_2(x) = \frac{(x - x_1)(x - x_2)}{2h^2} f(x_0) + \frac{(x - x_0)(x - x_2)}{-h^2} f(x_1) + \frac{(x - x_0)(x - x_1)}{2h^2} f(x_2),$$

$$L_2'(x) = \frac{2x - x_1 - x_2}{2h^2} f(x_0) - \frac{2x - x_0 - x_2}{h^2} f(x_1) + \frac{2x - x_0 - x_1}{2h^2} f(x_2).$$

所以

$$\begin{cases} f'(x_0) \approx \dfrac{1}{2h} [-3f(x_0) + 4f(x_1) - f(x_2)], \\[2mm] f'(x_1) \approx \dfrac{1}{2h} [-f(x_0) + f(x_2)], \\[2mm] f'(x_2) \approx \dfrac{1}{2h} [f(x_0) - 4f(x_1) + 3f(x_2)]. \end{cases}$$

截断误差为

$$\begin{cases} R_2'(x_0) = \dfrac{h^2}{3} f^{(3)}(\xi_0), \\[2mm] R_2'(x_1) = -\dfrac{h^2}{6} f^{(3)}(\xi_1), \quad \xi_0, \ \xi_1, \ \xi_2 \in (x_0, \ x_2). \\[2mm] R_2'(x_2) = \dfrac{h^2}{3} f^{(3)}(\xi_2), \end{cases}$$

6.9.2 数值积分

利用原函数计算积分的方法建立在牛顿-莱布尼茨公式之上，然而很多函数的原函数无法用初等函数表示. 这就使得人们不得不寻求定积分的近似计算，也称为数值积分. 借助电子设备，数值积分能够以简单而有效的方法求解积分值，在理论上我们需要关心运算的效率以及近似的误差.

1. 数值积分的基本形式

构造数值积分方法的基本思想就是，用被积函数在积分区间 $[a,b]$ 上的某些节点处的函数值的线性组合作为定积分的近似值，即

$$\int_a^b f(x)\,\mathrm{d}x \approx \sum_{k=0}^n f(x_k) A_k.$$

其中 $\displaystyle\sum_{k=0}^n f(x_k) A_k$ 称为函数 $f(x)$ 在 $[a,b]$ 上的数值求积公式，而 x_k 和 $A_k(k=0,1,\cdots,n)$ 分别称为求积的节点和求积系数. 记

$$R_n[f] = \int_a^b f(x)\,\mathrm{d}x - \sum_{k=0}^n f(x_k) A_k,$$

称之为数值求积公式的余项（截断误差）.

由节点和求积系数的不同取法，可以得到不同的求积公式.

2. 牛顿-科特斯（Newton-Cotes）**型求积公式**

我们知道，黎曼积分是求和式的极限，即

$$\int_a^b f(x)\,\mathrm{d}x = \lim_{n\to\infty} \sum_{k=1}^n f(\xi_k) \Delta x_k.$$

我们考虑把区间 $[a,b]$ 分割成 n 等分，节点为等距节点，即

$$x_k = a + kh, \quad h = \frac{b-a}{n} \quad (k=0,1,\cdots,n-1).$$

对 $f(x)$ 用拉格朗日插值多项式 $p_n(x) = \displaystyle\sum_{k=0}^n \left[f(x_k) \prod_{\substack{j=0 \\ j\neq k}}^n \frac{(x-x_j)}{(x_k-x_j)} \right]$ 近似，得到数值积分公式

$$\int_a^b f(x)\,\mathrm{d}x \approx \sum_{k=0}^n f(x_k) A_k,$$

其中求积系数

$$A_k = \int_a^b \prod_{\substack{j=0 \\ j \neq k}}^n \frac{x-x_j}{x_k-x_j} dx.$$

通过变换 $x = a + th$，计算得 $A_k = (b-a) C_k^{(n)}$，其中

$$C_k^{(n)} = \frac{(-1)^{n-k}}{nk!(n-k)!} \int_0^n \prod_{\substack{j=0 \\ j \neq k}}^n (t-j) dt.$$

从而得到等距节点的拉格朗日插值型的 n 阶牛顿-科特斯求积公式

$$\int_a^b f(x) dx = (b-a) \sum_{k=0}^n C_k^{(n)} f(x_k). \tag{1}$$

比较常用的牛顿-科特斯求积公式是 $n=1$ 和 $n=2$ 的情形，即梯形公式和辛普森(Simpson)公式：

当 $n=1$，即两个节点，取积分区间 $[a,b]$ 两个端点 a,b 为节点时，则构造求积公式为

$$\int_a^b f(x) dx \approx \frac{b-a}{2} [f(a) + f(b)],$$

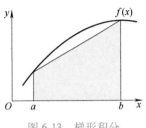

图 6-13　梯形积分

称为梯形公式. 从几何上看(见图 6-13)，即以梯形面积近似曲边梯形面积.

当 $n=2$，即三个节点，取积分区间 $[a,b]$ 两个端点 a,b 以及区间中点 $\frac{a+b}{2}$ 为节点时，则构造求积公式为

$$\int_a^b f(x) dx \approx \frac{b-a}{6} \left[f(a) + 4f\left(\frac{a+b}{2}\right) + f(b) \right],$$

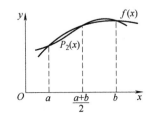

图 6-14　抛物线积分

称为辛普森公式. 从几何上看(见图 6-14)，这是以过曲线两端点与中点三点的抛物线代替曲线求积分的，所以也称为抛物线求积分公式.

（1）误差分析

首先引入衡量数值积分公式近似程度的概念——代数精确度，它在一定程度上能反映求积公式的近似程度.

> **定义**　若当 $f(x)$ 为任意次数不高于 m 次的多项式时，求积公式均精确成立，而对于某个 $m+1$ 次多项式，公式不精确成立，则称该求积公式具有 m 次代数精确度.

牛顿-科特斯公式(1)的余项 $R_n[f]$ 可表示为：

1）对 n 为奇数的情形，设 $f \in C^{(n+1)}[a,b]$，则

$$R_n[f] = \frac{\int_0^n \mu(\mu-1)\cdots(\mu-n) d\mu}{(n+1)!} h^{n+2} f^{(n+1)}(\eta), \quad \eta \in [a,b];$$

2）对 n 为偶数的情形，设 $f \in C^{(n+2)}[a,b]$，则

$$R_n[f] = \frac{\int_0^n \mu^2(\mu-1)\cdots(\mu-n)\,\mathrm{d}\mu}{(n+2)!}h^{n+3}f^{(n+2)}(\eta), \quad \eta \in [a,b].$$

因此，牛顿-科特斯公式当 n 为奇数时，代数精度为 n 次，而当 n 为偶数时，代数精度为 $n+1$ 次. 特别地，梯形公式具有 1 次代数精度，余项为

$$R_T[f] = -\frac{(b-a)^3}{12}f''(\eta).$$

辛普森公式具有 3 次代数精度，余项为

$$R_S[f] = -\frac{1}{90}\left(\frac{b-a}{2}\right)^5 f^{(4)}(\eta).$$

(2) 牛顿-科特斯求积方法的缺陷

从余项公式可以看出，要提高求积公式的代数精度，必须增加节点个数，而节点个数的增加，会导致

1）插值多项式出现龙格（Runge）现象，即插值次数越高结果越偏离原函数；

2）牛顿-科特斯数值稳定性不能保证（当 $n>7$ 时）.

例 6.9.2 用不同的方法计算并比较积分 $\int_0^1 \mathrm{e}^x\mathrm{d}x$.

解：用传统的方法：

$$\int_0^1 \mathrm{e}^x\mathrm{d}x = \mathrm{e}^x \Big|_0^1 = \mathrm{e}-1 = 1.71828.$$

用梯形公式：

$$\int_0^1 \mathrm{e}^x\mathrm{d}x \approx \frac{1}{2}(\mathrm{e}^0+\mathrm{e}^1) = 1.8591401,$$

$$|R_T[f]| = \left|-\frac{1}{12}(1-0)^3\mathrm{e}^\eta\right| \leqslant \frac{1}{12}\mathrm{e} = 0.2265235.$$

用辛普森公式：

$$\int_0^1 \mathrm{e}^x\mathrm{d}x \approx \frac{1}{6}(\mathrm{e}^0+4\mathrm{e}^{\frac{1}{2}}+\mathrm{e}^1) = 1.7188612,$$

$$|R_s[f]| = \left|-\frac{1}{90}\left(\frac{1}{2}\right)^5\mathrm{e}^\eta\right| \leqslant \frac{1}{2880}\mathrm{e} = 0.00094385.$$

所以，辛普森公式的精度高，但它需要计算 3 个函数值，而梯形公式只要计算两个即可.

3. 复化求积公式

由于牛顿-科特斯公式的不稳定性，为了提高计算精度，我们考虑对被积函数进行分段低次多项式插值，由此给出复化求积公

式. 思路就是把积分区间分成若干个小区间, 在每个小区间上采用低阶的牛顿-科特斯公式.

(1) 定步长积分法

将积分区间分割成 n 等份, 各节点 $x_k = a + kh\,(k = 0, 1, \cdots, n)$, $h = \dfrac{b-a}{n}$,

$$\int_a^b f(x)\,\mathrm{d}x = \sum_{k=0}^{n-1} \int_{x_k}^{x_{k+1}} f(x)\,\mathrm{d}x.$$

复化梯形公式

现在, 在每个子区间上利用梯形公式, 有

$$\int_a^b f(x)\,\mathrm{d}x = \sum_{k=0}^{n-1} \int_{x_k}^{x_{k+1}} f(x)\,\mathrm{d}x \approx \sum_{k=0}^{n-1} \frac{h}{2}[f(x_k) + f(x_{k+1})]. \qquad (2)$$

称式(2)为复化梯形公式, 余项 $R_{T_n} = -\dfrac{(b-a)h^2}{12} f''(\eta)$.

复化辛普森公式

如果在每个子区间上利用辛普森公式, 有

$$\int_a^b f(x)\,\mathrm{d}x = \sum_{k=0}^{n-1} \int_{x_k}^{x_{k+1}} f(x)\,\mathrm{d}x \approx \sum_{k=0}^{n-1} \frac{h}{6}\left[f(x_k) + 4f\left(\frac{x_k + x_{k+1}}{2}\right) + f(x_{k+1})\right],$$

余项 $R_{S_n} = -\dfrac{(b-a)h^4}{2880} f^{(4)}(\eta)$.

复化公式的收敛性

复化求积方法带来新的收敛性问题, 即当 $n \to \infty$ 时, 复化公式的值是否越来越接近积分的准确值.

实际上, 如果 $f \in C[a, b]$, 由公式(2)显然有

$$\frac{1}{2}\left[\sum_{k=0}^{n-1} f(x_k) h + \sum_{k=1}^{n} f(x_k) h\right] \xrightarrow[n \to \infty]{} \frac{1}{2}\left[\int_a^b f(x)\,\mathrm{d}x + \int_a^b f(x)\,\mathrm{d}x\right] = \int_a^b f(x)\,\mathrm{d}x,$$

即复化梯形公式的收敛性是有保证的. 类似地, 复化辛普森公式的收敛性也是有保证的.

例 6.9.3　　计算积分 $I = \displaystyle\int_0^1 \frac{\sin x}{x}\,\mathrm{d}x$, 要求:

1) 利用复化梯形公式计算上述积分, 要求截断误差不超过 $\dfrac{1}{2} \times 10^{-3}$.

2) 利用(1)中复化梯形公式所用的节点, 改用复化辛普森公式做积分计算, 并估计截断误差.

解: 1) 要求

$$|R_{T_n}| = \left|-\frac{(b-a)h^2}{12} f''(\eta)\right| \leqslant \frac{1}{12} h^2 |f''(\eta)| \leqslant \frac{1}{2} \times 10^{-3}.$$

对此，先估计 $|f''(\eta)|$，注意到 $f(x)=\dfrac{\sin x}{x}=\displaystyle\int_0^1\cos(xt)\,\mathrm{d}t$. 因此，

$$f^{(k)}(x)=\int_0^1\frac{\mathrm{d}^k}{\mathrm{d}x^k}\cos(xt)\,\mathrm{d}t=\int_0^1 t^k\cos\left(xt+\frac{k\pi}{2}\right)\mathrm{d}t,$$

于是可得

$$|f^{(k)}(x)|=\int_0^1 t^k\left|\cos\left(xt+\frac{k\pi}{2}\right)\right|\mathrm{d}t\leqslant\int_0^1 t^k\mathrm{d}t\leqslant\frac{1}{k+1}.$$

利用此结果，可知要求

$$|R_{T_n}|\leqslant\frac{1}{12}h^2|f''(\eta)|\leqslant\frac{1}{12}h^2\frac{1}{2+1}\leqslant\frac{1}{2}\times10^{-3},$$

只需要 $h\leqslant0.1342$ 或者 $n\geqslant\dfrac{b-a}{0.1342}=\dfrac{1}{0.1342}=7.4516$，于是只需要取 8 个等分节点的复化梯形公式计算上述积分：

$$I\approx T_8=0.9456911.$$

2）利用同样的点做复化辛普森公式计算，这时可取 $h=\dfrac{1}{4}$，则

$$I\approx S_4=0.9460832,$$

$$|R_{S_n}[f]|\leqslant\left|\frac{1}{2880}h^4f^{(4)}(\eta)\right|\leqslant\frac{1}{2880}\left(\frac{1}{4}\right)^4\frac{1}{4+1}\leqslant0.271\times10^{-6}.$$

（2）变步长复化积分法

复化求积法是提高精度的有效方法，但是由于表达式往往未知或者高阶导数难以计算，在给定精确条件下，步长 h 往往难以确定. 变步长的思想就是逐次分半，可以采取逐步缩小步长 h 的办法，即先任取步长 h 进行计算，然后取较小步长 h 进行计算，如果两次计算结果相差较大，则取更小步长进行计算，如此下去，直到相邻两次计算结果相差不大为止，取最小步长算出的结果作为积分值，这种方法称为变步长积分法. 常见的有龙贝格（Romberg）方法，这里不一一介绍了.

劳动创造财富

习题 6.9

1. 利用普通的梯形公式和辛普森公式来计算圆周率 π 的近似值并与精确值进行比较 $\pi=4\displaystyle\int_0^1\frac{\mathrm{d}x}{1+x^2}$.

2. 对题目 1，将区间 $[0,1]$ 分成 2，4 等份，用复化梯形公式和复化辛普森公式计算 π 的近似值，并与精确值进行比较.

3. 分别用复化梯形公式和复化辛普森公式计算下列积分：

（1）$\displaystyle\int_0^\pi\frac{1-\cos x}{x}\mathrm{d}x$，$m=8$；

（2）$\displaystyle\int_0^2\frac{\mathrm{e}^{-x}}{1+x^2}\mathrm{d}x$，$m=8$；

（3）$\displaystyle\int_0^1\sqrt{1-x^3}\,\mathrm{d}x$，$m=8$.

4. 分别用普通的梯形公式和辛普森公式计算下列积分：

(1) $\int_0^1 \dfrac{x}{4+x^2}\mathrm{d}x$，$n=8$；

(2) $\int_0^1 \dfrac{\sqrt{(1-e^{-x})}}{x}\mathrm{d}x$，$n=10$；

(3) $\int_0^{\frac{\pi}{6}} \sqrt{4-\sin^2\varphi}\,\mathrm{d}\varphi$，$n=6$.

5. 若用复化梯形公式计算积分 $\int_0^1 e^x \mathrm{d}x$，问区间 $[0,1]$ 应多少等分才能使截断误差不超过 $\dfrac{1}{2}\times 10^{-5}$？ 若改用复化辛普森公式，要达到同样精度，区间 $[0,1]$ 应分为多少等份？

6. 用三点公式求 $f(x)=\dfrac{1}{(1+x)^2}$ 在点 $x=1.0$，1.1，1.2 处的导数值，$f(x)$ 的函数值如下：

x_i	1.0	1.1	1.2
$f(x_i)$	0.25000	0.6226757	0.206612

参 考 文 献

[1] 陈纪修，於崇华，金路. 数学分析：上册[M]. 2 版. 北京：高等教育出版社，2004.

[2] 陈纪修，於崇华，金路. 数学分析：下册[M]. 2 版. 北京：高等教育出版社，2004.

[3] 菲赫金哥尔茨. 微积分学教程：第一卷　第 8 版[M]. 杨弢亮，叶彦谦，译. 北京：高等教育出版社，2006.

[4] RUDIN W. 数学分析原理[M]. 北京：机械工业出版社，2004.

[5] 卓里奇. 数学分析：第一卷　第 4 版[M]. 蒋铎，王昆扬，周美珂，等译. 北京：高等教育出版社，2006.

[6] 张筑生. 数学分析新讲：第一册[M]. 北京：北京大学出版社，1990.

[7] 张筑生. 数学分析新讲：第二册[M]. 北京：北京大学出版社，1990.

[8] 张筑生. 数学分析新讲：第三册[M]. 北京：北京大学出版社，1990.

[9] 伍胜健. 数学分析：第一册[M]. 北京：北京大学出版社，2010.

[10] 伍胜健. 数学分析：第二册[M]. 北京：北京大学出版社，2010.

[11] 伍胜健. 数学分析：第三册[M]. 北京：北京大学出版社，2010.

[12] 常庚哲，史济怀. 数学分析教程：上册[M]. 北京：高等教育出版社，2003.

[13] 常庚哲，史济怀. 数学分析教程：下册[M]. 北京：高等教育出版社，2003.

[14] 方企勤，林源渠. 数学分析习题课教材[M]. 北京：北京大学出版社，1990.

[15] 裴礼文. 数学分析中的典型问题与方法[M]. 2 版. 北京：高等教育出版社，2006.

[16] 滕加俊. 吉米多维奇数学分析习题集精选精解[M]. 南京：东南大学出版社，2010.

[17] 谢惠民，恽自求，易法槐，等. 数学分析习题课讲义：上册[M]. 2 版. 北京：高等教育出版社，2018.

[18] 谢惠民，恽自求，易法槐，等. 数学分析习题课讲义：下册[M]. 2 版. 北京：高等教育出版社，2018.